"十二五"国家重点图书出版规划项目
材料科学研究与工程技术系列

道 路 沥 青 材 料

Road Bituminous Materials

张金升 贺中国 王彦敏 李进娟 编著

U0223443

哈尔滨工业大学出版社

内容提要

本书主要内容包括石油沥青概论，石油沥青的组成、成分和结构，石油沥青的性质，道路沥青的路用技术性能，改性沥青，乳化沥青，沥青再生技术。书中对道路用沥青材料的相关知识论述全面，是国内为数不多的沥青材料方面的著作之一，适应当前交通建设重视沥青材料研究以及高等学校加强沥青材料教学的要求，专业性强，重点突出，内容新颖，特色鲜明。

本书可作为材料专业、土木工程专业和其他相关专业本科生和研究生的教材，也可供从事沥青材料研究和生产的技术人员参考，还可作为从事道路工程建设的工程技术人员的工具书。

图书在版编目(CIP)数据

道路沥青材料/张金升等编著. ——哈尔滨:哈尔滨工业
大学出版社,2013.1
ISBN 978 - 7 - 5603 - 3854 - 5

Ⅰ.①道…　Ⅱ.①张…　Ⅲ.①道路沥青-建筑材料
Ⅳ.①TU535

中国版本图书馆 CIP 数据核字(2012)第 283346 号

材料科学与工程
图书工作室

责任编辑　张　瑞　何波玲
出版发行　哈尔滨工业大学出版社
社　　址　哈尔滨市南岗区复华四道街 10 号　邮编 150006
传　　真　0451 - 86414749
网　　址　http://hitpress.hit.edu.cn
印　　刷　哈尔滨市石桥印务有限公司
开　　本　787mm×1092mm　1/16　印张 19　字数 434 千字
版　　次　2013 年 1 月第 1 版　2013 年 1 月第 1 次印刷
书　　号　ISBN 978 - 7 - 5603 - 3854 - 5
定　　价　39.80 元

前　言

　　沥青是一种重要的基础材料和有机胶结料,在道路建设中有着十分重要的地位。在沥青路面结构(沥青混合料)中,沥青虽然只占沥青混合料总量的 4% ~ 6% ,但它却起着关键的作用,决定着沥青路面的高温性能(抗车辙能力等)和低温性能(抗裂能力等),并对沥青路面的结合强度、水稳定性、抗滑能力、疲劳特性、老化特性和耐久性有重要影响,而且它的成本要占到沥青路面材料总成本的 60% 以上,因此沥青材料是沥青路面结构中最重要的材料。

　　沥青按其在自然界中获得的方式可分为天然沥青(湖沥青、岩沥青等)、焦油沥青(木材、煤炭等提炼而得)和石油沥青(石油加工副产品),其中石油沥青产量大,具有良好的路用性能,目前道路建设中使用的主要是石油沥青。本书主要围绕沥青在公路建设中的应用,论述石油沥青的组成、成分、结构和性能,介绍道路沥青的技术标准,并对石油沥青的路用技术性能和要求、改性沥青技术、乳化沥青技术、沥青的再生利用技术进行讨论。

　　经济建设的发展要求交通建设先行。近几十年来,我国修建了大量的公路,随着改革开放的深入,公路建设还有很大的发展空间,并且以往几十年建设的公路,也陆续到了维护、维修和重建的阶段,所有这些都决定了道路沥青材料在未来相当长的时期内,在交通基础建设中仍然占有十分重要的地位。

　　国外对路用沥青材料的研究比较成熟,但他们仍然花很大精力和资金继续深入研究,如美国在公路战略研究计划 SHARP 中,投资 5 000 万美元研究沥青的性能和应用。国内在这方面的研究比较薄弱,一方面由于在发展的初期阶段,追求速度,主要利用国外成熟技术未暇顾及对沥青材料的基础研究,另一方面我国国产石油沥青大多属于石蜡基,性能不好且难于改性,也影响了我国业内对沥青材料的研究。目前我国交通建设步入平稳发展期,路面结构的质量和耐久性受到普遍重视。比如国外早已将永久性(耐久性)路面的标准定为 50 年无大修,而我国许多公路仅能维持 3 ~ 5 年,有的甚至时间更短,造成大量浪费并影响交通运输的正常进行,出现许多亟待解决的问题,而这些问题都与沥青材料密切相关。因此,人们现在逐渐重视对沥青材料性能的研究,一是以期结合国情,更好地发挥材料性能、提高路面质量,并降低材料成本进而促进我国交通建设;二是新技术的发展尤其是纳米技术与沥青材料的结合为改善和提高我国沥青材料的性能质量拓展了巨大空间,为我国沥青材料的研究注入了新的活力。

沥青材料是高等院校土木类和相关专业的必修课和重要基础课,但国内鲜见有专门的教材,一些沥青材料的知识散见于各种工程应用类教材和书籍,论述偏于简略,与沥青材料在公路建设中的重要作用、沥青材料的发展要求以及专业教学的要求极不适应。

考虑到教学需要及工程使用中的需要,我们组织撰写了这部《道路沥青材料》。本书的特点是结构精炼,重点突出,引用了最新的技术标准和技术数据,反映了一些新的研究成果,内容编排上力求合理流畅,比较适合作为教学用书。

本书由山东交通学院材料科学与工程学院张金升教授、王彦敏副教授、李进娟讲师,山东交通学院土木工程学院贺忠国主任实验师负责撰写,撰写过程中得到山东交通学院郝秀红讲师、夏小裕讲师、李志高级实验师、文登市科技局张银燕硕士的大力协助,在此表示衷心感谢。书中引用了大量国内外技术资料和成果,谨向书后参考文献中提及的和未提及的专家学者表示衷心的感谢。

由于作者学识水平有限,书中疏漏和不当之处在所难免,还望读者和业内专家不吝赐教,以便再版时修正完善。

编　者

2012 年 7 月

目　　录

第 1 章　石油沥青概论

沥青是由不同相对分子质量的碳氢化合物及其非金属(硫、氧、氮等)衍生物组成的黑褐色复杂混合物,呈液态、半固态或固态,传统上作为一种防水、防潮和防腐的有机胶凝材料。作为基础建设材料、原料和燃料,主要应用于交通运输、建筑业、农业、水利工程、工业(采掘业、制造业)、民用等各行业。本章主要介绍了沥青材料的概念、分类、生产和应用。

1.1　沥青的概念与分类

1.1.1　沥青的概念

关于沥青的定义和含义十分混乱,不同作者对于 Bitumen、Asphalt、Asphaltic Bitumen 赋予不同的含义和解释,但是一直到目前为止,有关沥青的名词和术语还不能统一。

最初"Bitumen"一词的含义比较模糊,按照 H·亚伯拉罕(Abraham)的定义是:"具有不同颜色、硬度和挥发分的主要由碳氢化合物所组成的天然出产的物质——大量溶解于二硫化碳"。1931 年国际道路会议常设委员会(简称 AIPCR)的定义为"由天然或热分解或两者兼而有之得到的烃类的混合物,它们通常是气体、液体、半固体或固体,完全溶解于二硫化碳"。美国材料试验协会(ASTM)明确指出"Bitumen"是指"由天然形成或由人工制造而得黑色或暗色黏稠状物(固体、半固体),主要由高分子烃类组成,如沥青、焦油、热解焦油和沥青矿"。

比较以上三种定义,可以看出美国 ASTM 的定义比较接近实际生产及应用。在文章和著作中,美国习惯把来自石油加工所得渣油或由渣油氧化所得产品称为 Asphalt,而欧洲则习惯地称为 Bitumen,Asphaltic Bitumen 是 AIPCR 创造的名词,在美国实际上已不再采用。

我国对 Bitumen、Asphalt、Asphaltic Bitumen 均译为沥青,在使用上不会造成混乱。但是,对于性质上接近沥青的 Tar 和 Pitch 译名却比较混乱,通常的将 Tar 译为焦油比较妥当,而 Pitch 则译为热解沥青比较符合实际。例如 Pine tar,Coal tar 分别译为松焦油、煤焦油,而 Coal tar pitch 译为煤焦沥青。Tar 和 Pitch 一般不用于石油炼制工业中。

总之,沥青材料是以各种烃类为主要成分的一种有机结合料,是由一些极其复杂的高分子的碳氢化合物和这些碳氢化合物的非金属(氧、硫、氮)的衍生物所组成的混合物。在常温下,沥青呈黑色或黑褐色的固态、半固态或液态。另外,沥青材料具有不透水性,不导电,耐酸、碱、盐的腐蚀等特性,同时还具有良好的黏结性。

1.1.2　沥青的分类

目前对于沥青材料的命名和分类,世界各国尚未统一。法伊弗(Pfeiffer)在《沥青的性质》一书中对 Bitumen 进行过详细的分类,他将 Bitumen 族分为两个亚族:天然沥青(Natural Bitumen)和焦性沥青(Pyrogenous Bitumen)。每一个亚族又分为 5 类和 6 类,亚类中再派生出许多次亚类,包括了天然气、原油、天然矿蜡、天然沥青等物质,这种分类方法在实用上已没有多少指导意义,读者不必拘泥于文字,若想详细了解可参阅原文。

沥青材料的品种很多,按照沥青材料的来源、加工方法、用途、形态等可分为许多种类。

1. 按沥青在自然界中获得的方式分类

我国通用的命名和分类方法是按照沥青的来源不同进行的划分,具体如下:

$$
沥青 \begin{cases} 地沥青 \begin{cases} 天然沥青:石油在自然条件下,长时间经受地球物理因素作用形成的产物。\\ 石油沥青:石油经各种炼制工艺加工而得的沥青产品。\end{cases} \\ 焦油沥青 \begin{cases} 煤沥青:煤经干馏所得的煤焦油,经再加工后得到煤沥青。\\ 页岩沥青:页岩炼油工业的副产品。\end{cases} \end{cases}
$$

(1)地沥青(Asphalt or Bitumen)

地沥青即通常所说的沥青,俗称臭油,是有机化合物的混合物,溶于松节油或石油,可以制造涂料、塑料、防水纸、绝缘材料等,又可以用来铺路。它是由天然产物或石油精制加工而得到的,以"沥青"占绝对优势成分的材料。地沥青又分为天然沥青和石油沥青,天然沥青是石油渗出地表经长期暴露和蒸发后的残留物;石油沥青是将精制加工石油所残余的渣油经适当的工艺处理后得到的产品。

①天然沥青(Nature Asphalt)

地壳中的石油长时间在各种因素作用下,其轻质油分经蒸发、浓缩、氧化作用形成以纯粹沥青成分存在(如湖沥青、泉沥青或海沥青等)或渗入各种孔隙性岩石中(如岩沥青)与砂石材料相混(如地沥青砂、地沥青岩)。前者可直接使用,后者可作为混合料使用,亦可用水熬煮或溶剂抽提(萃取)得到纯地沥青后使用。天然沥青储藏在地下,形成矿层或在地壳表面堆积。这种沥青大都经过天然蒸发、氧化,一般不含有任何毒素。

a. 湖沥青(Lake Asphalt)

湖沥青是使用最广泛且最为人熟知的一种天然沥青,可以在已知的地面蕴藏处取得,最著名的是位于拉丁美洲特立尼达岛(位于中美洲加勒比海南部,小安的列斯群岛的东南端、西南和西北紧邻于委内瑞拉外海,为特立尼达和多巴哥共和国两主要大岛之一),1595 年由沃尔特·雷利爵士(Walter Raleigh)发现的湖沥青。

在特立尼达岛上有不少的小型沥青矿湖。硬焦沥青湖位于此岛的南部,仅距海边 1 km,是世界上最大的沥青湖之一。湖的面积约为 35 hm²,深约 90 m,储量约有 1 000 ~ 1 500 万 t。沥青湖表面的硬度足以承受履带拖拉机和自卸载重卡车。

关于硬焦沥青湖的成因曾提出过多种推测,但通常认为是由某种黏稠沥青涌溢出地面而形成的。由于地壳下陷和海水侵袭,使沥青上沉积了大量的淤泥和黏土,部分淤泥和黏土渗入沥青,形成一种淤泥、黏土、水和沥青的黏塑性混合物。其后,由于陆地上升高出海平面,横向压力又使材料变形成为现在的形状,经冲刷移去覆盖的淤泥和黏土把湖的表面暴露出来。

采掘的原材料经加热到 160 ℃,把水蒸发后得到粗炼产品。熔化的材料通过细的筛孔,除去杂质和一些植物得到精炼的产品称为特立尼达精炼湖沥青(Trinidad Epure),其成分一般为:黏结料 54%,矿物质 36%,有机物 10%。

精炼湖沥青太硬,不能拌和沥青混合料,它的针入度约为 2(0.1 mm),软化点约在 95 ℃以上,一般要求先与针入度 200(0.1 mm)的沥青按 50/50 配制成针入度约为 50(0.1 mm)的沥青。

在 20 世纪 50~60 年代,因为掺了特立尼达精炼湖沥青后可以改善沥青的高温稳定性,所以特立尼达精炼湖沥青与沥青配制的混合料广泛用于热压式沥青混合料磨耗层。随着沥青生产技术的改进,现有的普通重交通石油沥青已经基本能够满足路面高温稳定性的要求,且特立尼达精炼湖沥青需要加热几个小时后才能使用,因此特立尼达精炼湖沥青的使用量迅速下降。

湖沥青资源有限,现在仅仅把它用作其他黏稠沥青材料性能改善的添加料,如某些欧洲国家,使用特立尼达湖沥青改善沥青混合料抗车辙能力。

b. 岩沥青(Rock Asphalt)

存在于岩石缝隙的天然沥青,称为岩沥青。岩沥青是由石灰岩或砂岩等岩石被渗流的天然沥青浸透后形成的,沥青质量分数可高达 12%,主要产地是法国的加德(Gard)、瑞士瓦勒德特拉弗斯(Valde Travers)地区的纳沙泰尔(Neuchatel)和意大利的拉古萨(Ragusa)。岩沥青与稀释油类或软沥青混合物是最早期的铺路材料,现在已很少用于路面铺筑。

岩沥青是石油渗透到岩石内和缝隙中经长期自然因素作用所形成的天然沥青,岩沥青中含有许多砂和岩石,通过一定的提炼工艺,经过水熬制,可以得到纯净的沥青,也可把含有沥青的岩石直接轧制,并根据岩石的成分、沥青的含量进行掺配调整,形成相应用途的沥青混合料。

②石油沥青(Bitumen)

地壳中的原油经开采及各种石油精制加工所得的沥青称为石油沥青。这是沥青材料的主要来源,应用最广泛。常用的石油沥青有直馏沥青、氧化沥青、裂化沥青、溶剂(脱)油沥青、调和沥青等。石油沥青还可经过加工得到轻质沥青、乳化沥青等。根据石油沥青的用途可分为道路沥青和建筑沥青及专用沥青。道路沥青主要用于路面工程,通常为直馏沥青或氧化沥青;建筑沥青主要用于防水、防腐等土建防护工程中,大多为氧化沥青;专用沥青用作特殊用途。

石油沥青是原油蒸馏后的残渣,根据提炼程度的不同,在常温下呈液体、半固体或固体。石油沥青色黑而有光泽,具有较高的感温性。由于它在生产过程中曾经蒸馏至 400 ℃以上,因而所含挥发成分很少,但仍可能有高分子的碳氢化合物未挥发出来,这些物质或多或少对人体的健康有害。

通常认为原油是由泥土及岩石碎屑与一起沉积在海底的海洋生物及植物等有机物质经高温高压作用而形成。几百万年以来,有机物和泥土沉积层有数百米厚,上层无限大的重量将下层物质压成沉积岩。经过地壳内热量的作用和上部沉积层的压力,再加上细菌作用和粒子辐射冲击的影响,使有机物质和植物变成碳氢化合物等。多数油和气体埋藏在岩石孔隙中被不渗透的岩石覆盖,形成了油田和气体层。油田直至使用地震探测和钻探穿通密封的岩石层才被挖掘出来。

全球 4 个主要产油地区是美国、中东、加勒比海周围诸国和俄罗斯联邦。各地生产的原油在物理及化学性质上均有所差异。它们的物理性能从黏稠的黑色液体到稀薄的稻草色液体不等。它们的化学组成主要是蜡、环烷烃和芳香烃，前两种化学组成较为普通。世界各地生产近 1 500 种不同的原油，其中仅有少数原油适用于制造沥青。一般的沥青主要是用中东或南美的原油生产。

石油沥青产量最大，用途最广，是本书论述的重点。在下面章节中如无特殊说明均指石油沥青。

（2）焦油沥青（Tar）

焦油沥青是指煤、木材等有机物干馏加工所得的焦油经再加工后的产品，又称为煤焦油沥青或煤沥青，它是由生产煤或无烟固体燃料经提炼而成，两者经常被混同。这有两个原因：第一，这些材料肉眼看很相似，都是黑色固体的热塑性材料，在环境温度下有相当高的黏性；第二，这两种材料的用途也很相似，应用于道路建筑、屋面及许多工业用的防护覆盖层。然而，它们不仅起源不同，化学成分也不相同，相应的物理和化学性质也有差异。

煤焦油沥青是炼焦的副产品，即焦油蒸馏后残留在蒸馏釜内的黑色物质。它与精制焦油只是物理性质有差别，没有明显的界限，一般的划分方法是规定软化点在 26.7 ℃（立方块法）以下的为焦油，26.7 ℃ 以上的为沥青。煤焦油沥青中主要含有难挥发的蒽、菲、芘等。这些物质具有毒性，由于这些成分的含量不同，煤焦油沥青的性质也不同。温度的变化对煤焦油沥青的影响很大，冬季容易脆裂，夏季容易软化。加热时有特殊气味，加热到 260 ℃ 在 5 h 以后，其所含的蒽、菲、芘等成分就会挥发出来。

焦油是由煤或木材等天然有机材料经碳化或在缺乏空气下分解蒸馏而成的液体。一般在该名词前面冠以材料的来源，如初期碳化过程产品称为粗制煤焦油（Crude Coal Tar）、粗制木焦油（Crude Wood Tar）等。

在我国，20 世纪 60 年代中期，粗制煤焦油的年产量达 200 万 t，其中 50% 是由制造城市家用煤气的碳化炉生产的。但是，在 20 世纪 60 年代后期，由于使用了北海石油气，碳化炉的产量迅速减少，至 1975 年由碳化炉生产的煤焦油已完全消失。现在，可供蒸馏法的绝大部分粗制煤焦油是由炼铁、炼钢和煤炭工业的高温炼焦炉生产的。目前约 90% 的精制煤焦油和硬焦沥青用于路用焦油沥青、电极黏结料和瓷管等。

精制煤焦油较石油沥青易受温度影响。例如在操作温度高达 60 ℃ 时，精制煤焦油比同等级的石油沥青软。用石油沥青做的路面其抵抗塑性变形性能比煤焦油路面好。在低温下煤焦油又比石油沥青的劲度大，因此脆裂性也大。

焦油沥青按其加工的有机物名称命名，如由煤干馏所得的煤焦油，经再加工后所得的沥青，即称为煤（焦油）沥青。由木材蒸馏而得到的焦油，称为木焦油，松节油就是典型的木焦油。

页岩沥青是石油在自然条件下，由于长时间受到各种自然因素作用，促使石油中部分（或大部分）轻质组分挥发、氧化和缩聚而形成固体或半固体的沥青类物质，一般以纯沥青成分存在于或渗入各种空隙性岩层中（如岩地沥青），与砂石材料相混而形成的。页岩沥青的性质与石油沥青很相似，但其生产工艺又与焦油沥青相同，一般按产源分类，将之归为焦油沥青类。

煤沥青是由 5 000 多种三环以上的多环芳香族化合物和少量与炭黑相似的高分子物质构成的多相体系和高碳材料。一般碳的质量分数为 92% ~94%，氢的质量分数仅为 4% ~5%，所以可作为制取各种碳素材料不可替代的原料。根据软化点的高低，煤沥青可分为低温沥青、中温沥青和高温沥青。煤沥青尽管具有很强的黏附性，但有毒，污染严重，一般不常使用。

道路工程中采用的沥青绝大多数是石油沥青，其次是天然沥青。石油沥青是复杂的碳氢化合物与其非金属衍生物组成的混合物。通常沥青闪点在 240 ~330 ℃ 之间，燃点比闪点约高 3 ~6 ℃，因此施工温度应控制在闪点以下。地沥青和焦油沥青的分类与形成条件见表 1.1。

表 1.1 地沥青和焦油沥青的分类与形成条件

产源	分类	名称	形成条件
地沥青	天然沥青	湖沥青	地下的沥青溢到地面形成湖盘状形成
		岩沥青	沥青流入多孔石灰岩等形成岩沥青，将其破碎可作为集料使用
		砂石沥青	沥青渗入砂层形成的
		沥青岩	原油流入岩石缝后，经过漫长岁月形成的
	石油沥青	溶剂沥青	石油加工产品
		氧化沥青	
		直馏沥青	
		减压渣油	
焦油沥青		低温沥青	把焦油初馏时的加热温度降低到 390 ℃ 直接生产或者用中温沥青回配蒽油得到的
		中温沥青	在正常条件下煤焦油初馏的产物
		高温沥青	中温沥青蒸馏、氧化处理或加压热处理的产物

2. 其他分类方式

（1）按沥青的加工工艺分类

根据沥青的加工工艺不同，可将沥青分为直馏沥青、溶剂脱沥青、氧化油沥青、调和沥青等。若在前述沥青中加入溶剂稀释，或用水和乳化剂乳化，或加入改性剂改性，即可得到稀释沥青、乳化沥青和改性沥青等。

（2）按原油的性质分类

石油按其含蜡量的多少可分为石蜡基、环烷基和中间基原油，不同性质的原油所炼制的沥青性质有很大的差别。

①石蜡基沥青

石蜡基沥青中蜡的质量分数一般都大于 5%，大庆原油所炼制的沥青是典型的石蜡基沥青，其蜡的质量分数达 20% 左右。由于在常温下蜡常常结晶析出存在于沥青的表面，使沥青失去黑色光泽。石蜡基沥青黏结性差，软化点虽高，但热稳性极差，温度稍高黏度就会很快降低。

②环烷基沥青

由环烷基石油加工所炼制的沥青称为环烷基沥青。这种沥青含有较多的脂烷烃，蜡的质量分数一般低于 3%，黏性好，优质的重交通道路的沥青大多是环烷基沥青。

③中间基沥青

采用中间基原油炼制的沥青称为中间基沥青,其蜡的质量分数为3%~5%,普通道路沥青大多采用这种沥青。

（3）按沥青的形态分类

①黏稠沥青

在常温下沥青呈膏体状或固体状,黏滞度比较高,一般称为黏稠沥青。这种沥青的标号通常用针入度表示,故有时又称为针入度级沥青。

②液体沥青

液体沥青在常温下是液体或半流动状态的沥青。用溶剂将黏稠沥青加以稀释所得到的液体沥青,称为稀释沥青,也称为回配沥青(Cut Back)。根据沥青凝固的速度,液体沥青又分为快凝、中凝和慢凝三种。将沥青材料加以乳化,称为乳化沥青,乳化沥青是另一种形式的液体沥青。按照乳化沥青破乳速度的快慢又分为快裂、中裂和慢裂三种。乳化沥青按其所用乳化剂的种类可分为阳离子乳化沥青、阴离子乳化沥青和非离子乳化沥青。

（4）按沥青用途分类

按沥青用途的不同,通常分为道路沥青、建筑沥青、专用沥青。在专用沥青中现有的品种包括防水防潮石油沥青、管道防腐沥青、专用石油沥青、油漆石油沥青、电缆沥青、绝缘沥青、电池封口剂、橡胶沥青等。

①道路沥青

适用于铺筑道路路面的沥青为道路沥青。适用于重交通道路的沥青为重交通道路沥青(Heavy Duty Asphalt)。只适用于一般中、轻交通的道路上使用的沥青为中、轻交通道路沥青,即普通道路沥青(目前新标准按 A、B、C 三级分类)。道路沥青主要用于修路,所以道路沥青几乎要占整个沥青产量的50%。

②建筑沥青

建筑工业用的石油沥青主要用于防水、防潮,也用于制造防水材料,如油毛毡、沥青油膏等。一般要求沥青具有良好的黏结性和防水性,在高温下不流淌,低温下不脆裂,并要求有良好的耐久性。建筑沥青标号较高,针入度在 5~40(0.1 mm)范围内。

③机场沥青

适用于铺筑机场跑道道面的沥青材料称为机场沥青。由于机场道面承受飞机荷载,要求沥青有良好的黏结性和耐久性。机场道面沥青的名称已经在我国《民用机场沥青混凝土道面设计规范》中提出。

④其他沥青

沥青在许多领域有着广泛的应用,根据用途的不同,分为很多种类。例如,在水利工程中应用的沥青,称为水工沥青。根据有关方面的统计,全世界有 200 多个大型水工结构物应用沥青。英国的邓岗内尔水坝、库利福水坝,以及我国浙江安吉县天荒坪水库等都采用沥青混凝土做面板防渗。沥青还用于动力电缆和通信电缆的防潮和防腐,这种沥青称为电缆沥青。用于输油、输气、供水等金属管线以防止锈蚀的沥青,称为防腐沥青。用于加工油漆和烘漆的沥青称为油漆沥青等。

1.2 沥青的主要用途

1.2.1 沥青应用概况

早在公元前 3800 年到公元前 2500 年间,人类就开始使用沥青。大约在公元前 1 600 年,就有人在约旦河流域的上游开发沥青矿并一直延续到现在。约在公元 200 年到 300 年,沥青开始被人们用于农业,用沥青和油的混合物涂于树木受伤的地方。大约在公元前 50 年,人们将沥青溶解于橄榄油中,制造沥青油漆涂料。1835 年,巴黎首先用沥青铺筑路面,约 20 年后,巴黎又出现了碾压沥青铺筑的路面。自从沥青用来铺路以后,需求量迅速增加。为了提高沥青的性能,1866 年,有人采用硫化的方法生产出匹兹堡沥青;1894 年,用吹空气氧化的办法生产出柏尔来沥青。1910 年,人们发明了稀释沥青,随后乳化沥青问世,由于乳化沥青优良的性能备受人们喜爱,因而逐渐地取代了稀释沥青。

沥青材料在各种领域得到广泛应用,直接的原因为:

①沥青量大面广、价格相对低廉。

②沥青具有较好的耐久性。

③沥青有较好的黏结和防水性能。

④高温时易于进行加工处理,但在常温下又很快地变硬,并且有抵抗变形的能力。

所有这些性质与道路施工等用沥青材料有很大关系。

除了公路铺装以外,沥青在其他方面亦有广泛的用途,如制造防水材料(石油沥青纸、石油沥青毡及防水膏)、防腐及绝缘材料等。各种沥青的应用见表 1.2,石油沥青种类和用途见表 1.3,表中不能详尽地列出使用的各个方面,而且随着科学技术的不断发展,沥青的用途还在不断地扩大中。目前,虽然石油沥青在应用中占绝大多数,但是天然沥青在一些特定的地区或一些特殊需要的场合下,仍然占有一定的地位。

表 1.2 各种沥青的应用

品种	应 用
道路石油沥青	适用于道路铺设,也可用于房屋防水及制造油毡纸和绝缘材料
200 号	用于喷洒浸透法施工的道路铺装和某些路面冬季施工,也用于道路表面处理
180 号	用于路面加工和冬季道路沥青混凝土施工
140 号	用于夏季路面表面处理,也可用于喷洒浸透法道路施工及水利施工
100 号	用于北方铺设路面和水利工程,夏季灌注路面,建筑工程防层,制油毡纸和沥青石棉板
60 号	用于加热混合法铺设沥青混凝土路面的砂石结合料,生产油毡纸和防潮纸
高等级道路沥青	高等级道路
建筑石油沥青	
10 号	用于屋顶沥青防层、油毡纸防水层结合材料
30 号	建筑工程用玛琋脂材料,生产建筑用包装纸、油毡纸 10 号和 30 号,也可用于露天管道或钢铁结构防锈涂料

续表 1.2

品种	应　用
防水防潮石油沥青	用于作油毡的涂覆材料、屋面和地下防水层黏结材料
3 号	用于一般地区,室内及地下结构部件防水
4 号	用于一般地区可以行走的缓坡屋顶防水
5 号	用于一般地区暴露屋顶或气温较高地区屋顶防水
6 号	用于寒冷地区屋顶及其他工程防水
管道防腐沥青	用于管道输送介质温度低于 80 ℃的金属管道防腐
专用石油沥青	
1 号	用于电缆防潮防腐材料或包在电缆外部以节省钢管
2 号	用于电器绝缘填充材料
3 号	用于配制油漆
油漆石油沥青	用作绝缘油漆的原料,也作绝缘胶的代用品
电缆沥青	用于电缆外保护层的防腐涂料,也可作专用石油沥青代用品
1 号	适用于南方
2 号	适用于北方
绝缘沥青	
70 号	用于浇灌室外高低压电缆的终端匣、接线匣、总门及铁路电讯器材等
90 号	除用于浇灌室外高低压电缆的终端匣、接线匣、总门外,还是冷藏室的绝缘材料
110 号	用于浇灌外高低压电缆的终端匣、面纱带铅筒、铁路讯号电缆等
130 号	用于温度较高的室内浇灌高低压电缆的终端匣、隧道接线匣、截断匣、分路匣、铅丝匣、电机及汽车器材
140 号	用于温度较高的室内浇灌高低压电缆的终端匣、接线匣及封塞 V 形匣
150 号	用于浇灌变压器内外绝缘体
电池封口胶	
20 号	用于电池封口
30 号	
35 号	用于各种蓄电池封口
40 号	
橡胶沥青	
QX-20	用作掺入橡胶内作增强剂
QX-30	用作掺入橡胶内作软化剂

表1.3 石油沥青种类和用途

用途	针入度级 直馏沥青										氧化沥青			
	0/10	10/20	20/40	40/60	60/80	80/100	100/120	120/150	150/200	200/300	5/10	10/20	20/30	30/40
铺路用 加热混合			√	√	√	√	√	√						
铺路用 沥青乳化液						√	√	√	√	√				
铺路用 稀释沥青						√	√	√	√	√				
屋顶铺设与防水材料									√	√	√		√	
防潮纸											√	√		√
沥青砖		√	√								√	√		
接缝材料				√	√						√	√		
沥青涂料	√	√										√	√	
防水用											√			
油墨	√	√										√		
导火索	√	√									√			
电绝缘黑纸带											√	√		
钢管表面涂覆											√	√		√
焦炭黏结剂	√	√												
气化用						√	√	√	√	√				

1.2.2 沥青材料在道路工程中的应用

公路建设是沥青材料的主要应用方向,用于公路建设的沥青占沥青总产量的 80% ~ 90%。道路石油 A 级沥青可以用于各个等级的公路,适用于任何场合。

1. 在面层中的应用

据考古资料记载,沥青混合料作为路面材料已有相当长的历史了,早在 15 世纪印加帝国就开始采用天然沥青修筑沥青碎石路。1832 ~ 1838 年间,英国人采用了煤沥青在格洛斯特郡修筑了第一段煤沥青碎石路。19 世纪 50 年代,法国人在巴黎采用天然岩沥青修筑了第一条地沥青碎石道路。到了 20 世纪,石油沥青已成为使用量最大的铺路材料。20 世纪 20 年代,在我国的上海开始铺设沥青路面。建国以后,随着中国自产路用沥青材料工业的发展,沥青路面已广泛应用于城市道路和公路干线,成为目前我国铺筑面积最多的一种高级路面,沥青混合料也成为沥青路面的主体材料。沥青是沥青混合料中最重要的组成材料,其性能优劣直接影响沥青混合料的技术性质。通常,为使沥青混合料获得较高的力学强度和较好的耐久性,沥青路面所用的沥青等级,宜按照公路等级、气候条件、交通性质、路面类型、在结构层中的层位及受力特点、施工方法等因素,结合当地的使用经验确定。

热拌沥青混合料适用于各种等级公路的沥青路面,热拌沥青混合料种类见表 1.4。

随着高速公路的飞速发展,高等级沥青路面的施工技术和路面质量有了很大的提高,同时也诞生了许多新型的沥青路面材料,如改性沥青混凝土、纤维沥青混凝土、多碎石沥青混凝土(SAC)、沥青玛蹄脂碎石混合料(SMA)、大粒径沥青混合料(LSAM)等,这些材料的路用性能较传统的沥青混凝土混合料和沥青碎石混合料的性能有了较大的改善。

表1.4　热拌沥青混合料种类

混合料类型	密级配			开级配		半开级配	公称最大粒径/mm	最大粒径/mm
	连续级配		间断级配	间断级配		沥青碎石		
	沥青混凝土	沥青稳定碎石	沥青玛蹄脂碎石	排水式沥青磨耗层	排水式沥青碎石基层			
特粗式	—	ATB-40	—	—	ATPB-40	—	37.5	53.0
	—	ATB-30	—	—	ATPB-30	—	31.5	37.5
粗粒式	AC-25	ATB-25	—	—	ATPB-25	—	26.5	31.5
中粒式	AC-20	—	SMA-20	—	—	AM-20	19.0	26.5
	AC-16	—	SMA-16	OGFC-16	—	AM-16	16.0	19.0
细粒式	AC-13	—	SMA-13	OGFC-13	—	AM-13	13.2	16.0
	AC-10	—	SMA-10	OGFC-10	—	AM-10	9.5	13.2
砂粒式	AC-5	—	—	—	—	AM-5	4.75	9.5
设计空隙率/%	3~5	3~6	3~4	>18	>18	6~12	—	—

采用液体沥青或乳化沥青与矿质混合料常温拌制而成的沥青混合料,称为冷铺沥青混合料。我国常以乳化沥青作为结合料拌制乳化沥青混凝土混合料或乳化沥青碎石混合料。相对于热拌沥青混合料,常温沥青混合料的优点是,施工方便、节约能源、保护环境。目前我国经常采用的冷铺沥青混合料,以乳化沥青碎石混合料为主。乳化沥青碎石混合料适用于一般道路的沥青路面面层、修补旧路坑槽及作为一般道路旧路改建的加铺层。

2. 在基层中的应用

目前虽然无机结合料稳定材料作为半刚性基层在高速公路中得到广泛应用,我国在修建半刚性基层沥青路面方面也积累了丰富的经验,但是半刚性基层存在不可忽视的弊端,即易产生干缩裂缝和温缩裂缝,不仅影响路面的外观,而且给水侵入路基提供了通道,从而降低了路面的耐久性,为此引出了柔性基层。柔性基层的设计思路来自于美国,它与半刚性基层相比,具有结构整体水密性好,不易产生裂缝的优势。柔性基层一般采用沥青稳定碎石等黏弹性材料,韧性好,有一定的自愈能力。

(1)大粒径沥青混合料

大粒径沥青混合料(Large-Stone Asphalt Mixes,简称LSAM),一般是指含有矿料的最大粒径为25~63 mm的热拌热铺沥青混合料。

根据国内外研究成果和实践表明,大粒径沥青混合料具有以下四方面的优点:

①级配良好的LSAM可以抵抗较大的塑性和剪切变形,承受重载交通的作用,具有较好的抗车辙能力,提高沥青路面的高温稳定性。特别对于低速、重车路段,需要的持荷时

间较长时,设计良好的 LSAM 与传统沥青混合料相比,显示出十分明显的抗永久变形能力。

②大粒径集料的增多和矿粉用量的减少,使得在不减少沥青膜厚度的前提下,减少了沥青总用量,从而降低工程造价。

③可一次性摊铺较大的厚度,缩短工期。

④沥青层内部储温能力强,热量不易散失,利于寒冷季节施工,延长施工期。

根据大粒径沥青混合料的结构和使用功能不同,目前常用的种类有:大粒径沥青混凝土混合料、大粒径透水式沥青混合料、沥青稳定碎石混合料、沥青碎石混合料。

设计良好的 LSAM 应该是粗骨料间能形成相互嵌挤,并由细集料、矿粉及沥青密实填充。但从现阶段我国的施工水平来看,要想达到完全紧排骨架结构还有一定的难度,但达到松排骨架结构相对要容易一些。如果从能够适用较广的应用范围和易于施工角度出发,为获得综合良好的沥青混合料路用性能,设计一种松排骨架密实结构,使其在发挥骨架作用的同时,也不降低沥青混合料的其他路用性能,值得深入研究。

(2)大粒径透水性沥青混合料

作为 LSAM 的一种,大粒径透水性沥青混合料通常用作路面结构中的基层。大粒径透水性沥青混合料(Large Stone Porous Asphalt Mixes,简称 LSPM)是指混合料最大公称粒径大于 26.5 mm,具有一定空隙率能够将水分自由排出路面结构的沥青混合料。由于大粒径透水性沥青混合料是一种新型的柔性基层材料,从设计理念、级配组成、施工工艺到质量标准均不同于普通沥青混合料,目前尚无系统的方法直接使用。山东省公路局几年前开展了这方面的课题,组织编写了《大粒径透水性沥青混合料柔性基层设计与施工指南》。2001 年自第一条大粒径透水性沥青混合料柔性基层试验路建成通车以来,这种结构已陆续在各地路网改建、高速公路的大修及新建高速公路等多项工程中成功使用。大粒径透水性沥青混合料柔性基层的应用,经历了从认识到研究,从研究到实践的长期应用研究和实践验证的过程,基本上形成了一个相对完整的体系。该结构层的应用,目前已在促进山东道路的健康发展上初见成效。

LSPM 除了具有大粒径沥青混凝土的优点外还有以下优势:

①LSPM 具有较高的水稳定性和良好的排水功能,可以兼有路面排水层的功能。

②由于 LSPM 有着较大的粒径和较大的空隙,可以有效地减少反射裂缝。

③在大修改建工程中,可大大缩短封闭交通时间,社会效益和经济效益显著。

LSPM 的结构特点:LSPM 是一种骨架型沥青混合料,由较大粒径(25 ~ 62 mm)的单粒径集料形成骨架,由一定量的细集料填充。LSPM 设计采用半开级配或开级配,有着良好的排水效果,通常为开级配(空隙率为 13% ~ 18%)。

LSPM 既不同于一般的沥青稳定碎石混合料(ATPB)基层,也不同于密级配沥青稳定碎石混合料(ATB)。沥青稳定碎石(ATPB)的粗集料形成了骨架嵌挤,但基本上没有细集料的填充,因此空隙率很大,一般大于 18%,具有非常好的透水效果,但由于没有细集料填充,空隙率过大导致混合料耐久性较差。密级配沥青稳定碎石混合料(ATB)也具有良好的骨架结构,空隙率一般在 3% ~ 6%,因此不具备排水性能。LSPM 级配经过严格设计,形成了单一粒径骨架嵌挤,并且采用少量细集料进行填充,提高了混合料的模量与耐久性,在满足排水要求的前提下适当降低混合料的空隙率,其空隙率一般为13% ~ 18%。因此 LSPM 既具有良好的排水性能,又具有较高的模量与耐久性。

LSPM 也具有一定的缺点,即疲劳性能较密级配沥青混合料低,这需要通过良好的混合料设计与结构设计来改善这一缺点。

(3)路面养护材料

由乳化沥青、石屑(或砂)、填料(水泥、石灰、粉煤灰、石粉)、外掺剂和水等按一定比例拌制而成的一种具有流动性的沥青混合料,简称沥青稀浆混合料。石屑(或砂)、填料(水泥、石灰、粉煤灰、石粉)与聚合物改性乳化沥青、外掺剂和水等按一定比例拌制而成的一种具有流动性的沥青混合料,称为微表处。微表处主要用于高速公路和一级公路预防性养护及填补轻度车辙,也适用于新建公路的抗滑耐磨层。稀浆封层主要用于二级及二级以下公路预防性养护,也适用于新建公路的下封层。

1.2.3 水利工程中的沥青材料

最早知道的沥青材料使用与水工有关。在一些情况下,天然沥青同砂子和砾石混合,于3 000 年前,曾用于建筑在底格里斯河石堤的防水中。沥青材料目前仍广泛地应用于相似目的,其基本用途是防止水穿过或渗入结构内或者提供能抵抗水和波浪冲蚀作用的坚固层。

1. 防水涂层

最简单地讲,防水涂层其实是材料的一种涂布处理。焦油或沥青可涂于易受气候或其他原因侵蚀的部件上。在某些情况下,这些涂层可以稀释液或乳液形式应用,均可冷用。此外,有些则掺加颜料,并作为沥青漆销售。除金属以外的其他材料,也可用涂层来保护。例如,北苏格兰水电管理局,已经做过用沥青作为混凝土临水表面涂层的实践,而那里的水中含有泥煤酸。在腐蚀性环境中,沥青材料的涂层常能给予有效的保护性。用安格斯-史密斯(Augus Smith)工艺涂覆金属,已是在排水道中保护钢和铁制品的经得起考验的方法。此法是先将金属预热至320 ℃左右,然后浸入预热至150 ℃的溶液中,此溶液由4 份沥青(也可用煤焦油和硬煤沥青)、3 份精制油(常为亚麻仁油)和1 份蒽组成。

2. 防潮处理

防潮处理是用于叙述地下室地面和墙体内的不透水层措施的术语,它一般由3 层玛琋脂沥青层组成,形成的连续膜的厚度,在地面上可达30 mm,在墙内可达20 mm。也可使用由热沥青黏合的2~3 层的沥青片材,经常使用3 层的片材,其质量为3.5 kg·m^{-2},而用2 层的片材,其质量为5.0 kg·m^{-2}。

除非有防护,这两类防水膜均易受损伤。例如,若铺设在外表面则易被回填材料刺伤。因此,它们必须加以防护,一般是把它们夹在地面结构或墙体与保护层之间,保护层可以是混凝土、砖块、石块或砂浆找平层。在防水膜不是完全密封的地方,它们也可在压力下挤压,在这种环境中,对于沥青柏油片材和沥青片材,施加的压力应分别限制为600 N·m^{-2}和1 000 N·m^{-2}。

施加薄膜的表面条件十分重要。若它太粗糙,则会刺穿沥青片材;若太光滑,尤其是在垂直表面上,沥青就可能黏不住。软的、易剥落的或酥的表面,对任何一种防水膜均不适宜。垂直和水平层接头处,必须仔细处理,一般都须加固,沥青柏油膜可用柏油沥青嵌条,对于沥青片材,则用由同样片材做成的内外角结构来处理。

3. 平顶屋面

平顶屋面防水是连续沥青膜的最普遍的应用。一般有 3 种不同形式的沥青膜用于这种目的。

(1) 矿物质充填沥青

一般矿物质充填沥青是由两层玛琋脂矿物质充填沥青组成。在许多情况下,使用矿物质充填沥青的总厚度,其所有的质量约为 $0.4 \ kg \cdot m^{-2}$,这个质量已足以抵抗任何大风的掀起,因而不再需要将它黏结或固定于屋顶面上。另一方面,玛琋脂矿物质充填沥青可适应于支承结构的逐渐运动,对于冲击荷载或处于低温时,它有足够的刚度,起着像固体一样的作用。矿物质充填沥青有较高的热膨胀系数,因此常铺设在油毡隔离层上。这就允许在支承层中,产生不同的运动和桥式间断。

结构处理主要由 4 层组成,分别是:①在顶部的一层防水膜;②一层预制混凝土结构板或其结构材料;③一层能防止通过屋顶过多散热的隔热层;④在下侧的一层蒸汽隔层。常用轻混凝土找平层做隔热层,但只有在干燥时,并有蒸汽隔层能防止从建筑内部吸收潮气的情况下,轻混凝土才是有效的隔热层。为了加快施工速度,使用骨料同沥青黏结的轻骨料找平层。它适合于快速施工,但也有缺点,即任何漏水的扩展均将在天花板上产生难看的污斑。

玛琋脂矿物质充填沥青屋面膜一般是坚固的,假如有相当坚硬的平台能对它充分支撑的话,则它能抵抗路面交通,甚至是屋顶停车场的任何破坏。由于阳光照射,它将渐渐变得更硬且微有收缩,因而常常须给予一定的反射阳光的处理。

(2) 组合沥青油毡

在偶尔才有修理人员步行的屋顶处,经常采用预制的组合沥青油毡屋面。屋面油毡有多种类型,但一般均由有机的或无机纤维织物,用沥青浸渍和涂盖而制成。当这种组合油毡风化一段较长时期后,其表面会龟裂及剥落,则可允许潮气穿透至纤维,这便无法阻止进一步的风化过程。在英国,一般规定为 3 层油毡,每层油毡均用热沥青将它黏结到前一层上去。而 3 层油毡的总质量也没有玛琋脂沥青层那么重,因此,若没有被固定住,则油毡膜就可能被风掀起。所以,应将它黏结到下面的屋顶结构上去,至少也要部分地黏结住。在支承的屋顶结构中,存在着接头或收缩裂缝可能发展的地方,一个完全组合油毡的毡层可能没有足够的弹性,并可能开裂。所以,在铺设膜以前,应将 200 mm 左右宽度的、未黏结的毡条沿裂缝铺上。

许多工程师和建筑师主张,只有玛琋脂矿物质充填沥青或三层黏结得很好的组合油毡,才能在平顶屋面上做到完全可靠的防水。然而,玛琋脂矿物质充填沥青的寿命有 50～60 年,而组合油毡仅为 20～25 年。在完全平的屋面上,常发生积水。所以,这种屋面应铺设成有一定的坡度,比如说 1/60 的坡度,以避免产生雨水的积存。

(3) 专利沥青屋面系统

大体上,专利沥青屋面系统是用薄屋面膜在现场组合而成。典型的是使用沥青乳液或稀释沥青在屋顶上喷撒一层黏结层,接下来还可用一层或多层的玻璃纤维或其他毡网来进一步增强涂层。当达到足够厚度时,涂抹一种粗砂和乳液的混合物或将矿物屑分撒在稀释或乳化沥青层上进行最后的修整。这种表面层有一定的机械强度,如屋面薄层为浅色,则还具有一些防护日光热的作用。

专利沥青屋面系统宜优先用于不易积水和人们可能在屋顶上很少走动的屋面上。

平屋面易漏,在许多情况下,这个缺点不是由于所用材料的问题,而通常是由于设计师及施工人员,未能遵守发布的建筑规程和好的施工实践所致。毫无疑问,最大的麻烦存在于边缘细部、女儿墙周围、边牙、通风口、屋面采光等处。假如水被截获于膜下,在热天时就可产生爆皮。若垂直表面弄湿或弄脏,则膜就可能黏不住,结果导致产生下垂。如果在矿物质填充沥青中的接头不是稀释沥青,且在开始铺设下一层片材以前,用沥青刷涂新鲜的表面时,则此接头将必然会漏水。那么,为了取得令人满意的结果,不论在设计或施工阶段,仔细注意各个细节是极其重要的。

4. 渠道、坝和其他水工建筑物

在过去,沥青材料仅用作预制混凝土构件或铺砌石材间的连接混合物。这样的连接混合物必须能适应砌块和支承结构的某些移动而不产生开裂,又必须很好地黏结,在夏天不致从接头处(常为斜的)流走,而在冬天又不致变脆。在灌入胶结填料之前,在结合面上用沥青底涂料进行打底是可行的办法。

当渠道建设在渗透性的土中时,采用某种防水衬砌是很重要的。最简单的是一种胶结料的连续薄膜。用于此种目的的胶结料,必须是耐久的、坚韧的,并能随支承土中的任何移动而不致撕裂。在美国,氧化沥青被广泛地用于这种目的,一般使用的等级针入度为55(0.1 mm),软化点为85 ℃,及相应的针入度指数(PI)为5.2。通常,这种衬砌仅约6 mm厚,为了防止破坏,常用一层400 mm左右厚的土,把这种衬砌覆盖起来。

当沥青混凝土用于水利工程时,一般要满足耐冲刷和防护堤岸铺面的需要。混合物与用于道路工程的相似,但要求有更好的和易性,且应加工成为有很低的渗透性。它们常被设计成为很密实的混合物,具有很高的填料和胶结料含量,一般为10%的填料和7% ~ 8%的胶结料。

沥青混凝土用作堆石坝上游面的磨耗层,是比较典型的用途。堆石坝普遍应用,主要是因为大量工程需要隧道施工、渡槽、溢洪道和其他辅助工程,这些都是各种堆石的起源。从某种意义上讲,岩石遍地皆是,主要的花费为其运输、铺设、夯实以及坝体止水。传统的止水方法是使用一种黏土心,即在坝的中心设置一道用黏土做成的垂直不透水墙。其缺点是承包商必须去修筑由垂直心墙分隔开的、实质上的两个坝,此外,承包商的工作季节,也可能会受到气候的限制,因而必然会延误全坝的建造。当使用黏土心墙时,坝的两边都必须以与心墙同样速度,同时施工修建。

若用沥青混凝土的上游磨耗层以使坝不透水,则堆石坝的施工修筑就不受任何干扰,而沥青混凝土的上游磨耗层,可以在整个坝体工程完工后再施工。由于沥青混凝土是相对可挠曲的,这可与发生在压实好的堆石坝内的微小沉陷相适应。一般,至少要有两层沥青混凝土铺设在准备好的表面上,其总厚度可达250 mm左右。在多数情况下,上游耐磨耗层必须铺设在相当陡的斜坡上,坡度达到1∶1.6左右,这就存在问题了。碾压时必须上下坡,在多数情况下,碾压须要用绞车上下地拉动。坝的上游面的坡度,更多的可能是由铺设和压实耐磨耗层的经济性来确定的,而不是由堆石坝的稳定性来确定的。

在世界的许多地方,一般都缺乏好的碎石集料,特别是在澳大利亚、美国和荷兰的部分地区。在许多场合下,渠道、蓄水池、堤坝等的不渗水衬砌,基本上仅由砂、填料和常用沥青的胶结料来修筑。这些混合物称为砂性沥青,是由砂5% ~10%的胶结料和5%的填料组成。

砂性玛琋脂比砂性矿物质充填沥青含有更多的胶结料,通常含胶结料约18%,是用于水下铺设的一种有用材料,因它含有较多的沥青,故不必要求进一步的压实。典型的混合物含有约70%的细砂、10%的填料及20%的沥青。在荷兰,常期望能防止砂性海底的冲刷,已研究出一种技术,从为此目的而特别设计的船上,把一个不透水的砂性玛琋脂磨耗层,放置在海底。这种船上有供应热沥青的装置,据报道,可把砂性玛琋脂放置到水深达30 m处。

1.2.4　其他用途

沥青材料还有其他多方面的用途,如:

(1)以石油沥青为原料制造碳系材料:①碳系纤维;②活性炭;③碳素质的离子交换剂;④高密度均质硫素材料;⑤密度各向异性的硫素材料。

(2)炼铁工业的黏结材料:炼铁时要使用大量焦炭,炼焦过程要用到特种沥青黏结剂。

(3)农业方面应用:与肥料、农药混合后,喷洒到土壤表面。铺设沥青膜防水层用于防盐碱和水侵蚀。

(4)建筑材料方面应用:建筑砌块等的黏结剂。

(5)保温泡沫沥青。

(6)冷沥青玛琋脂。

(7)沥青制造民用炸药。

(8)重负荷机具的润滑剂。

1.3　有关沥青的名词和术语

(1)沥青(Asphalt)。沥青指黑色或暗褐色的固态或半固态黏稠状物质。它含有某些矿物质,存在于自然界或由石油炼制过程制得,主要由高分子的烃类和非烃类组成。

(2)石油沥青(Bitumen)。石油沥青是从处理渣油中得到的,由烃及其可溶于二硫化碳的衍生物组成的暗褐色或黑色的半固体产品。

(3)道路沥青(Paving Asphalt or Road Bitumen)。道路沥青属于半固态的沥青,其针入度(25 ℃,100 g,5 s)在41~200(0.1 mm)之间,一种主要用于铺设道路的石油沥青。

(4)建筑沥青(Bitumen for Building)。建筑沥青主要用于建筑工程中作屋面、防水等方面的一种石油沥青。

(5)橡胶沥青(Bitumen for Rubber)。橡胶沥青是在橡胶制品中作为软化、增强和填充剂使用的一种石油沥青。

(6)油漆沥青(Bitumen for Paint)。油漆沥青是油漆制造中作为原料的一种石油沥青。

（7）天然沥青（Native Asphalt）。天然沥青是原油渗透到地表，经自然蒸发过程而生成的一种沥青，是一种在自然界中天然存在的沥青。

（8）岩沥青（Rock Asphalt）。岩沥青是存在于自然界岩石夹缝中的沥青。

（9）湖沥青（Lake Asphalt）。湖沥青是一种天然沥青，是地表凹陷的天然的表面沉积物。

（10）蒸发浓缩沥青（Steam-reduced Asphalt）。蒸发浓缩沥青指原油或渣油在水蒸气的帮助下，经蒸馏而得的沥青残渣。

（11）软化渣油（Flux or Flux oil）。软化渣油指液体或半固态状的石油沥青或其他重油。它同沥青混合后，能使沥青软化点降低，针入度升高。它是使沥青软化的重石油产品。

（12）液体沥青（Liquid Asphalt）。液体沥青是指在针入度（25 ℃，50 g，1 s）大于350（0.1 mm）的沥青产品。

（13）半固态沥青（Semi-Solid Asphalt）。半固态沥青是针入度（25 ℃，100 g，1 s）大于10（0.1 mm）的沥青；或者针入度（25 ℃，50 g，1 s）不大于350（0.1 mm）的沥青。

（14）固态或硬质沥青（Solid or Hard Asphalt）。固态或硬质沥青是指针入度（25 ℃，100 g，1 s）不大于10（0.1 mm）的沥青。

（15）氧化沥青（Blown or Oxidized Asphalt）。氧化沥青是指熔融的渣油在一定的温度下，按一定的速率吹入空气进行氧化，从而得到针入度较小的半固体或固体沥青。

（16）黏稠沥青（Asphalt Cement）。黏稠沥青有时也可译为沥青混凝土，指用以铺路的道路沥青，尤指针入度（25 ℃，100g，5 s）为 5～300（0.1 mm）的沥青。

（17）稀释沥青（Cutback Asphalt）。稀释沥青有时译为轻质沥青（此译名不妥当），是指将渣油与石油馏出油（例如汽油、煤油和柴油等）相调和而得到的一种使用较方便、流动性能好的沥青混合物。溶剂在使用过程中逐渐挥发而残留出沥青。

（18）乳化沥青（Emulsified Asphalt）。将水和沥青在乳化剂存在下形成的沥青乳化液称为乳化沥青。所用乳化剂多为脂肪酸钠、脂肪胺等表面活性物质。因乳化剂不同，乳化沥青分为阳离子乳化沥青（Cationic Emulsion）和阴离子乳化沥青（Anionic Emulsion）。目前世界各国均趋向生产阳离子乳化沥青，因其性能较优。乳化沥青按其凝固速度不同，又可分为快速凝结（Rapid Setting）、中速凝结（Medium Setting）和慢速凝结（Slow Setting）三种类型，用于不同场合。

（19）沥青胶（Asphalt Mastic）。沥青胶也称沥青玛琋脂，是以石油、沥青为主体，添加一定数量的固体或纤维状填充料以及少量添加剂制成的混合物。它可以用作黏结油毡卷材、嵌缝补漏以及防水防腐蚀涂层。

（20）可溶质（Maltene ro Petrolene）。可溶质指可溶于轻石油馏分或低分子烷烃（正戊烷、正庚烷）的沥青组分。它一般包括沥青中的油分和胶质，是沥青去掉沥青质后所剩余的部分。

（21）沥青质（Asphaltene）。沥青质指采用固定的沥青溶剂比，用轻质烃类沉淀出来的高相对分子质量组分。随所使用的溶剂不同（溶剂可以用 30～60 ℃石油醚、正戊烷、正庚烷等),沉淀出来的量也不同,所以在涉及沥青质时,必须说明采用的溶剂,用"正庚烷(或正戊烷、石油醚等)沥青质"表示。

(22)碳青质(Carbenes)。碳青质或称为半油焦质,是指可溶于二硫化碳,但不溶于四氯化碳的沥青组分。

(23)油焦质(Carboids)。油焦质是指不溶于二硫化碳的沥青组分。它是沥青质在热或其他因素的作用下进行缩合的产物。

(24)胶质。胶质是指可溶质用硅胶或氧化铝吸附后,不能用低分子烷烃冲洗脱附下来,但能用苯-乙醇冲洗脱附下来的物质。

(25)含蜡油(油分)。含蜡油是指用硅胶或氧化铝吸附后,低分子烷烃可以冲洗脱附下来的部分。含蜡油经稀释、冷冻、结晶、过滤后得到的固体部分称为蜡,液体部分称为油。

(26)沥青质酸及酸酐(Asphaltous Acids and Anhydrides)。沥青质酸及酸酐是存在于沥青中的游离的酸性物质及酸酐类,通常指能溶于苯及乙醇但不溶于石油醚的物质。

第2章 石油沥青的组成、成分和结构

从石油炼制过程所得的渣油——沥青或生产沥青的原料,是石油中结构最复杂、相对分子质量最大的一部分物质。沥青是各种大分子烃类和非烃类化合物的混合物。由于其组成复杂,热稳定和光稳定性差,给研究工作造成不少的困难。对于石油沥青的研究,可以分为三个主要方面:

①石油沥青结构组成的研究。

②石油沥青的胶体性质和流变学性质的研究。

③石油沥青的生产和使用性能的研究。

本章主要介绍了石油沥青的组成、成分和结构。通过本章学习,必须掌握石油沥青的化学组分、胶体结构以及基本性能的评价方法。

在结构组成方面的研究已采用各种近代分析手段,如红外光谱、核磁共振、质谱、X-射线衍射、电子扫描共振、凝胶渗析色谱、高效液体色谱以及裂解色谱法等。随着这些新仪器新方法的应用,对重质渣油和沥青的结构研究已取得很大进展,其中以威廉、布朗、赫希、哈利、科贝特、功刀泰硕、片山、真田雄三等人的工作较为突出。

在石油沥青的胶体结构和使用性质方面,迪克尔、晏德福、饭岛博、特拉克斯勒、沙尔、法伊弗、科贝特、基特等做了大量的工作,使我们对沥青的认识大大提高。

我国近年来在沥青结构组成、生产工艺和使用性质方面也开展了不少的研究工作。其中石油化工科学研究院、交通科学研究院、华东石油学院、同济大学等单位均结合我国具体情况进行了研究,对推动我国沥青工业的发展,作出了积极的贡献。

2.1 石油沥青的元素组成

沥青的元素组成是指组成石油沥青化学元素的种类和含量。对石油馏分尤其是石油轻馏分(如汽油、煤油等)来说,元素组成的数据一般不是十分重要的,但像渣油或沥青这样的重质油组成,元素组成则是一个相当重要的基本数据。特别是碳和氢两种元素的组成,对说明沥青的某些物理或者化学性质及结构有着十分重要的意义。在石油的轻馏分中,碳和氢的质量分数一般都在98%~99%,其中碳的质量分数约为83%~87%,氢的质量分数约为11%~14%。而在渣油或沥青中,碳和氢的质量分数只有95%左右。在重质油中 C/H(原子比)较轻质油的要大,此数值越大,表示环结构特别是芳香环结构越多(例如正己烷的 C/H=0.43,环己烷的 C/H=0.5,苯的 C/H=1.0,萘的 C/H=1.25 等)。

沥青不是单一的物质,而是由多种化合物组成的混合物,成分极其复杂。但从化学元素分析来看,其主要由碳(C)、氢(H)两种化学元素组成,故又称为碳氢化合物。通常石油沥青中碳和氢的质量分数占98%~99%,其中,碳的质量分数为84%~87%,氢为11%~15%。此外,沥青中还含有少量的硫(S)、氮(N)、氧(O)以及一些金属元素(如钠、

镍、铁、镁和钙等),它们以无机盐或氧化物的形式存在,约占 5%。几种沥青的元素组成见表 2.1。

表 2.1 沥青的元素组成

沥青名称	相对分子质量	元素组成(质量分数)/%					C/H 比	平均分子式
		碳(C)	氢(H)	氧(O)	硫(S)	氮(N)		
美国加利福尼亚氧化 AC-10(含硫环烷基)	1 214	80.18	10.10	1.01	5.20	0.95	0.667	$C_{81.1}H_{122.6}O_{0.8}S_{2.0}N_{0.8}$
孤岛氧化 AC-60 沥青(含硫环烷基)	1 142	84.10	10.50	1.24	3.12	1.04	0.672	$C_{80.0}H_{119.0}O_{0.9}S_{1.1}N_{0.1}$
阿拉伯氧化 AC-10(含硫环烷基)	1 048	84.10	9.20	1.45	4.40	0.34	0.768	$C_{73.4}H_{45.7}O_{0.9}S_{1.6}N_{0.3}$
大庆丙脱沥青(低硫石蜡基)	955	86.10	11.00	1.78	0.38	0.74	0.657	$C_{68.5}H_{104.2}O_{1.1}S_{0.1}N_{0.5}$
胜利氧化沥青(含硫中间基)	1 020	84.50	10.60	1.68	2.51	0.71	0.669	$C_{77.8}H_{107.3}O_{1.1}S_{0.8}N_{0.5}$
阿拉伯轻质原油沥青		84.0	10.3				0.68	$C_{68.5}H_{104.2}O_{1.1}S_{0.1}$
伊朗重质原油沥青		83.6	10.2				0.68	$C_{71.8}H_{105}S_{1.8}$
科威特沥青		83.9	10.3				0.68	$C_{69.9}H_{103}S_{1.8}$

由表 2.1 可见,沥青的成分随原油的来源不同而不同。同时,沥青在炼制过程中组分也会发生变化。C/H 值可以在很大程度上反映沥青的化学成分,其值越大,表明沥青的环状结构越多,尤其是芳香环结构越多。在石油沥青中,石蜡基的 C/H 值最小,环烷基沥青 C/H 值最大,中间基介于其间。

在石油沥青中,除碳和氢两种元素外,还有少量的硫、氮及氧元素,通常称这些元素为杂原子。杂原子的质量分数约为 5% 左右,最大的可达 14%。含有杂原子的化合物虽然分布在整个沥青的组分中,但主要集中在相对分子质量最大的没有挥发性的胶质和沥青质中。杂原子的含量虽少,但由于沥青的平均相对分子质量较大,尤其是某些沥青的分子,实际上绝大部分都是由含有杂原子的化合物组成的,真正是由碳和氢两种元素组成的烃类只占极少数。例如,若沥青的平均相对分子质量为 800,则每含 2% 的硫,就有含硫化合物 50%(以每个分子中平均只有 1 个硫原子计)。

沥青是原油经过处理以后的产品,由复杂的碳氢化合物和非金属取代碳氢化合物中的氢生成新的衍生物所组成,主要由烷烃、环烷烃、缩合的芳香烃组成。烷烃是碳原子以单链(C_nH_{2n+2})相连的碳氢化合物,17 个碳原子以上时,易发生氧化反应。碳环化合物是含有完全由碳原子组成环分的碳氢化合物,包括脂环族和芳香族。芳香族是含一个或多个苯环结构的碳氢化合物。芳香烃是分子中具有苯环结构的苯系芳烃,苯环不易被氧化。脂环烃有两种,饱和的称为环烷烃,不饱和的称为环烯烃或环炔烃。

沥青的元素组成对沥青的性质具有重要意义,但在很多情况下,不同种类的沥青元素组成相同时却又有着不同的使用性能,这是由于沥青本身的成分复杂和结构复杂性引起的。组成沥青的化学元素在不同的情况下形成不同的组分和结构(将大小和结构不同但性能相近的烃类归入某一组分),这些不同的组分和结构在条件变化时还会相互转化,形成新的组分组成和结构组成,从而影响到沥青的性能变化。因此研究沥青的性能,不仅要研究沥青的元素组成,还要研究沥青的组分组成(各种组分在沥青中的比例);在研究沥青元素组成的同时,要了解沥青各组分的元素组成;需要注意,不同种类的沥青其元素组成是不同的,某一种沥青组分的元素组成却是固定的。

沥青组分的分类方法也有很多,一般按是否溶于轻石油馏分或低分子烷烃(正戊烷、正庚烷)划分为可溶质和不可溶质,可溶质一般包括沥青中的油分(含蜡油)和胶质,不可溶质一般指的是沥青质,即用轻质烃类溶解沥青后沉淀下来的部分,但需注意所使用的溶剂不同(可以用 30~60 ℃石油醚、正戊烷、正庚烷等)沉淀下来的量也不同,因此必须说明所采用的溶剂。含蜡油经稀释、冷冻、结晶过滤后得到的固体部分称为蜡,液体部分称为油。另外还有油焦质(不溶于二硫化碳和四氯化碳)和碳青质(溶于二硫化碳但不溶于四氯化碳,又称半油焦质),以及沥青质酸和酸酐(游离酸性物质及酸酐类,溶于苯及乙醇但不溶于石油醚)。

绝大部分的石油沥青实际上都不含油焦质。在用裂化渣油生产的沥青中,可能含有少量的油焦质,一般不超过 2%。油焦质为高度缩合的、含氢量少的类似焦炭的物质。

在石油沥青中,碳青质的含量也很少。道路沥青中碳青质的质量分数一般不超过0.2%,裂化产品中的含量可能稍高些。碳青质也是芳香度很高的,由沥青质加热或氧化缩合生成的难溶性物质,在外观和比重等性质方面与沥青质很相似,但不溶于苯。关于油焦质和碳青质,由于它们的含量很少,与沥青性质的关系不大,不再讨论。其他几种沥青组分将在下面的有关章节中详细讨论。

2.1.1 可溶质的元素组成

可溶质的元素组成因来源不同而异,与原始沥青的组成相近。表 2.2 是几种不同来源的可溶质的元素组成。从表 2.2 中的数据可以看到,可溶质的 C/H 为 0.62~0.70,比相应渣油的 C/H 略小,主要是由于沥青中可溶质的含量较多。在绝大部分的沥青或渣油中,可溶质的质量分数都在 80%~90% 或更多。深度裂化渣油主要是由不饱和程度很高的芳香环化合物组成,它们的 C/H 竟高达 0.93,与沥青质的组成很接近。

表 2.2 可溶质的元素组成

来源		软化点/℃	针入度(25 ℃)/0.1 mm	元素组成(质量分数)/%					C/H(原子比)
				C	H	S	N	O	
直馏沥青	大庆	45.5	68	83.3	108	0.3	0.007	5.7	0.65
	杜伊马兹(胶质)			80.9	9.9	4.7			0.69
	罗马什金(胶质)			79.0	8.9	5.0			0.75
	委内瑞拉	74	12	84.8	10.6	3.5	0.4	0.7	0.67
	伊拉克	70	16	83.7	10.3	4.4	0.5	1.4	0.68
	墨西哥	67	22	82.8	10.2	5.4	0.5	1.2	0.68
	墨西哥	57	46	82.0	10.5	5.5	2.0	2.0	0.65
氧化沥青	委内瑞拉	90	21	84.3	11.3	2.3			0.63
	伊拉克	85	36	84.1	11.5	3.0	0.5	0.9	0.61
	墨西哥	86	33	82.5	10.9	5.4	0.5	0.8	0.63
	深度裂化渣油	51	36	87.9	7.9	3.7	0.5	0.5	0.93

表 2.3 是沥青在不同氧化深度时可溶质的元素组成。随着氧化程度的加深,氧化沥青的可溶质中氧元素虽有所增多,但增加很少,而 C/H 比则明显增大。因此,沥青在氧化过程中,主要的反应不是氧原子加到沥青分子中的反应,而是缩合脱氢与氧化合生成水的反应。

表 2.3　不同氧化深度时可溶质的元素组成

试样		沥青的软化点/℃	相对分子质量	元素组成(质量分数)/%					C/H 比
				C	H	S	N	O	
连续氧化	1	45	511	84.2	12.5	2.70	0.34	0.26	6.74
	2	51	545	84.4	12.4	2.60	0.33	0.27	6.81
	3	63	607	84.6	12.3	2.53	0.30	0.27	6.88
	4	71	562	84.8	12.2	2.42	0.30	0.28	6.95
	5	95	542	85.0	12.0	2.40	0.31	0.29	7.08
间歇氧化	1	41	539	84.8	12.0	2.64	0.30	0.24	7.07
	2	51	552	84.9	11.9	2.05	0.30	0.25	7.13
	3	63	626	85.0	11.8	2.65	0.29	0.26	7.20
	4	73	596	85.2	11.7	2.61	0.23	0.26	7.28
	5	96	570	85.4	11.5	2.57	0.26	0.27	7.34

2.1.2　沥青质的元素组成

沥青质的元素组成与可溶质相比,氢含量要少得多,C/H 比一般为 0.85~0.90,有的沥青质可在 0.90 以上,故其组成为多稠环芳香族结构的化合物。表 2.4 是几种不同沥青质的元素组成。不同氧化深度的氧化沥青,其沥青质的元素组成见表 2.5,从表中的数据可以看到,随着氧化程度的加深,C/H 比均有较明显增大,而氧含量的增加很少。

表 2.4　沥青质的元素组成

来源	元素组成(质量分数)/%					C/H 比
	C	H	S	N	O	
大庆	82.85	8.86	0.28	0.007 4	8.07	0.83
杜伊马兹	84.40	7.87	4.45	1.24	2.04	0.89
罗马什金	83.66	7.87	4.52	1.19	2.76	0.88
委内瑞拉	85.04	7.68	3.96	1.33	1.80	0.92
加拿大	82.04	7.90	7.72	1.21	1.70	0.87
中东	82.67	7.64	7.85	1.00	0.89	0.90

表 2.5 不同氧化深度时沥青质的元素组成

试样		沥青的软化点/℃	相对分子质量	元素组成(质量分数)/%					C/H (质量比)
				C	H	S	N	O	
连续氧化	1	45	2 317	85.0	9.1	4.1	1.2	0.58	9.4
	2	51	3 687	85.4	8.8	4.1	1.1	0.60	9.7
	3	63	3 708	86.1	8.2	4.1	1.0	0.61	10.1
	4	71	4 520	86.4	8.1	3.9	1.0	0.63	10.7
	5	95	5 172	86.7	8.0	3.7	0.9	0.66	10.9
间歇氧化	1	41	2 180	84.3	9.9	4.0	1.2	0.53	8.5
	2	51	2 863	84.7	9.6	4.1	1.1	0.53	8.8
	3	63	3 240	85.7	8.8	4.0	1.0	0.54	9.6
	4	73	3 802	86.1	8.4	3.9	0.97	0.56	10.2
	5	96	4 308	86.5	8.3	3.6	0.97	0.57	10.4

以上各表的数据表明,不论直馏沥青或氧化沥青,其溶质或沥青质在元素组成上没有明显的差别。关于沥青质的元素组成,可以归纳如下:一般碳的质量分数约为(82 ± 3)%,氢含量为(8.7 ± 0.7)%,C/H 比为 0.87 ± 0.5。虽然在此范围以外的情况也会存在,但总的说来变化不大。变化幅度最大的是杂原子硫及氧的含量,这一点与前面所说的渣油组成稍有不同。沥青质中氧质量分数的波动范围在 0.3% ~ 4.9%,O/C 值为 0.003 ~ 0.045,硫的质量分数在 0.3% ~ 10.3% 的范围内变化,S/C 变化幅度也很大(与渣油相比)为 0.001 ~ 0.049。而氮元素的含量在各种沥青质中的变化幅度要小得多,N/C 比一般均在 0.015 ± 0.008 的范围内。

2.1.3 微量元素

在石油沥青中,除上述的碳、氢、硫、氧及氮 5 种常量元素外,所有的石油中都含有极微量的其他元素。所有石油都含有少量的灰分,其含量一般不超过 0.01% ~ 0.3%。大部分石油灰分均集中在渣油中,其主要成分是渣油中的酸性化合物与金属离子等结合生成的盐类,这些盐类可能就是微量元素的主要存在形式。现在已在石油中发现 50 多种微量元素,它们是 Fe、Ni、V、Al、Na、Ca、Cu、Cl、Br、I 等。研究石油中存在的微量元素对石油的加工、石油产品的应用及石油的生成、迁移富集等过程都有重要的理论和现实意义,因此引起了许多学者的重视。在这方面应当特别提出的是,费希尔研究了不同地质年代及不同地层的 88 种原油中的微量元素,对其中的 22 种元素包括 Ni、Fe、V 等的分布、存在形态作了详尽的研究。安季平科对石油中已发现的微量元素按周期表的主副族顺序分别进行了系统的总结。涅斯捷连科对渣油中微量元素的分布、性质及与硫、氧、氮原子之间的关系作了系统的阐述。因来源不同,各种微量元素在石油中的含量也不同,但一般都是 V、Ni、Fe 等的含量最多,见表 2.6。

表 2.6 原油中微量元素的半定量分析

元素名称	Fe、Ni、V	Ca	Ti、Mg、Na、Co、Cu、Sn、Zn	Al、Mn、Mo、Pb	Be、Zr
相对含量/(mg·kg^{-1})	xx	x	$0.x$	$0.0x$	$0.00x$

注:表中 x 为数字占位,表示数量级的意思。

表 2.7 是我国几种原油中微量元素的分布情况,其特点是钒的含量较镍少,而且它们的含量都很少,这与大部分国外原油不同。

表 2.7 我国原油中各种非碳氢元素的含量

原油	S /%	N /%	V /(mg·kg^{-1})	Ni /(mg·kg^{-1})	Fe /(mg·kg^{-1})	Cu /(mg·kg^{-1})	As /(μg·kg^{-1})
大庆	0.12	0.13	<0.08	2.3	0.7	0.25	>800
胜利101库	0.80	0.41	1	2.6	—	—	—
孤岛	1.8~2.0	0.5	0.8	14-21	16	0.4	—
滨南	0.30	0.24	—	—	—	—	—
大港	0.12	0.23	<1	18.5	—	0.8	—
任丘	0.3	0.38	0.7	15	1.8	—	220
玉门	0.1	0.3	<0.02	18.8	6.8	0.46	—
克拉玛依	0.1	0.23	<0.4	13.8	8	0.7	—
五七油田	1.35~2.0	0.3~0.36	0.4	12.0	<1	0.5	—

各种微量元素的含量随石油馏分的加重而增大,在胶质和沥青质中微量元素的含量最多。在色谱分离过程中,可能由于各种微量元素生成络合物的性能不同,有些元素如 Fe、Ni、Sb、Br 等主要集中在极性较大的组分中。表 2.8 是各种微量元素的分布情况。

表 2.8 几种原油中微量元素的分布

原油	金属种类	金属含量/(mg·kg^{-1})			
		透明油	黑色油	胶质	沥青质
1 号油	Sb	—	10	12	94
	Ni	—	7	41	83
	V	—	18	87	236
2 号油	Sb	3	6	7	9
	Ni	—	14	14	97
	V	0.5	52	284	341
3 号油	Sb	2	11	25	190
	Ni	1.8	10	45	174
	V	1.2	13	203	524
4 号油	Sb	—	4	8	25
	Ni	—	5	15	37
	V	—	12	54	76

表2.9是在上述沥青及其组分中这几种元素的分配比例。从表2.9中可以看出,各种沥青质中 V/Ni 和 V/Sb(2 号油除外)的值都非常接近,虽然它们的绝对含量有很大的差别。这样的事实不是毫无道理的,很可能在沥青开始形成时,就与这些金属结合在一起了。其他两种金属元素之比 Ni/Sb 也很有意义,但如何解释这些现象,尚待进行更深入系统的研究。

表 2.9　在沥青各组分中金属元素的分配

原油	V/Ni			V/Sb			Ni/Sb		
	胶质	沥青质	沥青	胶质	沥青质	沥青	胶质	沥青质	沥青
1 号油	2.12	2.84	2.60	7.25	2.51	2.94	3.42	0.88	1.13
2 号油	7.10	3.52	4.49	4.06	37.9	27.1	5.71	10.8	6.04
3 号油	4.51	3.01	3.30	8.12	2.76	3.34	1.80	0.92	1.01
4 号油	3.60	2.05	2.49	6.75	3.04	3.84	1.87	1.48	1.54

在各种微量元素中,研究最多的是钒及镍。微量金属元素大部分都集中在沥青质中的事实,表明很可能这些金属元素与沥青质的起源有密切的关系。在石油的灰分中,有时钒的质量分数可占全部金属元素质量分数的40%左右,在某些原油的沥青质中,钒的绝对质量分数可能高达 2 000 ~ 3 000 mg/kg。有人曾设想或许有一天会从石油中提取钒,可见其含量之多。镍的含量较少,一般不超过金属元素总量的2% ~ 3%,绝对质量分数最高可达 500 mg/kg。但有些石油沥青中,钒及镍的含量都很少,例如,在大庆渣油中,钒的质量分数只有 0.15 mg/kg,镍的质量分数稍多些也只有 10 mg/kg 左右。

存在于石油沥青中的钒和镍有相当大的一部分是以与卟啉形成络合物的状态存在的。阿里赫等人指出,在他们研究过的九种原油中,金属钒及镍有12% ~44%为卟啉型的,迪安发现有4% ~5%的金属为卟啉络合物。这两种元素在原油中的分布见表2.10。

表 2.10　原油中镍–卟啉及钒–卟啉的含量

原油	1 号油	2 号油	3 号油	4 号油	5 号油	6 号油
S/%	0.78	1.08	1.78	1.78	4.5	4.3
胶质+沥青质/%	6.2	7.5	18.5	11.4	35.1	34.5
钒–卟啉/(g · g⁻¹)	0.096	0.062	0.16	0.25	0.98	0.85
镍–卟啉/(g · g⁻¹)	0.007	0.008	痕迹	痕迹	0.04	0.04

在石油中发现有像卟啉这样结构复杂的化合物,是不可能由其他物质在石油的生成过程中转变而成的,只能是在生成石油的原始物质中所固有的,这就为证明石油是由有机物生成的学说提供了有力的依据。卟啉的热稳定性较差,在 300 ℃以上时,就容易分解,故石油在生成及富集过程中,一般也未经受超过 300 ℃以上的温度。

近年来,用凝胶渗析色谱(GPC)及其他分析表明,微量元素在沥青的各组分中,随相对分子质量的增大有所不同,例如卟啉与非卟啉型镍的分布见表2.11。

表 2.11 元素镍在沥青各组分的分布

组分	含蜡油	胶质	沥青质
镍/($\mu g \cdot g^{-1}$)	0.123	2.50	14.5
镍-卟啉/($\mu g \cdot g^{-1}$)	0.142	1.60	7.13
镍-卟啉占总镍的量/%	100	64.0	49.2

随着组分的相对分子质量的增大,以卟啉状态存在的金属元素有些减少。在沥青质中的非卟啉型金属元素很可能是与杂原子硫、氮及氧等键合而成比较复杂的化合物,或是以金属状态由 π-π 键牢固地缔合到沥青质的芳香片上,也有人认为是与杂原子生成配位复合物。它们可能是从原始的有机质母体中就结合到沥青质的结构上,也可能是在石油生成或迁移过程中,从水溶液或固态岩石相的金属离子取代沥青质中的阳离子而形成的。

2.2 石油沥青的化学组分及性质

石油沥青的组成元素主要是碳(82%~88%)、氢(8%~11%),其次是硫(<6%)、氧(<15%)、氮(<1%)等和微量的金属元素。但沥青的化学成分极为复杂,将其分离为纯粹的化合物单体,目前还有一定困难,而且沥青的元素组成与其物理性质的关系不甚密切,因此通常采用组分分离法将沥青分离为化学性质相近而且与技术性质有一定联系的几个组分,即沥青的化学组分。

由于沥青的组成极其复杂,并存在有机化合物的同分异构现象,许多沥青的化学元素组成虽然十分相似,但是它们的性质却往往有很大区别。沥青化学元素的含量与其性能之间目前尚不能建立起直接的相关关系,因此在研究沥青化学组成的同时,利用沥青对不同溶剂的溶合性,将沥青分离成几个化学成分和物理性质相似的部分,这些部分称为沥青的组分。沥青中各组分的含量和性质与沥青的黏滞性、感温性、黏附性等化学性质有直接的联系,在一定程度上能说明它的路用性能,但其分析流程复杂,时间长。

2.2.1 沥青的化学组分

由于沥青的相对分子质量大、组成和结构十分复杂,长期以来,虽然经过了大量的研究,但是到目前为止,还是不能直接得到沥青元素含量与其工程性能之间的关系,而对沥青的化学组分和结构的研究已取得了一定的进展。通常采用组分分离法将沥青分离为化学性质相近而且与技术性质有一定联系的几个组,即沥青的化学组分。

关于石油沥青的化学组分的分析方法,早年[德]J·马尔库松(Marcusson)就提出将石油沥青分离为:沥青酸、沥青酸酐、油分、树脂、沥青质、沥青碳和似碳物等组分的方法。后来经过许多研究者的进一步研究加以改进,[美]L·R·哈巴尔德(Hubbard)和K·E·斯坦费尔德(Stanfield)完善为三组分分析法。再后[美]L·W·科尔贝特(Corbett)又提出四组分分析法。此外,还有二组分分析法、五组分分析法和多组分分析法等。化学组分分析方法还在不断地修正和发展中。

①二组分。沥青分为沥青质和可溶质(软沥青质)两种组分。

②三组分。沥青分为沥青质、油分和树脂三种组分。

③四组分。沥青分为沥青质、饱和分、芳香分和胶质四种组分。

④五组分。按罗斯特勒提出的分离法,沥青可分为沥青质、氨基、第一酸性分、第二酸性分和链烷分五种组分。

我国现行《公路工程沥青及沥青混合料试验规程》(JTG E20—2011)规定有三组分和四组分两种分析法。

1. 三组分分析法

石油沥青的三组分分析法是将石油沥青分离为:油分、树脂和沥青质三个组分。因我国富产石蜡基或中间基沥青,在油分中往往含有蜡,故在分析时还应进一步将油蜡分离。

由于三组分分析法兼用了选择性溶解和选择性吸附的方法,因此又称为溶解-吸附法。该分析方法是用正庚烷溶解沥青,沉淀沥青质,再用硅胶吸附溶于正庚烷中的可溶分,装于抽提仪中抽提油蜡,再用苯-乙醇抽出树脂。最后采用丁酮-苯作为脱蜡溶剂,在-20 ℃的条件下,将抽出的油蜡冷冻过滤分离出油、蜡。溶解-吸附法的优点是组分界限很明确,组分含量能在一定程度上说明沥青的工程性质,但是它的主要缺点是分析流程复杂,分析时间很长。按三组分分析法所得各组分的性状见表2.12。

表 2.12　石油沥青三组分分析法的各组分性状

组分＼性状	外观特征	平均相对分子质量	C/H 比	质量分数 /%	物化特征
油分	淡黄透明液体	200~700	0.5~0.7	45~60	几乎可溶于大部分有机溶剂,具有光学活性,常发现有荧光,相对密度约为0.910~0.925
树脂	红褐色黏稠半固体	800~3 000	0.7~0.8	15~30	温度敏感性高,熔点低于100 ℃,相对密度大于1.000
沥青质	深褐色固体微粒	1 000~5 000	0.8~1.0	5~30	加热不熔化,分解为硬焦炭,使沥青呈黑色,相对密度1.100~1.500

脱蜡后的油分主要起柔软和润滑的作用,是优质沥青不可缺少的组分。油分含量的多少直接影响沥青的柔软性、抗裂性和施工难度。油分在一定条件下可以转化为树脂甚至沥青质。

树脂又分为中性树脂和酸性树脂,中性树脂使沥青具有一定的塑性、可流动性和黏结性,其含量增加,沥青的黏结力和延展性增强。酸性树脂即沥青酸和沥青酸酐,含量较少,为树脂状黑褐色黏稠物质,是沥青中活性最大的组分,能改善沥青对矿质材料的润湿性,特别是可以提高沥青与碳酸盐类岩石的黏附性,还能够增加沥青的可乳化性。

沥青质为黑褐色到黑色易碎的粉末状固体,决定着沥青的黏结力和温度稳定性,沥青质含量增加时,沥青的黏度、软化点和硬度都随之提高。

2. 四组分分析法

石油沥青的四组分分析法是将石油沥青分离为:饱和分、芳香分、胶质和沥青质。我国现行四组分分析法是将沥青试样先用正庚烷沉淀沥青质,再将可溶分吸附于氧化铝谱柱上,依次用正庚烷冲洗,所得的组分称为饱和分;继而用甲苯冲洗,所得的组分称为芳香分;最后用甲苯–乙醇、甲苯、乙醇冲洗,所得组分称为胶质。对于含蜡沥青,可将所分离得到的饱和分与芳香分以丁酮–苯为脱蜡溶剂,在–20 ℃下冷冻分离,确定含蜡量。石油沥青按四组分分析法所得各组分的性状见表2.13。

表2.13 石油沥青四组分分析法的各组分性状

组分 \ 性状	外观特征	平均相对密度	平均相对分子质量	主要化学结构
饱和分	无色液体	0.89	625	烷烃、环烷烃
芳香分	黄色至红色液体	0.99	730	芳香烃、含S衍生物
胶质	棕色黏稠液体或无定形固体	1.09	970	多环结构,含S、O、N衍生物
沥青质	深棕色至黑色固态	1.15	3 400	缩合环结构,含S、O、N衍生物

按照四组分分析法,各组分对沥青性质的影响为:饱和分含量增加,可使沥青稠度降低(针入度增大);胶质含量增大,可使沥青的延性增加;在有饱和分存在的条件下,沥青质含量增加,可使沥青获得低的感温性;胶质和沥青质的含量增加,可使沥青的黏度提高。

2.2.2 沥青中各组分的性质

沥青质是不溶于水的黑色或棕色的无定形固体。沥青质的相对分子质量很大,一般在1 000～100 000,颗粒粒径为5～30 nm。沥青质的质量分数为5%～25%,沥青质在石油中的含量虽然不是很多,但对沥青的物理化学性质及胶体结构等有极为重要的影响,这也是现在研究沥青的重点对象。

胶质是棕色液体或无定形固体,溶于正庚烷。胶质具有很好的黏附力,它是沥青质的扩散剂或胶溶剂,胶质与沥青质的比例在一定程度上决定沥青的胶体结构类型。胶质的相对分子质量为500～50 000,颗粒粒径为1～5 nm。

芳香分是深棕色的黏稠液体,占沥青总量的40%～65%,相对分子质量一般为300～2 000。

饱和分是浅色或无色液体,占沥青总量的5%～20%,相对分子质量与芳香分类似。

沥青的性质与沥青中各组分的含量比例有密切关系:饱和分含量增加,可使沥青黏性降低;胶质含量增大,可使沥青塑性增加;沥青质含量提高,会使沥青温度敏感性降低;胶质和沥青质的含量增加,可使沥青的黏性提高。

石油沥青中尚含有少量蜡,蜡对沥青的温度敏感性有较大影响,高温时使沥青容易发软,低温时会使沥青变得脆硬易裂。此外,蜡会使沥青与集料的黏附性降低。我国大多数石油沥青中都含有大量的蜡,它对沥青的使用有不容忽视的影响。

进行化学组分研究主要因为:

①化学组分与石油沥青的胶体结构有密切关系,由于沥青各组分含量与性质不同,石油沥青可以呈溶胶结构、溶凝胶结构和凝胶结构。

②化学组分与石油沥青的流变学性质有密切关系。

③化学组分与沥青的路用性质有密切的关系。

不同的化学组分分析方法所得的相应组分的性质和数量是不同的。试验方法一般有:

①溶解-吸附分析法(哈巴尔德、斯坦费尔德):通过试验,沥青可以分解成沥青质 A、树脂 R、油分 O。其特点是各组分界限明确,但分析时间长。

②色谱分析法(科尔贝特法):通过试验可以分解成饱和分 S、芳香分 Ar、胶质 R、沥青质 As。其特点是试验速度快,组分与沥青结构关系密切,但操作要求较高。

③化学沉淀分析法:通过试验,可以分解成沥青质 A、氨基 N、第一酸性分 A_1、第二酸性分 A_2、链烷分 P。

1. 沥青质

沥青质是深褐色至黑色的无定型物质,有的文献中又称为沥青烯。它没有固定的熔点,加热时通常是首先膨胀,然后在到达 300 ℃以上时,分解生成气体和焦炭。它的相对密度大于 1,不溶于乙醇、石油醚,易溶于苯、氯仿、四氯化碳等溶剂。它是复杂的芳香分物质,有很强的极性,相对分子质量为 1 000 ~ 100 000,颗粒粒径为 5 ~ 30 mm。H/C 约为 1.16 ~ 1.28。沥青质在沥青中的含量一般为 5% ~ 25%,其含量的大小对沥青的流变特性有很大的影响。当沥青中的沥青质含量增加时,沥青稠度提高,软化点上升。所以沥青质的存在,对沥青的黏度、黏结力、温度稳定性都有很大的影响,所以优质沥青必须含有一定数量的沥青质。沥青质在存放时,在苯溶剂中的溶解度会逐渐下降。沥青质具有比胶质更大的着色能力。

沥青质对沥青中的油分虽有憎液性,而对胶质呈亲液性。因此,沥青是胶质包裹沥青质而成胶团悬浮在油分之中,形成胶体溶液。这样,沥青质含量多少对胶体体系的性质有很大的影响。

沥青质含量对沥青的流变特性有很大影响。增加沥青质含量,便可生产出针入度较小和软化点较高的沥青,因此黏度也较大。沥青中沥青质的含量为 5% ~ 25%。

(1)影响沥青质含量的因素

沥青质在沥青中的含量因原油的种类、密度、地质年代、地层深度及加工过程(直馏或氧化等)的不同而异,一般不超过 20%,大都在 10% 左右。也有的沥青中实际上不含沥青质,例如大庆渣油中沥青质的含量都在 0.1% 以下。但也有些深度氧化沥青的沥青质含量超过 20%。

沥青质的含量与原油中的含硫量及非沥青质硫的含量有关,如图 2.1、2.2 所示,但其原因不同。根据定义,沥青质的概念完全是人为的,因此实验条件就有决定性意义,下面详细讨论这些试验条件对沥青质含量的影响。

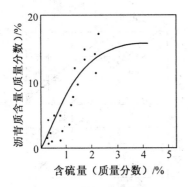

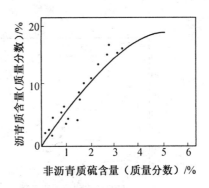

图 2.1　沥青质含量与原油中含硫量的关系　　图 2.2　沥青质含量与原油中非沥青质硫含量的关系

①溶剂的性质。沥青质能溶于表面张力大于 $25×10^{-3}$ N/m（25 ℃）的大部分有机溶剂，如苯及其同系物、吡啶、二硫化碳等，但不溶于乙醇、丙酮以及其他表面张力较小的溶剂。所以分离沥青质常用的溶剂（实际上应为沉淀剂）主要是非极性的低分子正构烷烃 $C~C_{12}$、石油醚，也有用丙烷、丙烷–丙烯馏分、甲乙酮的，还有的用某些金属氯化物如四氯化铁生成络合物的方法分离沥青质。所用沉淀剂不同，得到的沥青质数量也有很大差别，见表 2.14。

表 2.14　用相等体积的溶剂在室温下沉淀的沥青质（沥青针入度 46，软化点 57 ℃）

溶剂	沥青质/%	溶剂	沥青质/%	溶剂	沥青质/%
正戊烷	33.5	脱芳烃石油醚（60~80 ℃）	23.8	甲基–叔–丁基醚	19.0
2,2,4–三甲基丁烷	32.2	二甲基环戊烷	15.1	丙基–叔–丁基醚	16.6
2,2,3–三甲基丁烷	27.2	环己烷	0	二–正丁基醚	13.3
正庚烷	25.7	二异丙基醚	27.1	甲基–叔–异戊醚	7.3
3–甲基庚烷	25.6	乙基–叔–丁基醚	23.7	甲基–叔–己醚	6.9
正壬烷	23.6	二乙醚	2.0	甲基环己烷	0

注：下面除特别说明外，所有沥青的针入度都是指在 25 ℃，100 g，5 s 的条件下的针入度，单位为 0.1 mm；软化点都是指环球法，单位为 ℃。

现在实际上用于沉淀沥青质的溶剂，主要是各种低分子的正构烷烃。随溶剂的不同，沉淀的沥青质的数量如图 2.3 所示。由图 2.3 可见，生成的沥青质数量随正构烷烃碳原子数的增大而减少，但到 C_7 以上时，随着烷烃碳原子数的改变而减少的差值已经很小，可视为基本不变。还可以看到沥青越软，随着溶剂的改变，沥青质含量的变化越小。

用表 2.14 和图 2.3 的数据可以帮助选择合适的沥青质沉淀剂，或用代用溶剂后对所得结果进行合理的判断和分析。显然，不同溶剂所得到的沥青质的性质也不相同，随着烷烃碳原子数的增加，沥青质的相对分子质量和极性都将增大，如图 2.4 所示。

图 2.4 对角线右上方表示沉淀沥青质的沉淀剂，n-C_7（正庚烷）沥青质的相对分子质量和极性都比 n-C_5（正戊烷）的大，而且相对分子质量越大的部分极性越小，相对分子质量越小的极性越大。这是因为当沉淀剂由 n-C_7 变到 n-C_5 时，有些相对分子质量和极性较小的部分也随之沉淀下来，结果沥青质的总量增多，平均相对分子质量和极性就随之减小。

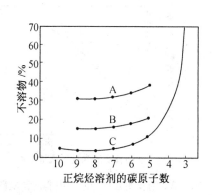

图2.3　正烷烃的碳原子数与沉淀的沥青质的关系

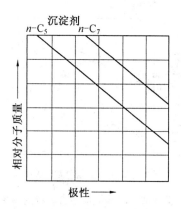

图2.4　沥青质的相对分子质量和极性与所用溶剂的关系

②溶剂的用量。溶剂的用量对沉淀下来的沥青质的含量也有影响。在一定的温度下,开始时随着沉淀剂用量的增加,沥青质的含量增加较快,以后再增加沉淀剂的用量,沥青质的增量渐渐减少,基本达到恒定。例如,用脱芳香烃石油醚(60～80 ℃)分析某沥青中沥青质的结果见表2.15,图2.5是用不同比例的正庚烷从 A、B、C 三种沥青沉淀中得到的沥青质的含量。

表2.15　沉淀剂用量对沥青质含量的影响(沥青的针入度46,软化点57 ℃)

沉淀剂用量/(g·mL^{-1})	12.5	25	50	100	200	500	1 000
沥青质含量/%	18.2	20.5	21.3	21.8	22.2	22.4	22.5
提高的百分数/%		12.7	3.9	2.3	1.8	0.9	0.4

在实际的分离分析实验中,大都用40～50倍的溶剂。用量过少,不但得到的沥青质太少,同时吸附在沥青质上的某些胶质在继续加溶剂时还会重新沉淀出来,给以后的分析鉴定工作带来较大的误差,但使用更多的溶剂也没有必要。

③温度。温度升高,则沉淀的沥青质减少,如图2.6所示。

除上述主要因素外,其他如光线、加溶剂后放置的时间等也有影响。因此只有严格按照规定条件得到的沥青质才可能相互比较。否则,虽然都称为沥青质,在含量及性质方面都可能有相当大的差别,这是特别需要注意的。因为沥青质本身就是一个组成不定的混合物,它们仍然可以被分成许多亚组成分。表2.16是用溶解能力不同的溶剂分出的亚组分及它们的某些性质。

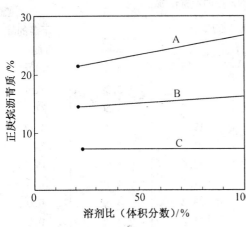

图 2.5　正庚烷的用量与沥青质含量的关系

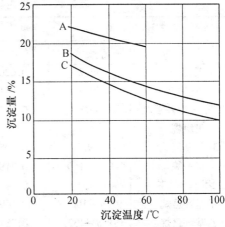

图 2.6　温度对沥青质含量的影响(沉淀剂用量为沥青的 100 倍)

A—平均沸点为 75 ℃的脱芳烃石油醚;B—平均沸点为 113 ℃的石油醚;C—平均沸点为 163 ℃的汽油

表 2.16　用不同沉淀剂连续分离的沥青质亚组分

沉淀剂	沉淀量/%	亚组分的性质				
		相对分子质量	C/%	H/%	S/%	(N+O)/%
正庚烷 15%+苯 85%	4.62	–	81.80	10.50	1.60	3.80
正庚烷 60%+苯 40%	20.20	1 880	84.10	8.42	3.85	3.62
正庚烷 80%+苯 20%	31.70	1 660	87.74	8.64	3.40	3.22
正庚烷 90%+苯 10%	13.98	–	83.56	9.08	3.38	3.03
正庚烷 100%	9.72	1 290	85.47	9.12	3.15	2.56

（2）沥青质溶液的性质

沥青质在有机溶剂中的溶解,是由于在溶液中沥青质颗粒与溶剂分子相互作用的结果。

因为沥青质在一定的条件下可以缔合或解缔,沥青质的这种基本特性决定着它们的许多性质,其中也包括沥青质溶液的性质。因所用溶剂的性质及溶液的浓度和温度不同,在有机溶剂中主要是形成胶体溶液。但也有人认为可能形成真溶液。据研究,沥青质在有机溶剂中溶解得越好,即溶剂的溶解能力越强,则沥青质与分散相混合得也越完全。有人认为沥青质在弱极性溶剂中的溶解性能与这些溶剂的内压力 $\gamma V^{1/3}$ 有关,其中 γ 为溶剂的表面张力,V 为溶剂的摩尔体积。表 2.17 是一些溶剂的内压力性质以及对沥青[针入度为 40~50(0.1 mm)]的溶解性能。而内压力较小的非极性溶剂,溶解能力要小得多,故生成的沉淀量随溶剂的内压力的减小而增多。这与前面所说的沥青质不溶于表面张力小于 $25×10^{-3}$ N/m(25 ℃)溶剂的事实是一致的。

溶剂的性质不同,沥青质溶液的黏度也有相当大的差别。溶剂的溶解能力越强,同样浓度的沥青质溶液的黏度越小;沥青质的相对分子质量越小,则溶液的黏度也越小。关于沥青质溶液的黏度以后还要详细讨论。

表 2.17　沥青在各种溶剂中的溶解性能

溶剂	溶剂的性质				不溶的沉淀/%
	沸点/℃	d_4^{20}（相对密度）	$\gamma_{35℃}/(N \cdot m^{-1})$	$\gamma V^{1/3}$	
正戊烷	36.2	0.626 3	15.9	3.27	33.5
2,2,4-三甲基丁烷	99.3	0.691 9	18.6	3.39	32.2
2,2,3-三甲基丁烷	80.8	0.694 0	18.7	3.56	27.2
正庚烷	98.4	0.683 7	19.9	3.77	25.7
3-甲基庚烷	119.1	0.705 5	21.2	3.89	23.6
正壬烷	149.4 ~ 150.8	0.718 2	22.6	4.01	15.1
二甲基环戊烷	91.0	0.748 7	21.3	4.19	0.0
甲基环己烷	99.4 ~ 100.3	0.769 6	23.2	4.61	0.0
乙基环己烷	131.8 ~ 132.1	0.787 9	25.4	4.86	0.0
环己烷	81.4	0.777 8	24.0	5.04	0.0
苯	80.1	0.879 4	28.2	6.32	0.0

　　由于沥青质分子间的缔合作用，即使在很稀的溶液中往往也很难以单个分子的形态存在，而是几个或更多的分子缔合在一起，因此沥青质属于大分子类型的物质。在一般情况下，它们以胶团（也称胶束）的形态存在于介质中。这就容易解释上面所述的沥青质对其溶液黏度的种种影响。根据电子显微镜的观察，各种渣油中的沥青质也是以胶团的状态存在。这些胶团的大小因溶剂（胶质和油分）不同，变化的范围约为 $(20 \sim 30) \times 10^{-10}$ m 到 $(150 \sim 200) \times 10^{-10}$ m，见表 2.18。

表 2.18　各种石油沥青的粒度

石油	1	2	3	4
地层深度/m	1 200	1 300	2 150	2 700
平均最大尺寸/10^{-10}m	150 ~ 160	50 ~ 100	50 ~ 60	20 ~ 30
相对分子质量	1 740	2 325	2 500	2 560

　　从表 2.18 的数据看出，沥青质在溶液中若以单个的分子状态存在，溶液有可能是真溶液（因有的沥青质分子的大小在 100×10^{-10} m 以下的相当多）。但实际上，多数情况下是许多个分子缔合在一起，形成更大的分子团，表现出许多的胶体溶液性质，如电泳、黏弹性、溶胀性等。

　　现在都把沥青质溶液作为胶体体系。若沥青质的平均分子式为 C_nH_{2n-m}，各种沥青质的平均碳及氢原子数见表 2.19。大多数沥青质的碳原子数都在 100 以上，m 值的变化范围从 72 至 128，这样估算的结果，单个沥青质的相对分子质量与表 2.19 的数据是一致的。又因每个芳香环的 $m=6$，所以大部分沥青质的总芳香环数约为 10 ~ 25 个。若沥青质的大分子是层状结构，用 X 射线法研究，实际的层数一般为 5 层，每层平均约有 2 ~ 5 个缩合芳香环。

表 2.19 沥青质的平均碳、氢原子数

沥青质来源	阿尔兰	俄罗斯	乌兹别克	伊拉克	波斯坎	阿特巴斯
C 原子数	105	105	148	87	85	164
H 原子数	126	122	169	98	98	200
m	84	88	127	76	72	128

（3）沥青质对沥青性质的影响

如前所述,除个别沥青或渣油中几乎不含沥青质外,绝大多数的道路沥青都含有 10%～20% 甚至更多的沥青质。沥青质作为胶体溶液的核心分散在沥青的其他组分中, 并形成稳定的胶体体系。沥青的许多性质都与此胶体体系中沥青质的含量及性质有关。

首先,沥青的硬度随沥青质含量的增多而增大。科贝特研究了沥青各个组分的性质 后认为,不论用针入度或黏度测定的沥青硬度,都与沥青质的含量有直接的关系。饭岛通 过对约 20 种沥青的研究,发现沥青的软化点与各个组分的含量之间有以下关系,即

$$T_{R\&B} = 1.19As - 0.671R - 0.682Ar - 0.008\ 38S + 83.6 \tag{2.1}$$

$$\bar{\sigma} = 3\ ℃(\bar{\sigma}\ 为标准差)$$

式中,As、R、Ar 及 S 分别为沥青质、胶质、芳香分及饱和分的含量。此式计算的结果与实 验值相差一般不超过 3 ℃。

从式(2.1)可见,沥青质的系数最大,故对软化点的影响也最大。系数是正数,表示 沥青质含量增加时,软化点随之升高;胶质和芳香分的系数值差不多,而且是负数,则表示 它们的含量增加时,软化点稍有下降;饱和分的系数最小,而且是负数,说明饱和分的含量 增加时,沥青的软化点也有些下降,但下降幅度很微小。

其次,沥青质对沥青的感温性有好的影响,它可使沥青在高温时仍有较大的黏度。由 于这些原因,沥青质是优质沥青中应当必备的组分之一。

2. 胶质

胶质也称为树脂或极性芳烃,是半固体或液体状的黄色至褐色的黏稠状物质,具有很 强的极性。这一突出的特性使胶质有很好的黏结力。

胶质的化学组成和性质介于沥青质和油分之间,但更接近沥青质。因来源及加工条 件的不同,石油沥青中的胶质一般为半固体状,有时为固体状的黏稠性物质。颜色从深黑 至黑褐色,相对密度接近 1.00(0.98～1.08),沥青中胶质的相对分子质量大约为 500～ 1 000 或更大。胶质能溶于各种石油产品(不是石油化工产品)及石油醚、汽油、苯等常用 的有机溶剂中,但不溶于乙醇或其他醇类。胶质具有很强的着色能力,例如,在无色透明 的汽油中,只要含有 0.005% 的胶质就足以使汽油呈淡黄色。各种油馏分具有或深或浅 的颜色,主要就是由于胶质的存在引起的。与各馏分油比较,胶质的相对分子质量大,沸 点高,但还是可能随着各馏分同时被馏出,所以单纯用蒸馏的方法不能把胶质和油分、胶 质和烃类混合物分开。胶质在沥青中起扩散剂或胶溶剂的作用,它与沥青质的比例在一 定程度上决定着沥青的胶体结构特性。胶质赋予沥青可塑性、流动性和黏结性,对沥青的 延性、黏结力有很大的影响。

胶质最大的特点之一是化学稳定性很差。在吸附剂的影响下稍稍加热,甚至在室温

下,在有空气存在时(特别是阳光的作用下)很容易氧化缩合,部分变为沥青质。胶质在开口容器中加热到 100～150 ℃ 也会部分变为沥青质。

实验证明,不同来源的胶质,被氧化生成沥青质的趋势有相当大的差别,例如在同样的氧化条件下(150 ℃,3 h,1.5 MPa),格劳兹内胶质生成27.5%的沥青质,巴拉罕胶质只生成5.28%沥青质,达索尔胶质介于二者之间,生成16.2%的沥青质。而且随着氧化过程的进行,生成沥青质的速度渐渐被稳定下来,见表2.20。

表 2.20　胶质氧化时生成的沥青质(150 ℃,1.5 MPa)　　　　　　　单位:%

胶质	氧化时间/h			
	1	3	6	12
格劳兹内	1.35	2.21	2.80	3.20
达索尔	0.62	0.1	1.10	1.35
巴拉罕	痕迹	0.08	0.15	0.20

因此可以粗略地把胶质分为容易氧化的与难氧化的两类。若将胶质或可溶质的溶液先用足够量的硅胶吸附,再从硅胶上顺次用不同冲洗强度的溶剂脱附,则可将胶质分为性质差别相当大的各个亚组分,表2.21是各亚组分的性质。

随着溶剂冲洗能力的加强,冲洗下的胶质的相对分子质量、酸值及杂原子的含量等都在顺次增大,它们的表面活性也在顺次增大,这可从不同亚组分胶质对表面张力的影响中看出。图2.7是用不同溶剂脱附下来的胶质亚组分的表面张力与浓度的关系,胶质的极性越强,表面张力的下降越大。

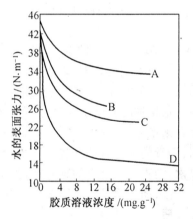

图 2.7　胶质溶液的浓度对水的表面张力的影响
A—环己烷脱附的胶质;B—因氯化碳脱附的胶质;C—苯脱附的胶质;D—丙酮脱附的胶质

若将从硅胶上脱附下来的胶质用苯酚处理,发现凡是溶于苯酚的胶质,相对分子质量较小,密度大,杂原子硫、氧及氮的含量也比较多,见表2.22。

表 2.21　胶质亚组分的性质

冲洗溶剂	相对分子质量	碘值 /[g·(100g)$^{-1}$]	酸值 /(mg·g^{-1})	C/%	H/%	S/%	N/%	O/%	C/H 比	1%胶质对苯-水表面张力的减少
四氯化碳	376	15.3	0	87.95	8.76	0.51	0	2.73	10.0	2.0
苯	517	7.2	11.7	85.89	8.99	0.62	0	4.50	9.6	2.6
丙酮	610	7.2	15.2	81.87	10.00	1.7	0	6.43	8.2	7.2
苯-醇(1:1)	685	5.9	51.6	78.06	9.75	2.69	0	9.50	8.0	14.2

表2.22 不同溶剂脱附下的胶质性质及元素组成

脱附剂	d_4^{20}（相对密度）	相对分子质量	C/%	H/%	O/%	S/%	N/%
不溶于苯酚的							
四氯化碳	1.035 0	670	85.04	10.35	4.50	0.51	0.60
苯	1.043 8	752	84.80	10.37	4.08	0.62	1.13
丙酮-苯	1.050 9	1 217	82.24	10.37	4.70	1.07	1.62
溶于苯酚的							
四氯化碳	1.088 9	354	84.36	10.10	3.66	0.63	1.25
苯	1.091 3	422	82.45	9.61	5.09	0.71	1.24
丙酮-苯	1.094 0	455	82.22	9.68	6.09	1.25	2.76

若将这些胶质在给定条件下氧化，不溶于苯酚的胶质没有沥青质生成，只生成少量的酸性物质，胶质的稳定性较大。根据这些事实推测，这类胶质可能是由长侧链芳香环结构的物质组成，因此它们的相对分子质量较大。而溶于苯酚的胶质只有很少的短侧链，氧化时主要生成沥青质，氧化稳定性小。一般，含脂肪族较多的石蜡基原油生产的沥青含有较多的能用弱极性的溶剂脱附下的胶质，如四氯化碳胶质；而在环烷基或中间基石油的沥青中，含有大量的苯溶剂脱附下来的胶质。

胶质的分子结构中含有相当多的稠环芳香族和杂原子的化合物，在沥青中是属于强极性的组分，主要用于作黏接剂的沥青中，如道路沥青必须含有适量的胶质才能使沥青具有足够的黏附力。此外胶质对沥青的黏弹性、形成良好的胶体溶液等方面都有重要的作用。

3. 油分

（1）芳香分

芳香分是深棕色的黏稠液体，由沥青中最低相对分子质量的环烷芳香化合物组成，它是胶溶沥青质的分散介质。芳香分在沥青中质量分数为40%～65%，H/C（原子比）为1.56～1.67，平均相对分子质量为300～600。

（2）饱和分

饱和分是由直链烃和支链烃组成的，是一种非极性稠状油类，H/C（原子比）为2左右，平均相对分子质量为300～600。饱和分在沥青中质量分数为5%～20%，对温度较为敏感。

芳香分和饱和分都作为油分，在沥青中起着润滑和柔软作用。油分含量越多，沥青的软化点越低，针入度越大，稠度降低。油分经丁酮-苯脱蜡，在-20 ℃冷冻，会分离出固态的烷烃，即为蜡。

（3）油分特点和性能

在石油沥青中，油分的含量因沥青的种类不同而异，道路沥青中油分（未脱蜡）的质量分数一般为40%～50%或更多，高软化点的沥青油分的含量较少。

脱蜡后的油分绝大多数都是混合烃类及非化合物组成的混合物。所谓混合烃就是指在同一个分子中除芳香环外,还有环烷环及烷基侧链。单纯的某种烃类化合物几乎是不存在的。对于石油沥青中的烃类混合物,不应该用烃类族组成的概念来说明,而应当用结构族组成来表示石油沥青中油分的组成。因为像沥青这样大的分子,在它们的组成中很可能有如下结构的分子:

像这样的化合物很难说它是属于何种烃类,一般都用所谓结构族组成表示,即:

芳香环碳　C_A＝芳香环碳数/总碳数×100%＝10×100%/52＝19.2%

环烷环碳　C_N＝环烷环碳数/总碳数×100%＝7×100%/52＝13.5%

烷基侧链碳　C_P＝35×100%/52＝67.5%

芳香环数　R_A＝2

环烷环数　R_N＝2

总环数　R_T＝2+2＝4

但实际上沥青中油分分子的真正化学结构是不知道的,当然也写不出像上面所说的分子式。在实际工作中是测定试样油分的某些物理常数,如折光率 n_D^{20} 及相对分子质量 M。用这些常数并通过适当的计算方法或用诺模图,就可以得到油分的平均分子的结构族组成,这就是大家熟悉的 n-d-M 法。若用液体色谱法分离这些油分,可以得到饱和族(烷-环烷族)、单环芳香族、双环芳香族及多环芳香族,它们的分界线规定如下:

饱和族　　　　　　　$n_D^{20} < 1.49$

单环芳香族　　　　　$1.49 \leqslant n_D^{20} < 1.53$

双环芳香族　　　　　$1.53 \leqslant n_D^{20} < 1.56$

多环芳香族　　　　　$n_D^{20} > 1.56$

应当注意,这个分界线并不是严格的,只是指在某个范围内以某种族类为主。这样分离得到的各个族类也可以用 n-d-M 法作它们的结构族组成分析。

现在还没有看到更多关于沥青中油分的结构族组成或族组成分析数据。但关于高沸点石油馏分的组成,包括可能存在某些结构的化合物类型的数据很多。沥青中油分的结构族组成与这些馏分油,尤其是与重馏分油的结构族组成没有本质上的区别。

油分在沥青中主要起柔软及润滑的作用,是优质沥青不可缺少的部分,但饱和族对温度敏感,不是理想组分。

4. 蜡

不论采用三组分分析法,还是四组分分析法,均可以从液态成分中分离出蜡。蜡组分的存在对沥青性能的影响是沥青性能研究的一个重要课题。在常温下,蜡都以固体形式存在,但随着温度的变化,它对沥青黏度将产生较大的影响。现有研究认为,蜡对沥青性能的影响为:在高温时,蜡的熔融(融化温度为 50 ℃左右)会使沥青的黏度降低,使沥青发软,导致沥青路面高温稳定性降低,出现车辙、拥包等病害。同样,蜡结晶体使沥青的脆性增大,从而导致沥青的低温性和黏性降低,使沥青变硬变脆,导致路面低温抗裂性能降低,出现裂缝。此外,蜡还会影响沥青与石料的黏附性、沥青路面的水稳定性和抗滑性。因此,对于沥青中的含蜡量各国都有严格的限制,我国对用于高等级公路的沥青规定其含蜡量(蒸馏法)不大于2.2%。

我国一些主要原油都是石蜡基原油,因此研究蜡对沥青使用性能的影响就更为迫切。遗憾的是,这是一个相当复杂的问题,国内目前尚未开展这方面的系统研究。国外虽有许多人把研究石油馏分、渣油及沥青中的蜡作为奋斗的目标,也取得了一定的成绩,但距离真正解决存在的实际问题还有不小的距离,特别是蜡对沥青使用性质的影响差距更大。在道路沥青的规格中,规定了最高允许含蜡量,并以此作为沥青价格的主要参考指标之一。测量含蜡量的方法基本上采用德国DIN的标准方法,这个方法虽经过40年的经验证明不可靠,但实际上现在还在继续应用。究竟何种方法更为可靠,目前仍未定论。同样的沥青用不同的方法所测定的含蜡量及蜡的熔点都不相同,见表2.23。

表2.23 不同方法测定的含蜡量(及蜡熔点) 单位:%

沥青	DIN法	抽提法	热膨胀法	脱沥青及脱蜡法
1	1.0/57 ℃	2.1/49 ℃	2.0	1.1/约50 ℃
2	2.9/61.5 ℃	6.1/59.5 ℃	9.3	58.0/63 ℃
3	0.8/56 ℃	1.5/58 ℃	2.7	1.5/约58 ℃
4	4.3/61 ℃	11.4/62.5 ℃	10.7	11.8/62 ℃
5	1.8/61 ℃	5.5/62 ℃	4.8	4.2/68 ℃
6	2.0/57 ℃	6.8/47 ℃	4.8	6.8/46 ℃
7	2.1/56 ℃	6.9/50 ℃	8.2	6.7/52 ℃

注:热膨胀法是利用加热后,蜡与其他组分具有不同的热膨胀系数而测定含蜡量的。

为什么同一沥青用不同的测定方法,差别会如此之大? 这一方面是由于方法本身有不足之处;另一方面,对蜡的定义不明确。因此,在讨论蜡的其他问题之前,首先应当明确沥青中的蜡的含义。所谓蜡是指原油、渣油及沥青在冷冻时,能结晶析出的熔点在25 ℃以上的混合组分,其中主要是高熔点的烃类混合物。所以,蜡是一种组成及性质都不固定的物质,测定的方法不同,当然就得不到同样的结果。

现在国际上大部分测定含蜡量的方法可归结为以下两个步骤:一是预先除去或破坏掉那些会妨碍测定含蜡量的胶质和沥青质(脱胶步骤);二是从除去胶状物质的组分中,用溶剂及冷冻过滤的方法把蜡分离出来(脱蜡步骤)。

实现第一个步骤通常有两个方法,即将试样进行破坏蒸馏,使胶质、沥青质变为焦炭,将蒸出的馏分再用来脱蜡;另一种方法是用白土、硅胶等吸附剂除去胶质、沥青质,将分出的油分进行脱蜡。关键的问题是这两个方法都难以得到满意的脱胶效果。这在1933年的第一次国际石油会议上就已作出决议:"测定结晶的、不结晶的蜡含量的标准方法是非常迫切的问题,应当加速进行。"但到现在这个问题尚未解决。我国《公路工程沥青及沥青混合料试验规程》(JTG E 20—2011)中是采用的是蒸馏法。

(1)蜡的化学组成

蜡的化学组成以纯正构烷烃或其熔点接近纯正构烷烃的其他烃类为主,在石油的重组分中,对蜡的化学组成要比对其他组分的化学组成了解得清楚些,因为蜡的化学结构比较简单。在这方面许多人都做过大量的研究工作,例如有人用分离能力很高的气相色谱

法测定了 $C_{25} \sim C_{68}$ 地蜡的化学组成,也有人用高温气相色谱法及质谱法定量地测定了石蜡中的 C_{33} 以下的正构和异构烷烃,五元或六元环烷烃的含量,用 GPC 法分析石油重组分中蜡和地蜡的分布情况,以上所有这些研究都得到类似的结论:在组成蜡的化合物中,以纯正构烷烃或熔点接近纯正烷烃的其他烃类为主,例如长烷基侧链末端有一个或两个氢原子被环烷或芳香环或小的烷基(如—CH_3、—C_2H_5 等)取代的烃类。在这些烃类中,虽然含有芳香环、环烷环或支链等,但其性质,如熔点、吸附性能,更接近正构烷烃,而且链越长,其性质越接近纯正烷烃。例如烷烃 $C_{30}H_{62}$ 及 $C_{50}H_{102}$,其正构和异构烷烃 CH_2/CH_3 的值见表 2.24。

表 2.24 同分异构分子的 CH_2/CH_3

	正烷	异烷	CH_2/CH_3 比值
$C_{30}H_{62}$	$2/28 = 0.07$	$3/27 = 0.11$	7/11
$C_{50}H_{102}$	$2/48 = 0.042$	$3/47 = 0.064$	42/64

若相对分子质量再大,正构和异构烷烃 CH_2/CH_3 的值还会更加接近。这些其他结构的基团一般不大可能在烷链的中央部位,因为在中央的取代物,其熔点要低得多。例如,正—$C_{43}H_{88}$ 的熔点为 85 ℃,假若在第 22 位上有一个 CH_3 的异—$C_{44}H_{90}$,熔点就只有 66.5 ~ 66.7 ℃,下降约 20 ℃,这样它在测定含蜡量的条件下就难以结晶析出。到目前为止,还没有发现从石油蜡中分离或发现取代基位于中央部位的长烷链化合物。就蜡在硅胶或其他吸附剂上的吸附性能而言,这些带有其他结构的长烷基链的环状化合物,也应当更接近饱和烃部分,在脱附时大部分应当进入饱和族部分,只有那些具有稠环的短侧链烃类才有可能进入芳香族部分。

上面关于蜡的化学组成的推论或结论,都是根据石油重馏分油分析的结果。关于石油沥青中蜡的研究较少,现将诺特尼尔斯对于道路沥青中蜡的化学组成的研究结果介绍如下:沥青试样首先用正丁烷在 125 ℃脱沥青(这样的脱胶过程似乎是充分的),得到的脱沥青油以甲基异丁基酮为溶剂在 -30 ℃脱蜡。试验中用于研究沥青中蜡的化学组成的沥青性质见表 2.25。

表 2.25 沥青的性质

编号	1	2	3	4	5	6	7
产地	墨西哥	委内瑞拉 I	委内瑞拉 II	中东 I	中东 II	中东 III	远东
软化点/℃	34.5	40.0	31.5	45.5	42.5	35	36
针入度(25 ℃)/0.1 mm	342	208	330	166	144	274	255

用上面方法分离出来的蜡的性质见表 2.26。从表 2.26 中可以看到:

①几乎所有的沥青蜡,C_P 的含量都在 70% 以上(只有 1 号例外但也很接近 70%)。这说明烷烃或烷基侧链占蜡组成的绝大部分。从元素组成和 C/H(原子比)接近 0.5 也可以看到这些蜡的饱和程度相当高,与石油重馏分中的蜡相似。

②所有的蜡中都含有杂原子硫、氧及氮,而且,从 4 号和 7 号沥青中分离出的蜡,用分段结晶分为熔点从 25 ~ 70 ℃的许多组分,所有这些组分中都含有硫和环状烃。

③在这 7 种沥青蜡中,除相对分子质量和 C_N 的差别较大外,其他的组成和性质都比较接近。

表 2.26 蜡的性质和组成

沥青蜡的编号	凝点/℃	蜡含量/%	元素组成/%						C/H(原子比)	n-d-M 分析					
			C	H	S	N	O	总计		n_D^{20}	d_4^{20}	M	C_A	C_N	C_P
1	约50	2.1	84.1	12.6	2.55	0.36	0.15	99.8	0.56	1.492 0	0.884 8	约1 300	11.5	20	68.5
2	63	6.1	84.9	13.6	1.16	0.27	0.10	100	0.52	1.465 7	0.833 3	约640	9	4.5	86.5
3	约58	1.5	85.4	12.2	1.50	0.55	0.20	99.9	0.58	1.493 0	0.896 7	约1 200	8.5	21.5	70
4	62	11.4	84.6	13.25	1.25	0.24	0.08	99.40	0.53	1.469 6	0.842 9	755	8.5	6	85.5
5	68	5.5	85.0	13.4	1.48	0.28	0.08	100.2	0.52	1.472 5	0.847 4	约820	9	4.5	
6	46	6.8	84.7	13.3	1.40	0.39	0.009	99.8	0.53	1.472 0	0.849 2	730	8	10	82
7	52	6.9	85.6	13.29	0.59	0.33	0.20	100.01	0.54	1.480 1	0.864 4	1 210	8.5	10.5	81

为了更进一步了解沥青蜡的化学组成,将从 4 号沥青中分离出来的蜡又用分子蒸馏将其分为四个馏分和残油,每个馏分均用 Al_2O_3 吸附色谱分为饱和族、单环芳香族、多环芳香族及硫化物,分离的结果见表 2.27 和图 2.8。

表 2.27 饱和族各馏分的化学组成

分子蒸馏的馏分			饱和族含量/%	最先从色谱柱中冲洗出的饱和族			每分子中的—CH₃数
编号	产率/%	切割温度/℃	相对分子质量		熔点/℃	按元素分析得到的分子简式	按红外吸收光谱分析得到的分子简式	每分子中的—CH₃数
1	16.4	145	470	85	62~64	$C_{33}H_{67.6}$	—	2.8
2	20.7	175	567	75	63~70	$C_{40}H_{80.3}$	$C_{40}H_{80.8}$	3.0
3	18.9	215	705	55	69~70	$C_{50}H_{100.1}$	—	3.5
4	21.2	260	990	35	59~60	$C_{70}H_{138.4}$	$C_{70}H_{139.3}$	5.3
残	22.8	—	2 850	10	56~63	$C_{90}H_{177}$	$C_{90}H_{177.5}$	

图 2.8 说明饱和族化合物的含量将随相对分子质量的增大而减少,其他的族类则逐渐增多,当相对分子质量超过 1 000 后,这时饱和族的含量已经很少,很可能高分子的沥青蜡中不再含有正构和异构烷烃。

分子蒸馏及色谱分离后饱和族组分的性质见表 2.28。从元素分析和红外吸收光谱分析来看,两者的结果非常接近,甚至高相对分子质量部分也很一致。从第 1 个馏分到第 4 个馏分,环烷数从 0 增至 2 个,这从熔点的变化中也可以看出。

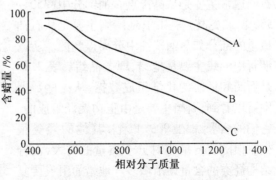

图 2.8 沥青蜡的含量和相对分子质量的关系

A—苯-醇(1∶1)冲洗的多环芳香族及硫化物;B—苯冲洗的单环芳香族化合物;C—60/80 石油醚冲洗的饱和族化合物

第 3 及第 4 个馏分的相对分子质量虽然增大很多,但熔点基本不变,甚至还有一些降低。支链及环上的取代基甚至还有一些降低。支链及环上的取代基很少,因为—CH_3 的总数都比较少,虽然在大分子蜡中,—CH_3 数有些增多,但增多的量很少,大约每 30 个碳原子才有一个支链。从折光率、元素分析和红外吸收光谱的分析来看,只有分子蒸馏的第一个馏分中含有大量的正构及异构烷烃,而其他馏分中有较多的长侧链环烷烃。芳香环结构很少,而且主要是苯环化合物,侧链相当长,例如 C_{40} 烷基苯之类的化合物。这与从石油的重馏分油中分出的蜡中得出的都含有长侧链芳香烃的结果是一致的。用色谱法分离得到的芳香烃中,都含有硫化物。经紫外线吸收光谱分析,这些硫化物基本上都是苯基噻吩。

表 2.28　饱和族各馏分的性质

馏分号	相对分子质量	m_D^{70}	S/%	C_A/%	H/C 比	CH_2/%	CH_3/%	C_nH_{2n+x} 中的 x
原始蜡	775	1.469 5	1.25	—	—	—	—	—
1	470	1.441 9	<0.1	—	2.048	96.5	9	1.6
2	567	1.451 2	0.65	0.08	2.007	89	8	0.3
3	705	1.465 1	1.95	—	2.000	90	7.5	0.1
4	990	1.472 8	1.67	0.05	1.997	85.5	8	-1.6
残	2 850	1.51	2.58	0.15	1.965	84.5	7.5	-3

（2）蜡的种类和性质

石油中的蜡,按其物理性质可以分为石蜡和地蜡,地蜡也称为微晶蜡。当它们的熔点相近时,地蜡的相对分子质量、密度等都比较大,见表 2.29 及图 2.9 所示。

表 2.29　石蜡和地蜡性质的比较

名称	熔点/℃	平均相对分子质量	D_4^{60}
石蜡	56.1 ~ 60.1	380	0.781
地蜡	57.5 ~ 60.1	420	0.798

从图 2.9 中看到,地蜡的相对分子质量比石蜡大得多(图中 ΔRI 表示差示折光率)。石蜡通常主要是从高沸点石油馏分中(350 ~ 550 ℃或更高)得到的,地蜡则主要是从石油最重的部分如蒸馏残油中分离得到的。所以沥青中的蜡主要是地蜡,即微晶蜡。表 2.30 是石蜡和地蜡的化学组成数据,从这些数据中可以看到,石蜡主要是由正构烷烃组成的,它们的含量常在 90% 以上,其他的烃类很少。但随着石蜡相对分子质量的增大,混合结构烃类的含量逐渐增多。地蜡的组成要复杂些,大多数地蜡中都含有相当多的环烷烃及少量的芳香烃,在一般情况下,地蜡中正构烷烃的含量比石蜡中少得多。

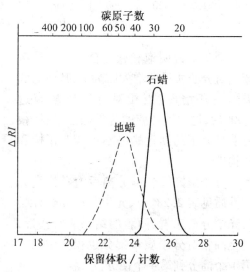

图 2.9　石蜡和地蜡的凝胶渗透色谱曲线

表 2.30 石蜡和地蜡的化学组成

名称	石蜡	地蜡 A	地蜡 B	地蜡 C
正烷烃/%	93.0	17.6	25.9	88.1
异构烷烃/%	0.5	26.4	15.4	3.4
非缩合环烷烃/%	6.5	46.6	45.1	8.5
缩合环烷烃:二环/%	0	4.9	7.1	0
三环/%	0	1.7	2.6	0
苯环芳香烃/%	0	2.7	3.7	0
萘环芳香烃/%	0	0.1	0.2	0
熔点/℃	57	76	77	54

注:除熔点外表中的所有数字均为百分数。

由于石蜡和地蜡的化学组成不同,自然就会在它们的理化性上表现出来。表 2.31 是 10 种比较典型的蜡的性质和组成的关系。

表 2.31 蜡的性质和组成的关系

性质	1	2	3	4	5	6	7	8	9	10
平均碳原子数	52.7	53.0	29.8	27.2	40.4	53.0	32.8	23.7	22.7	54.3
C_nH_{2n+x}中的 x	1.2	0.8	2	2	1	0	1.1	2	2	−2
n_D^{100}	1.438 2	1.441 3	1.427 5	1.421 8	1.436 0	1.444 4	1.430 8	1.416 6	1.415 3	1.450 0
熔点/℃	88.3	76.0	65.0	61.0	59.4	59.4	52.2	49.4	43.3	28.3
黏度/(10^{-3}Pa·s)	19.9	20.6	48.0	4.1	9.6	22.1	5.2	2.9	2.6	24.4
针入度(25℃)/0.1 mm	7	14	12	12	38	23	39	11	55	>100

注:$x=2$ 为石蜡,其他为地蜡。

从表 2.31 中可以清楚地看到,石蜡($x≈2$)的黏度、针入度都比较小,例如 2 号蜡碳原子数比 3 号蜡的碳原子约多 1 倍,但针入度反而比 3 号大。而地蜡的针入度比同样碳原子数石蜡的针入度大得多,例如 10 号蜡的平均碳原子虽然有 54.3 个,但却很软,针入度>100,而且熔点也只有 28.3 ℃。

为了更进一步了解蜡的结构与其理化性质的关系,索切夫柯研究了商品石蜡、地蜡的环数、侧链等与蜡的脆点和剪应力的关系。实验证明主要由正构烷烃组成的石蜡的特点是,能承受很大的剪应力,但塑性差(脆点较高),针入度小;而地蜡的性质刚好相反,剪切力小但塑性好(脆点较低),针入度也比较大,而且环数越多,塑性越好,强度也随之下降,如图 2.10 所示。这可能是由于环的存在难以形成有秩序的结构,因而分子的流动性或塑性较大。当温度改变时,环状结构较多的蜡,其应力变化较小,如图 2.11 所示。

综上所述,石蜡和地蜡是石油也是沥青中的两类重要的固态烃。当沸点相同时,地蜡的熔点较低,这是因为石蜡主要由正构烷烃组成。从石油中分出的石蜡,熔点一般为52～57 ℃,地蜡为 63～91 ℃,这说明地蜡的碳原子数及相对分子质量比石蜡大得多。除熔点和相对分子质量外,在其他的性质方面,两者也有较大的差别。石蜡性脆,加压时容易出现裂纹。地蜡质地坚韧,大部分的地蜡都有一定的塑性,在压力作用下有流动的趋势。地蜡含油时塑性增加,而石蜡含油时强度大为下降。例如,在石蜡中加入 0.5% ~ 1% 的矿物油后,强度下降约 50%;而在地蜡中加入同样的油,强度只下降约 5%。石蜡由液态变为固态时,收缩率比地蜡大。地蜡的针入度、黏度都比石蜡大。地蜡在熔点温度以下时,受压力变弯曲但不易断裂,而石蜡在熔点附近时就易断裂。石蜡的蜡-油混合物的延度比地蜡的蜡-油混合物(当矿物油的含量相同时)的延度小,易弯曲性比地蜡小。在同样的针入度时,石蜡在低温时,弹塑性比地蜡小。若将地蜡加到石蜡-油混合物中时,混合物的针入度较两种组分针入度的算术平均值要大,即变软了。所有以上性质在一定程度上可能都对沥青的物理性质和使用性能有重要的影响。

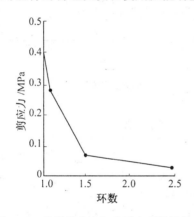

图 2.10 蜡的剪应力与分子中环数的关系

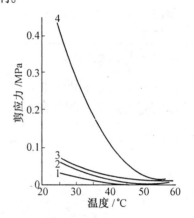

图 2.11 温度改变时对蜡的剪应力的影响
1—2.5 个环;2—1.8 个环;
3—1.5 个环;4—1.0 个环

(3)蜡的晶体结构

在讨论蜡对沥青使用性质的影响时,在某些情况下,蜡的结晶构造及形成的条件可能比蜡的化学组成更为重要,当然蜡的结晶状态与其化学组成有密切的关系。

当石蜡中只含有少量的其他烃类而主要是正构烷烃时,控制适当的温度及冷却速度,可以形成三种晶体:针状、片状及无定形的微晶。有人认为石蜡之所以能形成针状结晶是因为混入了地蜡的结果。据研究,在石蜡中只要有 1% 的地蜡,就足以使石蜡变为针状结晶;也有人认为在石蜡中,加入 10% 左右的地蜡才会使石蜡完全变为针状结晶。图 2.12 是各族烃类的一些典型的结晶构造的照片。图 2.13 和 2.14 分别为地蜡和石蜡的照片。

通过试验和这些照片可以看到:

①正构烷烃具有典型的带状或片状结晶。

②异构烷烃为细长的针状结晶,与正构烷烃的结晶完全不同。

③带有长正构烷基侧链的环烷烃,虽然它们的结晶也很大,但与纯正构烷烃的晶形有明显的区别。

④芳香烃都是细小的针状结晶。

⑤从石油中分出的石蜡,其晶形与纯正烷烃相差不大,但可看到含有少量的其他烃类。

⑥地蜡的晶形与带有异构烷基侧链的芳香烃的结晶相似。

(a) 正烷烃，熔点为 64 ℃；

(c) 带有正构烷基侧链的
环烷烃，熔点为 60 ℃；

(e) 带有正构烷基侧链的
芳香烃，熔点为 48 ℃；

(b) 异烷烃，熔点为 43 ℃；

(d) 带有异构烷基侧链的
环烷烃，熔点为 39 ℃；

(f) 带有异构烷基侧链的
芳香烃，熔点为 48 ℃；

图 2.12 各种固体烃晶体的显微照相

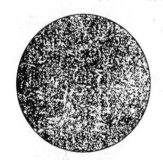

图 2.13 石油地蜡(熔点 67.5 ℃)   图 2.14 从石油中分出的石蜡(熔点 61.5 ℃)

当有胶质和沥青质存在时,石油沥青中蜡的结晶状况几乎完全不同。这方面的研究很少,现在难以得出系统的结论。切尔诺茹可夫等人认为当体系在冷却时,石蜡和地蜡首先在胶质和沥青质分子的周围集聚成晶簇,以此为核心逐渐长大。显然,胶质和沥青质的含量越少,在给定的温度下,结晶聚集的越大;胶质和沥青质的含量越多时,则因结晶中心的增多,只能形成细小的微晶。这可能就是某些沥青黏弹性及塑性较好、针入度较大,但软化点较高的原因之一。

(4) 蜡对沥青性能的影响

①对沥青流变性的影响

在沥青中,蜡主要溶解在油分中,当它以熔解状态存在时,则会降低分散相的黏度,这使蜡在液体状态时黏度降低,仅 10 ~ 30 cP;当蜡以结晶状态存在时,则会使沥青具有屈服应力的结构;如果以松散粒子存在,就类似于沥青中加入矿粉而使沥青的黏度增加。沥青中蜡含量增加,会使沥青在常温下的黏度增大;而当接近石蜡融化温度(50 ℃)时,蜡含量增加,反而使沥青的黏度降低。因此,蜡含量高的沥青温度敏感性强。

②对沥青的低温性能的影响

低温下高含蜡量沥青的结晶结构网增加了沥青的刚性,表现出较高的弹性和黏性,随着蜡含量的增加,沥青的脆性也增大。

③对沥青界面性质的影响

当沥青与石料接触时,蜡的存在会降低沥青对石料界面的黏附。同时,蜡会集中在沥青的表面使沥青失去光泽,并影响沥青路面的摩阻性能。

④对沥青胶体结构的影响

蜡的结晶网格会促使沥青向凝胶型胶体结构发展,但胶体系统不稳定而具有明显的触变性。

2.3　沥青的化学和胶体结构

2.3.1　化学结构

沥青材料的化学结构是指沥青分子的结构形状和状态,它与沥青的胶体性质、流变学性质和路用性质有密切关系。

沥青的技术性质不仅与化学组分含量有关,而且与化学结构有关。沥青各组分的典型结构如图 2.15、2.16、2.17 所示。

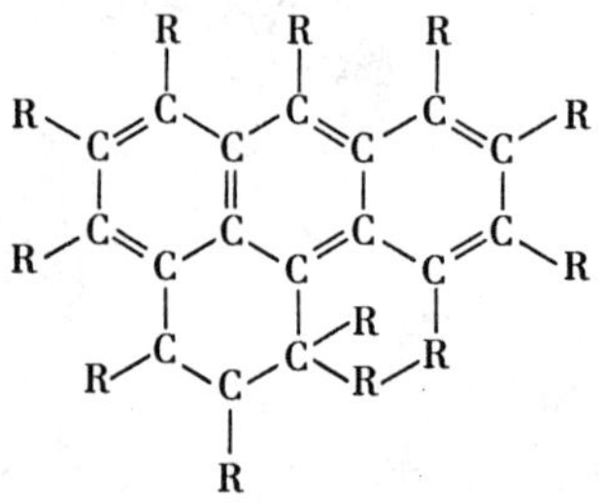

图 2.15　沥青质的结构（R—脂族、环烷族或芳香族）

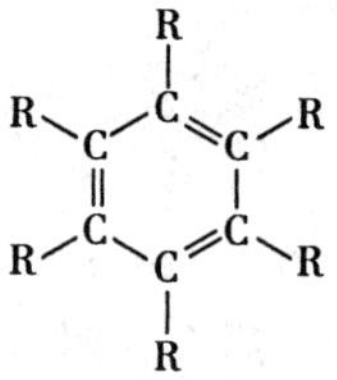

图 2.16　芳香族的结构（R—环烷族或芳香族）

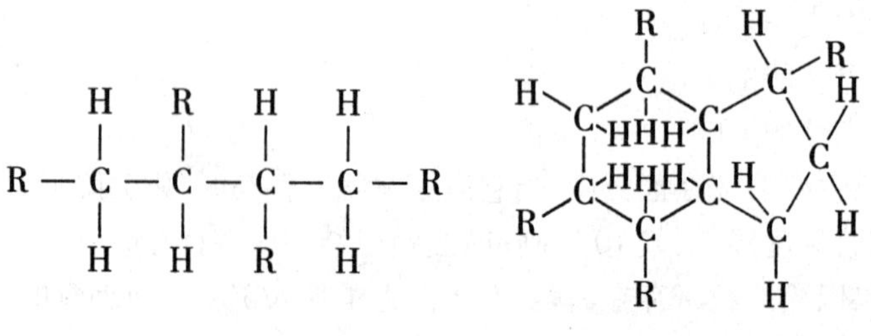

图 2.17　饱和分的结构（R—脂族、环烷族或芳香族）

①沥青的温度感应性与沥青化学结构参数中的烷碳率 f_c（f_c 为侧链上的碳数 C_P 占总碳数 C_T 的百分率）、侧链根数 n 及平均链长度 l 有关，f_c 高、n 少、l 长则沥青具有较高的温度感应性。

②沥青的吸附性与芳香指数 f_a（芳香环碳数 C_A 占总碳数 C_T 的百分率）、芳香环数 R_A 等有关，f_a 高、R_A 多，则沥青具有较好的黏附性。

③沥青的黏度与平均相对分子质量和聚合度有关。

2.3.2 沥青的胶体结构

沥青组分不能全面反映沥青的性质，单纯从沥青的组分含量也无法判断沥青的性质。现代胶体理论研究表明，沥青的苯溶液具有丁达尔现象，因此沥青溶液也是一种胶体溶液。可以认为，沥青中沥青质是分散相，油分是分散介质，但沥青质与油分不亲和，而且沥青质与油分两种组分混合不能形成稳定的体系，沥青质极易发生絮凝。而胶质对沥青质是亲和的，对油分也是亲和的，因此胶质包裹沥青质形成胶团，分散在油分中，从而形成稳定的胶体。在胶团结构中，从核心的沥青质到油分是均匀的、逐步递变的，并无明显的分界层。沥青胶体结构不同，在相同的温度和荷载作用时间的条件下，表现的力学行为也不同。

1. 胶体结构的形成

现代胶体理论认为，沥青的胶体结构是以固态超细微粒的沥青质为分散相。通常是若干个沥青质聚集在一起，它们吸附了极性半固态的胶质，而形成胶团。由于胶溶剂-胶质的胶溶作用，而使胶团胶溶、分散于液态的芳香分和饱和分组成的分散介质中，形成稳定的胶体。

在沥青中，相对分子质量很高的沥青质不能直接胶溶于相对分子质量很低的芳香分和饱和分的介质中，特别是饱和分为胶凝剂，它会阻碍沥青质的胶溶。沥青能形成稳定的胶体，是因为强极性的沥青质吸附极性较强的胶质，胶质中极性最强的部分吸附在沥青质表面，然后逐步向外扩散，极性逐渐减小，芳香度也逐渐减弱，距离沥青质越远，则极性越小，直至与芳香分接近，甚至到几乎没有极性的饱和分。这样，在沥青胶体结构中，从沥青质到胶质，乃至芳香分和饱和分，它们的极性是逐步递变的，没有明显的分界线。所以，只有在各组分的化学组成和相对含量相匹配时，才能形成稳定的胶体。

2. 胶体结构分类

根据沥青中各组分的化学组成和相对含量的不同，可以形成不同的胶体结构。沥青的胶体结构，可分为下列 3 种类型。

（1）溶胶型结构

当沥青中沥青质相对分子质量较低，并且含量很少（例如在 10% 以下），同时有一定数量的芳香度较高的胶质时，胶团能够完全胶溶而分散在芳香分和饱和分的介质中。在此情况下，胶团相距较远，它们之间吸引力很小（甚至没有吸引力），胶团可以在分散介质黏度许可范围之内自由运动，这种胶体结构的沥青称为溶胶型沥青（图 2.18（a））。溶胶型沥青的特点是，流动性和塑性较好，开裂后自行愈合能力较强，而对温度的敏感性强，即对温度的稳定性较差，温度过高会流淌。这类沥青完全服从牛顿液体的规律，在变形时剪应力（τ）与剪变率（γ）呈线性关系，黏度（η）为常数。弹性效应可以忽略或完全没有。液体沥青多属溶胶型结构,通常大部分直馏沥青都属于溶胶型沥青。

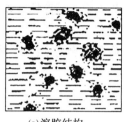 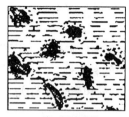 

(a)溶胶结构　　　　　　　(b)溶-凝胶结构　　　　　　　(c)凝胶结构

图2.18　沥青胶体结构

(2)溶胶-凝胶型结构

沥青中沥青质含量适当(例如在15%~25%之间),并有较多数量芳香度较高的胶质,这样形成的胶团数量增多、胶体中胶团的浓度增加,胶团距离相对靠近(图2.18(b)),它们之间有一定的吸引力。这是一种介于溶胶与凝胶之间的结构,称为溶-凝胶结构。这种结构的沥青,称为溶-凝胶型沥青。修筑现代高等级沥青路面的沥青,都应属于这类胶体结构类型。通常,环烷基稠油的直馏沥青或半氧化沥青,以及按要求组分重(新)组(配)的溶剂沥青等,往往能符合这类胶体结构。常温时,这类沥青在变形的最初阶段,表现为非常明显的弹性效应,但变形增加至一定数值后,则表现为牛顿液体状态(即 τ 与 γ 成正比)。这类沥青在工程性能上,在高温时具有较低的感温性,低温时又具有较好的形变能力。

(3)凝胶型结构

沥青中沥青质含量很高(例如大于30%),并有相当数量芳香度高的胶质来形成胶团,这样,沥青中胶团浓度大幅度地增加,它们之间的相互吸引力增强,使胶团靠得很近,形成空间网络结构。此时,液态的芳香分和饱和分在胶团的网络中成为"分散相",连续的胶团成为"分散介质"。这种胶体结构的沥青,称为凝胶型沥青(图2.18(c))。这类沥青的特点是弹性和黏性较高,温度敏感性较小,温度较高时具有较好的稳定性,开裂后自行愈合能力较差,流动性和塑性较低。在工程性能上,虽具有较好的温度感应性,但低温变形能力较差。

3.胶体结构类型的判定

沥青的胶体结构与其工程性能有密切的关系。胶体结构类型,可以根据流变学的方法和物理化学的方法等确定。为工程使用方便,通常采用其对温度的敏感程度——针入度指数来进行判断。

针入度指数(PI)是沥青高温稳定性的一种指标,它与针入度和软化点有关。PI 值大表示沥青的感温性小。计算 PI 值的费弗(Pfeiffer)公式为

$$PI = \frac{30}{1+50A} - 10 \qquad (2.2)$$

式中,A 为针入度-温度感应性质数。

当 $PI < -2$ 时,为溶胶结构;

当 $-2 \leqslant PI \leqslant 2$ 时,为溶-凝胶结构;

当 $PI > 2$ 时,为凝胶结构。

4. 胶体结构与路用性能的关系

沥青的胶体结构与沥青的路用性能有密切关系。

从化学角度确定沥青的胶体结构显然很困难，但根据沥青温度稳定性来评价沥青的胶体结构则要方便很多。工程中常按沥青的针入度指数 *PI* 值来判别沥青的胶体结构类型。

表 2.32 为几种沥青的物理性质、化学组分与胶体性质，其中沥青的组成和针入度指数之间的关系尤为重要。可以看出，多数直馏沥青的沥青质较少，油分较多，多属溶胶型沥青。氧化沥青和半氧化沥青的沥青质含量相对较多，针入度较大，在路用性能上，具有较低的温度感应性，但低温变形能力差，胶体结构多为凝胶型。但是由于沥青性质的复杂性，有的沥青未必完全符合这种规律。

表 2.32 沥青的物理性质、化学组分与胶体性质

沥青名称	物理性质					化学性质				胶体性质			
	针入度(25℃)/0.1 mm	延度(25℃)/cm	软化点/℃	脆点/℃	针入度指数	饱和分S/%	芳香分 A_r/%	胶质R/%	沥青质 A_s/%	沥青质胶溶能力 P_a	软沥青质胶溶能力 P_o	沥青体系胶溶率P	沥青质与沥青体系胶溶率之比 A_s/P
NC 直馏沥青	32	150+	54.2	−1	−1.8	19.2	58.8	33.5	8.5	0.72	1.4	4.9	1.7
MB 直馏沥青	36	150+	53.5	−2	−1.1	21.0	43.2	23.7	12.1	0.78	1.1	8.1	2.4
MK 溶剂脱沥青	29	150+	57.4	+2	−0.7	5.0	56.0	30.2	8.8	0.79	1.3	6.3	1.4
PM 直馏沥青	35	1.5	57	−7	−0.4	52.9	25.3	16.7	5.1	0.78	0.8	3.8	1.3
MCR 直馏沥青	23	28.5	63.9	−3	0.0	11.4	44.0	22.4	22.2	0.72	1.1	3.7	6.0
MB 氧化沥青	26	4.0	86.5	−19	+3.5	27.5	25.7	14.2	32.6	0.69	1.3	4.0	8.1
MB+氧化催化沥青	38	3.2	106.0	−22	+6.5	26.8	27.6	11.8	33.8	0.66	1.0	3.1	10.9

有些学者认为，应用溶液的胶体理论尚不能很好地解释沥青的各种现象，转而用高分子溶液进行研究，将沥青作为高分子溶液看待，即可以认为沥青是以沥青质为分散相，软沥青质(油分+胶质)为分散介质，二者亲和而形成的分子溶液。这种高分子溶液的特点是对电解质稳定性较大，而且是可逆的，也就是说，在沥青高分子溶液中，加入电解质并不能破坏沥青的结构。当软沥青质减少，沥青质增加时，为浓溶液，即凝胶型沥青；反之，沥青质较少，软青质含量较多，为稀溶液，如溶胶型沥青就可以认为是稀溶液。溶–凝胶型沥青则介于二者之间。

有的学者应用溶解度参数理论分析高分子溶液的相溶性，认为相溶性好的沥青其性能也好。从理论上来说，它应满足以下三个条件：

①沥青质与软沥青质的平均化学结构应相似。

②沥青质与软沥青质的溶解度参数相近，即 $|\delta_1-\delta_2| \leqslant 1.55 (kJ/m^3)^{1/2}$。

③沥青质的浓度期望在较低范围内。

表 2.33 为几种沥青的相溶性，根据它们的溶解度参数可以对其相溶性进行评价。

表 2.33　几种沥青的相溶性

沥青材料	沥青组合	溶解度参数 δ /(kJ·m^{-3})$^{1/2}$	溶解度参数差 δ /(kJ·m^{-3})$^{1/2}$	相溶性评价
阿尔巴尼亚沥青 60$^{\#}$	软沥青质(M)	17.867 5	0.857 0	好
	沥青质(As)	18.687 8		
胜利氧化沥青	软沥青质(M)	17.827 2	1.921 1	较差
	沥青质(As)	19.748 2		
胜利半氧化沥青	软沥青质(M)	17.867 5	1.488 8	较好
	沥青质(As)	19.356 3		
胜利渣油	软沥青质(M)	17.965 3	1.511 4	较好
	沥青质(As)	19.476 7		
大庆氧化渣油	软沥青质(M)	17.110 9	2.116 1	较差
	沥青质(As)	19.227 2		
旧路面回收沥青	软沥青质(M)	16.462 8	2.963 7	差
	沥青质(As)	19.426 5		

第3章 石油沥青的性质

3.1 石油沥青的物理性质

3.1.1 密度和相对密度

1. 密度和相对密度的定义

密度(density)是指某种物质的质量和其体积(与温度有关)的比值,即单位体积的某种物质的质量,称为该物质的密度。密度用 ρ 表示,单位为千克每立方米(kg/m³)或克每立方厘米(g/cm³)。

相对密度(Specific Gravity)是指物体的质量与同体积水的质量的比值,没有单位。相对密度旧称比重,对于气体是指气体的相对分子质量同空气的相对分子质量(28.964 4)的比值。液体或固体的相对密度说明它们在另一种流体中是下沉还是漂浮。相对密度一般情形下随温度、压力而变,简写为 s. g.。密度是有量纲的量,相对密度是无量纲的量。故物质的相对密度常和其密度的数值相等。密度须以 g/cm³ 或 kg/m³ 为单位,相对密度则仅为纯数字,所以意义上不相同。简言之,即相对密度是一单位容积物质和同一单位水的相对密度。

根据 1978 年国际纯粹应用物理学协会所属符号单位和术语委员会的文件建议,我国已取消比重的概念,而以相对密度的概念代替,但在工程上还常常使用比重的概念。

我国在有些书籍中,把单位体积内所含物质的质量也译成比重。它大体也能指示物体在水中的沉或浮,现在通称它为单位体积质量,以重力表示时,称为该物体的"比重力",用 γ 表示,国际单位制的单位为每立方米牛顿(N/cm³)。γ 和 s. g. 有所不同。γ 和密度 ρ 之间的关系为 $\gamma = \rho g$,式中 g 为该地的重力加速度。g 随地区和高度不同而变化,所以 γ 也随着变化。

2. 沥青的密度和相对密度

沥青的相对密度是指在规定温度下,沥青质量与同体积水质量之比。我国现行试验方法规定沥青的相对密度是指 25 ℃ 相同温度下与水的相对密度。

沥青 25 ℃ 密度与 25 ℃ 相对密度之间可由下式换算:

$$\text{沥青的相对密度}(25/25\ ℃) = \text{沥青的密度}(25\ ℃) \times 0.996 \tag{3.1}$$

通常黏稠沥青的相对密度波动在 0.96 ~ 1.04 范围。我国富产石蜡基沥青,其特征为含硫量低、含蜡量高、沥青质含量少,所以相对密度常在 1.00 以下。

密度和相对密度是沥青的基本参数,在沥青储运和沥青混合料设计时都要用到。沥青的密度(或相对密度)在质量与体积之间互换计算时颇为重要。例如在筑路时,经常需要将一定质量或体积的沥青与其他骨料以一定的比例混合。这时若能知道沥青的密度或相对密度(习惯上称比重),就会给工作带来很大的方便。在设计沥青的生产装置和科研等方面,密度也是一个重要的基本数据。沥青的相对密度一般都在1.00左右,与它们的物理性质和化学组成有密切的关系,其中化学组成特别是芳香分的含量对相对密度的影响较大。但总的说来,这些因素对沥青密度的影响,不像对石油轻馏分的影响那么明显。外界因素,如温度对沥青密度的影响很大,这在设计沥青的储存器时,必须给以充分的注意。

许多研究表明,沥青的密度大体有以下几条规律:

①沥青密度与其芳香分含量有关,芳香分含量越高,沥青密度越大。

②沥青密度与各组分之间的比例有关,沥青质含量越高,其密度越大。

③沥青密度与含蜡量有关,由于蜡的密度较低,故含蜡量高的沥青其密度也低。

④沥青中硫的含量对其密度有一定影响,硫的含量增加,沥青的密度随之增大。

此外,沥青的密度还与其稠度有关,稠度高的沥青密度也大。直馏沥青针入度在40～100(0.1 mm)范围内,其密度基本上都在1.025 ～ 1.035 g/cm³之间。密度与沥青各组分之间有良好的相关性,其关系可用下式表示为

$$d = 1.06 + 8.5 \times 10^{-4} \text{As} - 7.2 \times 10^{-4} R - 8.7 \times 10^{-5} \text{Ar} - 1.6 \times 10^{-3} S \qquad (3.2)$$

式中,d 为沥青的密度;As、R、Ar、S分别为沥青的沥青质、胶质、芳香分和饱和分的含量。

由上述可见,沥青的密度与沥青化学组成有密切关系。过去将沥青的密度作为评价沥青质量的一个指标,密度大,一般沥青的性能比较好。实质上是因为沥青中的芳香分和沥青质含量比较高,饱和分含量较低,而这些沥青都是由环烷基原油炼制的,一些进口沥青和国产的重交通沥青都属于这种情况。而用中间基原油和石蜡基原油炼制的沥青,则其沥青质和芳香分含量低,蜡含量高,故不仅密度低,而且性能也差。当然,由于沥青化学组成的复杂性,其密度与路用性能之间也并不存在绝对的相关性。例如,我国新疆克拉玛依所产的沥青,其密度就小于1.00 g/cm³,但克拉玛依沥青的路用性能却很好。

石油沥青的相对密度随着针入度的减小略有增大,直馏和氧化沥青的相对密度一般都在表3.1所示的范围内。但有些从高芳香性原料生产的沥青相对密度可能大于表3.1所示的数值。

表 3.1　沥青在 25 ℃时的相对密度

针入度 (25 ℃) /0.1 mm	300	200	100	50	25	10	5	<5
相对密度	1.01±0.02	1.02±0.02	1.02±0.02	1.03±0.02	1.04±0.02	1.05±0.02	1.07±0.03	1.07±0.03

3.黏稠石油沥青密度的测量

测量沥青密度试验过程参考我国现行《公路工程沥青及沥青混合料试验规程》(JTG E20—2011)。密度是质量和体积的比值,在试验过程中,就是用质量之差求得沥青的质量,用体积之差求得沥青所占的体积,注意要在整个试验过程中,用恒温水槽控制温度在15 ℃。测量沥青的容器如图3.1所示。

3.1.2 溶解度

沥青属于有机胶凝材料,沥青的溶解度是指沥青在有机溶剂(三氯乙烯、四氯化碳、苯等)中可溶物的质量百分数。溶解度可以反映沥青中起黏结作用的有效成分的含量。利用溶解度的大小,可以清洗或稀释沥青。

3.1.3 沥青的热性质

1.沥青的比热容

沥青的热性质包括比热容、热传导及热膨胀等方面的性质。沥青的比热容因来源及温度不同稍有差别,一般可取0.5左右,见表3.2。

图3.1 比重瓶

表3.2 沥青的比热容

沥青	软化点 /℃	针入度 (25 ℃) /0.1 mm	比热容/[cal·(g·℃)$^{-1}$]				每1 ℃比 热容的变化
			0 ℃	100 ℃	200 ℃	300 ℃	
1	40	177	0.425	0.472	0.520	0.567	47×10^{-5}
2	63	23	0.409	0.463	0.518	0.572	54×10^{-5}
3	97	7	0.382	0.455	0.527	0.600	73×10^{-5}
4	65	23	0.429	0.464	0.499	0.534	35×10^{-5}
5	85	39	0.430	0.462	0.494	0.526	32×10^{-5}
6	87	25	0.402	0.458	0.514	0.570	56×10^{-5}

所有沥青的比热容都随温度的升高而呈线性关系地增大,随着比重的增大而减小。

若欲求得在任意温度时的比热容,可近似地用下式计算:

$$（比热容）_t = （比热容）_{t_0} + at \tag{3.3}$$

式中,a 为每1 ℃时比热容的变化,通常 a 值为0.000 32～0.000 78。

沥青的比热容与它的稠度、温度有关。在0 ℃时,沥青的比热容为1.672～1.797 4 J/(g·℃)。沥青温度每升高1 ℃,比热容增加1.672×10^{-3}～2.508×10^{-3}J/(g·℃)。

2.沥青的热导率

沥青的热导率是表示在温度平衡过程中热传导的速率。它与沥青的导热性成正比,而与沥青的比热容、密度成反比。不同的沥青,其导热系数有所差别,一般为2.087～10.450 W/(m·K)。

沥青的热导率在实用温度范围内可采用9.07 W/(m·K)的值。虽然温度的改变对沥青的热导率有些影响,可忽略不计,这与筑路用的矿物性骨料相比要小得多。

固体蜡的热导率约为13.96 W/(m·K)。当在沥青中结晶时,蜡将形成开放结构,这时可以认为对沥青的热导率没有明显的影响。几种沥青的热导率见表3.3。

表 3.3　沥青的热导率

沥青	针入度(25 ℃)/0.1 mm	软化点/℃	热导率/[W/(m·K)]				
			0 ℃	20 ℃	40 ℃	60 ℃	70 ℃
委内瑞拉直馏沥青	177	39.5	0.136	0.133	0.130	—	—
委内瑞拉直馏沥青	23	62.5	0.141	0.137	0.133	0.129	0.125
委内瑞拉氧化沥青	7	96.5	0.144	0.137	0.133	0.124	0.127
墨西哥直馏沥青	22.5	65	0.137	0.135	0.133	0.133	—
墨西哥氧化沥青	2.5	86.5	0.150	0.146	0.143	0.140	0.136

3. 热胀系数

沥青材料在温度升高时,体积将发生膨胀。温度上升 1 ℃,沥青单位体积或单位长度几何尺寸的增大称为体膨胀系数或线膨胀系数。

壳牌石油公司的研究资料认为,沥青的体膨胀系数与其稠度无关,在 15 ~ 200 ℃范围内固定不变,为 6.1×10^{-4}/℃。事实上沥青的体膨胀系数并非常数,而是随品种不同有所变化,一般为 2×10^{-4} ~ 6×10^{-4}/℃。沥青的体膨胀系数对沥青路面的路用性能有密切关系,体膨胀系数越大,则夏季沥青路面越容易产生泛油,而冬季又容易出现收缩开裂。

沥青的体膨胀系数可以通过测定不同温度下的密度按下式求得

$$\alpha = (d_{T_2} - d_{T_1}) / [d_{T_1}(T_1 - T_2)] \tag{3.4}$$

式中,α 为沥青的体膨胀系数,1/℃;d_{T_2},d_{T_1} 分别为高温和低温下沥青的密度,g/cm³;T_1,T_2 分别为温度,℃。

体膨胀系数是线膨胀系数的三次方。所以,有了沥青的体膨胀系数,就不难求得沥青的线膨胀系数。

3.1.4　沥青的电性质

1. 介电常数

沥青的介电常数是沥青的电性质,其值按下式确定

$$\varepsilon = C_m / C_0 \tag{3.5}$$

式中,ε 为沥青的介电常数;C_m 为沥青作为介质时电容器的电容;C_0 为电容器介质为真空时的电容。

英国运输与道路研究所(TRRL)研究认为,沥青在阳光的紫外线、氧气、雨水和车辆油滴的影响下,其耐候性与沥青的介电常数有关;同时认为,路面的抗滑性也与沥青的介电常数有关,从这一要求出发,沥青的介电常数应大于 2.65。

根据物质的介电常数可以判别高分子材料的极性大小。通常,介电常数大于 3.6 为极性物质;介电常数在 2.8 ~ 3.6 范围内为弱极性物质;介电常数小于 2.8 为非极性物质。沥青材料的介电常数在 2.6 ~ 3.0 范围内,25 ℃时为 2.7,在 100 ℃时增大为 3.0,故属于非极性或弱极性材料。在配制改性沥青时,根据沥青和聚合物改性剂的介电常数可以判

断两者是否相容。例如,配制环氧沥青,双酚 A 环氧树脂的介电常数为 3.9,属于极性材料,而沥青是非极性或弱极性材料,二者不相容。因此,要解决环氧树脂与沥青的相容性,必须采取添加中间介质的方法。

介电常数对于电缆沥青等电器绝缘方面所用的沥青具有很重要的意义。一般软沥青的介电强度较硬沥青的小,介电强度随温度的升高而下降。表 3.4 是用板电极在不同温度下测得的沥青的介电强度。

表 3.4　沥青的介电强度(电极距 1 mm,频率 Hz)

沥青名称	针入度 (25 ℃)/0.1 mm	软化点 /℃	介电强度/(kV·mm^{-1})	
			25 ℃	50 ℃
委内瑞拉渣油	180	40	10	<10
委内瑞拉渣油	44	54	30	10
委内瑞拉渣油	23	61	30	10
委内瑞拉渣油	11	83	>60	15
墨西哥渣油	25	63	35	10
委内瑞拉氧化沥青	39	87	25	15
墨西哥氧化沥青	35	89	30	20
墨西哥氧化沥青	11	129	35	15
深度裂化产品	1.5	74	>60	20

石蜡的存在,对沥青的介电强度有不良的影响。极性化合物的浓度不大时,石蜡对沥青的介电常数的影响可能不很大;但极性化合物的浓度太大时,则有明显的不良影响。因此若使用极性添加剂以改善这类沥青黏结性时,应当格外注意。

2. 导电性

导电性是沥青的另一个重要的电性质。在 50 ℃ 以下时,沥青的电导率一般都在 10^{-13} Ω/cm 数量级。随着温度的升高,导电性迅速增大,电阻急剧下降,而且随着黏度的减小很快地减小,如图 3.2 所示。这可能是因黏度减小时,带电粒子的活动性随之加大所引起的。

表 3.5 为不同温度时沥青的介电常数和电导率。从表 3.5 看出:

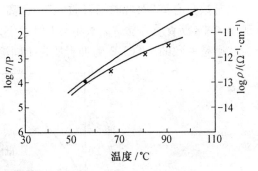

图 3.2　沥青的黏度和电导与温度的关系

①沥青的介电常数均随温度的升高而增大,但增加的幅度不大。

②各种沥青的介电常数都很接近,均在 2.60 ~ 3.0 之间。

③电导率随温度的升高及沥青针入度的增大而迅速增大,且各种沥青之间电导率的差别较大。

④沥青越硬,电导率越小。

表 3.5　不同温度时沥青的介电常数和电导率

沥青性质	温度/℃	直馏沥青 A			直馏沥青 B		氧化沥青		
		1	2	3	1	2	1	2	3
针入度(25 ℃)/0.1 mm	—	175	23	11	25	19.5	38	22.5	11
软化点/℃	—	39.5	64	86	65	67.5	80	77	129
介电常数	5	2.66	2.63	2.62	2.66	2.72	2.73	2.74	—
	20	2.76	2.69	2.69	2.78	2.78	2.79	2.83	2.45
	35	2.81	2.76	2.76	2.86	2.89	2.82	2.90	2.49
	50	2.84	2.81	2.82	2.90	2.95	2.84	2.95	2.52
	65	2.87	2.85	2.86	2.92	3.0	2.86	2.97	—
	80	—	2.88	2.87	2.94	3.03	2.90	2.99	—
	100	—	—	2.89	—	—	—	—	—
电导率×10⁻¹¹/(Ω⁻¹·cm⁻¹)	35	1.1	<0.1	<0.1	<0.1	<0.1	0.12	<0.1	<0.1
	50	5	0.4	<0.1	0.5	0.5	0.7	0.11	<0.1
	65	50	2.6	0.3	2.9	2.4	3.6	0.7	—
	80	—	14	1.9	17	11	16.0	5.0	—
	90	—	38.0	5.8	50	34	35	13	—

在不同的溶剂中,沥青或沥青质溶液的电导性有较大的差别。实验证明,沥青质在介电常数很大($\varepsilon=34.8$)的硝基苯中电导性最大,在苯溶液中几乎不导电。这是因为苯的介电常数只有2.28,此时沥青质的正、负离子之间的静电吸引力很强,几乎不解离,而在硝基苯中,沥青质容易解离故电导性大。这与关联解离与溶剂介电常数的奈斯特-汤姆生法则是一致的。图3.3为沥青质在不同溶剂中的电导率。

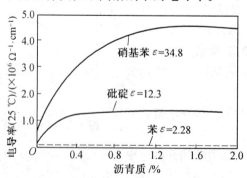

图 3.3　沥青质在不同溶剂中的电导率值

3. 电泳

在各种电性质中,沥青质溶液的电泳具有相当重要的意义。电泳现象直接证明沥青质溶液的胶体性质。若将 12.5% 沥青质的硝基苯溶液通以 500 V 及 3 000 V 的电压,就会产生电泳现象。沥青质在 500 V 时,沉淀在阴极;在 3 000 V 时,沉淀在阳极。

3.1.5 表面及界面性质

通常,所谓表面张力是指液体与空气之间的力。表面张力的大小主要决定于液体的化学组成及温度,尤其是表面活性物质的性质和含量。虽然气体的性质也有一定的影响,但影响很小可忽略不计。沥青的表面和界面性质(主要是指与固体矿物料的界面)在沥青的加工(如氧化)及作为黏结剂时有着非常重要的理论和实际意义。沥青的表面张力对于研究沥青与石料的黏附性也具有重要的意义。

沥青作为黏结剂时有两个重要的问题需要考虑。首先,沥青与骨料之间应有足够大的黏附力;其次这种黏附力应能抵抗其他物质特别是水的作用。两个问题都牵涉三相体系之间的平衡,即固体-沥青-空气和固体-沥青-水。当暂不考虑沥青或水在固体物质上的延缓扩散现象时,我们把一滴沥青滴到固体平面上,待体系达到平衡状态时,有如图3.4所示的几种相互作用力。

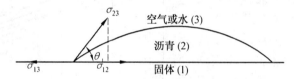

图 3.4 三相存在时的表面张力示意图

σ_{13}—固体与空气或水之间的界面张力;σ_{12}—固体与沥青之间的界面张力;σ_{23}—沥青与空气或水之间的界面张力

在体系达到平衡时

$$\sigma_{13} = \sigma_{12} + \sigma_{23} \cos \theta$$

故

$$\cos \theta = (\sigma_{13} - \sigma_{12})/\sigma_{23} \tag{3.6}$$

式中,θ 为接触角。

式(3.6)中的界面张力的值是指三相共存时所测的表面张力,其值与两相体系的界面张力不同。例如,当我们把沥青加到固-液两相体系时,固体及水的界面张力可能因吸附沥青的某些组分而引起界面张力的变化。这时式(3.6)中的 σ_{13} 就将代表改变了的界面张力。因此不能将两相体系中所测定的界面张力引用到固-液-液三相体系中去。

在没有外力作用下,接触角对于估计固体骨料与沥青之间的黏附力有很重要的意义。此时界面张力的实际意义只是在力的作用点处与接触角有关。尽管如此,表面和界面张力的测定仍然很重要,因为它能帮助确定体系是以何种状态变化的。

表3.6为沥青的表面张力及总表面能,由于沥青的黏度很大,在室温下几乎不可能测定出它们的表面张力,必须在较高的温度(例如 100 ℃)下测定,而表面张力又是随温度而改变的,所以沥青的表面张力很难测准。表3.6的数据,在实际应用时已足够准确。

表 3.6　沥青的表面张力及总表面能

沥青种类	针入度(25 ℃) /0.1 mm	软化点 /℃	表面张力/(dyn·cm⁻¹)[①]			总表面能 /(erg·cm⁻²)[②]
			100 ℃	120 ℃	150 ℃	
委内瑞拉渣油	200	39	28.8	27.7	26.0	50
墨西哥渣油	50	58	29.4	28.1	26.2	52
墨西哥渣油	190	42	28.7	27.4	25.5	51
墨西哥氧化沥青	34	85	—	26.1	24.1	52
墨西哥氧化沥青	190	—	28.1	—	24.8	50

　　注:①dyn/cm(达因/厘米),1 dyn/cm＝10⁻³ N/m;
　　　　②erg/cm²(尔格/平方厘米),1 erg/cm²＝10⁻³ N/m。

　　沥青的表面张力对于在氧化过程中空气泡的分散有很大的影响,从而跟空气用量及氧化的速度都有关系。当空气用量相同时,气液两相之间界面的大小随着气泡运动速度的减小而增大,即随着气泡的变小而增大。而气泡的大小在其他条件相同时,决定于液-气两相之间的表面张力。因此,沥青的表面张力数据对研究沥青氧化反应器及类似装置中的流体力学及传质过程有重要的意义。图 3.5 是在氧化温度附近时几种沥青的表面张力与温度的关系。

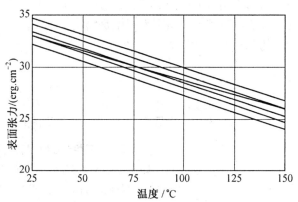

图 3.5　几种沥青的表面张力与温度的关系

　　对生产氧化沥青的过程来说,图 3.5 中的直线部分更有用。也可用下面的经验公式计算沥青-空气的表面张力:

$$\sigma = 25 + 0.187(t_p - 70) - (10^{-7}t_p^4 + 0.25)(t - 100) \times 10^{-2} \tag{3.7}$$

式中,t_p 为沥青的软化点,℃;t 为测定表面张力时的温度,℃。

　　计算结果与实验的数据相当接近,沥青在高温时的表面张力见表 3.7。

　　表 3.7 的数据说明,沥青的种类及软化点的高低对表面张力的影响不是很大。对同一种沥青可以近似地认为表面张力与温度呈线性关系。

　　从表面吸附的观点来看,沥青-固体之间的界面张力与表面活性物质及水的 pH 值有关。由于沥青中都含有表面活性物质,因此即使很粗略地给出沥青(不含表面活性物质时)与水之间的表面张力也相当困难。一般认为沥青-水的界面张力为 25×10⁻³ N/m,也有的认为是(30~40)×10⁻³ N/m。若向沥青或水中加入如磷酸盐或含有—COOH、—OH 基之类的化合物,界面张力可下降至 5×10⁻³ N/m。

　　沥青的种类对总表面能的影响不大,所有沥青的总表面能一般都接近 5×10⁻³ N/m。

温度对总表面能的影响也很小,它与总表面能之间有如下关系:

$$E_s = \sigma - T d\sigma/dT \tag{3.8}$$

式中,E_s 为总表面能;T 为绝对温度,K。

沥青的总表面能与沥青表面的化学结构有较大的关系,当表面是由饱和的脂肪族液体组成时,总表面能约为 50×10^{-3} N/m,而当表面是由芳香族液体组成时,约为 70×10^{-3} N/m。实际所测沥青的总表面能均为 50×10^{-3} N/m,说明在沥青表面上的分子基本上都是脂肪族化合物。这与沥青中的固体石蜡在空气中冷却结晶时有向表面集聚趋势的理论是一致的。这也可由含蜡沥青在冷却后,表面的光泽比不含蜡的沥青要差些的现象得到证明,但没有见到关于这方面的数据。石蜡晶体向沥青表面的聚集对沥青的黏附力有不良的影响。

表 3.7　沥青在高温时的表面张力(erg/cm^2)

温度/℃	软化点/℃							
	75.5		81		85		91	
	实验	计算	实验	计算	实验	计算	实验	计算
130	25.0	25.0	—		—		—	
150	24.3	24.3	25.5	—	28.7		—	
170	23.6	23.6	23.8		—		25.6	—
200	22.6	22.5	22.5	22.5	22.4	22.3	21.8	21.7
220	21.9	21.8	21.6	21.6	21.3	21.4	20.3	20.3
240	—	—	20.6	20.6	20.1	20.1	18.8	18.8
250	20.9	20.8	20.2	20.2	19.5	19.5	18.1	18.1

沥青的表面张力(与水为界面时)一般认为主要是由于沥青中极性很大的沥青质存在的缘故。除去沥青质后,沥青的表面张力将大为减小。最近的研究证明,石油沥青的表面活性与沥青质的含量虽有一定的关系,但关系不大。石油沥青中显示表面活性的物质是钒-卟啉络合物,它使沥青具有很大的表面张力,当从沥青质中除去钒-卟啉后,沥青质的表面活性大为下降,同时表面张力也减小了。

热处理对沥青或沥青质溶液的表面张力也有一定的影响。在热处理过程中有新的沥青质生成,这些沥青质与原来存在的沥青质的表面张力不同,经热处理生成的沥青质在一般情况下较原先沥青质的溶解度小,且集中在溶液的表面使表面张力减小。

各种液体的表面张力可采用毛细管法或滴重法测定。由于沥青的黏度大,在室温下无法测试,必须在较高的温度(如 100 ℃以上)下测定。沥青的表面张力随温度上升而减小,二者之间有良好的线性关系。因此,当测得高温下沥青的表面张力时,可以通过延长关系线求得常温下的表面张力。

对于氧化沥青,可以用下式计算沥青-空气的表面张力:

$$\sigma = 25 + 0.187(T_{R\&B} - 70) - (10 - T_{R\&B}^4 + 0.25)(T - 100) \times 10^{-2} \tag{3.9}$$

式中,σ 为氧化沥青的表面张力,10^{-3} N/m;$T_{R\&B}$ 为沥青的软化点,℃;T 为测定表面张力时的温度,℃。

一般认为,沥青-水的界面张力为 $25 \times 10^{-3} \sim 40 \times 10^{-3}$ N/m。如在沥青或水中加入磺酸盐或含有—COOH、—OH 基之类的化合物,界面张力可下降至 5×10^{-3} N/m。

3.1.6 黏附性

在沥青的各种理化性质中,黏附性是最重要的性质之一。黏附性是指沥青与其他物质(例如筑路用的砂石骨料)之间的黏附能力。它与黏结性不同,黏结性是指沥青本身内部的黏结能力。当然二者之间是有一定关系的,黏结性大的沥青对同一骨料的黏附性也应该大一些。

根据分子吸附理论,沥青的黏附作用主要是由于吸附剂与被吸附的物质相接触时,分子之间的相互作用力引起的。在沥青与矿物性骨料的黏附过程中,主要有两个方面的分子作用力。当沥青中含有的表面活性物质,例如阴离子型的极性基因或阳离子型的极性化合物与一些含有重金属或碱土金属氧化物的石料接触时,由于分子力的作用,就有可能在界面上生成皂类化合物,这类化合物的化学吸附作用力很强,因而黏附力大,黏附得也牢固。当沥青与其他类型的骨料(例如酸性石料)接触时则不能形成化学吸附,分子间的作用力只是由于范德华力的物理吸附,而且是可逆的,由这种物理吸附而产生的黏附力要小得多。除上述两种主要的作用外,研究证明,毛细管的作用,或者低分子烃类和其他组分的选择性扩散作用,对沥青与骨料之间的黏附作用也有一定的关系。

黏附作用的进行过程大致如下:当沥青和骨料相接触时,沥青首先将骨料表面润湿,润湿过程是一个三相接触的自由能减少的可以自动进行的过程。液体要能够沿着固体表面流开,并完全润湿,就必须满足下面的条件:

$$\sigma_{\text{S}} \geq \sigma_{\text{L}} + \sigma_{\text{S-L}} \tag{3.10}$$

式中,σ_{S} 为固体骨料的表面张力;σ_{L} 为液体沥青的表面张力;$\sigma_{\text{S-L}}$ 为固-液界面处的表面张力。

从式(3.10)可以看出,润湿能力取决于沥青及骨料的表面张力。由于沥青的表面张力近似一个常数,一般为 $(25 \sim 40) \times 10^{-3}$ N/cm,因此润湿的程度实际上只取决于骨料的表面张力。

在许多情况下,由于沥青和石料的表面接触不十分好,特别是当沥青的黏度较大或石料的表面有水或其他杂质时,就可能在骨料表面产生气泡或空隙,使润湿变差,从而影响黏附性。骨料固体的表面状态、形状、清洁程度等都对黏附性有明显的影响。需要注意的是水,水对黏附能力的影响特别严重。由于大多数的矿物性骨料都是亲水的,所以应当把沥青与骨料的润湿作用看作是沥青-水-骨料三相共存的体系,沥青和水在骨料表面进行润湿是黏附中的选择性竞争的过程。此外,还有渗透到骨料内部毛细管的水,它在沥青与石料作用的当时可能并不明显,但在以后也会慢慢渗出进到沥青与石料的界面之间。所以有时在外表上看来好像沥青已将骨料矿石完全覆盖起来,但二者之间由于水的存在并不能保证黏附得很好,长时间之后,水就会沿着骨料表面流动使沥青与石料相互分离。这在沥青与骨料之间不是形成化学吸附的情况时是经常会遇到的现象。所以骨料在使用之前应当烘干,确实保证无水是非常必要的。

沥青黏附薄膜的厚度对黏附作用也有重要的影响。随着薄膜厚度变小,黏附力增大,但覆盖层变薄后容易出现不完全润湿的现象,这样反而又破坏了黏附层。

沥青与骨料之间黏附性除首先取决于作为黏结剂沥青本身的性质外,骨料的性质也具有重要的意义。在道路建筑上用的骨料种类繁多,性质各异,它们与沥青之间的黏附力有相当大的差别,故对沥青路面的寿命有直接的影响。在已有合适的道路沥青的情况下,如何选择适当的骨料使之与沥青匹配就成为十分重要的问题。

沥青和骨料之间的黏附作用主要是化学吸附的结果,该作用主要取决于沥青中阴离子表面活性物质和骨料中重金属及碱土金属阳离子的含量。各种类型岩石的阳离子含量的情况是:碳酸盐骨料,如橄榄石、纯橄榄岩和辉绿岩等含有 50% 以上的重金属及碱土金属盐;主要是由火成岩类组成的岩石如辉长岩、钙钠长石和闪长岩等岩石类中含有 30% ~ 50% 的重金属及碱土金属盐;酸性火成岩如正长石、花岗岩、石英等只有 0 ~ 30% 的重金属和碱土金属盐。表 3.8 是各种矿物性骨料与沥青黏附力 S_n 的数据。S_n 的测定方法是,取粒度为 2 mm 的骨料与沥青搅拌好,在沸水中煮 30 min,残留在骨料上的沥青的百分数即为 S_n。与沥青黏附性最好的是大理石,它差不多全是由含 Ca^{2+} 的盐类组成,很容易与沥青中含有的酸生成不溶于水的皂类。石灰石和橄榄石与沥青的黏附力也很强。所有这些岩石都属于碳酸盐或碱性的盐类。

表 3.8　各种矿物性骨料与沥青黏附力 S_n

岩石名称	橄榄石	大理石	石灰岩	纯橄榄岩	辉绿岩	白云石	花岗岩	钾微斜长石	砂岩	石英	黑曜石
S_n	87	94	85	80	82	74	40	16	22	0	0

沥青本身的化学结构及组成,首先是表面活性物质的存在及含量,对黏附性当然有着更为重要的意义。根据沥青的黏附性能可将其分为三类。

第 I 类沥青:沥青质(As)含量 >25%;胶质(R) <24%;油分(M) >50%;As/(As+R) >0.5;As/(R+M) >0.35。

第 II 类沥青:As≤18%;R>36%;M≤48%;As/(As+R) <0.34;As/(R+M) <0.22。

第 III 类沥青(介于上述两类沥青之间):As = 21% ~ 23%;R = 30% ~ 34%;M = 45% ~ 49%;As/(R+As) = 0.39 ~ 0.44;As/(R+M) = 0.25 ~ 0.30。

这三类沥青的黏附力见表 3.9。

表 3.9　各类沥青的黏附力

沥青类型	I						II								III				
沥青编号	1	2	3	4	5	6	7	8	9	10	11	12	13	14	15	16	17	18	19
石灰岩	85	88	90	92	81	93	40	52	30	34	90	60	74	14	77	74	85	70	92
花岗岩	34	32	80	85	28	44	27.5	40	10	12	63	21	34	0	16	28	90	35	48
砂岩	40	68	82	90	41	72	34	47	12	23	62	20	54	12	70	45	82	50	65

第Ⅰ类沥青及第Ⅲ类沥青对石灰岩的黏附力都很好。所有这些沥青的酸值都在 0.7 mg KOH/g 以上,皂化价都大于 10 mg KOH/g。沥青与矿物性骨料之间的黏附力还与许多其他的因素有关,这里仅给出一个大致的概念。

关于沥青黏结性的测定至今没有一个通用的方法,今介绍如下两种。

(1)碳酸钠溶解法

取 43 份粒度为 0.15~0.047 mm 的骨料和 43 份粒度为 0.3~0.5 mm 的骨料混合加热到 170 ℃,再与 14 份加热到 150 ℃ 的沥青混合并充分搅拌,使所有的骨料上完全被沥青所覆盖,然后取 0.5 g 均匀覆盖沥青的骨料,放到装有 25 mL 碳酸钠溶液的烧杯中煮沸 1 min,根据使骨料上的沥青脱落所需的碳酸钠的浓度不同,可确定该沥青的黏结数,见表 3.10。

表 3.10　沥青的黏结数

碳酸钠浓度 /(g·mol^{-1})	0	1/256	1/128	1/64	1/32	1/16	1/8	1/4	1/2	1
黏结数	0	1	2	3	4	5	6	7	8	9

当碳酸钠的浓度为 1 g/mol 时,如仍不能使沥青有脱落的迹象时,则该沥青的黏结数应定为 10。

(2)热水溶解法

将 100 g 的干骨料放到 500 mL 的烧杯中,在 185 ℃ 下加热 1 h,再把加热到 180 ℃ 的沥青 5 g 加到上述骨料中,然后充分搅拌使其全部被沥青覆盖,将被沥青覆盖的骨料放在玻璃板上,并在室温下冷却 1 h,最后将放有骨料的玻璃板在(80±2)℃ 的水浴中加热 30 min,取出,按下式计算覆盖率

$$覆盖率(\%) = 未剥离骨料的个数/骨料总数 × 100 \tag{3.11}$$

3.1.7　黏结性、黏度和黏度计

黏结性是指沥青本身内部的黏结能力,黏结性能的指标用黏度来表示。黏度是一种物质内摩擦力的度量。黏结性和黏度与材料的黏附性有着密切的关系,但人们习惯上更多地把黏结性和黏度看作一种路用性能(实际上黏度为材料本身的性能而黏附性与路用性能更加相关),考虑到习惯表述,黏结性和黏度的详细情况将在第 5.1 节论述,此处从略。

黏附性在很大程度上受材料黏度大小的影响,度量黏度和黏附性都要用到各种各样的黏度计。

用于测定液体黏度的仪器可分为两种类型,即基本型与经验型。使用基本型黏度计时,当仪器的尺寸和作用于液体的外力已知时,计算出的黏度为 Pa·s 或 P(泊,1 P = 10^{-1} Pa·s)。使用经验型仪器时,液体用标准仪器在规定的标准条件下测试后,其测定的黏度用简单的单位通常是秒(s)数或摄氏度(℃)来表示。

传统的黏度实验仪器有滑板黏度计、毛细管黏度计、标准焦油黏度计、针入度试验仪(测定黏度)、等黏滞温度试验仪(旋转黏度计)等。这些仪器大多已被更先进的测试仪器所取代。

图 3.6 为 YDZR-A 电脑沥青针入度仪,图 3.7 为 SDY-0620A 沥青动力黏度试验器(真空减压毛细管法),图 3.8 为 SYD-0624 沥青黏韧性测试仪,图 3.9 为 SYD-0621 型沥青标准黏度试验器。仪器的实验原理和方法可参考相关试验手册,此处从略。

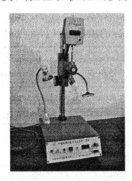 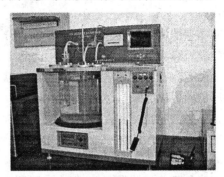

图 3.6　YDZR-A 电脑沥青针入度仪　　图 3.7　SDY-0620A 沥青动力黏度试验器(真空减压毛细管法)

图 3.8　SYD-0624 沥青黏韧性测试仪　　图 3.9　SYD-0621 型沥青标准黏度试验器

3.1.8　其他物理性质

在低温下,尤其在短的加荷持续时间下,许多胶结料都表现为弹性性质。在加荷下产生变形,荷载移去后变形又消失。然而,如果荷载作用一个相当长的时间,则黏性流便会发展。对于沥青则已证明,其黏性流的速度是随时间而减小的。这不是真正液体的情况,可以表明,这种表面上的黏性流是由两种成分组成的,一种是如液体一样的真实黏性流且同时又有一种滞后的弹性变形。

若把拉应力与胶结料总应变之比称为刚度模量,用 S_E 表示,则

$$1/S_E = 1/E + t/(3\eta) + 1/D \tag{3.12}$$

式中,E 为弹性模量(瞬间的);t 为加荷持续时间;η 为黏度;D 为滞后的弹性模量。

E 的数值几乎与时间和温度无关,大多数胶结料的 E 值约为 2.7×10^7 Pa。η 值与温度有关,D 则与温度和时间均有关。当 $t = 0$ 时,由 E 引起的变形占主导;在 $t = \infty$ 时,与 η 有关项的值最大;而在适当加荷时间,滞后的弹性效应则很重要。

1. 触变性

触变性是一种在震动或搅动下,十分刚劲的材料变成更具流体状的性质。在吹制或氧化的沥青中,这种性质更为明显,不过,在某种程度上,许多胶结料也显示出这种性质。

2. 软化点

迄今所描述的许多试验,一般都是在接近于暖和的夏天温度条件下完成的。在此温度下,许多胶结料相当硬,工程师常提出的问题是:"在什么样的温度下,这种材料将会软化?"硬和软是相对的含义,就胶结料而论,"软"是用特定的一组设备来确定的,这种试验叫做环球试验(BS 4692)。

在本试验中,热的胶结料试样灌入一个黄铜环内,令其冷却,这样在环内便会封上一个胶结料的平盘。将环装在一个开口的金属支承架上,把它浸入 5 ℃ 的水中。取一直径为 9.53 mm 的钢球,用一个定位环对中,把钢球置于胶结料盘上部定位环的中心,然后以匀速将水加热。随着胶结料变软,就会由于所支承球的重量而使胶结料向下拉。软化点便定义为胶结料刚好接触到离环下25.4 mm 的板面上瞬间的水的温度。沥青软化点测定如图 3.10 所示。

(a)SDY-2806G 全自动沥青软化点试验器　　(b)YDLR-B 电脑高温沥青软化点测定仪

图 3.10　沥青软化点测定

3. 感温性

所有胶结料的黏度都随温度的升高而急剧地下降。在很大温度范围内,黏度的对数对温度的图形,近似地为直线变化关系(图 3.11)。从图 3.11 很容易地看出,焦油比沥青的图形更陡,而二者又比吹制的或氧化的沥青更陡。这表明,焦油比沥青对温度的变化更加敏感,或氧化沥青的稠度比焦油或沥青随温度变化的改变要小些。

4. 针入度指数

在各种温度下测量沥青针入度的过程中发现,所有这些沥青在其软化点时,都具有800(0.1 mm) 左右的相同针入度。再将针入度的对数与温度为线性关系考虑在一起,便可产生由普来佛尔(Pfeiffer) 和多尔玛(Doormaal)1936 年研究出的针入度指数(PI)。针入度指数按下列关系式定义

$$d(\lg pen)/dT = (20 - PI)/(10 + PI) \times 1/50 \qquad (3.13)$$

若针入度是在标准温度(常是25 ℃) 下测定的,而环球软化点已知,则可写成下列关系:

$$(\lg 800 - \lg pen)/(T_{R\&B} - T) = (20 - PI)/(10 + PI) \times 1/50 \qquad (3.14)$$

式中,$\lg pen$ 为测定的针入度的对数值;$T_{R\&B}$ 为软化点,℃;T 为测定针入度的温度,常为25 ℃。

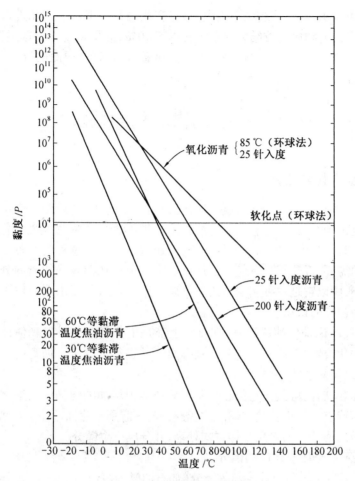

图 3.11 黏度 - 温度关系

虽然针入度指数的含义是反映沥青的感温性,但它对确定被试验沥青的流变类型可能更有用,即它可能指出被试验沥青从像牛顿型流体的行为中偏离到多大程度。

$PI < -2$ 时:是实际上的牛顿型沥青,低温时性脆,对温度变化高度敏感,性质与硬煤沥青相似。

$-2 \le PI \le +2$ 时:是正常的沥青,表现有某些弹性,并略有一点触变性;针入度分许多等级。

$PI > +2$ 时:为非牛顿型沥青,具有较大的弹性和触变性;对温度变化不太敏感,这类沥青包括氧化沥青。

应该注意,道路用的许多沥青,其 PI 值多在 $-1 \sim +1$ 之间。

5. 胶结料的施工操作

在一般温度条件下,大多数的胶结料都太坚韧,难以处理。为了使它们能喷射、泵送和混合,或在石材 - 胶结料混合物中能捣实,它们的黏度首先必须大大地降低。适用的黏度范围为:喷射操作,$0.05 \sim 0.1$ Pa·s($50 \sim 100$ cP);泵送,$-5 \sim 1$ Pa·s($500 \sim 1\,000$ cP);碾压(混合材料),$1 \sim 50$ Pa·s($1\,000 \sim 500\,000$ cP)。

从图 3.11 可看出,对许多胶结料来说,只有在相当高的温度下才能进行操作。在混合材料的情况下,混合物中的胶结料含量经常小于 10%,如果将混合物送到工地现场,为适合于喷射和捣实的条件,其集料也必须加热。显然,这将带来很高的燃料费用,为了减少这些费用,必须使用其他的溶液。

3.2　石油沥青的化学性质

3.2.1　基本化学性质

人们对于石油沥青化学性质的认识,比起对它们物理性质的了解还有不足,目前这方面的研究报道也很少。实际上,直接研究沥青的某些化学性质,往往会对人们了解沥青的化学结构或组成有相当大的帮助。此外,使沥青通过某种化学过程制取各种新的产品以满足国民经济的需要,近几年也有较大的进展。同时由于在沥青状物质的分子中有不少的反应活性中心,所以它是一种相当活泼的物质。所有这些都要求我们对于石油沥青的化学性质有一个初步的认识。

所有胶结料,不论是焦油或沥青,在化学上都是十分复杂的材料。估计在焦油中有 10 000 种以上的化合物,其中只有数百种被分离开并进行了鉴定。沥青的化学组成和化学性质,至少可以像复合体一样。

不同的焦油和沥青,可按照它们在一系列分散能力增加的溶剂中的溶解度大小而分的馏分来表征其特点。如正己烷、苯和吡啶等溶剂,一起用于焦油分馏可使焦油分离成相对分子质量递增的馏分。沥青用同样方式处理,并分成三个馏分。

① 沥青碳:不溶于四氯化碳的馏分。
② 沥青质:不溶于轻脂肪烃溶剂的馏分(如石油醚等溶剂)。
③ 软沥青质:溶于链式轻脂肪烃溶剂的馏分。

1. 焦油

许多研究人员发现,焦油的化学性质不仅取决于使硬煤沥青稀释软化所用的油,而且也与硬煤沥青本身来自竖式干馏炉、卧式干馏炉还是来自炼焦炉有关。道路研究实验室李(Lee)和迪肯森(Dickinson)(1954)进行的工作表明,卧式干馏炉焦油的耐久性最好。

焦油和硬煤沥青的耐久性课题十分复杂,从工程观点看,其主要涉及的问题是当材料暴露于大气中的老化或变硬问题。通过一些迹象可以认定,那些由高温过程(即炼焦炉和卧式干馏炉)产生的焦油和硬煤沥青,主要是通过氧化而老化的,另一方面,那些来自较低温度过程的(竖式干馏炉或生产无烟燃料的副产品)焦油和硬煤沥青,基本上是通过轻质油的挥发而变硬的。

无论什么途径,胶结料总会受气候老化过程的影响。气候老化过程是一种发生在表面的现象,表面以下的材料不受影响,除非由于老化表面层的开裂,或因机械过程而将脆硬的表层弄掉,使其再度暴露于大气中。

虽然焦油、沥青和其他类似胶结料,性质上属于有机物,但它们并不能作为植物、苔藓等的养料。而事实上,它们似乎含有对植物生长起抑制作用的化学物质(花园中路径的柏油碎石路面或沥青路面的一个有用功能就是它能消灭杂草)。

像许多油类物质一样,沥青和焦油易燃。了解某一特定胶结料的发火温度 —— 闪点,在决定混拌工厂可以安全加热的温度时,经常是很有用的。胶结料的发火温度主要是从其表面挥发的轻质油发火温度的函数。当它们耗尽时,火焰就熄灭了。在更高的温度 —— 燃点,胶结料将持续燃烧。大多数的胶结料不论是闪点,还是燃点均大大低于现代建筑物着火时可能产生的温度。

2. 沥青

化学上,沥青与焦油类似,对大多数的自然老化作用也有很高的抵抗力。当沥青暴露在空气、热及光下时,有易于氧化的倾向,但其速度比焦油和硬煤沥青要慢一些。

此外,沥青的氧化主要是一种发生在表面的现象,因此,当将沥青用于薄膜中时,这点需要注意。天然存在的沥青如特立尼达(Trinidad)湖沥青(TLA),当暴露于大气中时,其氧化就比由石油蒸馏而获得的沥青要快得多。

3.2.2 磺化反应

浓硫酸及发烟硫酸均可作为石油沥青的磺化剂使其磺化。用 96% 的浓硫酸与溶于三氯甲烷中的沥青质反应,当沥青质的质量分数为 0.35% ~ 3.27% 时,硫酸与沥青质溶液质量比为 0.3：100 ~ 15：85 时,只要搅拌 10 min 就能生成不溶于三氯甲烷的物质。随着硫酸用量的增多,这种由沥青质缩合成的不溶于三氯甲烷的物质还会增多,同时相对密度也逐渐变大到 1.22。如果用发烟硫酸作磺化剂时,反应就更为剧烈。

在 80 ℃ 的温度下用 20% 的发烟硫酸与胶质反应 2 h 后,会生成磺化、氧化和缩合等反应的产物。当把发烟硫酸的用量提高到 4 g/g 胶质时,磺化及氧化的程度会继续加深。如果再提高发烟硫酸的用量,这时对反应深度的影响便会渐渐减弱,而且随着发烟硫酸用量的增加,某些反应的速率开始下降。用浓硫酸代替发烟硫酸时,同样可使胶质进行上述的各种反应,只是程度稍差些。

胶质与硫酸的反应产物为黑色、无定形的脆性物质,并具有离子交换的性质。高容量的离子交换剂制备条件:每克胶质用 20% 的发烟硫酸 4 g,在反应温度为 100 ℃ 时处理 2 h 即可。

理论上,要把胶质分子中的烷和环烷取代基完全氧化生成 CO_2 及 H_2O,因链的长度及生成物的不同,大约应当消耗 1 ~ 2 g 原子的氧。但实验证明,实际上只用去 0.8 ~ 0.9 g 原子,再从生成 CO_2 和 H_2O 所需氧量的分子比本应等于 1 而实际上为 0.8 左右的事实出发,可认为有一部分 H_2O 是通过其他方式生成的,而不是通过氧化烷或环烷取代基得到的。生成这部分 H_2O 的最大可能是通过六元环氧化脱氢变为芳香环及磺化产物的氧化缩合反应而生成的。

3.2.3 加氢反应

石油胶质或沥青质的溶液在适当的压力和温度条件下,可在碳 - 杂原子(S、N 及 O)键上进行加氢而不触动碳 - 碳键。实验所用的催化剂为新生镍或工业上所用的高压加氢催化剂 $WS_2 - NiS - Al_2O_3$,温度为 150 ~ 300 ℃,氢压为 150 ~ 300 大气压。胶质或沥青质用新生镍催化剂在适当的条件下加氢生成的产物中几乎完全不含杂原子 S 和 O。但反应产物的相对分子质量减少得不很显著,这就证明绝大多数的杂原子是在胶质或沥青质的环结构上,而不是在联结环与环结构之间的桥链上。若杂原子 S 和 O 是存在于联结环与环的桥链上时,在加氢脱除 S 和 O 生成的烃类后,其相对分子质量必然比原始的胶质或沥青质的相对分子质量要小得多。

不论从沥青质分子中加氢除去杂原子后生成的烃类,还是沥青质在轻度加氢裂化后生成的胶质,在化学组成与性质上与从同一石油中分出来的高分子烃类或胶质的性质非常接近。这一事实清楚地说明石油的高分子烃类与胶状 – 沥青状物质具有共同的起源,见表 3.11。

表 3.11　沥青质加氢得到的烃类与从同一石油中分出的烃类性质

烃类		相对分子质量	d_4^{20}	n_D^{20}	元素组成/%			结构族组成					
					C	H	S	R_T	R_N	R_A	C_A	C_N	C_P
烷 – 环烷	从石油中分出的	365	0.842 7	1.470 9	85.88	14.04	—	1.2	1.2	—	—	23.6	76.4
	加氢得到的	322	0.869 1	1.475 5	85.81	13.74	0.23	2.1	2.1	—	—	44.7	55.3
单环芳	从石油中分出的	400	0.918 4	1.511 3	85.87	12.21	1.58	2.7	1.6	1.1	22.1	22.2	55.7
	加氢得到的	338	0.944 5	1.525 8	87.37	11.80	0.56	2.9	1.7	1.2	27.6	29.0	43.4
双环芳	从石油中分出的	374	0.993 3	0.570 0	85.32	10.22	4.32	3.9	1.6	2.3	41.3	23.6	35.1
	加氢得到的	400	1.026 8	1.589 0	89.52	10.07	0.89	5.3	2.3	3.0	42.8	28.9	28.2

由表 3.11 中可见,沥青质加氢得到的烷 – 环烷部分除 R_T 相差较大外,其他的性质与化学组成都与从石油中分出的烷 – 环烷部分比较接近。单环芳香族部分的组成和性质也比较接近。相差较大的只有相对分子质量,加氢产物的相对分子质量为 338,而从石油中分出的相对分子质量为 400。其次,沥青质加氢后的单环芳香烃部分的 C_P 较小(45 对 56)。沥青质加氢后得到的双环芳香烃部分的组成和性质与从石油中分出的双环芳香烃都有较大的差别,难以比较。

3.2.4　沥青与氧化剂的反应

这里只介绍沥青与氧化剂的反应。

沥青与二硝基苯酚、浓硫酸等在 200 ℃ 下主要是进行脱氢反应,生成水及沥青质,这与沥青和空气中氧的反应相似。

沥青和氮的各种氧化物或臭氧的反应与一般的氧化反应类似,但反应速度不同,从而也反映出对沥青软化点的影响不同,见表 3.12(反应温度均同)。

表 3.12 各种氧化剂对沥青软化点的影响

反应时间 \ 氧化剂 软化点	空气	空气 - O_3	O_2	$O_3 - O_2$	NO_2^*	NO_2	N_2O	NO	$NO - O_3$
	沥青的软化点 /℃								
0	44	44	44	44	44	44	44	44	44
2.5	—	—	—	—	—	72	—	—	—
3.0	—	—	—	—	—	—	—	—	78.5
5.0	—	—	—	—	—	94	—	—	99
6.0	—	—	—	—	—	—	—	—	115
6.5	—	—	—	—	—	—	—	—	121
7.0	—	—	—	—	—	—	—	53	—
8.0	—	—	—	—	117	—	—	—	—
12.0	—	66	95	—	—	—	—	52	56
16.0	—	—	118	122	—	—	—	—	—
24.0	58	82	—	—	—	—	—	—	—

注:NO_2^* 是在反应进行之前,用 N_2 及 O_2 人工合成后遇到沥青令其反应。

这些氧化剂与沥青的相对反应速度也可用图 3.12 表示,图中软化点的变化即反映出反应速度的变化。

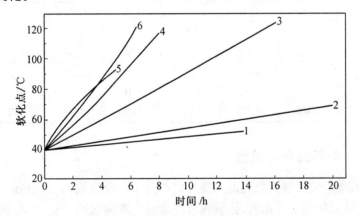

图 3.12 不同氧化剂与沥青反应速度的比较
1—NO_2 ;2—NO;3—$O_2 + O_3$;4—NO_2 ;5—NO_2(合成的) ;6—$NO + O_2$

3.2.5 沥青与硫的反应

在 180 ℃ 以上时,沥青与元素硫的反应进行得相当快,反应生成硫化氢及沥青质。反应过程中,硫原子可能是直接连到沥青分子上生成更大的分子,也可能是沥青断裂后生成较小的分子后又加硫。在高温(240 ℃)下加硫时,主要进行的是脱氢反应,在低温(140 ℃ 左右)下则是硫元素直接加到沥青上的反应。表 3.13 是用 2% 的硫处理沥青及沥青质前后化学组成的变化。用硫处理后的沥青工艺性质的变化如图 3.13 和 3.14 所示。

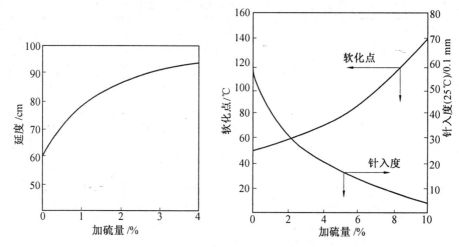

图 3.13 沥青加硫处理后延度(5 ℃) 图 3.14 沥青加硫处理后软化点和针入度的变
的变化(240 ±5 ℃ 处理) 化(240 ±5 ℃ 处理)

表 3.13 用 2% 的硫处理沥青和沥青质前后的化学组成($E - d - M$ 法)

温度	相对分子质量	芳香族/%	R_A	R_N	综合指数	S/%	C/H
沥青处理前	930	0.34	5.0	3.8	0.24	5.5	8.4
(140 ±5)℃	1 010	0.34	4.8	3.6	0.23	7.3	8.4
(240 ±5)℃	1 050	0.36	5.9	4.2	0.30	5.7	8.6
沥青质处理前	4 210	0.60	43.3	0.3	0.29	7.9	—
(140 ±5)℃	4 080	0.59	42.1	1.0	0.29	8.1	—
(240 ±5)℃	3 500	0.55	32.0	1.0	0.27	8.0	—

3.2.6 沥青与卤素的反应

有些人系统地研究了沥青质与卤素反应的动力学和反应机理。这些研究表明,当沥青质与卤素氯、溴及碘相互作用时,生成相应的沥青质的卤素取代物,即主要进行的是取代反应。

沥青质的氧化是将干燥的氯气以 60 mL/min 的速度通入沥青质的四氯化碳的溶液中进行的。随着反应时间的不同,氧化产物的元素组成见表 3.14。从表 3.14 中的数据可以看出,氧化反应在 1 h 后,实际上已到达稳定状态,再延长反应时间,也不会发生更多的反应,4 h 后不再吸收氯。

沥青质的溴化是将溶于氯仿的沥青质溶液(约 60 mL)和与沥青质质量相同的液体溴混合,待放热反应停止后,将混合液体搅拌约 8 h,同时稍稍加热回流令其反应。沥青质的碘化反应是将等质量的碘与沥青质的四氯化碳溶液在室温下搅拌令其反应,反应时间为 8 h。

表 3.14 沥青质氧化后的元素组成 单位:%

元素	原始沥青质	反应时间 /h				
		0.5	1	2	4	8
C	79.7	68.6	58.8	56.1	52.9	52.7
H	8.1	6.6	5.1	4.9	5.0	4.9
Cl	—	13.6	27.0	30.8	34.7	34.9
O	3.5	3.3	2.4	2.5	1.8	1.9
N	1.2	1.2	0.8	0.8	0.6	0.6
S	7.5	6.7	4.9	5.1	5.0	5.0

卤化沥青质与原始的沥青质在外观上也有很大的区别,如原始沥青质为黑褐色,容易溶于苯、硝基苯和四氯化碳等溶剂,但其卤化产物为纯黑色,并且不溶于上述的溶剂。卤化沥青质的红外吸收光谱中没有 C—X 键的吸收。在氯化和溴化沥青质的红外光谱中,虽然在 785 cm^{-1} 及 815 cm^{-1} 处有吸收,但是比含有 35% 的氯与 38% 的溴的物质所预期的吸收要低得多。

3.2.7 沥青与酸或碱的反应

在常温时,沥青常作为一些物体不受酸侵蚀的保护层。沥青的保护作用与酸的浓度有关,浓酸对沥青本身也有作用,但是大部分沥青都有抵抗稀酸的能力,所以在相当长的时间内,沥青保护层都不会有明显的变化。

稀碱能侵蚀某些沥青,这很可能是碱与沥青中酸性物质反应使沥青生成乳化液的结果。当用 0.1% 的氢氧化钠与酸值高的软沥青反应时,这种现象更为明显。但浓碱如20% 氢氧化钠或 10% 碳酸钠,在常温下与沥青反应时反而看不到有这种现象。在 60 ℃时,即使用同样浓度的碱,在沥青的表面也会出现类似乳化的迹象。

3.2.8 沥青的氯甲基化反应

利用沥青的氯甲基化反应是得到具有化学活泼性的含氯衍生物最合适的方法之一,而且反应条件缓和,所需的设备简单,反应产物有较大的实用价值。能保证引入最大量氧的反应条件为:催化剂为 1∶0.48,温度为 50 ~ 55 ℃,反应时间为 1 ~ 1.5 h,10 倍量的氯甲基醚。产品因沥青的不同,含氯量为 16% ~ 30%。与原料比较,产品的 C/H 比有所增大,相对分子质量及长烷基侧链减小。催化剂为 FeCl$_3$、ZnCl$_2$ 之类的金属氯化物。氯甲基化产物可以部分地溶于苯,而它本身又是有用的化工产品,也可以作为合成其他产物的半成品。例如,在金属氯化物的存在下与 10 倍的三氯化磷作用,可以得到含有磷酸基的衍生物。与伯胺、仲胺及叔胺反应可以得到相应的衍生物,这些衍生物可用作不同碱度的阴离子树脂。

沥青的化学反应远不止以上所述的几种,其他如加热缩合、与醛类的缩合、与金属卤化物的反应等不一一赘述。近几年来随着国民经济的发展,通过沥青的各种化学反应生产制备化工产品的研究也已开始蓬勃发展起来。图 3.15 是胶质 - 沥青质及其衍生物的各种化学反应示意图。

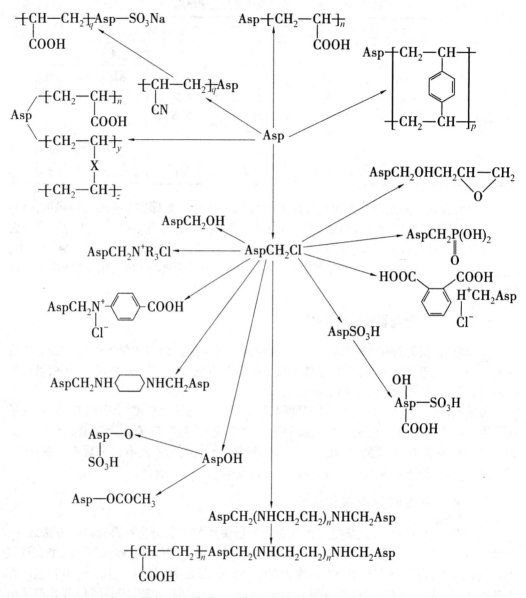

图 3.15 胶质 - 沥青质及其衍生物的化学反应

3.3 沥青的胶体性质

3.3.1 概述

大多数的沥青都是由相对分子质量相当大、芳香族很高的沥青质分散在较低相对分子质量的可溶质中组成的胶体溶液。只有在很少的情况下,石油沥青才能形成真正的牛顿流体。这可由多数沥青均有某些胶体溶液所特有的流变学性质如黏弹性、触变性等得到证明。同时也有大量的事实说明,沥青的理化及使用性质不仅与沥青质、可溶质的相对含量或化学组成有关,而且在很大程度上决定于沥青质在可溶质中所形成的胶体溶液的状态,即在可溶质中的胶溶度或分散度。只有在含有沥青质的时候,才会生成胶体溶液,单纯的可溶质或不含沥青质的沥青,仅具有纯黏性液体的特性。

沥青是以相对分子质量很大的沥青质为中心,在周围吸附了一些极性较大的可溶质所形成的复合物称为胶团组成分散相。随着与沥青质分子距离的增大,可溶质的极性渐弱,芳香度渐小,半径继续向外扩大,则为极性更小的甚至几乎没有极性的脂肪族油类所组成的分散介质。沥青质分子对极性强的胶质所具有的强吸附力是形成沥青胶体结构的基础。没有极性很强的沥青质中心,就不能形成胶团核心,同样若没有极性与之相当的胶质被吸附在沥青质的周围形成中间相,也不会生成稳定的胶体溶液,沥青质就容易从溶液中沉淀分离出来。只有当沥青质和可溶质的相对含量及性质相匹配时,沥青的胶体体系才能处于稳定状态。按其胶体状态的不同,可将沥青分为以下两类:

(1) 溶胶型沥青

当沥青质的含量不多(例如 10% 以下),相对分子质量也不很大,与胶质的相对分子质量差不多时,这样的沥青在实际上可视为真溶液或分散度非常高的近似真溶液。这种溶液具有牛顿液体的性质,黏度与应力成比例。此时沥青的黏附力主要是由于范德华力和偶极力引起的。在低温时它们一般不会出现坚固的内部网状结构,流动性的减小仅仅是由于黏度的增大,在高温时它们成为低黏度的流体,冷却时变为固体而没有稠化或玻璃化等中间状态。它们对温度的变化很敏感,在沥青的分子中没有相对分子质量很大或很小的物质,即相对分子质量的分布范围较窄。分散相和分散介质之间的化学组成及性质比较接近。这类沥青称为溶胶型沥青。

(2) 凝胶型沥青

当沥青质的浓度增大,若可溶质没有足够的芳香族组分,分散介质的溶解能力不足,生成的胶团较大,或由于分子聚集体的形成而生成网状结构,具有结构黏度,表现出非牛顿流体的性质,这类沥青一般称为凝胶型沥青。当温度升高时,胶团渐渐解缔或胶质从沥青质吸附中心上脱附下来。脱附的原因主要是由于在高温下,外相(即油相分散介质)的溶解能力增大。直到某一温度时,沥青质与胶质之间强大的表面吸附力完全被破坏,胶团也随之破坏,又变为真溶液,表现出完全牛顿流体的性质。

除沥青质的相对浓度外,沥青质的性质或组成也有很大的影响。例如当沥青质的 C/H 比较小,即在沥青质的化学结构中可能有较多的饱和族组分(环烷及烷基侧链),形成的胶团较大。因可溶质的组成不同,可能形成溶胶型也可能形成凝胶型沥青。若沥青质的 C/H 比很大,则形成凝胶型沥青的趋势很小或根本没有这种趋势。当可溶质中芳香烃的含量不足时,就容易有沉淀析出。

除沥青质的含量及组成等有影响外,可溶质的性质及含量对沥青的胶体结构也有一定的影响。当可溶质中芳香族的浓度和吸附力都足够时,沥青为溶胶型,若可溶质中没有足够的芳香族组分则为凝胶型。沥青在氧化过程中,由于可溶质中的芳香族组分逐渐变为沥青质而含量下降时,沥青质的含量却有增大,沥青也逐渐由溶胶型变为凝胶型。

在可溶质中对沥青的胶溶性起主导作用的是芳香族化合物。因芳香族化合物最易被沥青质所吸附,而且吸附力还相当大。它们本身对沥青质的溶解能力也最强。烷烃实际上完全没有溶解能力,环烷族化合物介于二者之间。实验证明,可溶质中的环烷族化合物对沥青质的溶解能力约相当于芳香族结构物质的 $\frac{1}{3}$。沥青的类型与可溶质中芳香环碳 C_A 及环烷环碳 C_N 有关,即与 $C_A + \frac{1}{3}C_N$ 的大小有关。当 $C_A + \frac{1}{3}C_N$ 的值较大时属于溶胶型;当 $C_A + \frac{1}{3}C_N$ 值较小时,沥青表现出更多的黏弹性,针入度指数 PI 变大,沥青为凝胶型。

当温度升高时,若沥青质的浓度不是很大,这时由于吸附力的下降、可溶质的溶解能力和分散程度的提高,使吸附在沥青质分子周围的胶质就逐渐消失到外部的油状介质中,即实际上转变为近似真溶液或分散程度很高的体系。这样即使是凝胶型沥青也渐渐变成为具有牛顿流体性质的溶胶型沥青,到足够高的温度时,则完全变为牛顿流体。表 3.15 是温度对胶体结构的影响。

表 3.15　温度对沥青结构的影响

沥青样品	沥青种类	软化点 /℃	复杂流动度 C[①]		
			5 ℃	25 ℃	50 ℃
A	直馏	50.0	0.85	0.95	1.00
B	氧化	54.4	0.75	0.80	0.95
C	直馏	56.1	0.50	0.80	0.85
D	氧化	63.8	0.45	0.50	0.70

注:①C 的意义见第 4 章,C 值越小,表示该流体的非牛顿性越强。

表 3.15 的试样是按照凝胶结构顺序的增大而排列的。在低温时,非牛顿性很严重,随着温度的升高,C 值变大接近 1.00,到 50 ℃ 时,A 沥青实际上已完全变为溶胶型的牛顿流体。

对于某些沥青质含量很高的沥青,例如深度氧化的沥青,即使在相当高的温度下仍有明显的结构黏度。

除温度可以改变沥青的胶体结构外,超声波的作用也可以改变沥青的胶体结构,这在工业上已有应用。研究超声波对沥青的作用有着相当重要的理论和实际意义。前苏联学者在这方面作过不少工作。他们实验所用原料沥青的性质见表 3.16。超声波的频率为 22 kHz,阳极电流为 0.4 A,作用的时间为 50 ~ 100 min,用锥 – 板式旋转黏度计测定超声波作用前后的流变学性质,结果见表 3.17 和表 3.18。

表 3.16　用于超声波试验沥青的性质

样品	比重 d_4^{20}	相对分子质量	软化点 /℃	沥青质 /%	胶质 /%	油分 /%
氧化沥青 A	0.998 5	460	125.0	32.6	25.0	42.4
氧化沥青 B	0.982 5	400	85.0	19.0	26.5	54.5
分子蒸馏渣油 C	1.057 0	635	75.0	5.1	67.0	27.9
渣油 D	0.990 0	460	30.0	1.1	36.4	62.5

表 3.17　超声波对沥青黏度的影响

样品	A			B			C			D		
作用时间 /min	0	50	100	0	50	100	0	50	100	0	50	100
作用后的黏度 /P	6 800	2 300	690	540	280	120	112	106	97	9.6	10.2	11.0
储存两年后的黏度 /P	6 900	—	860	550	—	160	115	—	102	9.9	—	11.2

注:P(泊)相应的剪应力为 20 000 dyn/cm^2 时的黏度。

表 3.18　在超声波作用前后沥青机构参数的变化

样品	$R_t/10^{-10}$ m	$R_i/10^{-10}$ m	N_i
A(作用前)	28	780	3.8×10^{-8}
A(作用 100 min 后)	28	370	3.8×10^{-8}
B(作用前)	27	560	1.94×10^{-7}
B(作用 100 min 后)	27	430	1.37×10^{-7}
C(作用前)	25	390	2.1×10^{-7}
C(作用 100 min 后)	25	380	2.1×10^{-7}
D(作用前)	24	240	8.5×10^{-8}
D(作用 100 min 后)	24	240	8.5×10^{-8}

注:①R_t 指最小颗粒的平均直径;R_i 指最大颗粒的平均直径;N_i 指样品中最大颗粒的含量与最小颗粒的含量之比,以最小颗粒的量为 1。

从表 3.17 的数据可以看出,由于沥青的化学组成及超声波作用时间的不同,胶体结构被破坏的程度也不同。当高度氧化沥青 A 超声波作用 50 min 后,黏度减少到原来的 1/3,100 min 后减少到原始黏度的 1/10。而氧化程度较小的沥青 B,由于沥青质的含量减少,超声波的作用不很显著,作用 100 min 后黏度只减少到原始黏度 1/4 左右。沥青 C 及 D 由于沥青质的含量很少,超声波对它们几乎不起任何作用,在同样的作用条件下,实际上黏度没有变化。因此可以认为超声波的主要作用是破坏沥青质的缔合体。这可从用小角 X-射线法测定的超声波作用前后沥青分子大小的变化来说明。

表 3.18 的数据说明,所有这四种沥青在超声波作用后,最小直径的颗粒都没有变化,而最大直径的颗粒不论粒度及数量在超声波作用后都有改变,例如沥青 A 的直径从 780×10^{-10} m 减到 370×10^{-10} m,沥青 B 的直径减少的程度较轻,从 560×10^{-10} m 减到 430×10^{-10} m。此外,通过红外吸收光谱分析发现,在超声波作用后,不仅沥青的胶体结构有所改变,而且它们的化学组成也有变化。

3.3.2　评价沥青胶体状态的几种方法

1. 针入度指数(PI)法

前面已经谈到,不同类型的沥青对温度的敏感性不同。所谓感温性就是沥青的黏度或稠度随温度改变而变化的程度。在使用过程中,我们希望沥青有尽可能小的感温性,但在施工中情况可能有所不同,感温性太小的不一定合适。针入度指数是表示感温性指标之一,也是评价沥青胶体状态的方法之一。

当 $PI < -2$ 时,为纯黏性的溶胶型沥青,也称焦油型沥青(因大多数煤焦油的 PI 值均小于 -2)。当 $-2 \leqslant PI \leqslant +2$ 时,沥青为溶胶–凝胶型。这类沥青有一些弹性及不十分明显的触变性,一般的道路沥青属于这一类。当 $PI > +2$ 时,由于结构的生成,故具有很强的弹性和触变性,为凝胶型沥青。大部分的氧化沥青属于这一类,而且氧化程度越高,沥青质的浓度越大,则 PI 值越大。

用 PI 值表示沥青的胶体类型是现在最常用的方法。

2. 容积度法(Voluminosity)

当沥青质溶于苯、四氯化碳之类的溶剂时,其黏度可用爱因斯坦公式计算:

$$\eta / \eta_0 = \eta_r = 1 + 2.5C_v \tag{3.15}$$

式中, η 为胶体溶液的黏度; η_0 为溶剂的黏度; η_r 为相对黏度; C_v 为沥青质在溶液中所占的体积分数。

式(3.15)只有当溶液浓度很稀且溶质的颗粒近似球形时才能适用,但与粒子的大小无关。实际上,测定得到的黏度往往比用式(3.15)计算的黏度大,这是由于沥青质被溶解后发生溶胀,其体积较干体积增大了的缘故。按爱因斯坦公式计算得到的体积称为流变学体积 C_r ,流变学体积和干体积之比称为容积度 V_0 。 V_0 是沥青质在溶液中溶胀程度的指标:

$$V_0 = C_r / C_v \tag{3.16}$$

当沥青质中的 C/H 比较小时,它的结构中的饱和程度较大,可能含有较长的烷基侧链,溶解后溶胀明显,阻碍溶液流动的阻力大,容积度 V_0 也比较大。同样的沥青质在不同溶剂中的 V_0 不相同,溶剂的溶解能力越强,则 V_0 越小。溶剂的溶解能力也可用内压力 $\sigma V^{1/3}$ 表示,其中 σ 为表面张力, V 是溶剂的摩尔体积。表3.19是容积度与沥青质在不同溶剂中的关系。

表3.19　60/80 沥青的沥青质在不同溶剂中的 V_0 值

溶剂	二氧化碳	四氢萘	苯	十氢萘	软化点 /℃	针入度 (25 ℃)	C/H 比
溶剂的内压力($\sigma V^{1/3}$)	7.1	6.5	6.2	5.6			
沥青来源	V_0 值						
墨西哥渣油	3.7	4.1	4.2	4.6	57	46	0.85
委内瑞拉沥青	4.0	4.5	4.5	5.5	90	21	0.89
委内瑞拉渣油	3.1	3.5	3.6	4.3	55	44	0.89
氧化沥青	2.6	3.4	4.0	—	131	4	0.95
裂化重残油	1.7	2.7	2.4	—	51	36	1.25

从表3.19的数据可以看出, V_0 越小,溶剂的溶解能力越强。这类溶剂的芳香度高,有生成较小胶团的趋势,沥青为溶胶型;而溶解能力较弱的溶剂(如十氢萘)的芳香度小, V_0 值大,胶团较大,沥青为凝胶型, PI 也较大。当温度升高时,由于溶剂的溶解能力加强,

V_0 减小，沥青容易生成溶胶状态，见表 3.20。

表 3.20 在不同温度时沥青质的 V_0 值

温度/℃	溶 剂			
	四氢萘	十氢萘	可溶质 A	可溶质 B
0	4.3	6.0		
30	4.1	4.6		
50	3.8	4.0		
100			3.6	3.5
125			3.2	3.0
150			2.8	2.7

温度升高时，V_0 减小的原因可能是由于聚集状态的改变，也可能是由于吸附作用的减弱。在溶剂中越容易形成聚集状态的沥青质，升温时 V_0 值下降得越显著。在相当高的温度下，聚集状态几乎完全消失，除少数深度氧化的沥青质含量极大的沥青外，几乎完全转变为溶胶型。

3. 絮凝比 - 稀释度法

上面两种方法虽然在一定程度上也能够综合性地确定沥青的胶体状态，但有一个比较大的缺点就是不能评价沥青质和可溶质对沥青胶体状态的影响，还需要对沥青进行适当的分离并测定某些必要的理化性质后才行。

用絮凝比 - 稀释度法可不必预先将沥青分为沥青质和可溶质等组分，也不需要测定这些组分的化学组成就可以直接评定沥青的胶体状态。

取约 3 g 的沥青试样，溶于一定量的甲苯中，然后逐滴加入正庚烷，再用 400 倍的显微镜观察至开始出现沥青质的沉淀时，记下甲苯和正庚烷的体积。在全部溶剂中，甲苯所占的比例称为在该稀释度 X 时的絮凝比，用 FR 表示。换言之，在芳香烃（甲苯）与非芳香烃（正庚烷）的混合溶剂中，能防止沥青质沉淀析出所需要芳香烃的最小比例称为絮凝比。所用的稀释剂必须是非芳香烃，而稀释剂正庚烷与沥青体积之比就是稀释比。混合溶剂的总体积与沥青量的比即是稀释度 X。

当往沥青中加入很少量的正庚烷时，因为沥青的可溶质中也含有一些芳香族化合物，所以具有抗絮凝作用，沥青质不会立即沉淀析出，此时 $FR = 0$（因未加甲苯）。继续加入正庚烷，当其体积超过某一定值 X_{min} 时，就开始有沥青质沉淀出来，稀释度继续增大，即继续加入正庚烷，欲保持沥青质不被沉淀，所需的甲苯也必须随之继续增加，在无限稀释度时，絮凝比达到最大值 FR_{max}，如图 3.16 所示。

若将 FR 与 X 的倒数作图就得到如图 3.17 所示的直线。

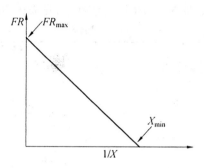

图 3.16　$FR - X$ 示意图　　　　图 3.17　FR_{max} 与 $1/X$ 的关系图

利用 FR_{max} 与 $1/X$ 的关系就可以评定沥青的胶体状态,其方法和定义如下:

$$P_a = 1 - FR_{max} \qquad (3.17)$$

式中,P_a 为沥青质在可溶质中被胶溶的难易程度,也称为解溶作用或抗絮凝作用的大小。P_a 值大表示容易被溶解形成稳定的胶体状态,沥青质不易沉淀。

$$P_0 = FR_{max}(X_{min} + 1) \qquad (3.18)$$

式中,P_0 是指可溶质的溶解或分散沥青质的能力大小。

$$P = P_0/(1 - P_a) = X_{min} + 1 \qquad (3.19)$$

式中,P 是表示沥青胶体状态的综合指标。P 值大,胶体体系稳定,否则不稳定,容易分层。

由上面的关系式可看到 P 有如下的性质:

当 $P_a \to 1$ 时,$P \to \infty$;$P_a \to 0$,$P \to P_0$;$P_0 \to 0$,$P \to 0$。

这些性质的物理意义是:当 $P_a \to 1$,$FR_{max} \to 0$,即不需加入任何的芳香烃,沥青质就能接近完全被溶解。只有不含沥青质或沥青质含量极少的沥青才会有此性质,故 $P \to \infty$,实际上就是纯黏性沥青。当 $P_a \to 0$,$FR_{max} \to 1$,即甲苯与正庚烷的量接近相等,沥青质几乎完全不被溶解或分散,可溶质几乎完全没有溶解沥青质的能力。

(1)P_a、P_0 及 P 与化学组成的关系

表 3.21 是沥青的胶体体系与沥青质浓度的关系,随着浓度的加大,P_a 及 P 下降。这与前面的结论是一致的,说明 $FR - X$ 法是能够定量地说明沥青胶溶性的。

沥青质的性质对沥青胶溶性的影响见表 3.22。

表 3.21　沥青的胶体体系与沥青质浓度的关系

沥青的体系	沥青质浓度 /%	P_0	P_a	P
渣油氧化沥青质 + 抽出油	5	0.82	1.45	8.1
	10	0.78	1.69	7.7
	20	0.76	1.50	6.3
渣油氧化沥青质 + 可溶质	5	0.81	1.60	8.4
	10	0.81	1.45	7.3
	20	0.77	1.67	7.3

表 3.22   沥青质的性质与沥青胶溶性的关系

沥青来源	在不同可溶质的 P_0			平均
	A	B	C	
减压渣油氧化	0.76	0.77	0.77	0.77
减压渣油	0.62	0.66	0.66	0.65
抽出油氧化	0.25	0.31	0.31	0.29
裂化渣油	0.22	—	0.31	0.26

对同样的沥青质,可溶质的性质对沥青胶溶性的影响不大,但不同的沥青质的性质却有很大的影响。

沥青质的 C/H 与 P_a 及可溶质的 C/H 与 P_0 的关系如图 3.18 和 3.19 所示。

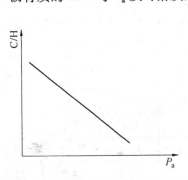

图 3.18 沥青质的 C/H 与 P_a 的关系　　　　图 3.19　可溶质的 C/H 与 P_0 的关系

从图 3.18 和 3.19 中看出,沥青质的 C/H 比越大,缩合程度越高,因而也就越难溶解,故 P_a 减小。可溶质的 C/H 比越大,其化学结构力也越强,P_0 值也随之增大。

(2) $FR - X$ 的应用举例

下面我们通过几个实际的例子来说明如何用 $FR - X$ 的方法来评价沥青的胶体状态。表 3.23 是几种直馏和氧化沥青的一些重要性质和它们的 $FR - X$ 分析的结果。

首先比较表 3.23 中的 MER 及 MB,二者的 P_0 相同,但 MER 的 P_a 较小,沥青质较难溶解(即 MER 沥青的沥青质较难形成稳定的胶体体系),故 P 的值也比较小。NC 与 MER 相比,P_a 相同,都是环烷基沥青,从表 3.23 上数据看出 NC 的胶质含量较多,P_0 应大些,故 NC 的 P 值较 MER 的大。

PM 沥青的 P_a 与 MB 沥青的 P_a 相同,但 PM 沥青的饱和族和蜡的含量非常高,而胶质则很少,故 P_0 小,因而总的评价胶体状态的指标 P 值也小。

MK 和 MB 两种沥青的 P_a 基本相同,抽出饱和族和蜡后的芳香族和胶质的相对含量较多,P_0 大,故 P 值也比较大。

对氧化沥青来说,由于氧化的结果,P_a 较直馏沥青的小,故 P 也随之减小;对于 MB 特种氧化沥青,P_0 较 MB 的小,故 P 值特别的小。可以预期这种沥青是很难胶溶的。

由于沥青质的存在形成的胶体结构从溶胶型向凝胶型过渡的趋势,可由上述的关于沥青的胶溶状态指标 P 值,得到一个比较明确的数量概念。沥青质的胶溶状态越差,沥青质的含量越多,则胶体结构也越发达。因此若用 A 表示沥青质的含量时,A/P 之值如表 3.23 中最后一行所示,也是评价沥青胶体状态的综合指标之一。另外,从表 3.23 的数据还可以看出,PI 的值除个别的沥青外,与 P_a、P_0 及 P 的评价结果是一致的。

表 3.23　沥青的性质

沥青种类		MER	MB	NC	PM	MK	MB 氧化沥青	MB 特种氧化沥青
针入度(25 ℃)		23	36	32	35	29	26	38
软化点 /℃		63.9	53.5	54.2	57	57.4	86.5	106.0
PI		0.0	−1.1	−1.8	−0.4	−0.7	+35	+6.5
延度 /cm (25 ℃)		28.3	150⁺	150⁺	1.5	150⁺	4.0	3.2
(15 ℃)		3.8	11.8	1.3	—	9.0	—	—
加热损失(165 ℃,5 h) /%		0.05	0.0	0.02	0.00	—	0.02	0.03
加热后针入度比 /%		83	83	95	91	—	96	95
脆点 /℃		−3	−7	−1	−7	+2	−14	−22
玻璃化温度 /℃		−14	−16	−12	−15	−12	−19	−23
组成 /%	饱和族	11.4	21.0	19.2	52.9	5.0	27.5	26.8
	芳香族	44.0	43.0	38.8	25.3	56.0	25.7	27.6
	胶质	22.4	23.7	33.5	16.7	30.2	14.2	11.8
	沥青质	22.2	12.1	8.5	5.1	8.8	32.6	33.8
	蜡	2.7	2.7	0.8	41.7	0.6	—	4.0
	P_a	0.72	0.78	0.72	0.78	0.79	0.69	0.66
	P_0	1.1	1.1	1.4	0.8	1.3	1.3	1.0
	P	3.7	8.1	4.9	3.8	6.3	4.0	3.1
	A/P	6.0	2.4	1.7	1.3	1.4	8.1	10.9

　　一般说来,胶体结构越发达的沥青,越接近凝胶型。比较同一针入度级的沥青时,软化点较高,脆点则较低。例如,MB 沥青的针入度为 36(0.1 mm),脆点高达 −7 ℃,而 MB 氧化沥青的软化点为 86.5 ℃,但脆点只有 −14 ℃,MB 特种氧化沥青的脆点为 −22 ℃。又如 MK 沥青,按直馏沥青来说,PI 不算小,但 A/P 很小,胶体结构不发达,脆点竟高达 +2 ℃。同样,PM 的 A/P 也很小,这是由于含蜡太多,但脆点低,只有 −7 ℃。

3.4　石油沥青的流变性质

　　沥青材料流变学是研究沥青流动和变形的一门科学,实际上它是研究沥青材料的弹性、黏性以及流动变形的科学。

3.4.1 沥青的流变性质

流变学是研究物质的流动和变形的科学,是在化学、分子物理和固体力学的交界处发展起来的一门学科。研究沥青的流变学性质对于了解沥青的加工、储运及使用等方面都有重要的意义。下面主要讨论沥青在加热、冷却、流动、固化、扭曲及受到剪应力时性质的改变。

1. 沥青的力学形态

一切低分子的纯化合物,在一定的条件下都呈现出一定的物理状态。如水在常压,0 ℃以上为液态,100 ℃以上为气态,并且可以互相转变。沥青在受到应力或因温度改变时,其状态也会改变,但与纯物质完全不同。例如在低温时,沥青既硬又脆,其性能与玻璃相似,称为玻璃态。当加热到某温度附近时,开始发生黏弹性形变,这时的沥青比较柔软,既有弹性同时也有黏性,具有双重性能,称为黏弹态。黏弹态表明,沥青的分子中,强极性基团之间存在着强大的作用力。温度继续升高,由于趋向流动状态而发生进一步的形变,当流动形变占优势时,沥青似黏稠的液体开始流动,这时称为流动态或黏流态。物体由黏弹态转变为玻璃态的温度称为玻璃化温度,以 T_g 表示。由黏弹态转变为黏流态的温度称为黏流温度,以 T_f 表示。沥青的上述三种状态和两个转变温度对沥青的应用都有重要的实际及理论意义,其中玻璃化温度更重要。

(1)沥青的力学性能和形变特性

沥青的力学状态不仅与温度有关,而且与荷载或受力的情况也有密切的关系。就力学特性来说,沥青是处于液体与固体的中间状态,因条件及沥青种类的不同,其形变有时如同液体,有时形变又如同脆性固体。根据沥青的这种形变特性,可将其分为以下三类:

①溶胶型沥青

溶胶型沥青服从牛顿定律,只要给以很小的剪应力,形变就可开始。沥青表现出的是纯黏性流动,黏度与剪应力和时间无关。有时也有胶团存在,但数量不多,不会妨碍其自由流动。这类沥青对温度很敏感,在高温时变为黏度很小的液体,低温时变脆,其沥青质含量很少而且分散度很高。这类沥青缺乏触变性,当软化点相同时,其针入度最小(与其他类型的沥青比较),$PI < -2$。由润滑油精制时得到的抽出油或由芳香基石油制备的直馏沥青等都属于这一类。

②黏-弹型或溶胶-凝型沥青

黏-弹型或溶胶-凝型沥青在施加荷载时,在一定的时间内具有不可逆的形变以及显著的弹性形变,形变与应力成正比。这类沥青具有较小的触变性,当软化点相同时针入度居中,$-2 \leq PI \leq +2$。其沥青质的含量一般在 15% ~ 25% 之间,越接近牛顿型,沥青质的含量越少,当沥青质含量达到或超过 25% ~ 30% 时,沥青就有明显的胶团出现。由于在介质中胶团数量的增多,所以在介质中运动困难,便会出现触变结构,特别是在低温时。现在用的绝大部分道路沥青均属于这一类。在这类沥青或沥青质中含有较多的烷基侧链,生成的胶团不紧凑,结构比较松散,可能还含有一些开式网状结构,但这些网状结构的状态与观察时的温度条件有极大的关系。

③黏弹性或凝胶型沥青

黏弹性或凝胶型沥青的特点是:当施加很小的荷载时,在一定的时间内具有弹性变形,增大荷载或延长荷载的时间都可以使形变成为永久的不可逆形变,但在较小的变形后,弹性几乎可以全部恢复。当应力超过屈服值后就不能完全恢复,而且此时除弹性形变外,还有些黏性形变。这类沥青具有明显的触变性。当软化点相同时,此类沥青的针入度最大,PI>+2。这种非牛顿型沥青之所以具有较大的弹性形变,可能是由于胶团之间或胶团内部所固有的弹性引起的。在某一固定温度时,内部弹性随着胶团粒子尺寸的减小而下降。胶团之间的弹性可能与触变结构的存在有关,对此现尚无一定的看法。但多数认为胶团内部的弹性是主要的。

弹性沥青表现出相当明显的凝胶性质,例如具有复杂的流动特性及各种形式的回弹性、触变性等。由于凝胶程度的不同,可能存在也可能不存在屈服值。弹性沥青随温度的改变,稠度变化不大,即感温性小,这是其优点之一。各种氧化的建筑沥青都属于这一类。

必须指出,在黏弹性与弹性沥青之间并不存在明显的分界线,而且随着条件的不同还可以相互转变。

(2)弹性

物体受力后产生变形,外力除去后立即恢复其原来的形状,这种性质称为弹性。完全的弹性体是服从虎克定律的固态物体,在弹性限度以内其应力与应变成线性关系,即

$$E = \sigma/\varepsilon \qquad (3.20)$$

式中,E 为弹性模量;σ 为拉伸或压缩应力;ε 为拉伸或压缩应变。

在应力与应变的关系线图中,应力与应变成直线关系,其弹性模量 E 为常数。

当弹性体受到剪切应力作用时,则有

$$G = \tau/\gamma \qquad (3.21)$$

式中,G 为剪切模量;τ 为剪应力;γ 为剪应变。

对于不可压缩的材料,其泊松系数 $\mu = 0.5$,故

$$E = 2G(1 + \mu) = 3G \qquad (3.22)$$

式(3.22)即为拉伸或压缩弹性模量与剪切模量的三倍法则。利用该法则可以建立两种不同试验方法所得结果之间的关系。

沥青在低温下,黏度增大,流动性降低,表现出较强的弹性性质。沥青在瞬间荷载作用下,也表现为弹性性质。例如,快速交通对路面某一点的作用时间仅为 0.01 s,因而即使在夏季高温下,快车道上的沥青路面也接近弹性性质。

由于沥青材料是黏弹性材料,要单纯测定沥青的弹性比较难,现在采取的方法大多是通过蠕变、拉伸、剪切等试验,再根据适当的流变模型来求解。

(3)塑性、脆性与韧性

物体在外力作用下产生弹性变形,当外力超过材料的屈服极限时,即使应力不再增加,物体仍继续产生变形,并且在卸载后变形不能恢复而保留所产生的变形,这种不能恢复的变形称为物体的塑性变形。塑性变形使物体内部晶格产生滑移,但并不断裂。在某些情况下,塑性变形也是物体变形能力的一种表现。

脆性是物体在外力作用下直至破坏时,只会出现很小的弹性变形,而不出现塑性变形

的性质。脆性材料的破坏应力小于它的屈服极限。

韧性是与脆性相反的一种性质,它表示材料在外力作用下产生塑性变形过程中吸收能量的能力,这可理解为材料在破坏前单位体积内所消耗功的总量。吸收的能量越多,材料的韧性越好,它在经受大的压力和冲击作用时不会发生破坏。

沥青材料在高温下具有明显的塑性性质。沥青路面的车辙就是塑性变形的积累。沥青材料在低温下又表现出明显的脆性,沥青路面在冬季所出现的开裂就是脆性所致。沥青在常温下表现出良好的韧性,测力延度(Force Ductility)就是沥青韧性的一种度量方法。在沥青中添加聚合物改性剂有助于改善其韧性。

(4)触变性

不论何种沥青,在低温时黏度都相当大。此时,弹性的重要性超过黏性。但大部分在此状态下的沥青(凝胶型)在剧烈搅动或受到应力时,黏度都会减小甚至变为可以流动的液体,沥青表现出牛顿流体的性质。当静置一段时间后,沥青又返回原来的凝胶状态,黏度增大。在此过程中凝胶-溶胶-凝胶的转变是恒温转变,沥青这种性质称为触变性。现以石油沥青和煤焦油沥青为例说明沥青的触变性流动曲线,测定结果见表 3.24,将表 3.24 的数据绘制成曲线即为图 3.20。

表 3.24 在不同力矩时的相对流动速度

力矩/(g·cm)	石油沥青	软煤沥青	硬褐煤沥青
100	0.019	0.028	0.003
200	0.036	0.056	0.006
500	0.105	0.149	0.018
1 000	0.224	0.305	0.037
2 000	0.550	0.640	0.096
3 000	1.000	1.000	0.182
3 000	—	—	1.000
2 000	0.628	0.672	0.552
1 000	0.278	0.336	0.240
500	0.132	0.163	0.113
200	0.047	0.063	0.040
100	0.026	0.034	0.079

从图 3.20 的流动曲线可看出,沥青在除去外力后,虽然在一定的时间后又返回到原来的凝胶状态,但力矩增大和减小时的流动曲线不重合,而是构成一滞后环。从图 3.20 可以看到,石油沥青在加载和卸载时的流动曲线按横坐标来说,改变得都比较缓慢。这说明这种沥青不是真溶液黏度,而有结构黏度,但这种结构黏度并不很稳定。同时,在触变作用范围内,力的传递作用受到一定的限制,因而流动曲线具有显著的弯月形。

煤焦油沥青的流动曲线的开始部分变化很小,当继续加载时流速突然增加很大,卸载时流动曲线上升很快,并有一定的曲率。这说明这种沥青有结构黏度,在重荷载的长期作用下,流速也跟着变化。可以看出这种沥青的结构黏度不受触变性或触变后效的影响。

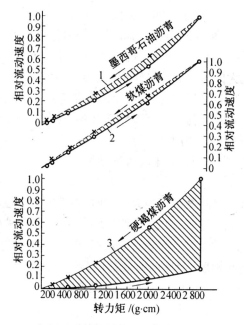

图 3.20 触变性沥青的流动曲线

据日本学者饭岛的研究,只有在沥青的软化点附近,触变性的滞后环才比较明显。这是因为在软化点附近的温度时,沥青内部结构不稳定,容易在外力的作用下受到破坏。图 3.21 及图 3.22 是两种不同的沥青在软化点上下的 40 ~ 100 ℃的范围内,剪切速度为 0.119 4 s⁻¹的时候上升及下降时,剪应力和剪切速度的关系曲线。

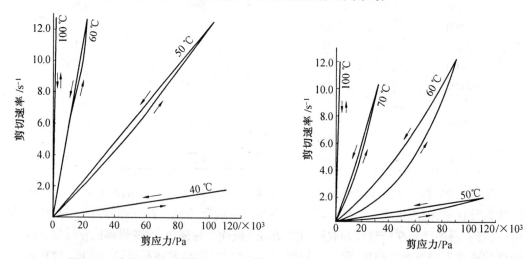

图 3.21 直馏沥青的滞后环   图 3.22 半氧化沥青的滞后环

从图 3.21 和图 3.22 看到,在软化点附近的 50 ℃左右,上升曲线和下降曲线不重合,形成一环形曲线。距离软化点的温度越远,滞后环越小,到 100 ℃或 40 ℃时,上升及下降曲线基本重合或完全重合,变为直线,形成牛顿流体,因而不再显示触变性。另外也还可以看到半氧化沥青的滞后环比直馏沥青的大。滞后环的面积越大,则触变性越显著。

2.沥青的黏流性

(1)黏性

黏性是物体抵抗剪切变形的能力。根据黏性与剪变率的关系不同,材料可分为牛顿液体和非牛顿液体。

①牛顿液体

英国科学家牛顿于1687年提出了关于物质黏性的假设,即牛顿黏性定律,其数学表达式为

$$\tau = \eta\gamma' \text{ 或 } \eta = \tau/\gamma' \tag{3.23}$$

式中,η 为黏性系数,通常即称为黏度;τ 为剪切应力;γ' 为剪变率。

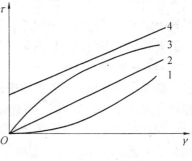

由于黏度 η 与剪变率 γ 无关,黏度为常数,故在剪应力与剪变率的关系图中为一直线(图3.23中1)。符合牛顿定律的液体也称为牛顿液体。

如果是拉伸试验,其应变速率为 ε',拉伸应力为 σ,则物质的拉伸黏度 λ 为

$$\sigma = \lambda\varepsilon' \text{ 或 } \lambda = \sigma/\varepsilon' \tag{3.24}$$

同样,假设物质是不可压缩的,其泊松系数 $\mu = 0.5$,则剪切黏度与拉伸黏度之间也成三倍法则,即

$$\lambda = 3\eta \tag{3.25}$$

图 3.23　几种流变曲线

②非牛顿液体

许多物质在温度不太高时,其黏度 η 随剪变率 γ' 的不同而变化,即应力 τ 与剪变率 γ' 不呈直线关系。如在恒定应力作用下,应变的变化与时间不呈直线关系,即剪变率在变化。反之,剪变率改变,则液体表现出不同的黏性系数。这种液体称为非牛顿液体。

由于非牛顿液体的黏度随剪变率而变化,因此在实用上是采取确定某一剪变率条件下的黏度作为该液体的黏度,该黏度称为表观黏度。有些黏度计就是测定在某一恒定剪变率条件下的黏度。非牛顿黏性流体有以下几种情况。

a.假塑性流体

呈现假塑性(Pseudo Plastic)的流体,其流动曲线通过原点,随着剪变率的增大,流动阻力增大的趋势逐渐减小,即表现为剪切稀化的性质,流动曲线(图3.23中2)呈指数形式:

$$\eta = \tau/(\gamma')^c \tag{3.26}$$

式中,c 为复合流动度,通常 $0 < c < 1$。

$c = 1$ 时,流体为牛顿液体。显然,c 偏离 1 越远,c 值越小,则液体的非牛顿性质越显著。因此,复合流动度可以定量地评定液体的流变性质。

沥青材料大多为假塑性流体,故研究沥青的流变性质,测定其复合流动度是有重要意义的。

b.胀塑性流体

胀塑性(Dilatant)流体随剪变率的增大,表观黏度增大(图3.23中3),其流变曲线也通过原点,流变方程与假塑性流体相同,复合流动度 $c > 1$。

胀塑性沥青较少见,黏土浆、湿砂、淀粉水溶液常呈现胀塑性性质。

c.宾汉姆性流体

宾汉姆性体(Bingham Body)是宾汉姆在研究流体流变性质时,发现有些塑性体在克服了屈服极限以后成了牛顿黏性体,即它的流变方程式为圣维南型和牛顿黏型之和,即

$$\eta_P = (\tau - \tau_0)/\gamma' \tag{3.27}$$

宾汉姆性流体的流变曲线如图3.23中4。

d.触变性流体

某些流体在振动或强力搅拌的剪切作用下,黏度减小,流动性增大,而当外力去除后,静止一段时间就又会恢复或部分恢复原来的状态,黏度显著增加,这种性质称为触变性。具有触变性的流体也只能测定其表观黏度。它们的表观黏度随测定时间的延长而减小,经过一定时间后达到平衡状态,对时间有很强的敏感性。通常凝胶型沥青和在弹性阶段的沥青具有触变性,涂料、油墨等材料也具有触变性。

(2)黏度

沥青在成型和施工等过程中,都是利用沥青在黏流状态下的流动性进行操作的。道路沥青大约在100 ℃以上,普通建筑沥青在200 ℃左右,就都已进入黏流状态。为了正确合理地对沥青的各种有关过程进行操作,必须对沥青在黏流状态下的性能——黏度有充分的了解。

如图3.24所示,设有两个平行平面 A 和 B,中间充满着沥青或其他的流体。F 是给予平面 A 的剪切力,使其平行移动,在运动时就带动 A 和 B 两平面之间的无数层平行于 A 面的液体粒子一起运动。这些无限薄的小平面上的液体分子,因与平面 B 的距离不同,移动的距离也不相同。平面 A 移动的距离最大,距平面 A 最近的一层液体离子移动的距离稍小一些,以后渐小,B 平面液体粒子移动的距离最小接近不动。当液体粒子从 b 点移动到 c 点时,直线 cd 将是两平面

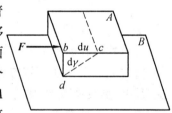

图3.24 在平行平面之间流体的流动示意图

之间所有质点移动的平均距离。A 平面相对于 B 平面的速度就是在1 s内运动的距离为 bc,$\dfrac{bc}{bd}$ 定义为剪切速率,即单位距离内的运动速度,或称速度梯度。当 bc 和 bd 都很小时,即得剪切速率为

$$\gamma = \frac{\mathrm{d}u}{\mathrm{d}\gamma} \tag{3.28}$$

若作用力为 F,面积为 A,则 F/A 称为剪切应力,以 τ 表示,单位为 10^{-3} N/m。剪切速率与剪切应力有如下的关系

$$\tau = \frac{F}{A} = \frac{\eta \mathrm{d}u}{\mathrm{d}\gamma} \tag{3.29}$$

比例系数 η 则被定义为流体的剪切黏度或黏度系数,简称黏度。

$$\eta = \frac{F}{A} \cdot \frac{\mathrm{d}u}{\mathrm{d}\gamma} = \frac{\tau}{\gamma} \tag{3.30}$$

所以,黏度就是单位面积上能产生单位剪切速率的剪应力,当剪应力为 1 ×

10^{-3} N/m,剪切速率为 1 s^{-1} 时,则黏度为 1 P。

剪切速率和剪应力成比例的流体称为牛顿流体,这种流动称为牛顿流动。这种流动不受诸如分子的聚集、线性聚合和形成结构等的阻碍而能自由流动。

测定沥青黏度的方法和仪器有许多种,各适用于不同的黏度范围。黏度计的作用和几何形状应考虑便于计算剪应力和剪切速率,下面介绍几种测定沥青黏度最常用的黏度计。

① 毛细管逆流式黏度计

毛细管逆流式黏度计的主要组成部分为一毛细管。沥青借自身的重力或外加压力流过毛细管,并根据流过的速率来衡量黏度的大小。这种黏度计适应的剪切速率范围较小,能测定的最大黏度约为 10^6 P。液体沥青在毛细管内流动时的体积速度 V/t,相当于剪切速率。液体在毛细管内流动的驱动力为压差 P,相当于剪应力。若毛细管的半径为 r,长度为 l,重力加速度为 g,根据泊兹尼雷方程式

$$V/t = \pi r^4 Pg/(8l\eta)$$

或

$$\eta = \pi r^4 tPg/(8lV) \tag{3.31}$$

若以 V/t 和 P 为坐标作图,就得到剪切速率和剪应力的关系曲线,称为流动曲线。对于牛顿流体,流动曲线为通过原点的直线,黏度就等于 V/t 对 P 图上的曲线与横轴 P 之间夹角的余切,是一恒定的数值,与 P 的大小无关。

前面已多次提到,黏度和针入度都可用来表示沥青的稠度,因此在黏度和针入度之间一定存在着某种关系。为此曾提出过多种互换的经验公式,今介绍两种如下:

a. 第一种经验公式

$$\eta = 1.58 \times 10^{10} P^{2.16} \tag{3.32}$$

式中,P 为沥青的针入度;η 为在相同温度下的黏度,泊。

b. 当针入度在 28 ~ 240(0.1 mm) 的范围内时,可用下式计算黏度:

$$\eta = 1\,325 - 19.544P + 0.1149P^2 - 2.251 \times 10^{-4} P^3 \tag{3.33}$$

式中符号的意义同上。

② 旋转黏度计

旋转式黏度计的种类比较多,但应用的原理都大致相近,以流变 2 型旋转黏度计为例说明。

流变 2 型旋转黏度计是一种适于测定牛顿或非牛顿流体动力黏度的黏度计。这种黏度计有两种测定黏度的方法,即同心圆筒式和锥 – 板测定式。两种方法都能测定剪应力、剪切速率及动力黏度。

同心圆筒式旋转黏度计的结构如图 3.25 所示。其外筒的固定半径为 R,内筒旋转半径为 r,长度为 l,旋转的角速度为 ω,内筒上面联接弹簧可以测定因旋转而产生的力矩 M,设剪应力为 τ,剪切速率为 γ,则

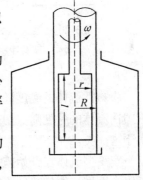

图 3.25 同心圆筒式旋转黏度计

$$\tau = \frac{M}{2\pi lr^2} \tag{3.34}$$

$$\gamma = \frac{\omega R^2}{R^2 - r^2} \tag{3.35}$$

$$\eta = \tau / \gamma = \frac{M}{2\pi lr^2} \cdot \frac{\omega R^2}{R^2 - r^2} \tag{3.36}$$

锥 – 板式黏度计如图 3.26 所示。在这种黏度计中,被测液体放在固定板及旋转锥的楔形空隙中,锥的间隙角 φ 很小只有 $0.3°$。设板的半径为 R,旋转的角速度为 ω,则

$$\tau = \frac{3M}{2\pi R^3} \tag{3.37}$$

$$\gamma = \frac{\omega}{\tan \varphi} \tag{3.38}$$

$$\eta = \frac{\tau}{\gamma} = \frac{3M}{2\pi R^3} \cdot \frac{\omega}{\tan \varphi} \tag{3.39}$$

（3）黏流性流体的流动曲线

前面我们已经简单地谈到过牛顿流体的黏度和剪应力的关系。对于非牛顿流体,黏度不再是一个常数,而是随剪切速率的改变而变化。同时剪切速率和剪应力的关系也不再是通过原点的一条直线。非牛顿流体的各种流动曲线如图 3.27 所示。

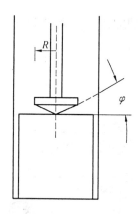

图 3.26　锥 – 板式旋转
黏度计

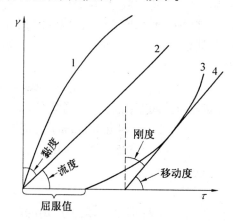

图 3.27　各种流体的流动曲线示意图
1— 胀塑性流体;2— 牛顿流体;3— 假塑
性流体;3— 宾汉流体

胀塑性流体的黏度随剪切速率的增大而增大,一些高分子凝胶型沥青属于这一类。假塑性流体的黏度随剪切速率的增大而减小,大部分的溶胶 – 凝胶型沥青及凝胶型沥青属于这一类。

宾汉型流体在开始施加应力时,并不流动,只有在应力超过某个数值时才开始流动。所以宾汉型流体的流动曲线不经过原点,而是沿 τ 轴经过一段距离后,即给以一定的剪切力之后才开始流动。从原点到 τ 轴交点的距离,称为屈服值。这类物体称为宾汉流体,并用塑性黏度系数表示它们的流动性质。例如含蜡沥青（凝胶型）可用下式表示其黏度:

$$u = \frac{F - f}{\dfrac{du}{d\gamma}} \tag{3.40}$$

式中，u 为塑性黏度系数，简称塑性黏度；f 为宾汉屈服值；F 为剪应力。

从式(3.40)可以看出塑性黏度就是在每平方厘米的面积上，超过屈服值并产生单位剪切速率所需剪应力的达因数。

对假塑性和胀塑性流体，常用指数的方式处理剪切速率和剪应力的关系。

$$\tau = K\left(\frac{du}{dr}\right)^{c} \tag{3.41}$$

式中，c 称为流动行为指数，也称复杂流动度。对假塑性流体 $c < 1$；胀塑性流体 $c > 1$；牛顿流体 $c = 1$。

根据黏度的定义可以得到假塑性和胀塑性流体的黏度 η_a：

$$\eta_a = \frac{\tau}{\gamma} = \left[K\left(\frac{du}{dr}\right)^{c}\right] \Big/ \left(\frac{du}{dr}\right) = K\left(\frac{du}{dr}\right)^{c-1} \tag{3.42}$$

这样得到的黏度称为表观黏度。从式(3.42)可以知道，表观黏度不再是一个定值，而是随剪切速率的改变而变化的，它们的变化如图3.28所示。

凝胶型沥青大多表现为假塑性行为。这是由于大分子结构互相缠绕，对流体产生了较大的流动阻力，从而使其黏度增大的原因。但是实验证明，假塑性行为只出现在某段剪切速率的范围内，所以沥青的实际流动曲线要比图3.28所示的情况复杂得多。

图3.29是牛顿流体、胀塑性流体和假塑性流体在圆管中流动的速度随径向位置的分布。可以看出，只有牛顿流体的流动速度才表现为抛物线形。

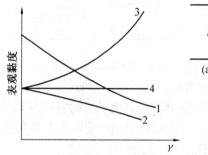

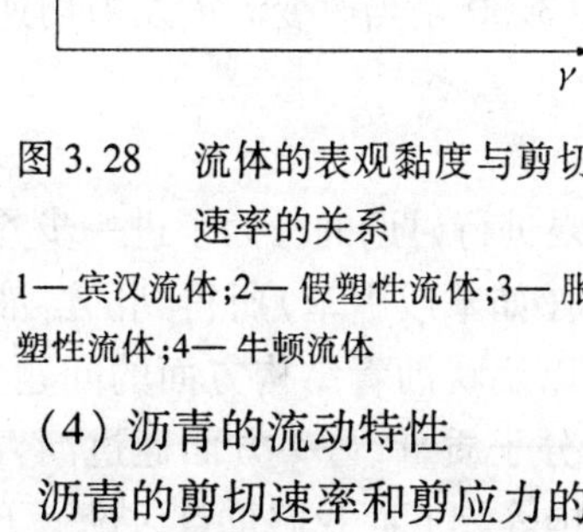

图3.28　流体的表观黏度与剪切速率的关系

1—宾汉流体；2—假塑性流体；3—胀塑性流体；4—牛顿流体

(a)牛顿流体　(b)胀塑性流体　(c)假塑性流体

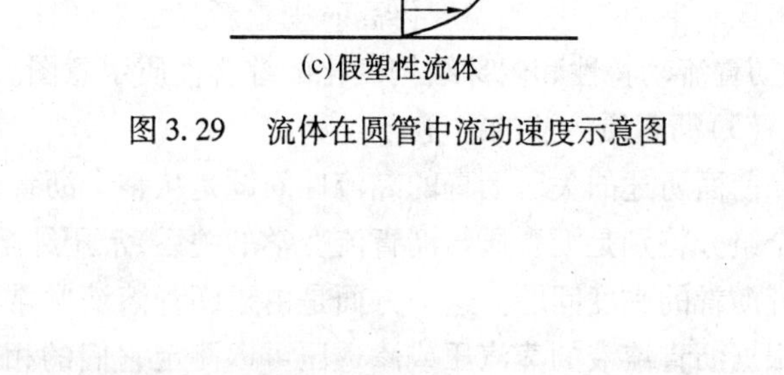

图3.29　流体在圆管中流动速度示意图

(4) 沥青的流动特性

沥青的剪切速率和剪应力的关系已如前述，可用下式表示：

$$\tau = K\left(\frac{du}{dr}\right)^{c}$$

取对数整理后得

$$\lg\left(\frac{du}{dr}\right) = -\lg K + P\lg \tau \tag{3.43}$$

式中，P 和 K 均为常数，$c = 1/P$。

以 $\lg \tau$ 及 $\lg\left(\dfrac{\mathrm{d}u}{\mathrm{d}r}\right)$ 为坐标作图得到直线的斜率 $\tan \theta = P$，称为可塑性指数，也是非牛顿性流动的指标。当 $P = 1.0$ 时为牛顿流体，$P > 1.0$ 时为非牛顿流体，P 值越大非牛顿性越强。表 3.25 是几种不同氧化深度的沥青的 P 值，表 3.25 中，与画横线的数字相对应的温度为该沥青的软化点。

表 3.25　各种氧化沥青在不同温度时的 P 值

沥青样品名称	温度/℃																		
	25	35	40	45	50	55	60	65	70	75	80	85	90	95	100	105	110	115	120
VHB	1.0	1.0		1.0	<u>1.0</u>	1.1		1.0											
VH190-4		1.3		1.2	1.0			<u>1.0</u>	1.3	1.1	1.0	1.0							
VH190-8				2.6		1.9		1.5		1.3		1.0	<u>1.3</u>	1.1	1.0				
VH190-10						2.9		2.0		1.5		1.5		1.2	1.1	<u>1.2</u>	1.0		
VH270-1		1.9		1.2		1.1	1.0	<u>1.1</u>	1.0	1.0		1.0							
VH270-2				2.0		1.5		1.2		<u>1.2</u>	1.0	1.2	1.0	1.0					
VH270-3						2.8		1.9		1.7		1.3		1.1	1.1	<u>1.0</u>	1.0	1.1	1.0
VLB	1.0	1.0	<u>1.2</u>	1.0		1.0													
VL190-4	1.6	1.3		1.1	<u>1.0</u>	1.0		1.1		1.0									
VL190-12						2.8		2.1		1.5		1.2		<u>1.0</u>		1.1	1.2		1.0
VL190-2				1.5		1.4		1.2	<u>1.0</u>	1.1	1.0	1.0	1.0	1.0					

由表 3.25 可看出，在常温附近，氧化沥青原料（VHB 及 VLB）均为牛顿流体，而氧化沥青为非牛顿流体。随着氧化程度的增大，非牛顿性增强。但不论何种沥青，在温度上升时均渐渐接近牛顿黏性，在软化点附近都变为牛顿流体；其后所有的试样的共同现象是再度出现非牛顿黏性，当温度再高时则重新显示牛顿性。图 3.30 是当改变温度及剪切速率时，沥青流动特性和内部结构变化的综合性质示意图。

（5）沥青质溶液的黏度

前面所述的关于沥青的黏流性问题是从整个沥青着眼进行讨论的。为了进一步弄清各个组分特别是沥青质与沥青流变学的关系，常用纯溶剂（如苯或甲苯）所得到的溶液来研究沥青的黏度问题。这一方面是由于沥青溶液常常可以反映沥青结构方面的问题，例如根据沥青溶液的蒸汽压或渗透压可以测定它们的相对分子质量，另一方面通过沥青或沥青质的溶液也便于了解它们的某些其他性质如胶体结构等。下面我们重点讨论一下沥青质溶液的黏度问题。在未讨论沥青质的黏度问题之前，先介绍几个黏度的名称。

①增比黏度

当沥青质溶于如苯之类的溶剂而成稀溶液时，其增比黏度表示为

$$\eta_{\mathrm{sp}} = (\eta - \eta_0) / \eta_0 = (\rho t - \rho_0 t_0) / \rho_0 t_0 \tag{3.44}$$

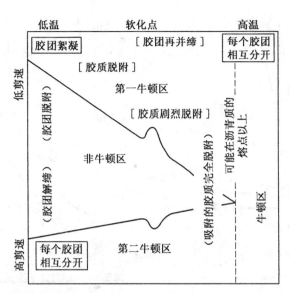

注：□—胶团存在状态；[ ]—改变温度发生的现象；( )—改变剪速发生的现象。

图 3.30　温度及剪速的改变与沥青流动特性和内部结构的关系

式中，η,ρ,t 分别为溶液的黏度、相对密度及流过的时间；η_0,ρ_0,t_0 分别为纯溶剂在相同温度时的黏度、相对密度及流过的时间。

② 对比黏度 $\langle\eta\rangle$

对比黏度也称为比浓黏度，表示沥青或沥青质的稠化能力。对比黏度可用下式表示

$$\langle\eta\rangle = (\eta - \eta_0)/\eta_0 c = \eta_{sp}/c \tag{3.45}$$

式中，c 为溶液的浓度，单位是 g/100 mL。

③ 相对黏度 η_r

$$\eta_r = \eta/\eta_0 \tag{3.46}$$

④ 内相黏度 $[\eta]$

内相黏度也称特性黏度，即当溶质浓度趋近于零时的对比黏度内。相黏度可表示为

$$[\eta] = [(\eta - \eta_0)/\eta_0 c]_{c\to 0} \tag{3.47}$$

实际的做法是先将沥青质溶于苯（很稀的溶液），计算出增比黏度 η_{sp}，然后将其延伸到浓度为零时的数值，即得内相黏度 $[\eta]$。所谓内相黏度就是指在胶体溶液中，分散相本身的黏度。外相黏度是指分散介质的黏度。

沥青质溶液的黏度的最大特点是黏度大和非牛顿性。由于沥青质的相对分子质量和浓度不同，对溶液的黏度影响如图 3.31 所示。

对于相对分子质量较小的沥青质，由于可能只有一个少环的缩合芳香环片组成，所以只能聚集成一个堆。这时没有交联效应，因此当这类沥青质溶液的浓度增大时，溶液的黏度基本上是直线地增大。反之，当沥青质是由具有许多缩合芳香环片组成的大分子时，聚集时就会和其他分子形成各种各样的堆积体。若有许多这样的分子连接起来时，就可能形成网状结构，阻碍分子的流动，溶液的黏度将随浓度的增大而迅速上升，当到达某一浓度时甚至变为凝胶。溶剂性质的改变对溶液的黏度也有影响，如图 3.32 所示。

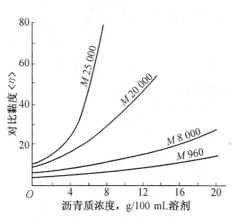

图 3.31 沥青质相对分子质量对⟨η⟩的影响

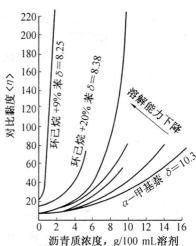

图 3.32 相对分子质量为 2 000 的沥青质在不同溶剂中的⟨η⟩

图 3.32 中的 δ 为梅尔迪布拉德及斯科特参数,可以定量地说明溶剂的溶解能力。当 $\delta = 8 \sim 11$ 时,则 δ 越大,溶剂的溶解能力越强。$\delta \rightarrow 11$ 时,由于溶剂的极性或生成氢键的原因,对沥青质的溶解能力反而减小。

从图 3.32 还可以看到,所有的溶液在质量浓度超过 2 g/mL 时,黏度都突然很快上升,但用不同溶解能力的溶剂时,黏度上升的速度也不同。溶解能力最强的 α-甲基萘,黏度上升最慢,而溶解能力小的溶剂,黏度随浓度改变的曲线最陡。这种现象原因是当溶剂的溶解能力较弱时,沥青质的聚集力较大,故随着沥青质浓度的改变,阻碍溶液流动的能力迅速增大,因而黏度也迅速增大。例如,用环己烷作溶剂时,因其溶解能力太小,沥青质分子间的聚集力却非常强,在浓度很小时,黏度就已很大。若将溶剂的相对分子质量和溶解性能联合起来考虑时,就得到如图 3.33 所示的结果。

几乎所有的溶剂对相对分子质量较小的沥青质都没有明显的稠化能力。低分子沥青质溶液的浓度即使很大,在溶解能力小的溶剂中其黏度也不大,而重沥青质(例如相对分子质量为 25 000)对溶剂的溶解能力却有极高的敏感性。如在溶解能力差的溶剂中,当浓度小于 4% 时,即已生成凝胶,但在溶解能力大的溶剂中,基本不会形成凝胶,随着沥青质浓度的加大,黏度增大的速度要慢得多。

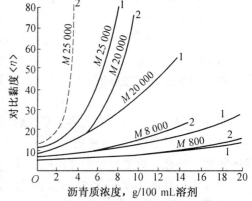

图 3.33 ⟨η⟩与沥青质浓度的关系
1—溶解能力强的溶剂;2—溶解能力弱的溶剂

沥青质溶于可溶质成为沥青"溶液"时的情况与上述情况近似,也可用上面的理论解释关于沥青黏度的某些问题。

3. 沥青流变性质的主要影响因素

(1)温度影响

沥青流动的复杂性随着温度的升高而降低,甚至在温度高于软化点不多时,沥青的非牛顿性质就完全消失,而转变成牛顿沥青,其复合流动度 c 就等于1。这种情况是由于沥青质溶解或融合作用的改善而形成了溶胶型沥青的结果。表3.26中的试验数据表明温度升高对沥青流变性质的影响。

表3.26　温度对沥青流变性质的影响

沥青样品	沥青种类	软化点/℃	复合流动度		
			5 ℃	25 ℃	50 ℃
NO.1	直馏沥青	50.0	0.85	0.95	1.00
NO.2	氧化沥青	54.4	0.75	0.80	0.95
NO.3	直馏沥青	56.1	0.50	0.80	0.85
NO.4	氧化沥青	63.8	0.45	0.50	0.70

当温度升高时,由于沥青质吸附能力减弱,软沥青质的溶解能力和分散程度提高,使吸附在沥青质分子周围的胶质逐渐转移到外围的油分中,沥青转变成近似真溶液或分散程度很高的体系。因此,即使是凝胶型沥青,当温度升高时也会慢慢变成具有牛顿流动性质的溶胶型沥青。由此可见,在不同温度下沥青的流动性质是有很大差异的。

因此,讨论沥青材料的流变性质,必须说明沥青所处的温度条件。由于人们长期以来习惯以25 ℃温度下的针入度作为划分沥青标号的指标,而在25 ℃温度下沥青材料的流变性质也能表现出明显的差别,所以,可用25 ℃温度的复合流动度 c 值来表征沥青流动性质。

(2)油源与加工工艺的影响

炼制沥青所用原油的成分,对沥青的胶体结构有一定影响,因而也对其流动性质产生影响。

表3.27的数据表明,由于大庆原油是石蜡基原油,所炼制的沥青其非牛顿特性十分显著,而用环烷基原油,如阿尔巴尼亚原油、伊朗原油所炼制的沥青,即使比较黏稠,但也都接近牛顿液体性质,复合流动度接近或等于1。胜利原油的性质多属中间基,当采用直馏工艺炼制沥青时,其流动性质呈现牛顿性质;当采用氧化工艺炼制沥青时,则其沥青的非牛顿性质增强。因此,当采用氧化工艺来提高沥青软化点时,沥青的复合流动度将会减小。

表3.27　原油与加工工艺对沥青流变性质的影响

沥青材料	针入度/0.1 mm	软化点/℃	延度/cm	复合流动度
大庆直馏沥青	283	37	4	0.40
胜利直馏沥青60号	68	51	70	0.84
胜利直馏沥青100号	81	46	>100	0.94
阿尔巴尼亚直馏沥青60号	46	53	>100	1.00
伊朗直馏沥青60号	72	47	>100	0.96

4. 沥青黏流指标之间的关系

沥青的针入度、软化点、延度、脆点以及黏度等指标,都直接或间接反映沥青的黏流性质,因此,这些指标相互之间存在一定的内在联系。

(1)针入度与软化点的关系

针入度是条件黏度,软化点是等黏度条件下以温度表示的黏度。一般来说,稠度低的沥青,其软化点也低;反之,稠度高的沥青,其软化点也高。根据 100 多个沥青样品的针入度和软化点数据分析,它们之间存在如下关系:

$$T_{R\&B} = 145/P^{0.243} \tag{3.48}$$

式中,$T_{R\&B}$ 为软化点,℃;P 为针入度,0.1 mm。

(2)针入度与黏度的关系

针入度是经验指标,有其局限性。针入度相同的沥青其黏度往往有较大差别,故美国又采用绝对黏度来划分沥青的标号。然而由于黏度试验比较复杂,需要较为精密的仪器和熟练的操作技巧,而针入度试验则要简单得多,由于使用方便,仪器价格低廉,因而使用广泛。实际上针入度和软化点一样,都是黏度的另一种表现形式,它们与黏度之间具有内在联系。根据国内和国外几十个沥青样品的试验资料,经回归分析得到针入度(0.1 mm)与黏度(Pa·s)之间的关系如下:

$$\eta = 2.06 \times 10^9/P^{2.00} \tag{3.49}$$

式(3.49)既包含了牛顿沥青,也包含了非牛顿沥青。但国外一些学者曾分别对沥青的在各种情况下针入度(0.1 mm)与黏度(Pa·s)之间的关系进行了分析研究。

沙耳(R.N.J.Saal)认为对于牛顿沥青存在的关系为

$$\eta = 1.58 \times 10^9/P^{2.16} \tag{3.50}$$

日本福武治认为,当沥青针入度 $P>60$(0.1 mm)时,其针入度与黏度的关系式为

$$\eta = 1.45 \times 10^9/P^{2.15} \tag{3.51}$$

而当针入度 $P<60$(0.1 mm)时,则为

$$\eta = 9.5 \times 10^9/P^{2.60} \tag{3.52}$$

日本林诚之在研究了不同针入度指数 PI 的沥青后,得出黏度与针入度的关系式为

$$\eta = 10^{10.59+0.28PI}/P^{2.22} \tag{3.53}$$

从上面几个关系式不难看出,黏度与针入度之间确有很好的关系,而且这些关系式都非常相似。

(3)软化点与黏度的关系

沥青是复杂的碳氢化合物的混合物,无明确的熔点。软化点是等温黏度,也是一种黏度。壳牌石油公司的怀特奥克认为,多数沥青的软化点温度下的黏度大约为 1 200 Pa·s。林诚之研究结果得出软化点温度时沥青的黏度与其针入度指数的关系为

$$\lg \eta_{sp} = 4.15 + 0.035PI \tag{3.54}$$

当 $-1 \leqslant PI \leqslant +1$ 时,η_{sp} 则在 1 303.17 ~ 1 531.1 Pa·s 范围内变化,可见软化点与黏度的关系只是一种近似关系。

(4)沥青延度与其黏流性质的关系

沥青延度是一种经验指标。一般来说,延性好的沥青黏结力强,所铺路面低温抗裂性和耐久性好。沥青的延度与其化学组成有密切关系,但是由于沥青化学组成和化学结构的复杂性,两者之间很难找到一定的规律性。

然而理论研究和试验都已证明,沥青延度对其胶体结构和流变性质的依赖性。胶体结构发达的凝胶型沥青,其发达的空间网络结构妨碍着沥青的流动,在拉伸试验时沥青丝中的拉应力随截面的减小而增大,使得沥青丝很快断裂,延度很小。溶胶型沥青其颗粒易于拉动,拉应力随沥青截面的减小而减小,于是沥青可以被拉成长长的细丝而不断,延度很大。因此,沥青的延性与其黏流性质有着密切的关系。从理论上讲,牛顿沥青具有最大的延度,非牛顿沥青的延性随非牛顿特性的增强而减小。由于复合流动度 c 反映沥青的流变性质,显然沥青的延度与复合流动度之间有密切关系。由表 3.27 可以看出,复合流动度 c 值大的沥青,其延度也大;反之,则延度也小。

沥青的延度不仅与其黏流性质有关,而且与沥青的黏度本身也有密切关系。沥青黏度太小,易于流淌,沥青难以保持一定的形状,以至无法拉伸;沥青黏度太大,弹性效应显著,流动性降低,沥青难以拉伸,延度也很小。只有当沥青的黏度在适当的范围时,才能被拉成细丝。

根据沥青延度对其黏度和流变性质的依赖性,通过对 50 多种国内和国外沥青试样的试验资料分析,利用逐步线性回归的方法,经过计算机自动筛选和处理,得到沥青延度与其黏度和复合流动度之间的关系式为

$$D = \exp \big|{-0.096\ 4 + 0.189\ 6(\ln \eta) - 0.163\ 2(\ln \eta)^2 + 7.334\ 4 \times 10^{-4}(\ln \eta)^4 +}$$
$$0.035\ 3\eta - 2.394\ 7 \times 10^{-4}\eta^2 + 4.894\ 7c\big| \tag{3.55}$$

式中,D 为沥青延度(25 ℃),cm;η 为沥青 25 ℃黏度,Pa·s;c 为 25 ℃时复合流动度。

将式(3.55)绘制成诺模图(图 3.34),它形象地表征了延度与其黏流性质的关系。

(5)脆点与黏度的关系

费拉斯脆点是沥青在温度降低时出现脆性破坏的温度,它在很大程度上反映沥青材料的低温性能。有些国家的沥青规范中,把费拉斯脆点也作为一个主要指标。

研究认为,脆点也是一种条件黏度,根据范·德·波尔(Van der Poal)的研究,在费拉斯脆点温度时,其黏度约为 4×10^8 Pa·s。

(6)沥青试验数据图

20 世纪 60 年代后期,霍克洛姆(Heukelom)将针入度、软化点、费拉斯脆点以及黏度等作为温度的函数画在一张坐标图上,用以表征石油沥青常规指标之间相互关系,这就是有名的沥青试验数据图(BTDC)(图 3.35)。该图以温度为横坐标,以针入度和黏度为两边的纵坐标。横坐标为线性坐标,纵坐标为对数坐标。

沥青试验数据图由两部分组成,上部为针入度区,下部为黏度区。脆点对应针入度1.2(0.1 mm),软化点对应针入度800(0.1 mm)和黏度 1 200 Pa·s。

低蜡沥青的黏温关系线在图 3.35 中为直线,直线的斜率反映沥青的敏感性。不同油源所生产的沥青在图中的斜率不同,这表明它们的油源不同对沥青的温度敏感性是有影响的。这种直线型的沥青称为 S 级沥青。根据针入度和软化点可以在很宽的温度范围内

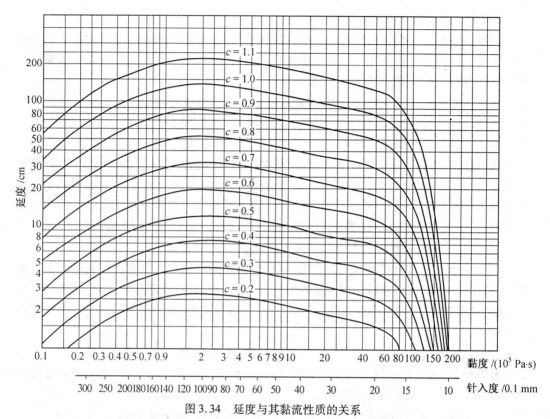

图 3.34 延度与其黏流性质的关系

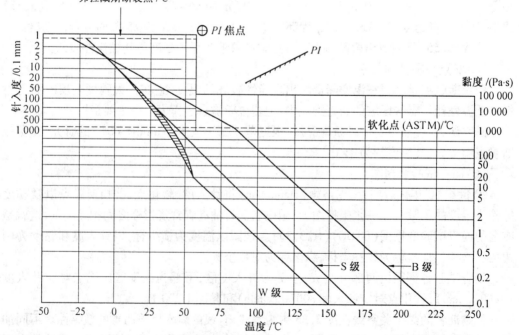

图 3.35 沥青试验数据图

预测沥青的温度-黏度特性。

氧化沥青的黏温关系线在 BTDC 图中成折线,这种沥青称为 B 级沥青(B 是指吹气氧化的意思)。在高温范围内,其直线的斜率与同一油源的非氧化沥青大体相同,即与 S 级沥青的斜率接近,但在低温区,其直线的斜率较小。所以,B 级沥青在针入度区和黏度区都是直线,这样必须有针入度、软化点以及两次高温黏度的测定值才能完整地描述它的特性。

多蜡沥青的黏温关系线由两条斜率几乎相同的直线所组成。图 3.35 中所示的例子是 S 级沥青和含蜡量为 12% 的同类沥青的曲线。在低温下,蜡质呈晶体状,两条曲线无分别;在高温时,蜡质融化,含蜡沥青曲线分布在图中较低的位置。在分叉直线之间有一过渡段,此范围内试验数据图是分散的,因在这段温度范围内所测黏度受到试样加热的影响。

BTDC 图可以用于区别不同类型的沥青、比较沥青的黏温特性、判断沥青性能的优劣,并且可以用于选择沥青路面适当的施工温度。

3.4.2　沥青的劲度模量

物体在外力作用下既产生弹性变形又产生黏性流动变形的性质,称为黏弹性性质(Visco - Elasticity)。沥青是一种典型的黏弹性材料。

当沥青在低温或瞬间荷载作用下,沥青表现为明显的弹性性质;而当沥青在高温或长时间荷载作用下,沥青又表现为较强的黏性性质。在常温下沥青既非完全的虎克弹性体,也非完全的黏性体,而是表现为复杂的黏弹性性质。黏弹性材料在受力状态下有其特殊的应变特性,这就是蠕变和松弛。

劲度的定义:结构或构件抵抗弹性位移的能力,用产生单位位移所需的力或力矩来量度。全称的劲度系数,简称劲度,用 S_b 或 K 表示,单位是牛／米。不同材料的物体劲度不同,同一材料的物体形状和长度不同时,劲度也不同。劲度还受载荷作用时间和温度影响。劲度大,反映刚度大,硬度大,变形困难。

1. 沥青的黏弹性

(1) 力和形变

作用于物体上的外力有重力、弹力、张力和压力等,所有这些来自外界的力,对该物体来说都称为荷载。外力作用的方向与物体表面垂直的力称为法向力,与表面相切时称为切向力,力与它所作用的面积之比称为应力。由于外力的作用,物体就会发生形变,从而引起物体几何形状的改变称为形变。

对理想的弹性体来说,其形变和应力成正比,即

$$\sigma = E\varepsilon \tag{3.56}$$

这就是虎克定律。比例常数 E 称为抗张弹性模量,因此为单位面积上的力。它表征物体变形的难易程度,E 越小越易变形。如果为切应力或压力时,相应的模量称为剪切模量或压缩模量。在拉伸过程中,横截面必然也发生变化,设宽度为 c,变化量为 Δc,长度为 l,变化量为 Δl,则横向与纵向应变的比例称为泊松系数。

$$\nu = (\Delta c/c)/(\Delta l/l) \tag{3.57}$$

如前所述,绝大部分的沥青均属于黏弹性物体。黏弹性物体在变形时,其应力不仅与形变的大小有关,而且与这些形变发展的速度有关。黏弹性物体的形变与弹性物体不同,例如像橡胶制品这类高弹性体,形变能迅速跟上外力的作用速度,即应变与应力瞬间达到平衡。黏弹性物体的形变则经常滞后于作用力。它们在拉伸或回缩中的形变如图 3.36 所示,当外力作用于物体上时,形变缓慢地由 A 发展到 B;作用力消除后,形变并不立即完全消除,要经过一段时间才能逐渐恢复。形变不能随作用力而立即建立平衡,而是滞后,这一现象称为推迟高弹或黏弹。

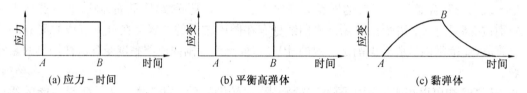

图 3.36　高弹和黏弹性的应力与形变的关系

物体的黏弹性可看作是黏性和弹性的结合,凝胶型沥青就是比较典型的黏弹性物体之一。这类物体在固定的应力作用下能产生随着时间而形变增加的特性,即形变随着时间的增长而继续发展的现象,称为蠕变。例如在公共汽车的停车站处,沥青路面因受汽车长期的重压而形成的凹陷就是蠕变的过程。蠕变可能是由于组成该物体的分子由卷曲状态逐渐改变其构象而伸直,也可能是由于某些分子发生位移而导致不可逆塑性形变的结果。沥青的结构、环境的温度及作用力的大小等都对蠕变有影响。

黏弹性物体还具有在恒定的形变下,应力随时间而逐渐减弱(衰减)的现象,此现象称为应力松弛。松弛的机理可能是由于大分子在力的长时间作用下,发生了结构改变或位移,使原来的应力逐渐消失。

(2)黏弹性沥青的黏度

黏弹性沥青的黏度常用 WLF(Williams - Lanolel - Ferry)经验方程式表示:

$$\lg \eta = \frac{\lg \eta_g - B - (T - T_g)}{2.303 f_g [(f_g/\alpha_f) + T - T_g]} \tag{3.58}$$

式中,η_g 为玻璃转化温度时的黏度;f_g 为常数,对沥青来说等于 2.5×10^{-2};α_f 为常数,对沥青来说等于 4.8×10^{-4};B 为从 WLF 图上得到的斜率;T_g 为玻璃转换温度,K。

只要确定了 WLF 方程式中的常数 T_g,以 $\lg \eta$ 和 $(T - T_g)/(2.303 f_g [(f_g/\alpha_f) + T - T_g])$ 为坐标作图,就可以从截距中求出 η_g。

例如,已经测得某沥青在缔合状态及非缔合状态时的黏度见表 3.28 及表 3.29 所示。

表 3.28　沥青在缔合状态的黏度

温度/℃	25			15		7.5			0		−12		
黏度 /10^6 P	1.46	1.48	1.39	2.65 ×10	2.62 ×10	4.83 ×10^2	4.99 ×10^2	3.79 ×10^2	6.12 ×10^3	7.07 ×10^3	2.84 ×10^5	3.01 ×10^5	2.66 ×10^5
平均黏度 /10^6 P	1.44			2.64×10		4.53×10^2			6.60×10^3		2.83×10^5		

表 3.29 沥青在解缔状态的黏度

温度/℃	25			8.25			1			–6
黏度/10^6P	1.22	1.21	1.33	1.83×10^2	1.90×10^2	1.86×10^2	5.58×10^3	6.08×10^3	6.34×10^3	3.86×10^4
平均黏度/10^6P	1.25			1.86×10^3			6.00×10^3			3.86×10^4

沥青的其他常数 $\alpha_f=4.8\times10^{-4}℃^{-1}$，$f_g=2.5\times10^{-2}$；玻璃转换点为$-19.8$ ℃，根据 WLF 方程式作图可得图 3.37。

从图 3.37 可知，只要将两直线延长到与纵轴相交，得到的截距就是它们在玻璃转换点时的黏度。

2. 蠕变和松弛

(1)蠕变

物体在应力保持不变的情况下，应变随时间的延长而增大，这种现象称为蠕变。蠕变是不可恢复的变形，其变形大小与荷载作用时间的长短有关。这部分变形主要是由于材料的黏性流动所引起的塑性变形；另一种变形虽然可以恢复，但恢复迟缓，这是材料的弹性后效现象。通常将黏性流动和弹性后效变形二者称为蠕变现象。

由图 3.38 的蠕变曲线可以看出，在恒定的应力作用下，应变是随时间而变化的。因此，要表示该物体的应力与应变关系就发生了困难。如果按传统的表达方式则必须注明所在的时间，即

$$E_t=\sigma/\varepsilon_t \tag{3.59}$$

式中，E_t 为某一时间的模量，这里为蠕变模量；σ 为应力；ε_t 为某一时刻的应变。

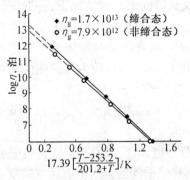

图 3.37 沥青的 WLF 图

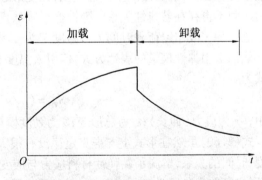

图 3.38 加载和卸载过程的蠕变曲线

在路面力学中，常用蠕变模量估算沥青路面的车辙量。沥青混合料的蠕变模量与沥青的蠕变模量之间是有密切关系的，根据沥青的蠕变模量可以预估沥青混合料的蠕变模量。

(2)松弛

松弛与蠕变相反。松弛是物体在恒定的应变条件下，应力随时间逐渐减小的力学行为(图 3.39)。

在日常生活和工程结构中应力松弛的现象比较常见。例如，旋转瓶盖后，橡皮垫圈被

压紧而变形,若维持橡皮垫圈压紧后的厚度不变,过一段时间后,垫圈中的应力降低,瓶盖就会漏气。又如,沥青路面在冬季温度降低时,由于收缩变形而产生温度应力,但沥青混合料因有应力松弛能力,使温度应力逐渐衰减直至消失,结果沥青路面不致因温度应力而开裂。这也就是沥青路面一般不设伸缩缝的主要原因。

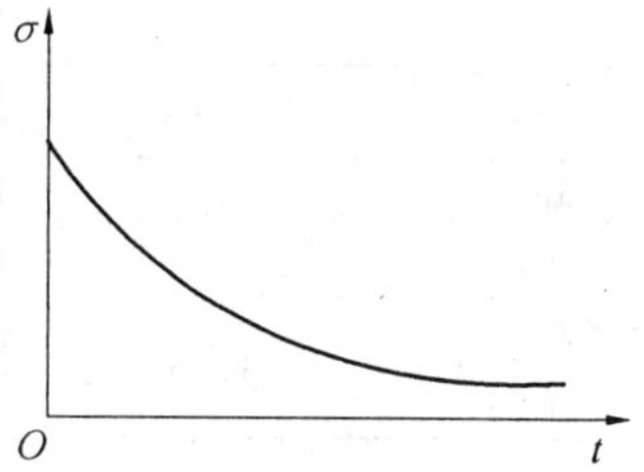

图 3.39　应力松弛曲线

3. 沥青的劲度模量

沥青的劲度模量是表征沥青黏-弹性联合效应的指标。大多数沥青在变形时呈现黏-弹性。范·德·波尔在论述黏-弹性材料(沥青)的抗变形能力时,以荷载作用时间(t)和温度(T)作为应力(σ)与应变(ε)之比的函数,即在一定荷载作用时间和温度条件下,应力与应变的比值称为劲度模量(简称劲度,S_b)。

(1)劲度模量

沥青的黏弹性性质不仅与温度有关,而且也与荷载作用时间有关。在温度较高而荷载作用时间较长的情况下,沥青的黏性性质较为明显;而在温度较低而荷载作用时间较短的情况下,则弹性性质较为明显。在一般情况下,沥青的弹性和黏性是不能明确区分的。为了表征沥青在某一温度和某一荷载作用时间的应力与应变关系,范·德·波尔引入了劲度模量(Stiffness Modulus)的概念。劲度也称刚度,是沥青在低温时的一个重要性质,它是表示黏性和弹性两种联合效应的指标。它的物理意义是指在某温度及荷载时对某一给定的沥青,弹性变形对永久变形的比例,它与应力、荷载时间的长短和温度有关。当变形不大、荷载时间很短时,则主要表现为弹性变形;当变形较大、荷载时间长的时候,则主要为黏性变形。在大多数弹性变形中都包含有一部分理想弹性及一部分延迟弹性。在变形较小时,变形与应力之间呈线性关系;在变形较大及长时间的荷载情况下,一般变形与应力之间不再存在着线性关系。弹性变形服从虎克定律,黏性变形则可用牛顿定律来说明。范·德·波尔以荷载时间 t 和温度 T 为函数的 σ/ε 来表示黏弹物体抵抗变形的性能。他仍采用弹性模量的表达方式,但引入温度 T 和时间 t 的因素,应力与应变的关系表达式为

$$S_{T,t}=(\sigma/\varepsilon)_{T,t} \tag{3.60}$$

式中, σ 为应力(伸长); ε 为总形变; S 为劲度模量,N/m²。

式(3.60)虽然在形式上与虎克定律没有很大区别,但它却反映了黏弹性材料应变与温度、时间的关系,解决了黏弹性材料应力与应变关系描述的问题。这种表达方式概念清楚,形式简单为各国学者所接受。

由此可见,黏弹性材料的劲度模量并不是常数,而是随温度和时间而改变的,因而它是随试验方法、环境条件以及边界条件的变化而变化的。范·德·波尔研究表明,温度、加荷时间以及沥青品种对其劲度模量有明显影响,如图 3.40 所示。

图 3.40(a)是低针入度指数的硬质沥青(针入度指数 $PI=-2.3$,软化点 $T_{R\&B}=66$ ℃),在短暂荷载作用下($\times10^{-4}\sim\times10^{-1}$s)和较低温度(5～25 ℃)下几乎呈纯弹性体,劲度模量无明显变化。但是在荷载长时间作用下,以及较高温度(25～45 ℃)下,则劲度模量随荷载作用时间的延长而迅速下降。图 3.40(b)的氧化沥青针入度指数高达+5.3,

软化点为 116 ℃,沥青劲度模量随温度升高而降低,但随着荷载作用时间的延长,劲度模量降低较为缓慢,这表明这种沥青的滞后弹性效应十分显著。由图 3.40 还可以看出,随着针入度指数 *PI* 值的增大,在同样的荷载作用时间内,针入度指数小,其劲度模量大。针入度指数 *PI* 是反映沥青胶体结构和温度敏感性的重要指标,因此,沥青劲度模量实际上与其胶体结构、感温性有密切联系。

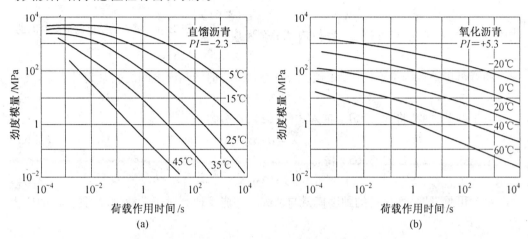

图 3.40 沥青品种、温度及加荷时间对劲度模量的影响

劲度或抵抗形变的能力是随时间的增长而减小的函数,但比纯黏性物体减小的速度要慢。对理想的弹性体,劲度就相当于杨氏弹性模量。沥青能在不断裂的情况下抵抗应力的好坏是影响道路沥青耐久性的很重要的一个因素。劲度也可看作是沥青抵抗流动性的能力,它与以下四个因素有关:①荷载的时间或频率;②温度;③沥青的硬度(稠度);④胶体的类型。其中,第 3 个因素由软化点及针入度或黏度确定,第 4 个因素由针入度指数确定。实践证明,沥青的劲度不仅与硬度等级(即针入度或黏度等级)有关,而且与沥青的感温性也有很大的关系,而感温性又与沥青的类型有关,特别是含蜡量的多少对沥青劲度的影响更为明显。

以劲度和荷载作用时间为坐标作图即得到劲度模量曲线。从这曲线中可以清楚地看到,劲度是具有黏性与弹性两种效应的性质。表 3.30 是三种不同性质的沥青,图 3.30 是它们的劲度模量曲线。

表 3.30 劲度试验用的沥青的性质

沥青	*PI*	软化点/℃	针入度/(0.1 mm)	沥青质/%
a	-2.3	66	3	3
b	-0.2	67	15	20
c	+5.3	117	14	34

图 3.41 中曲线 *a* 表示纯黏性沥青(*PI* ≈ − 2),曲线的左半部的水平线表示短暂时间的弹性流动,在曲线右半部斜线表示长时间的黏性流动,在二者之间有一段很短的中间弯曲部分是代表两种变形的过渡区。曲线 *b* 是典型的黏弹性沥青(*PI* ≈ 0.0),在曲线中间有一很长的弯曲部分。曲线 *c* 的沥青与曲线 *a* 相似但软化点较高,凝胶的程度也大,表示

弹性变形的水平线部分比 a 及 b 都长。

（2）沥青劲度模量的计算

① 由沥青黏度计算劲度模量

当温度较高或荷载作用时间较长时,沥青的弹性效应不明显,可以近似地认为沥青为纯黏性材料,则有

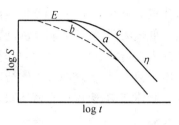

图 3.41　沥青的劲度与荷载时间的关系

$$\varepsilon' = \sigma/\lambda, \quad \lambda = \sigma/\varepsilon' \tag{3.61}$$

式中,λ 为沥青的拉伸黏度;σ 为拉应力;ε' 为应变速率。

沥青可以被认为是不可压缩的液体,拉伸黏度与剪切黏度之间的关系为

$$\lambda = 3\eta \tag{3.62}$$

对于静载试验,将式(3.61)带入式(3.62),积分得

$$\varepsilon = \sigma/3\eta\, t \tag{3.63}$$

根据式(3.62)和式(3.63)得

$$S = 3\eta/t \tag{3.64}$$

由此可见,纯黏性材料的劲度模量与加载时间成反比。对于动载试验,其所加的应力为

$$\sigma(t) = \sigma\sin \omega t$$

此时,材料表现为相同频率变化的应变为

$$\varepsilon(t) = \varepsilon\sin(\omega t - \varphi)$$

将以上两式代入式(3.62),则有

$$\lambda\varepsilon\omega\cos(\omega t - \varphi) = \sigma\sin \omega t$$

对于纯黏性液体,$\varphi = \pi/2$,$\lambda\varepsilon\omega = \sigma$,故

$$S = 3\eta\omega \tag{3.65}$$

式中,ω 为动载的角频率($\omega = 2\pi f$,f 为频率)。当用 $1/\omega$ 代替加荷时间 t,则动态劲度与静态劲度模量相等。

② 由范·德·波尔诺模图求算沥青劲度

沥青的劲度与温度、荷载作用时间和沥青流变类型(针入度指数 PI)等参数有关。范·德·波尔等根据荷载作用时间(t)或频率(ω)、路面温度差(T)、沥青胶体结构类型(PI)等参数绘图,于1954年发表了实用的利用沥青常规指标计算劲度的沥青劲度模量诺模图(图3.42)。在应用诺模图时,沥青胶体结构类型可根据沥青的针入度指数来划分,荷载作用时间根据汽车交通作用时间而定,路面温度差是指当地平均最低温度时,路面面层 5 cm 深度的温度距软化点的差值(即软化点-路面温度)。从图3.43沥青劲度与时间和温度关系图可以看出,当沥青在低温和瞬时荷载作用下,弹性变形占主要地位;而在高温和长时间荷载作用下,主要为黏性变形,在一般实际使用情况下,沥青表现为弹-黏性。

以后诺模图又经过 W·霍克洛姆修正。用 PI、软化点、温度和频率(相当于荷载时间),利用诺模图计算沥青劲度模量 S 的步骤如下:

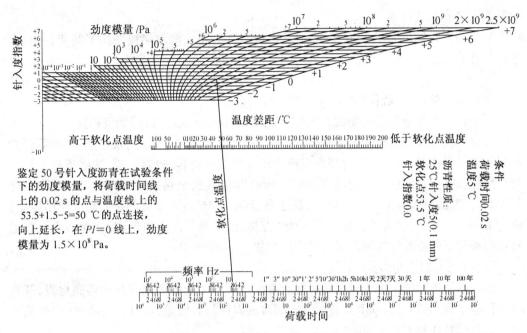

图 3.42　确定沥青劲度模量的列线图

　　a. 由沥青针入度、软化点计算针入度指数 PI。

　　b. 确定荷载作用时间。若按室内试验方法计算,则根据具体试验方法和要求确定;若按沥青路面实际车辆荷载作用时间计算,可以采用停车站停车时间计算,也可以按行车速度计算,如行车速度为 60 km/h,则荷载作用时间按 0.02 s 计算。

　　c. 确定计算温度。同样可以按室内试验温度确定,也可以按路面实际温度确定。例如计算冬季沥青路面的劲度,以预估低温开裂的可能性。此时则以当地冬季路面最低温度作为计算温度,然后求得与软化点的温度差 T_{dif}。

　　d. 由针入度指数 PI,温度差 T_{dif},荷载作用时间,按图 3.42 中所示方法求得沥青的劲度模量。

　　用范·德·波尔诺模图计算沥青劲度,对于含蜡量大于 2% 的沥青会引起大的偏差,该图对于改性沥青也不适用。在这种情况下,可通过试验方法确定。

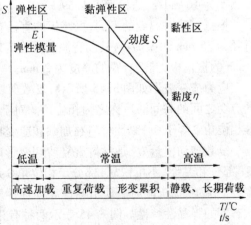

图 3.43　沥青劲度模量与时间、温度的关系图

　　【例 3.1】　已知沥青的 $PI = +2.0$, $T_{800pen} = 75$ ℃(即针入度为 800(0.1 mm)时的温度),试求在 $T = -11$ ℃ 及频率为 10 Hz 时的劲度。

　　解　连接时间标尺上的 10 Hz,温度标尺上的 75−(−11)= 86 ℃,读出 $PI = +2.0$ 时的 $S = 5×10^8$ Pa。

③由经验公式计算

为了便于计算沥青的劲度，Pettic 和Ullidtz对范·德·波尔诺模图作了简化，并提出了以下计算公式：

$$S_b = 1.157 \times 10^{-7} t^{-0.360} e^{-PI} (T_{R\&B} - T)^3 \tag{3.66}$$

当动载试验时，荷载作用时间 $t = 1/f$，f 为频率（Hz）。

4. 沥青劲度模量的现代测试方法（与本书"Superpave 试验方法"相互参见）

沥青的流变性质直接影响沥青路面的使用性能，常规的针入度、软化点、延度等经验指标不能提供荷载、时间和温度变化时沥青流变性质的资料，也就是说，这些指标与路面使用性能没有直接的联系。美国在 1987 ~ 1993 年完成的公路战略研究计划（SHRP），耗资 1.5 亿美元，就公路的四个领域（公路运营、混凝土与结构、沥青和路面长期使用性能）进行了研究。其中，沥青研究花费了 5 000 万美元，取得了许多成果，并且对沥青在高温和低温条件下的流变性质提出了新的测试方法。

（1）动态剪切流变试验

沥青的流变性质取决于温度和时间。美国从塑料工业的测试仪具中得到启发，开发了一种动态剪切流变仪（DSR），通过测定沥青材料的复数模量（G^*）和相位角（δ）来表征沥青材料的黏性和弹性性质。

动态剪切流变仪的工作原理并不复杂。它是先将沥青夹在一个固定板和一个能左右振荡的板之间（图 3.44），振荡板从 A 点开始移动到 B 点，又从 B 点返回经 A 点到 C 点，然后再从 C 点回到 A 点，这样形成一个循环周期。

振荡频率是一个周期时间的倒数。频率的另一种表示方法是用振荡板走过圆周的距离，用弧度表示。1 弧度约57°，频率单位为 rad/s。美国 SHRP 规定沥青动态剪切流变仪试验频率为 10 rad/s，约相当于 1.59 Hz。

根据试验时温度的不同，振荡板的直径有两种尺寸。当试验温度大于 52 ℃ 时，采用直径为 25 mm 的振荡板，其沥青膜的厚度为1 mm；当试验温度在 7 ~ 34 ℃ 时，采用直径为 8 mm 的振荡板，其沥青膜的厚度为 2 mm。

应力应变波形如图 3.45 所示。复数剪切模量 $G^* = \tau_{max}/\gamma_{max}$，作用应力和由此而产生的应变之间的时间滞后称之为相位角。对于绝对弹性材料，荷载作用时，变形同时产生，其相位角 δ 等于 0°；黏性材料在加载和应变响应之间有较大的滞后，相位角 δ 接近 90°。

复数剪切模量 G^* 是材料重复剪切变形时总阻力的度量，它包括两部分：弹性（可恢复）部分和黏性（不可恢复）部分。相位角 δ 是可恢复与不可恢复变形的相对指标。在大多数情况下，沥青同时呈现出黏性和弹性性质。通过测试 G^* 和 δ，可以了解沥青在使用状态下的弹黏性特性。图 3.45 表示两种有相同 G^* 和不同相位角 δ 的沥青材料。

沥青 A 与沥青 B 有相同的复数剪切模量 G^*，但它们的相位角 δ 不同，沥青 A 比沥青 B 弹性要小，而沥青 B 比沥青 A 黏度要小。如果作用同样的荷载，沥青 A 要比沥青 B 呈现较大的永久变形。由于沥青 B 的弹性分量较大，它的变形恢复要多一些。由此说明单纯用复数剪切模量 G^* 不足以描述沥青的性能，还必须有相位角 δ。

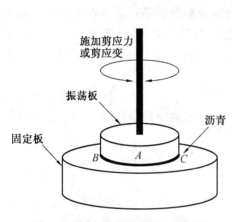

图 3.44 动态剪切流变仪工作原理

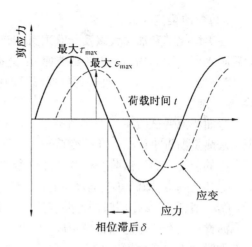

图 3.45 恒应力流变仪应力应变波形图

由图 3.46 可见：

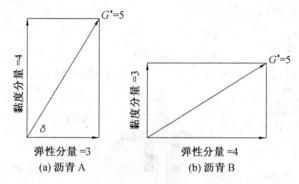

图 3.46 DSR 量度

对于沥青 A $\qquad$ $\sin \delta = $ 黏性部分$/G^* = 4/5$

$$G^* / \sin \delta = 5/(4/5) = 6.25$$

对于沥青 B $\qquad$ $\sin \delta = $ 黏性部分$/G^* = 3/5$

$$G^* / \sin \delta = 5/(3/5) = 8.33$$

　　美国 SHRP 规范定义 $G^* / \sin \delta$ 为车辙因子，其值大表示沥青的弹性性质显著。显然，沥青 B 的抗永久变形能力比沥青 A 强。G^* 增大，$\sin \delta$ 减小，则 $G^*/\sin \delta$ 值大，这将有利于增强材料的抗永久变形能力。

　　沥青路面的车辙变形主要出现在夏天高温季节，美国通过对 50 多条试验路的观察和研究，对沥青材料提出了作为抗永久变形的车辙因子指标如下：

原始沥青

$$G^* / \sin \delta > 1.0 \text{ kPa}$$

旋转薄膜烘箱试验后的沥青

$$G^*/\sin \delta > 2.2 \text{ kPa}$$

车辙因子 $G^* / \sin \delta$ 表征沥青材料的抗永久变形能力，反映了沥青的高温性能。这一试验适用的温度范围为 5～85 ℃，G^* 在 0.1～10 000 kPa 范围内。

（2）弯曲梁流变试验

在美国北部和加拿大以及北欧国家，沥青路面低温开裂是普遍存在的问题。路面开裂后雨水侵入路面内，造成路面破坏，由此而增加路面养护费用，降低行车质量。美国SHRP 研究开发了一种能准确评价低温下沥青劲度和蠕变速率的方法——弯曲梁流变试验。

弯曲梁流变试验在弯曲梁流变仪（BBR）上进行。弯曲梁流变仪是应用工程上梁的理论来测量沥青小梁试件在蠕变荷载作用下的劲度，用蠕变荷载模拟温度下降时路面中所产生的应力。通过试验获得两个评价参数：

①蠕变劲度，即沥青抵抗永久变形的能力。

②m 值，即荷载作用时沥青劲度的变化率。

沥青小梁在一个矩形铝模中成型，其尺寸为 125 mm×12.5 mm×6.25 mm。试验前将沥青小梁放入浴槽中恒温 60 min。温度浴液体由乙二醇、甲醇和水混合而成。液体在试验恒温槽和调温槽之间循环，温度控制在±0.1 ℃范围内，液体循环不扰动试件，以免影响试验结果。试验装置如图 3.47 所示。

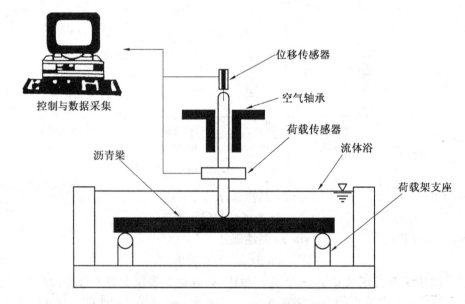

图 3.47　弯曲梁流变试验

试验时应小心将沥青小梁放在两个支撑上，人工加 3～4 g 预载，以保证小梁与支撑紧密接触。通过计算机对试件施加 100 g 荷载，作用时间 1 s，使试件定位。然后卸载至预载，并让其恢复 20 s。在 20 s 结束时施加 100 g 荷载，保持 240 s，记录沥青小梁的挠度，由计算机绘出挠度与时间关系曲线，并计算出蠕变劲度和 m 值。

应用经典的梁分析理论计算蠕变劲度 S_t：

$$S_t = PL^3 / (4bh^3\delta_t) \tag{3.67}$$

式中，S_t 为时间等于 60 s 时的蠕变劲度；P 为荷载，100 g；L 为梁的间距，102 mm；b 为梁的宽度，12.5 mm；h 为梁的高度，6.25 mm；δ_t 为时间等于 60 s 时的挠度。

由式(3.67)可以计算得 $t=60$ s 时沥青的劲度模量。蠕变劲度原是在路面最低温度下加载 2 h 测定的,但 SHRP 研究者应用时温等效原理将温度提高 10 ℃,加荷时间缩短为 60 s,所测劲度与前者是相等的,然而却可大大节省试验时间。

m 值为双对数坐标图上劲度与时间关系曲线某一时间所对应的斜率,如图 3.48 所示。

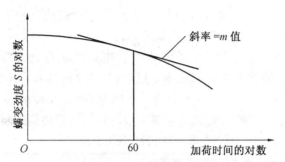

图 3.48 m 值的确定方法

沥青在低温下为弹性体,在高温下为流体,沥青路面通常介于上述两种温度之间,弯曲梁试验是一种判断沥青弹性和黏性的方法,但其测试温度比较低。如果沥青材料的蠕变劲度太大,则呈现脆性,路面容易开裂。因此,为防止路面开裂破坏,需要限制沥青材料的蠕变劲度,SHRP 规定不大于 300 MPa。

SHRP 研究认为,表征沥青低温劲度随时间的变化率 m 值越大越好。这意味着当温度下降而路面出现收缩时,沥青结合料的响应将如同降低了劲度的材料,从而导致材料中的拉应力减小,低温开裂的可能性也随之减小。SHRP 要求测量时间为 60 s 时,m 值应大于或等于 0.30。

(3)直接拉伸试验

当路面温度下降时因收缩而产生应力累积,当累积应力超过材料的抗拉强度时路面发生开裂。研究表明,当沥青收缩时,如沥青伸长超过沥青原始长度的 1%,路面则很少发生开裂。因此,为测试沥青的拉伸性能,SHRP 又开发了直接拉伸试验,用以测试沥青在低温时的极限拉伸应变。试验温度为 0 ~ −36 ℃,这时沥青呈脆性特征。

试验时将沥青成型成哑铃状(图 3.49)。试件重约 2 g,包括端模在内长约 100 mm,每个端模长 30 mm。试件长 40 mm,试件截面为 6 mm× 6 mm。端模用聚丙烯或与沥青有类似线膨胀系数 (0.000 06 mm/mm ℃)的材料制成,而且能与沥青牢固地黏结而不需要其他黏结剂。

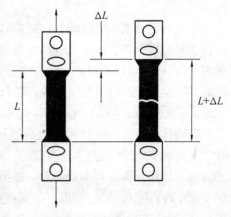

图 3.49   直接拉伸试件

直接拉伸试验仪包括三个组成部分:拉伸试验机、伸长测量系统、环境系统。

拉伸试验机的加载速率为 0.1 mm/min,总荷载可达 400 ~ 500 N。荷载传感器的分辨率为±0.5 N。由计算机采集数据并进行计算。

由于直接拉伸试验是在很低的温度下进行,破坏应变很小,传统测量应变的方法不适用,因此,采用激光测微计。其原理是激光发生器产生的激光通过试件端模上的小孔射向装置在试件背后的接收器。接收器可以通过监视上下两束激光的运动来测量试件的伸长。环境系统由环境箱和机械冷冻机组成。环境箱温度可以降至(-40±0.2)℃。试验时将试件装在球座上,对试件施加拉伸荷载直至破坏,整个试验过程不超过1 min。当试件在中部断裂,试验才算成功,否则应重新试验。

表3.31是四个试件直接拉伸试验的结果。由表3.31可见,该沥青的平均峰值应变为0.004 79 mm/mm,即应变为0.5%,小于规范1%应变的要求。作为完整的报告还应包括:试验温度(精确至0.1 ℃)、伸长速率(精确至0.01 mm/mm)、破坏应力(精确至0.01 MPa)、破坏荷载(精确至N)以及断裂类型(脆性、脆延性或未断)。

表3.31　直接拉伸试验

证件编号	峰值荷载/N	峰值应力/kPa	峰值应变/(mm·mm^{-1})	峰值伸长/mm
091	65.70	1 845.9	0.003 69	0.114
092	64.72	1 818.6	0.005 40	0.211
093	56.45	1 586.9	0.004 59	0.179
094	64.94	1 825.6	0.005 49	0.214
平均值	62.95	1 769.3	0.004 79	0.180
标准差	4.36	122.1	0.000 83	0.047

3.4.3　沥青的玻璃态

有些物体如玻璃,当从熔融状态冷却下来时,黏度会急剧增大,最后迅速凝成坚硬而脆的固体,但它们仍保持原来液体的无规则结构,这实际是一种过冷液体,这种现象称为玻璃化。

在玻璃化转变时,物体的许多性质如热膨胀系数、比热和黏度等均随之改变。若以这些性质对温度作图,在某一温度时,就会看到曲线的斜率发生拐折,此时的温度称为玻璃化温度,也称玻璃转换点。一般在实验时是将物体在恒压下冷却,当温度从液体区域下降时,物体逐渐收缩,同时黏度增大。若物体可以结晶,则开始析出晶体;若不能结晶,则黏度继续增大到$10^7 \sim 10^{12}$ P,此时物体变为固态,热膨胀系数降至原来液体状态的1/2~1/3。

玻璃化转变是一种体积松弛的过程,而不是热力学平衡的过程,所以没有性能的突跃。温度改变时,性质是逐渐改变的。所以某物体的玻璃化温度不是恒定不变的,与测定的方法和操作步骤有很大的关系。如图3.50所示,是用不同的冷却速度测定比容-温度的变化。冷却速度越快,拐折点的温度越高;若冷却速度非常缓慢时,比容-温度曲线近乎一直线,几乎看不到曲线的拐折,图3.50中冷却速度是$K_1 > K_2 > K_3$。

测定时的压力不同对玻璃化温度的影响如图3.51所示。随着压力的增大($P_1 > P_2 > P_3 > P_4$),T_g向高温侧移动;在足够高的压力下,不必降低温度就可使其从液态转变为玻璃态。在玻璃化转变区域,物体既显示黏性又显示弹性的特性。

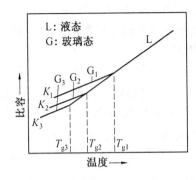 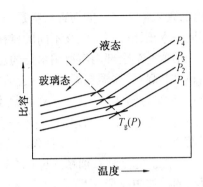

图 3.50 玻璃化温度与冷却速度的关系　　图 3.51 压力对玻璃化温度的影响

从沥青的内在因素来看,沥青的化学组成及性质当然也会对玻璃化温度有影响。如图 3.52 所示,随着沥青质含量的增多,T_g 升高;随着含蜡量的增多,T_g 降低。但沥青的种类不同则变化亦异。

此外,玻璃化温度与沥青的针入度也有关系,针入度大的软沥青,T_g 较低,如图 3.53 所示。

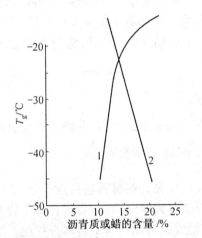 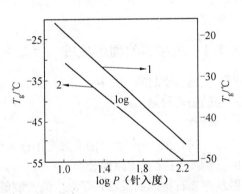

图 3.52　沥青的 T_g 与化学组成的关系

1—T_g 与沥青质含量的关系;2—T_g 与含蜡量的关系

图 3.53　T_g 与针入度的关系

1—沥青的针入度(25 ℃);2—沥青的针入度(0 ℃)

测定沥青玻璃化温度的方法有很多种,如膨胀仪法、差热扫描法、差热分析法和热膨胀法等,详细作法从略。

3.5　沥青胶结料

很久以来,人们就已利用了沥青材料的优越的耐久性和黏合性。在美索不达米亚(Mesopotamia),大约公元前 3000 年,在蓄水池的防水中就早已使用过沥青玛琋脂,这些和其他工程的一些部分,至少有 2 000 年以上的历史,而迄今依然存在。

古代工程师使用的这种材料是天然沥青。今天,这样的材料仍然经常使用于类似的目的。然而,现在绝大部分的沥青材料是来自工业加工过程中的产品。

由于同一术语已被用来定义不同的材料,在任何有关沥青材料的讨论中都难免会发生混淆。本书这一篇全部内容所用术语的意义如下:

胶结料:用以将固体颗粒固结在一起的材料。

沥青:一种黏性液体或固体,主要由烃类和其衍生物组成(注意:一些石油技术专家不同意"由烃类和其衍生物组成"这一术语,而主张沥青大部分由还原了的有机硫化合物组成),可溶于二硫化碳,基本上不挥发,加热时会逐渐软化。它是黑色或棕色的,并具有防水和胶黏性能。它是从石油精炼过程中得到的,也可从天然沉积物,或从与矿物质共存的天然存在的柏油中找到。

沥青胶结材料:沥青、湖沥青同稀释油(半沥青)或硬煤沥青和沥青的混合物,均具有胶结性质,适用于修筑沥青路面。

矿物质充填沥青:用于沥青胶和矿物质某种混合物的一个通用术语。

焦油:黏性液体,黑色,有胶黏性质,是从煤、木材和页岩等的干馏中得到的。未注明时,则指从煤的干馏中获得的焦油。

所有的沥青材料多半用在同矿物质或其他集料的混合物中,但在研究这些混合物前,了解各种沥青胶结料的性质是重要的。这些胶结料均有某些有价值的共同性质,它们耐水,能很好地经受住普通的气候老化过程,并有很好的胶黏性能。此外,它们相对便宜,且能大量应用。

3.5.1 胶结料的物理性质

用于描述沥青材料的常用术语胶结料是指有作为黏合剂的能力,并能将其他材料黏结在一起的沥青材料。

1. 黏合性

像所有黏合剂一样,当焦油或沥青用作黏合剂时,被黏合的材料应当是干净、干燥和无尘的。例如,在涂盖道路混合物的石料中,如果胶结料太厚或太黏时,则它将不能有效地润湿或涂盖石料。如果石料是多尘的或肮脏的,则胶结料无法与石料本身接触。如果有水存在,在多数情况下,让沥青胶结料取代水,并黏合到石料上去很困难,比较容易的是用水取代胶结料。

硅石是道路石材中的一种普通石材,它带有较弱的表面负电荷,而水是一种极性液体,因而水会被强烈地吸附到这些带电荷的表面上去。另一方面,沥青胶结料的化学组成没有什么极性活力,因而不会这样被吸附。

若一个固体表面已被水覆盖,并用一定量的胶结料放置在其表面上,则此体系如图3.54所示。若接触角为 θ,固体／胶结料、固体／水和胶结料／水各界面的能量,分别为 γ_{sb}、γ_{sw} 和 γ_{bw},可以看出,从固体表面单位面积上取代水所需的功 W

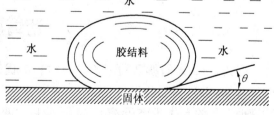

图3.54 胶结料-水-固体体系

为

$$W = \gamma_{sb} + \gamma_{bw} - \gamma_{sw} \tag{3.68}$$

但是为了平衡,要保持 $\gamma_{sb} = \gamma_{sw} + \gamma_{bw}\cos\theta$,因而 $W = \gamma_{bw}(1 + \cos\theta)$。

对于沥青胶结料,θ 值永远小于 $90°$,所以括号内的项总大于1。需要有相当大的功,才能使胶结料置换覆盖在固体表面上的水。γ_{bw} 和 θ 值将随胶结料的类型而变化。大多数的沥青材料,其 θ 多为一个较小的角度,因此 $(1 + \cos\theta)$ 项的值便接近于2。对于焦油,特别是在低温度下的焦油,其 θ 为一个很大的角度,因此,$(1 + \cos\theta)$ 项更接近于1。由此可见,其他条件相同时,特别是有水存在时,焦油和硬煤沥青要比沥青黏合得更好。

加入添加剂,可改变 θ 和 γ_{bw} 的数值。若某个带阳离子表面活性剂试剂溶于胶结料中,则该剂将被吸引到石材表面,θ 角随之增大。同时 γ_{bw} 却会减小,因而使胶结料比较容易地在石材表面上铺展开来。

2. 胶结料的剥离

实践中已发现,焦油比沥青抵抗这种剥离的能力更好,曾发现有水存在时,硬的(高黏度)胶结料要比软的(低黏度)胶结料黏合得更好。

3. 黏度

工程师和其他人所用的沥青材料,其稠度在很大范围内变化,从碰击时可以打碎的很硬的硬煤沥青,到常温下可以自由流动的液体。尽管较硬等级的沥青,可显示出某些固体的特征比如弹性等,但是所有的沥青都具有黏度这种液体特性。

当液体或半液体承受荷载时,其伴生的变形取决于加荷的时间。加荷时间越长,产生的变形也越大。由于液体的黏度不同,不同液体显示的变形值,其大小也就各不相同。黏度是液体阻滞流动的性质。若黏度高,在荷载下的流动就慢,反之亦然。在工程术语中,黏度是用剪应力来表示,它是剪应力对剪应变速度之比。

如图3.55所示,在两块板面积各为 A,中间隔以厚度为 d 的液体的装置上,当施加在每一板上的剪力 F(方向相反)引起一板对另一板(固定)产生相对运动的速度为 v 时,则液体的黏度系数 η 为

$$\eta = \frac{\frac{F}{A}}{\frac{v}{d}} = \frac{Fd}{Av} \tag{3.69}$$

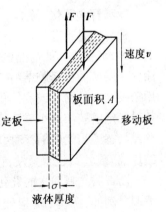

图 3.55 黏度系数

当使用 SI 单位制时,黏度系数或简称为黏度的单位为 $Pa \cdot s$。然而,在许多有关沥青材料的技术文献中,常用的黏度单位为泊(P)。即在被单位厚度液体分开的 $1\ cm^2$ 平板上,作用 $1\ dyn$ 的剪力,产生 $1\ cm \cdot s^{-1}$ 单位的切线速度时,液体的黏度就是 $1\ P$。为了实用,使用更小的单位厘泊(cP)更方便。单位间的关系为:

$$1\ cP = 0.01\ P$$

$$1\ Pa \cdot s = 1\ 000\ cP \tag{3.70}$$

某种液体,其黏度系数与应力无关,即当施加应力加倍时,有使剪切速度也加倍(等于固体的应力-应变为直线关系)的效果,则该液体称为牛顿型液体。在较高的应力水平下,而含油组分又不是高级芳香烃时,则焦油和沥青的性能将与牛顿型液体有明显的偏离。

所有的沥青胶结料均随温度的升高而变得更软,或黏度变得更低,并随温度的降低而变得更硬,或黏度变得更高。这就表明在叙述胶结料的黏度时,必须说明适合于黏度值的温度。沥青胶结料的黏度范围很大(见表 3.32),还没有一种仪器可用来测量所有的黏度。对于非牛顿型胶结料,黏度不仅随温度而变化,而且也随温度的变化速率($\mathrm{d}T/\mathrm{d}t$)而变化。由此可见,用来测量黏度,即胶结材料的软度或硬度的试验,或者在恒温下,最好是在试验前某个适当时间内已恒定了的温度下进行,或者像确定软化点时那样,在规定的温度变化率条件下进行。

表 3.32 不同材料的黏度

材料种类	黏度/P	20 ℃时状态
水	0.01	
柴油	0.1	液体(易泵送)
高黏度内燃机油(50SAE)	10	
稀释沥青和软煤焦油 300pen 沥青	$10^3 \sim 10^4$	半夜体
50 s 焦油在 50 ℃(50e.v.t) 100pen 沥青	10^5	软的半固体
50 s 焦油在 60 ℃(60e.v.t) 15pen 沥青	10^6	
75e.v.t 硬煤沥青	10^8	固体

3.5.2 胶结料混合物

1. 稀释和乳化

稀释物是带有轻挥发油的胶结料混合物,这样合成的混合物比原始胶结料具有更低的黏度,可在比其他情况更低的温度下,进行各种不同的加工操作。例如,在一片集料上涂敷一层薄的稀释胶结料,轻油很快挥发,留下一层原始胶结料涂层。煤油和杂酚油最常用于胶结料的稀释或流体化。乳化是胶结料(可能是焦油、沥青或它们的混合物)形成的相对稳定的胶结料小球滴体系,它是靠用乳化剂把这些小球分散于水中,并能长久地处于悬浮状态。当大量储存时,乳化液相当稳定,但将其施于集料表面成薄层时,乳化液便会破坏或"破乳",让水蒸发,在表面上剩下一层原始的胶结料涂层。

沥青胶结料和水的乳化液,一般可以为阴离子型或阳离子型,这取决于所用乳化剂的类型。例如,肥皂、硬脂酸钠是阴离子型乳液。在水中,这种盐电离,硬脂酸阴离子 $CH_3(CH_2)_{46}$—COO^- 便溶解于沥青中。因而,乳液中的每一个沥青小球滴就被带有负电荷的硬脂酸离子吸附层所包围,则小球滴倾向于彼此排斥,而不倾向于合并。

阳离子乳化剂实际上相反,带正电的阳离子溶于沥青中,这样每个沥青球滴被带正电荷的薄层所包围。十六烷基三甲基溴化铵是这一类乳化剂,可电离成负的阴离子 Br^-,和正的十六烷基三甲基胺阳离子 $C_{16}H_{33}(CH_3)_3N^+$。理论上,阳离子乳液应对许多岩石黏合得更好,许多岩石具有弱的负电荷,事实上,这种电荷会吸引带正电荷的沥青球滴,促进乳液的破坏。这个作用尽管快,但并不重要,因为在石材上的负电荷很快就被中和了,乳液的进一步破坏将取决于其蒸发作用。

2. 掺橡胶的胶结料

20 世纪初开始,就进行了在沥青胶结料中加入天然橡胶来改善其性质的尝试。然而,仅在近几十年内,把橡胶加到胶结料中才成为通用的方法。同胶结料混合的橡胶,可为胶乳、片状橡胶、橡胶粉或研碎的轮胎花纹部分的橡胶。其中,未硫化的橡胶粉可能是最易加工的,且最易分散于胶结料中。因胶乳中含水较多,所以胶乳在温度高于 100 ℃ 时会有问题。硬橡胶粉,例如,从轮胎取得的硫化橡胶粉则更难以分散,但一般地比未硫化橡胶却要便宜。

加入少量橡胶,最初是希望使胶结料更具有弹性,并对脆性断裂破坏不敏感。即使橡胶的用量比例小,如果能有效地全部分散于胶结料内,则也能起到这两种作用。

在沥青中,加入橡胶的影响可归纳如下:

①即使小的比例也能增加黏度和提高软化点,并减小针入度。

②沥青中的橡胶,能使其对温度变化的敏感性减小。

③胶结料的弹性会因加入橡胶而增高。

同时应当注意:

①加到沥青中的橡胶,其比例一般很小,很少多于 5%,常为 0.5% 或更小。

②在沥青-橡胶混合物中,若混合物经受长时间的加热或高温时,其性质将改变。橡胶在这些条件下可能有很大变化,甚至可能作为流化液体,从而使胶结料软化。

3. 硬煤沥青-沥青胶结料混合物

早在 1950 年就已认识到,硬煤沥青和沥青混合物制成的胶结料,比单独的沥青氧化更快,并能提高道路混合物的防滑性,产生出与 TLA-沥青混合物相似的带砂砾质的砂纸型表面。当混合物中硬煤沥青的比例超过 30% 时,混合物会变得十分不稳定,所以硬煤沥青和沥青混合物的使用受到了限制。使用的大多数混合物,是由约 20% 的硬煤沥青(环球试验的软化点不超过 80 ℃)和约 80% 的沥青组成,沥青的针入度约为 100。

第4章　道路沥青的路用技术性能

由于石油沥青化学组成和结构的特点,使其具有一系列特性,而道路石油沥青的性质对沥青路面的使用性质也有很大影响,用于现代沥青路面的沥青材料应该具备优良的性能。

多年来,人们一直在研究由实验室测量各级针入度沥青的性能,与它们在沥青混合料中表现的路用性能两者之间的关系。随着交通荷载的不断增加,对沥青路用性能的要求也越来越高,因而有必要预测沥青长期的路用性能。沥青的路用性能取决于多方面因素,其中包括设计、应用以及其他各成分的品质。虽然按体积而言沥青在混合料中仅属次要成分,但它是耐久的黏结料并且让混合料具有黏-弹性质,因而不可忽视它的关键作用。

沥青面层的低温裂缝和温度疲劳裂缝,以及在高温条件下的车辙深度、推挤、拥包等永久形变与沥青的性质有很大关系。因此,30多年来,不少国家都对沥青的温度敏感性、流变性、低温特性以及沥青混合料的高温和低温力学性质进行了广泛的研究。尽管这类研究工作正在深入进行中,一些国家却已纷纷开始修改和补充沥青的技术指标,以期改善沥青面层的长期使用性能。

4.1　沥青的黏滞性

4.1.1　黏度的概念

1.黏度的产生

流体在流动时,相邻流体层间存在着相对运动,则该两流体层间会产生摩擦阻力,称为黏滞力。黏度是用来衡量黏滞力大小的一个物性数据,其大小由物质种类、温度、浓度等因素决定。

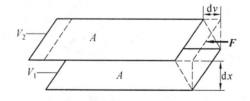

图 4.1　黏度产生的原理

黏度(Viscosity),也写作粘度。如图 4.1 所示,将两块面积为 1 m² 的板浸于液体中,两板距离为 1 m,若加 1 N 的切应力,使两板之间的相对速率为 1 m/s,则此液体的黏度为 1 Pa·s。将流动着的液体看作许多相互平行移动的液层,各层速度不同,形成速度梯度 (dv/dx),这是流动的基本特征。由于速度梯度的存在,流动较慢的液层阻滞较快液层的流动,因此,液体产生运动阻力。为使液层维持一定的速度梯度运动,必须对液层施加一个与阻力相反的反向力。牛顿首先给予了黏度的数学描述,即:$\tau = \eta dv/dx = \eta D$,为纪念他,而把以这种方式流动的流体称为牛顿流体。

2. 黏度的类别

黏度有绝对黏度、运动黏度、相对黏度和条件黏度之分,另外还有表观黏度等概念。

(1)绝对黏度和相对黏度

符合牛顿公式的流体,剪切力 τ 和剪切速度 $dv/dx = D$ 成正比,其比例系数 η 即为黏度,又称黏性系数、剪切黏度或动力黏度,也就是通常所说的绝对黏度;与之相对应的有相对黏度,它是溶液黏度(绝对黏度)与溶剂黏度之比。

动力黏度 η:在流体中取两面积各为 1 m²,相距 1 m,相对移动速度为 1 m/s 时所产生的阻力称为动力黏度,单位 Pa·s。过去使用的动力黏度单位为泊(Poise)或厘泊,泊或厘泊为非法定计量单位,$1\ Pa \cdot s = 1\ N \cdot s/m^2 = 10\ P = 10^3 cP = 1\ kcP$。

(2)运动黏度——绝对黏度的导出黏度

流体的动力黏度 η 与同温度下该流体的密度 ρ 的比值称为运动黏度,以 ν 表示。它是这种流体在重力作用下流动阻力的度量。在国际单位制(SI)中,运动黏度的单位是 m²/s。过去通常使用厘斯(cSt)作运动黏度的单位,它等于 10^{-6} m²/s(即 1 cSt=1 mm²/s)。

运动黏度通常用毛细管黏度计测定。在严格的温度和可再现的驱动压头下,测定一定体积的液体在重力作用下流过标定好的毛细管黏度计的时间,为了测准运动黏度,首先必须控制好被测流体的温度,测温精度要求达到 0.01 ℃;其次必须选择恰当的毛细管的尺寸,保证流出时间不能太长也不能太短,即黏稠液体用稍粗些的毛细管,较稀的液体用稍细的毛细管,流动时间应不小于 200 s;须定期标定黏度管常数,而且安装黏度管时必须保持垂直。

运动黏度是在动力黏度(绝对黏度)的基础上换算得到,因此它是绝对黏度的导出黏度。实际上相对黏度也与绝对黏度有关,是用绝对黏度计算得到,因此也是一种绝对黏度的导出黏度。

(3)条件黏度

条件黏度是采用不同的特定黏度计测定的以条件单位表示的黏度。

一些资料将条件黏度和相对黏度混同,主要是受我国通常只用恩氏黏度计有关,恩氏黏度与相对黏度类似,但有一定区别,概念上和理论上应该区分开来。条件黏度是另外一种意义上的"相对黏度"。

各国通常用的条件黏度有以下三种:

①恩氏黏度又叫恩格拉(Engler)黏度。是一定量的试样,在规定温度(如:50 ℃、80 ℃、100 ℃)下,从恩氏黏度计流出 200 mL 试样所需的时间与蒸馏水在 20 ℃流出相同体积所需要的时间(秒)之比。恩氏黏度用符号 E_t 表示,恩氏黏度的单位为条件度。

当以水为溶剂时,溶液的相对黏度与其恩氏黏度在数值上是相同的,但物理意义有一定区别。恩氏黏度实际上是一种相对黏度的特例,即当溶剂为水时的相对黏度。

②赛氏黏度,即赛波特(Sagbolt)黏度。是一定量的试样,在规定温度下从赛氏黏度计流出 200 mL 所需的秒数,以秒为单位。赛氏黏度又分为赛氏通用黏度和赛氏重油黏度

(或赛氏弗罗(Furol)黏度)两种。

③雷氏黏度即雷德乌德(Redwood)黏度。是一定量的试样,在规定温度下,从雷氏黏度计流出 50 mL 所需的秒数,以秒为单位。雷氏黏度根据孔径大小又分为雷氏 1 号(Rt 表示测轻质油)和雷氏 2 号(用 RAt 表示测重质油)两种。

上述三种条件黏度测定法,在欧美各国常用,我国除采用恩氏黏度计测定深色润滑油及残渣油外,其余两种黏度计很少使用。三种条件黏度表示方法和单位各不相同,但它们之间的关系可通过图表进行换算。同时恩氏黏度与运动黏度也可换算,这样就方便灵活多了。

(4)表观黏度

不符合牛顿公式 $\tau = \eta dv/dx = \eta D$ 的液体,如假塑性流体(黏度随 γ' 和 σ 而变化),以 ηa 表示流动曲线上某一点的 σ 与 γ' 的比值,称为表观黏度。

3. 稠度

稠度:当剪切应力作用于材料时,材料抵抗流动(永久变形)的性质。稠度是材料内部摩擦的一种表现,液体、半流动体、半固体和固体,抵抗剪切应力而流动(变形)时,其变形同应力不成比例。稠度从总体上描述一个物体的流动性,它区别一个物质是气体、不同黏稠程度的液体还是刚硬的固体。全面地定量反映一物体的稠度需要了解它在受力下流动的全部行为,这往往是十分复杂的。对非牛顿流体有时就用切应力(τ)-切变速率(γ')关系曲线上某切变速率时的斜率值来表示物体的稠度。

黏度和稠度是沥青最重要的性质。沥青的黏度和稠度随其化学组分和温度高低在一个很大的范围内变化。一般而言,沥青黏度和稠度密切相关。通常,稠度高的沥青,其黏度也高。沥青面层,特别是沥青混凝土和沥青碎石混合料面层的使用性能与沥青的黏度和稠度有很大关系。例如,从沥青混合料的高温稳定性来说,需要采用高稠度和高黏度的沥青;从沥青混合料的低温抗裂性能来说,需要采用较低稠度的沥青,在同样温度的情况下,又宜采用黏度较高的沥青。沥青的稠度对沥青和矿料混合料的工艺性质(如拌和和摊铺过程中的和易性及压实)有很大的影响。为了获得耐久的面层,就要使沥青的黏度在道路面层工作温度范围内变化的小一些。

4. 沥青的黏度

沥青的黏滞性是反映沥青材料内部阻碍沥青粒子产生相对流动的能力,简称为黏性。沥青的黏度是沥青首要考虑的技术指标之一。

当沥青加热熔融至 200 ℃时,沥青黏度小至 10^{-1} Pa · s 数量级;而冬天处于严寒状态下的沥青近似于固体,黏度高达 10^{11} Pa · s 数量级。可见沥青的黏度变化范围很大,不可能用一种方法测定沥青不同温度时的黏度。根据不同温度、不同目的将采用不同的方法测定沥青的黏度。

黏度是沥青的力学指标,它的大小反映沥青抵抗流动的能力,黏度越大,沥青路面抗车辙的能力越强。研究表明,沥青的黏度与沥青混合料动稳定度有密切关系,黏度越大,动稳定值就越高。因此,很多国家道路沥青技术标准中,为了满足沥青路面高温性能,将沥青 60 ℃黏度作为一个高温指标,要求沥青黏度不能小于一定值。但为了保证沥青混合料的正常生产,便于沥青的泵送和沥青混合料的拌和,沥青在施工温度下(135 ℃)的黏度也不能过大。

　　沥青黏度的测定方法可分为两类:一类为"绝对黏度法";另一类为"条件黏度法"。前者采用测出绝对黏度的仪器,如毛细管黏度计、同轴旋转黏度计和滑板式微膜黏度计等。后者采用经验单位黏度计,为各种流出型黏度计,如赛氏黏度计、恩氏黏度计和标准黏度计等。针入度也是测定条件黏度的方法,为国际通用的试验方法。

4.1.2 沥青的针入度

1. 针入度的概念

　　针入度是指具有一定重量的锥体(或针)自由落下与物体碰撞时插入物体的深度。当针质量一定,自由下落的高度一定时,针插入物体越深,物体强度越低。针入度试验可测试岩心、混凝土等的强度以及润滑脂的稠度等。沥青针入度是沥青主要质量指标之一。它是表示沥青软硬程度和稠度、抵抗剪切破坏的能力,反映在一定条件下沥青的相对黏度的指标。在25 ℃和5 s时间内,在100 g的荷重下,标准针垂直穿入沥青试样的深度为针入度,以0.1 mm为单位。

2. 沥青针入度仪

　　凡能保证针和针连杆在无明显摩擦下垂直运动,并能将指示针贯入深度准确至0.1 mm的仪器均可使用。针和针连杆组合件总质量为50 g,另附50 g砝码一只,试验时总质量为100 g。仪器设有放置平底玻璃保温皿的平台,并有调节水平的装置,针连杆应与平台相垂直。仪器设有针连杆制动按钮,使针连杆可自由下落。针连杆易于装拆,以便于检查其质量。仪器还设有可自由转动与调节距离的悬臂,其端部有一面小镜或聚光灯泡,借以观察针尖与试样表面接触情况。当为自动针入度仪时,各项要求与此项相同,温度采用温度传感器测定,针入度值采用位移计测定,并能自动显示或记录,且应对自动装置的准确性经常校验。为提高测试精密度,不同温度的针入度试验宜采用自动针入度仪来进行。典型沥青针入度仪如图4.2所示。

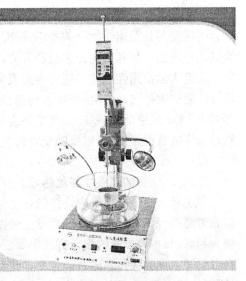

图4.2　针入度仪

3. 针入度试验

　　针入度试验用以测试针入度沥青或氧化沥青的稠度。试验是将一根已知荷重为100 g的规定尺寸的针,在固定温度25 ℃及贯入时间为5 s的情况下,自由地垂直贯入试样。试针贯入的深度以0.1 mm为单位,即称为针入度。沥青越软试针贯入越深。针入度小于2和大于500时无法准确地测试,即使针入度在范围内也必须严格依照规定步骤才能获得可靠的结果。沥青分级列入标准针入度范围也就是以这个试验为基础的。

　　如果一种沥青是用70pen来表示,就应理解为是在加荷100 g、荷载持续时间为5 s和试验温度为 25 ℃的标准条件下,求得的针入度为 0.1 mm 的 70 倍,即贯入 7 mm 深。如果试验时用的是其他不同的加荷时间和温度条件,则这些必须加以说明。

当使用标准试验条件时,针入度可测量的范围从 5 ~ 500,然而,在针入度过高或过低的情况下,便开始失去准确性。这些针入度分别相当于黏度 5×10^8 P 和 2×10^4 P 左右。这是很大的黏度范围,而且要比标准焦油黏度计在任何特定试验温度下所能测定到的范围大得多。

4. 针入度的意义

目前,在世界范围内具有代表性的道路沥青的评价体系有三种,即针入度分级体系、黏度分级体系和 PG 分级体系。

道路沥青的针入度分级体系是根据沥青针入度的大小确定沥青所适应的气候条件和荷载条件。针入度分级体系的主体是人们所熟悉的拉(延度)、扎(针入度)、落(软化点),辅以沥青的安全性指标闪点、沥青的纯度指标溶解度、沥青的抗老化性能指标和对生产沥青所用原油的约束指标蜡含量等,构成了沥青的针入度分级体系。

在针入度分级体系中,沥青针入度试验是测定沥青稠度的标准方法。25 ℃的针入度给出了接近年平均使用温度下的沥青的稠度,研究结果表明,沥青在 25 ℃的针入度下降至 20 以下时,会出现严重的路面开裂,当沥青的针入度大于 30 时,会具有高抗开裂性能。沥青的延度与其路用性能有关系,有研究表明,当 13 ℃时的延度小于 5 cm 时,道路温缩裂缝大量增加。另有研究证实当沥青的针入度为 30 ~ 50 时,针入度相同的沥青,延度小的比延度大的使用性能差。还有研究表明通过路面使用过程中回收沥青延度试验是判断沥青性能的重要方法。美国 53 条高速公路的路面回收沥青的性质发现,16 ℃时的延度下降至 3 cm 或更低时,寒冷天气里将会发生严重的松散现象。由此可见沥青的延度,特别是沥青的低温延度,可以反映沥青的抗开裂性能。

在针入度分级体系中,沥青的高温性能通过沥青的软化点表征,在同样的针入度下,软化点越高,沥青的高温性能就越好。

即使针入度分级体系中许多指标是经验性的和条件性的,但由于方法和所使用的仪器相对简单,易于普及,在一定程度上可以满足对沥青质量控制的要求,目前美国、欧盟、澳大利亚、日本等国家的现行标准仍保留针入度分级体系。我国的道路沥青分级体系,是在以上针入度分级体系的基础上根据我国的具体情况制定的,基本能够满足对沥青质量的控制,特别是 15 ℃的延度大于 100 和蜡含量小于 3% 的技术指标,有效地实现了对生产沥青的原油的限制,保证了沥青的潜在品质。

4.1.3 绝对黏度及其测定方法

我国现行《公路工程沥青及沥青混合料试验规程》(JTG E20—2011)规定,沥青运动黏度采用毛细管法;沥青动力黏度采用真空减压毛细管法等。

1. 毛细管法

毛细管法是沥青试样在严密控温条件下,在规定温度(通常为 135 ℃),通过选定型号的毛细管黏度计(通常采用的是坎-芬式,如图 4.3(b)所示),流经规定体积,所需的时间(以 s 计),计算运动黏度

$$v_T = ct \tag{4.1}$$

式中,v_T 为在温度 T ℃时测定的运动黏度,mm^2/s;c 为黏度计标定常数,mm^2/s^2;t 为流经时间,s。

毛细管黏度计有几种类型,但其基本原理都是以一定量的沥青在一定的温度下,流经玻璃管所需的时间来计算黏度的(图4.3)。

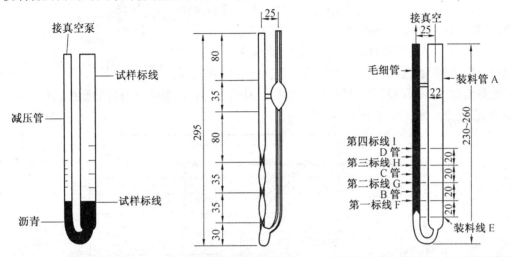

(a) 普通毛细管黏度计　(b) 坎—芬式逆流毛细管黏度计　(c) 美国沥青协会式真空减压式毛细管黏度计

图4.3　毛细管黏度计

设毛细管的孔径为 r,管的计量长度为 L,在压力差 P 的作用下,液体的流量为 Q,则按下式计算液体的黏度 η:

$$\eta = S/D = \pi r^4 P/(8QL) \tag{4.2}$$

式中,S 为沿毛细管处的剪应力,$S = Pr/(2L)$;D 为毛细管内流体的剪变率,$D = 4Q/(\pi r^3)$。

2. 真空减压毛细管法

真空减压毛细管法是沥青试样在严密控制的真空装置内,保持一定的温度(通常为60 ℃),通过规定型号毛细管黏度计(通常采用的有美国沥青协会式,即 AI 式,如图4.3(c)所示)。实际用毛细管黏度计测定沥青黏度时,是给出了标准真空条件下的仪器结构常数,然后按下式计算黏度:

$$\eta_T = kt \tag{4.3}$$

式中,η_T 为在温度 T ℃时测定的运动黏度,Pa·s;k 为仪器结构常数即黏度计标定常数,Pa·s/s;t 为流经规定时间,s。

用毛细管黏度计测试沥青黏度,通常是测 135 ℃或 60 ℃的黏度,由于 60 ℃时沥青的黏度比较高,所以必须使用减压真空系统,而测定 135 ℃沥青的黏度,则可以不用。测试时温度要严格控制,以免影响测试精度。流经规定的体积,所需要的时间(以 s 计)。

3. 布氏旋转黏度计法

沥青在 45 ℃以上温度的表观黏度,需采用如图 4.4 所示布洛克菲尔德(Brookfield)黏度计(简称布氏旋转黏度计)来测定。用此法测定不同温度下的黏度曲线,不仅可作不同沥青在不同温度下的黏滞性比较,更重要的是,用此曲线可确定各种沥青适宜的施工温度。

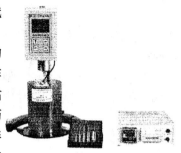

图4.4 布洛克菲尔德黏度计

因为不同沥青达到相同黏度时的温度不同,在加热的沥青达到某一黏度范围时既能保证混合料具有一定的工作性,又不会使沥青过热老化。因此,规定沥青的施工加热黏度比规定其施工加热温度更为合理。例如,当采用石油沥青时,宜以黏度为(0.17 ± 0.02)Pa·s黏度时的温度作为拌和温度范围,以(0.28 ± 0.03)Pa·s黏度时的温度作为压实成型温度范围,如图4.5所示。为得到黏稠石油沥青高温时的黏温曲线,宜用135 ℃、175 ℃作为试验温度,得到相应温度下的运动黏度,作出黏温曲线,得到上述黏度对应的施工温度。

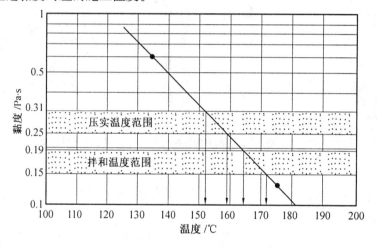

图4.5 沥青的黏温曲线

4.1.4 条件黏度及其测定方法

1.标准黏度计法

我国《公路工程沥青及沥青混合料试验规程》(JTG E20—2011)规定:测定液体石油沥青、煤沥青和乳化沥青等的黏度,采用道路标准黏度计法。该试验方法(图4.6)是:测定液体状态的沥青材料,在标准黏度计中,在规定的温度条件下,通过规定的流孔直径,流出50 mL体积所需的时间。试验条件以$C_{T,d}$表示,其中C为黏度,T为试验温度,d为流孔直径。试验温度和流孔直径根据液体状态沥青的黏度选择,常用的流孔有3 mm、4 mm、5 mm、10 mm等四种。按上述方法,在相同温度和相同孔径条件下,流出时间越长,表示沥青黏度越大。

2.针入度法

对于黏稠或固体石油沥青的相对黏度,可用针入度仪(图4.7)测定并以针入度表示。针入度试验是国际上普遍采用测定黏稠(固体、半固体)沥青稠度的一种方法。该法是测定沥青材料在规定温度条件下,以规定质量的标准针,经过规定时间灌入沥青试样的深度

（以 0.1 mm 为单位）。试验条件以 $P_{T,m,t}$ 表示。其中 P 为针入度，T 为试验温度，m 为标准针（包括连杆及砝码）的质量，t 为灌入时间。我国常用的试验条件为通常采用的试验条件为：规定温度为 25 ℃，标准针质量为 100 g，贯入时间为 5 s。针入度的表示符号为 $P_{(25\,℃,100\,g,5\,s)}$。

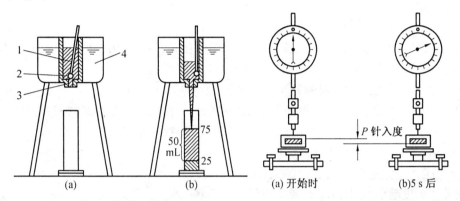

图 4.6　标准黏度计测定液体沥青示意图　　图 4.7　针入度法测定黏稠沥青示意图
1—沥青试样；2—活动球杆；3—流孔；4—水

针入度值越小，表明沥青抵抗变形能力越大，黏性越大。针入度是目前我国黏稠石油沥青的分级指标。道路石油沥青根据 25 ℃针入度值的大小，分成了 7 个标号。

绝对黏度采用毛细管法、真空减压毛细管法等多种方法测定。但由于这些测定方法精密度要求高，操作复杂，不适于作为工程试验，因此工程中通常用条件黏度反映沥青的黏性。

用针入度分级的优点有：

①25 ℃温度针入度基本反映了沥青路面常用的温度下的流变性质。

②沥青针入度测试方法简单，仪器造价低，操作方便，方法较完善。

③通过测定不同温度下的针入度，能确定沥青的感温性。

缺点有：

①针入度试验过程中剪切速率很高，对于非牛顿体，沥青的黏度与剪切速率有关，沥青针入度不同，在测定过程中剪切速率也不同。

②在 25 ℃具有相同针入度的沥青，在高温和低温下有可能存在很大差别，没有反映沥青在使用温度区间内的性能。

3. 双筒旋转黏度计法

双筒旋转黏度计为同轴两个圆筒，所测液体在两个圆筒之间。黏度计按其类型不同，有内筒固定、外筒旋转和外筒固定、内筒旋转两种。用旋转黏度计测定液体黏度是作了以下假定：

①旋转时两筒之间流体为层流，而不是紊流。

②两个筒在长度方向是无限的，筒底的黏性阻力可以不计。

③在旋转运动过程中，液体内部升温影响不予考虑，但如果流体较黏稠，测定时间过长，流体内部升温就有影响，剪应力随时间延长而降低。

设外筒的半径为 R,内筒半径为 r,筒的长度为 L,旋转角速度为 ω,内筒转动的力矩为 M,则

$$剪应力\ \tau = M/(2\pi r^2 L)$$
$$剪变率\ \gamma' = \omega R^4/(R^2 - r^2)$$
$$\eta = \frac{M(R^2 - r^2)}{2\pi r^2 R^2 \omega L} \tag{4.4}$$

由于仪器的 R、r、L 均为已知,按照选定的转速,则角速度也为已知数。试验时测得不同的旋转力矩 M,即可根据仪器的结构常数计算流体的黏度。

道路黏稠沥青在 25 ℃ 时的针入度变化在 40 ~ 300(0.1 mm) 之间。

W·修凯龙得出,沥青的黏度与同剪切速率的针入度之间具有良好的相关性,即

$$\lg(\eta/1\,300) = -8.5\lg(P/800)/[5.42 + \lg(P/800)] \tag{4.5}$$

式中,η 为黏度(Pa·s);P 为针入度。

按上述方法测定的针入度值越大,表示沥青越软(稠度越小)。图4.8是黏度与针入度的关系曲线。

实质上,针入度是测定沥青稠度的一种指标。通常稠度高的沥青,其黏度也高。但是,由于沥青胶体结构的复杂性,将针入度换算为黏度的一些方法,均不能获得良好的相关关系,所以近年美国及澳大利亚等国已将沥青针入度分级改为黏度分级。

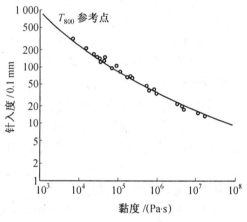

图 4.8　黏度与针入度的关系

4. 软化点法

沥青材料是一种非晶质高分子材料,它由液态凝结为固态,或由固态熔化为液态时,没有明确的固化点或液化点,通常采用条件的硬化点和滴落点(滴点)来表示。沥青材料在硬化点至滴落点之间的温度阶段时,是一种黏滞流动状态,在工程实用中为保证沥青不致由于温度升高而产生流动的状态,取滴落点与硬化点之间温度间隔的 87.21% 作为软化点。

软化点的数值随采用仪器的不同而异,我国《公路工程沥青及沥青混合料试验规程》(JTJ 052—2000)采用环球法测定软化点(图4.9)。该法是把沥青试样注于内径为 18.9 mm 的铜环中,环上置一 3.5 g 的钢球,在规定的加热速度下加热,沥青试样逐渐软化,直至在钢球荷重作用下,使沥青产生 25.4 mm 的下沉距离(即接触底板),此时的温度称为软化点,用 $T_{R\&B}$ 表示。可以看出,针入度是在规定温度下测定沥青的条件黏度,而软化点则是沥青达到规定条件黏度时的温度。所以软化点既是反映沥青材料热稳定性(热稳性)的一个指标,也是沥青条件黏度的一种量度。

5. 滑板黏度计法

滑板黏度计是测定常温或更低温度下沥青黏度的一种仪器(图4.10)。其方法是将沥青材料夹在两块平行板之间,使沥青形成厚度为 5 ~ 50 μm 的薄膜。测试时一块板固

定,对另一块板施加剪应力,并测试这块板滑移的时间和距离,即可计算得沥青的黏度。

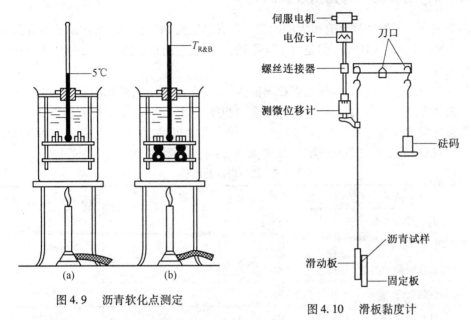

图 4.9   沥青软化点测定

图 4.10   滑板黏度计

6.流出型黏度计法

流出型黏度计也称为杯式黏度计。其品种较多,如恩格拉氏黏度计、雷德伍特黏度计、赛氏黏度计等。这些黏度计都是将沥青材料注入一个金属杯中,记录在一定温度下规定体积的液体流出杯底小孔的时间,以间接地表示流体的黏度。如 t_{60}^5 即表示在 60 ℃ 温度下通过直径 5 mm 小孔流出如此液体所需的时间,以 s 计。这种流出性黏度计其剪应力由重力产生,所测黏度按下式换算成绝对黏度 η(以 Pa·s 计) 为

$$\eta = tdk \tag{4.6}$$

式中,t 为液体流出的时间,s;d 为液体密度,g/mL;k 为常数。

表 4.1   各种仪器的常数 k

黏度计类型	仪器常数 k
赛波特万能性黏度计	0.000 218
赛波特重油型黏度计	0.002 18
雷德伍特 Ⅰ 型黏度计	0.000 247
雷德伍特 Ⅱ 型黏度计	0.002 47
恩格拉氏黏度计	0.007 58
标准焦油(4 mm) 黏度计	0.013 2
标准焦油(10 mm) 黏度计	0.400

表 4.1 中几种类型的黏度计,除流出型黏度计不能改变剪变率外,其他几种黏度计都可改变剪变率。由不同剪应力下所测得的剪变率,经过回归可得到剪应力与剪变率的关系方程式。由此方程式即可计算得任意剪变率条件下的黏度,但通常都以剪变率 $\gamma' = 1/s$ 或 $\gamma' = 0.1/s$ 时的黏度作为沥青的黏度。

4.1.5 沥青黏度与路用性能的关系

沥青黏度对其路用性能有很大的影响。沥青黏度大,黏结力强,所拌制的沥青混合料强度高,稳定性和耐久性好。但是由不同原油、不同工艺所炼制的沥青,即使标号一样,它们的黏度往往有很大的差别。

表4.2中的数据表明,同样是克拉玛依原油,由于采用不同的炼制工艺,丙脱调和沥青与直馏沥青虽然标号相同,但它们的黏度却相差一倍;不同原油所炼制的沥青相比较,胜利沥青的黏度仅为克拉玛依直馏沥青的1/4。由此可见,用针入度表示沥青稠度(黏度)是不够准确的。因此,有的国家,如美国,就改用绝对黏度来划分沥青的标号。

表4.2 沥青黏度的比较

沥青品种	针入度/0.1 mm	软化点/℃	黏度(60 ℃)/(Pa·s)
克拉玛依直馏沥青	83	48	232
克拉玛依半氧化沥青	104	49	412
克拉玛依丙脱调和沥青	84	48	439
胜利沥青	98	46	59.5
日本沥青	94	46.5	111.3

黏度是沥青的力学指标,黏度的大小反映沥青抵抗流动的能力,黏度越大,沥青路面抗车辙的能力就越强。试验表明,沥青的黏度与沥青混合料动稳定度有密切关系,黏度越大,动稳定度值就越高(图4.11)。日本研究认为,作为抗车辙要求,重交通道路沥青60 ℃黏度,对AC-80沥青要求达到(800±200)Pa·s;对AC-140沥青要求达到(1 400±400)Pa·s。可见,黏度是评价沥青高温性能的重要指标。

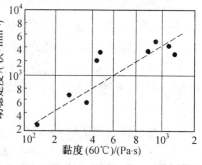

图4.11 动稳定度与黏度的关系

为了保证沥青混合料的正常生产,便于沥青的泵送和混合料的拌和,沥青必须有适当的黏度。

4.2 沥青的延性和塑性

4.2.1 延性

延性是沥青在外力作用下发生拉伸变形而不破坏的能力,用延度表示。

依照我国《公路工程沥青及沥青混合料试验规程》(JTG E20—2011)的规定,沥青的延度是指将沥青试样制成8字形标准试件,采用延度仪在规定拉伸速度和规定温度下拉断时的长度,以cm为单位。沥青延度仪如图4.12所示,通常采用的温度为25 ℃、15 ℃、10 ℃或5 ℃,拉伸速度为5 cm/min,低温通常采用1 cm/min。延度的表示符号为$D_{(T,v)}$,

其中,T 为试验温度,v 为拉伸速度。图 4.13 为延度测定示意图。

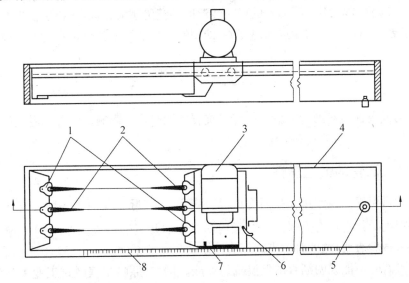

图 4.12 沥青延度仪

1—试模;2—试样;3—电机;4—水槽;5—泄水孔;6—开关柄;7—指针;8—标尺

沥青延性是由于沥青呈环和链状化学结构和胶体结构,分子间位置可以进行较大调整,试件能作较大的拉伸而不断裂。

延性主要影响因素为:内因,化学组分(比例适中)、化学结构(多环结构、溶-凝胶结构)、含蜡量的高低;外因,试验温度、拉伸速度。

延度的大小直接影响低温变形能力,延度越大,低温变形能力越强。

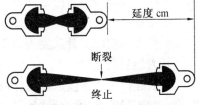

图 4.13 延度测定示意图

4.2.2 塑性

塑性是指石油沥青在外力作用下,产生变形而不破坏,除去外力后,仍保持变形后形状的性质。沥青的塑性与其组分含量、环境温度等因素有关:沥青质的含量增加,黏性增大,塑性降低;胶质含量较多,沥青胶团膜层增厚,则塑性提高;沥青塑性随温度的升高而增大。在常温下,塑性较好的沥青在产生裂缝时,也可能由于特有的黏塑性而自行愈合。故塑性还反映了沥青开裂后的自愈能力。沥青的塑性对冲击振动荷载有一定吸收能力,并能减少摩擦时的噪声,故沥青除用于制造防水材料外也是一种优良的路面材料。

用以衡量塑性的指标是延度。沥青的延度越大,其塑性越好。沥青的延度决定于沥青的胶体结构和流变性质。沥青中含蜡量增加,会使其延度降低。沥青的复合流动系数 c 值越小,沥青的延度越小。

4.2.3 塑性温度范围

由于软化点可以近似地看作是沥青由可塑性状态转化成液态的温度,软化点高,表明沥青高温稳定性好;而脆点则是沥青由可塑性状态转化成脆性状态的温度,软化点与脆点之间的温度范围越大,则表明沥青的可塑性温度的范围越大,其温度稳定性也就越好。因此,有些学者采用软化点与脆点的温度差,即塑性温度范围来评价沥青的温度稳定性。

4.3 沥青的低温性能

沥青的低温性质对沥青混凝土的低温抗裂性能有重要影响。沥青低温性质包括沥青的低温脆性、温度收缩系数和低温延度。

4.3.1 沥青的低温脆性

沥青的低温脆性通常用弗拉斯脆点(F_r)表示,它实际上相当于一种一定荷载条件下的等劲度温度。最近也有人提出用圆盘内沥青收缩开裂的皿式脆点(F_p)来模拟沥青脆裂的温度。试验表明,这两种脆点之间有一定的相关关系($F_p = -17.39 + 0.70 F_r$)。

但脆点有时不能说明沥青的低温抗裂性能。例如,原哈尔滨建筑工业大学的试验结果,阿-60 沥青的脆点(-4.0 ℃)较胜利-140 沥青(16.9 ℃)和锦西丙脱沥青(-14 ℃)的脆点高得多,而前者的低温抗裂性能却明显优于后两者。脆点不能反映沥青低温抗裂性能优劣的主要原因也可能是沥青中蜡的影响。

根据国外一些学者提出的试验结果,即对于大多数含蜡量小的沥青,可以假定沥青在弗拉斯脆点温度时的针入度为 1.2,建议对含蜡量高的沥青计算针入度为 1.2 时的脆点,并称其为当量脆点($T_{1.2}$)。

一般建议用当量脆点作为评价沥青低温抗裂性能的指标之一,几种沥青样品的弗拉斯脆点和当量脆点的试验结果,见表4.3。

表4.3 几种沥青样品的脆点

试验项目	克-沥青	欢-沥青	辽河沥青	兰炼沥青	茂名沥青	单-沥青	胜利沥青
25 ℃针入度/0.1 mm	89	92	138	82	81	97	96
弗拉斯脆点 F_r/℃	−15.0	−19.0	−16.8	−16.8	−13.0	−14.8	−16.8
当量脆点 $T_{1.2}$/℃	−23.0	−20.0	−15.3	−16.5	−14.6	−14.7	−11.0
$T_{1.2} - F_r$/℃	−8.0	−1.0	+1.5	+0.3	−1.6	+0.1	+5.8
含蜡量/%	1.28	1.55	3.85	3.38	4.08	4.19	5.55

表4.3 中的数据表明,用当量脆点评价沥青的低温抗裂性能较为合适。如与含蜡量相对应考虑,含蜡量小于3%的沥青的当量脆点应低于-17 ℃。

沥青材料随温度的降低,其塑性逐渐降低,脆性逐渐增加。低温时沥青受到瞬时荷载作用常表现为脆性破坏。弗拉斯脆点的测定是将一定量的沥青试样在一个标准的金属薄片上摊成光滑的薄膜,置于有冷却设备的脆点仪内。随着冷却设备中致冷剂温度降低,沥青薄膜的温度也逐渐降低,当降至某一温度时,沥青薄膜在规定弯曲条件下产生裂缝,该温度即为沥青的弗拉斯脆点。弗拉斯脆点反映了沥青失去其塑性的温度,因此它也是表征沥青材料塑性的一种量度。脆点反映沥青在低温时的抗裂性,脆点越低,沥青的低温抗裂性能越好。

4.3.2 沥青的温缩系数

沥青混凝土温度收缩将导致开裂,使路面、基层等结构产生裂缝,引起道路破坏。沥青混凝土的温缩系数主要取决于沥青的温缩系数。沥青、集料和沥青混凝土温缩系数的一般数值见表4.4。

表4.4 沥青及其混合料的温缩系数

材料名称	沥青*	集料	石灰石	花岗石	砂岩	大理岩	沥青混凝土
温缩系数/($10^{-6} \cdot ℃^{-1}$)	160～200	0.5～8.9	0.5～6.8	1.0～6.6	2.4～7.4	0.6～8.9	20～45

注:*从0℃降温到-30℃,降温速度3～13℃/h。

沥青温缩系数大导致沥青膜的剥离,从而造成沥青混凝土开裂。尽管沥青较集料的收缩大得多,但由于沥青膜较薄而集料尺度较大,因此石料、集料收缩的影响不可忽视。开裂情况又与沥青与每种集料的黏附性有关。

4.3.3 沥青的低温延度

不少国家的沥青标准中都有沥青延度这一指标。有的国家的沥青标准中,除25℃延度外,还规定有较低温度时的延度。例如,在前苏联的道路沥青标准中规定了0℃时的延度值(如针入度60～90沥青的0℃延度不小于3.5 cm;针入度90～130沥青的0℃延度不小于6 cm;针入度200～300沥青的0℃延度不小于20 cm);日本的黏稠沥青技术标准对于针入度60以上的直馏沥青,只规定15℃的延度大于100 cm;有的国家也开始在沥青标准中增列5℃或7℃的延度。第十八届世界道路会议认为,只有0℃延度能更好地说明沥青的黏聚力。

我国《公路沥青路面施工技术规范》(JTG F40—2004)对道路石油沥青提出了10℃和15℃时的延度要求,对聚合物改性沥青提出了5℃时的延度要求。

表4.5为对多种重交通道路石油沥青在不同温度和不同拉伸速率下的延度试验结果。

表4.5 不同温度和不同拉伸速率时的延度　　　　　　　　　　单位:cm

拉伸速度/(cm·min⁻¹)	温度/℃	AH-90沥青						AH-70沥青		
		单家寺	欢喜岭	克拉玛依	英国	日本	壳牌	单家寺	克拉玛依	阿尔巴尼亚
5	25	>150	>150	>150	>150	>150	>150	>150	>150	>150
	15	>150	108	>150	>150	>150	>150	>150	>150	>150
	5	12	7.7	—	18	7.0	7.7	4.5		7.0
1	5	65	10.7	—	>150	14	64	7.7		18
	0	8.2	6.5	—	27.3	4.9	6.3	3.6		6.2

由表4.5可以看到,就25℃和15℃的延度来说,各种沥青没有什么差别,但以5℃

或 0 ℃时的延度来看,各种沥青的差别就明显反映出来了——英国沥青最好,标准拉伸速度(5 cm/min)下 5 ℃的延度有 18 cm;在低速下,5 ℃时的延度仍大于 150 cm,0 ℃时延度还有 27.3 cm。除蜡含量超过 3%(达 4.11%)的单家寺 70 号沥青的 5 ℃延度较小外,其余沥青的 5 ℃延度都在 7.0 以上。

室内试验研究表明,沥青混合料的低温抗裂性能与沥青的 5 ℃延度有密切关系。

多种沥青样品在 0 ℃、3 ℃、5 ℃、7 ℃、10 ℃和 15 ℃六个试验温度下的延度试验,同时采用了三个拉伸速度,即 5 cm/min、3 cm/min 和 1 cm/min。经过试验结果的对比分析,采用拉伸速度 5 cm/min 和 10 ℃时的延度作为评价沥青低温抗裂性能的另一个指标,并建议沥青应同时符合当量脆点 $T_{1.2}$ 和 10 ℃时延度的规定值。拉伸速度为 5 cm/min 时的试验所的结果见表 4.6。

表 4.6 不同温度下的延度值   cm

试验温度/℃	沥青品种						
	克拉玛依	欢喜岭	辽河	茂名	单家寺	兰炼	胜利
0	—	1.5	1.5		0.5	—	0.5
3	6.0	5.0	3.5	3.3	2.7	2.5	0.7
5	11.5	7.5	6.6	4.2	4.0	3.5	3.0
7	21.5	19.8	11.8	4.8	4.5	4.0	4.0
10	82.7	69.7	51.4	16.3	10.0	9.3	5.5
15	>150	>150	111	>150	55.3	52.2	22.0
含蜡量/%	1.28	1.55	3.85	4.08	4.19	3.38	5.55

从表 4.6 可以看到,对于含蜡量大于 3%的五种沥青来说,10 ℃延度与含蜡量之间无明显关系。如不考虑兰炼沥青的试验结果,估计相应于含蜡量 3%的 10 ℃延度至少应在 55 cm 以上。

4.4 沥青的高温性质

4.4.1 概述

沥青的高温性质,主要指沥青在较高温度下不流淌,能够保持一定黏度和稠度的性质。沥青混合料用于路面结构,应能保证夏季高温时不软化,车载下不出现车辙。夏季温度较高,沥青路面又是黑色路面,黑度较高,对光的吸收率较高,因此路面可达到很高的温度,有时高达 100 ℃。

高温下造成的车辙,直接影响行车,严重破坏路面结构,因此是一种甚至比低温开裂还要严重的路面病害。因此,改善沥青及沥青混合料的高温性能至关重要。

沥青高温性能的表征有很多方法,对于沥青本身,最主要的是软化点指标;对于沥青混合料,最主要的则是抗车辙能力。

在沥青混合料抵抗高温变形的过程中沥青起着重要的作用,SHRP 研究表明沥青提供了40%的抗车辙能力。因此,准确地评价沥青高温性能是改善沥青路面高温抗变形能力的关键。但是,目前表征沥青高温性能的常规指标,如实测软化点、当量软化点、60 ℃黏度以及SHRP的车辙因子$G^*/\sin\delta$等都存在一定缺陷,主要体现在:

①对蜡含量高的沥青,测试的软化点经常出现假象,并不能真实地反映沥青高温性能,且即使在规程要求的升温速率(5±0.5) ℃/min范围内,软化点测试结果也会相差1.6 ℃。

②在当量软化点T_{800}计算时,虽然规范规定回归斜率应由5个温度的针入度得到,但针入度测量的准确性和回归曲线的非线性对T_{800}仍然具有较大影响,仅比较当量软化点来确定高温性能的好坏是不合适的。

③60 ℃黏度测试用的真空减压毛细管由于设备昂贵、操作复杂,目前在我国大面积推广应用还存在困难。

④对于车辙因子$G^*/\sin\delta$,国外有研究发现此项指标只适用于衡量基质沥青的高温性能,而对于改性沥青,$G^*/\sin\delta$与车辙状况无明显关联。

鉴于此,一些学者开始研究并引入新的指标表征沥青的高温性能,如沥青纯黏度、稠度等。

4.4.2 软化点

软化点简单说就是沥青试件受热软化而下垂时的温度。试验有一定的设备和程序,不同沥青有不同的软化点。工程用沥青软化点不能太低或太高,否则夏季融化,冬季脆裂且不易施工。

影响沥青软化点实验结果主要因素:灌模的质量、试验前温度控制及试验时试样的升温速度以及含蜡量都对软化点产生影响。含蜡量高的沥青与含蜡量低的同标号沥青,软化点升高,延度降低,针入度提高,沥青混合料抗水损害能力差,与集料黏附性变差,容易剥落,高温易产生车辙。

软化点试验:针入度沥青或氧化沥青的稠度也可用测试其软化点来确定。试验时将沥青试样放在黄铜环内,上面置放重3.5 g的钢球。然后浸悬于水或甘油中,试样软化点不超过80 ℃时可使用水,试样软化点高于80 ℃时则用甘油。以每分钟5 ℃的速度加热,试样受热软化逐渐变形和钢球一起通过铜环往下沉。当沥青和钢球接触到底板时(底板在环以下25.4 mm),记录水的温度。本试验要重复做两次,把平均值记录下来。针入度沥青的软化点计算至0.2 ℃准确度,氧化沥青则计算至0.5 ℃准确度。如果两次测定值的差值超过1 ℃,试验必须重做。所记录的温度称为沥青的软化点,并代表一个等黏滞性温度。在ASTM试验方法中,用水浴是不搅拌的,而IP方法用水或甘油时都要搅拌,因而这两种方法测定的软化点会不相同,ASTM方法的结果通常比IP或BS方法的温度高出1.5 ℃。

费弗(Pfeiffer)和范·杜马尔(Van Doormaal)以针入度方法测得沥青在软化点温度时的稠度。他们使用特制超长的针入度针测试,发现在软化点温度时许多沥青的针入度值为800。还发现针入度的准确值与针入度指数和蜡含量有关。直接测试还证明多数沥青的黏度在软化点温度时大约为1 200 Pa·s。

沥青是一种高分子非晶态物质,它没有敏锐的熔点,从固态转变为液态有很宽的温度间隔,故选取该温度间隔中的一个条件温度作为软化点。

软化点用环球法测定(图4.14):该法是将沥青试样注于规定内径的铜环中,环上置一质量为 3.5 g 的钢球,在规定的加热速度(5 ℃/min)下,沥青试样逐渐软化,直至在钢球荷重作用下滴落到下层金属板时的温度,称为软化点,表示为 $T_{R\&B}$。软化点反映沥青在高温时的稳定性,软化点越高,沥青的高温稳定性越好。

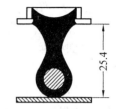

图 4.14 软化点测定示意图

研究认为,不同沥青在软化点时的黏度是相同的,约为 1 200 Pa·s,或相当于针入度值为 800(0.1 mm)。即软化点是一种"等黏温度"。由此可见,针入度是在规定温度下测定沥青的条件黏度,而软化点则是沥青达到规定条件黏度时的温度。所以软化点既是反映沥青温度敏感性的一个指标,也是表征沥青黏性的一种量度。

4.4.3 车辙试验

1.车辙测量

第一类为人工检测,即用检测横竿横跨在车辙上部,并用尺量出横竿与车辙底部的间距。采用这种方法其效率极低,并只能随机抽样检测路面车辙深度。第二类为自动检测,即采用路面车辙自动测定车自动检测路面车辙深度。其方法就是利用横向布置的一排激光、超声、红外或其他非接触式位移传感器来快速连续测定路面车辙深度。其原理是在检测车的前端上安装配有非接触式位移传感器的横梁,并把传感器同车内的电脑相连,通过电脑对传感器测得的数据进行自动处理以获得路面车辙深度指标。随着公路建设的发展,路面车辙深度的自动检测将成为主要的检测方法,也将是路面施工、验收、养护、评价和管理部门必备的仪器。

2.车辙试验仪

车辙试验仪(图 4.15),用于制备沥青板,厚度在 40~100 mm。压实板可直接用于小型车辙装置。30 kN 荷载施加于正方形(305 mm×305 mm)或矩形(305 mm×405 mm)的沥青板。

车辙试验仪安装在一个坚固结实的铝质安全框架里。其安全特征使其在门开启的时候也能进行运作。仪器的操作和控制是通过镶嵌在控制盒内的 PLC 界面和气动气压调节器来完成的。

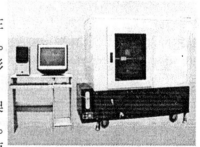

图 4.15 车辙试验仪

车辙试验仪是道路压实最理想的模拟装置。其制备的试样的特性与道路压实层的特性十分的相似,也可直接用于车辙试验。

主要参数:位移检测范围,0~30 mm;变形检测分辨率,0.001 mm;变形检测精度,±0.005 mm。温度控制范围,室温~80 ℃;温度检测分辨率,0.1 ℃;温度控制精度,±0.5 ℃;试轮接地压强,0.7 MPa±0.05 MPa;行走次数,42 次/min±1 次/min;试模厚度,

30～50 mm。

操作规程：

①打开车辙试验仪应用程序,打开"控制显示面板"和"试验曲线"窗口。

②开电控箱电源开关、选择"通信端口"按键,这时系统操作界面上的通信指示灯会闪烁,表示通信已经链接。

③观察温度显示值是否正常。

④接通动力电源。

⑤工作标准的设定(必须要确认):在"工作标准设置"的菜单下,设定关于试验的一系列信息。

⑥在控制显示面板上按下"温控"按键。

⑦自动车辙检测试验开始(注:应在试验温度稳定后):a.打开气动开关,试验胶轮自动升起,取出试验轮支撑架;b.装入试模,调节锁紧器将试模锁紧;c.关闭气动开关,试验胶轮自动落下;d.调节位移传感器的上下位置,位移传感器数值显示应在 1 mm～4 mm 的范围内;e.关闭恒温箱门;f.在控制显示面板上单击"试验开始"按键(注:应在试验温度重新稳定后在执行此步骤);g.试验自动结束后应将试验结果另存于指定的文件夹内(试验报告可随时打印输出另存)。

⑧试验结束后打开气动开关,试验胶轮自动升起,取出试验试模。

⑨关断电控箱的电源。

⑩退出系统应用程序,关闭计算机和打印机电源。

⑪断开动力电源。

3.加速加载系统

加速加载系统是大型路面试验机,模拟路面实际情况进行加速加载试验,预测路面的寿命和抗老化情况,包括加速车辙试验。

加速加载试验设备目前世界上主要有三种产品,分别是澳大利亚研制生产的 ALF、南非研制美国生产的 HVS 以及南非研制生产的 MLS 设备。其中南非研制生产的 MLS 属于最新型的第四代加速加载试验设备。比较而言,MLS 设备设计理念先进,加载速度明显高于 ALF 和 HVS 两种设备,试验周期短,维修养护成本相对较低。

山东交通学院于 2007 年数次出国考察后,经过两年研制,开发出新一代加速加载系统,各项技术指标达到国际先进水平,目前应用状态良好。

4.5 沥青的感温性

4.5.1 沥青感温性概述

沥青的感温性(即温度敏感性)是指石油沥青的黏性和塑性随温度升降而变化的性能,主要包括石油沥青的高温稳定性和低温抗裂性,它是在给定温度变化下,沥青的针入度或黏度的变化,对沥青路面的使用性能有很大的影响。沥青感温性是决定沥青使用时的工作性质以及沥青面层使用性能的重要指标。沥青在低温(低于玻璃化温度 T_g)状态下是玻璃状的弹性态，在高温时是流动态，在常温时是类似于橡胶的黏弹状态，不易出现堆挤、拥包、车辙等病害。沥青作为沥青混合料的胶结料(结合料)，修筑的沥青路面在不同温度情况下表现为不同的力学状态。人们希望沥青材料在夏季高温不致过分软化，而保持足够的黏滞性;在冬季不致过分脆化，而保持足够的柔韧性。不同品种、不同标号的沥青对温度的敏感性往往有很大的差别。

沥青的感温性通常采用沥青黏度随温度而变化的特点(黏-温关系)来评价沥青的感温性。国际上用以表示沥青感温性的指标有多种,壳牌石油公司研究所提出的沥青试验数据图(BTDC)反映了沥青在较宽温度范围内稠度性质的变化。而现在普遍采用的有针入度指数 PI、针入度黏度指数 PVN、黏温指数 VTS(黏温曲线斜率)等,以及模量指数、劲度指数、软化点、复数模量 GTS 等都可以表示温度敏感性,都是以两个或两个以上不同温度的沥青指标的变化幅度来衡量的。

沥青在外力作用下所发生的变形实质上是由分子运动产生的,因此,显著地受温度影响。当温度很低时,沥青分子不能自由运动,好像被冻结一样,这时在外力作用下所发生的变形很小,如同玻璃一样硬脆,称为玻璃态。随着温度升高,沥青分子获得了一定的能量,活动能力也增强了,这时在外力作用下,表现出很高的弹性,称为高弹态。当温度继续升高时,沥青分子获得了更多能量,分子运动更加自由,从而使分子间发生相对滑动,此时沥青就像液体一样可黏性流动,称为黏流态。由玻璃态到高弹态进而变为黏流态反映了沥青的黏性和塑性随温度变化而变化的过程。变化的温度间隔越小,则温度稳定性越低。温度稳定性低的沥青,在温度降低时,很快变为脆硬的固体,受外力作用极易产生裂缝而破坏;在温度升高时,又很快变软而流淌。土木工程中宜选用温度稳定性较高的沥青。一般认为,沥青的温度稳定性取决于沥青的组分和掺入沥青中的矿物颗粒的细度、性质等。石油沥青中沥青质的含量增多,在一定程度上能提高其温度稳定性。在工程使用时往往加入滑石粉、石灰石粉或其他矿物填料来提高温度稳定性,在组分不变的情况下,矿物颗粒越细,分散度越大,则温度稳定性越高。沥青中含蜡量较多时,其温度稳定性会降低,因此多蜡沥青不能直接用于土木工程。

4.5.2 黏温指数

沥青黏度与温度的关系在半对数坐标中大多为直线关系(图 4.16)。图 4.17 为几种沥青薄膜烘箱加热实验(TFOT)前后的黏温曲线。不同沥青由于化学组成的差别,它们在图中表现为不同的斜率,这表明它们的温度敏感性不同;斜率越大,敏感性越强,其温度稳定性也就越差。沥青的温度敏感性以黏温指数 VTI(Viscosity Temperature Index)表示

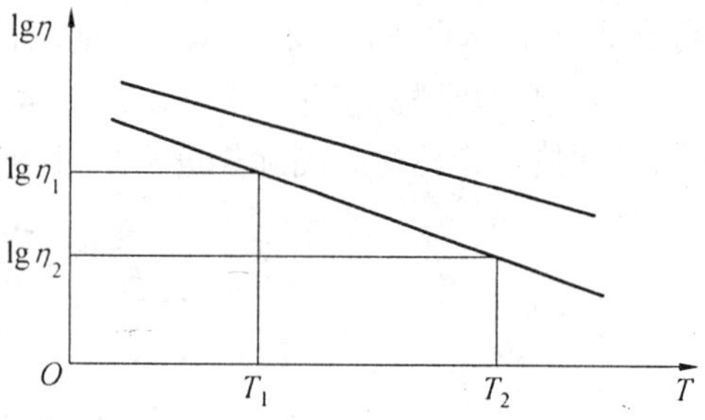

图 4.16 沥青的黏温关系示意图

$$VTI_1 = (\lg \eta_1 - \lg \eta_2)/(T_2 - T_1) \tag{4.7}$$

式中,η_1,η_2 为黏度,Pa·s;T_1,T_2 为温度,℃。

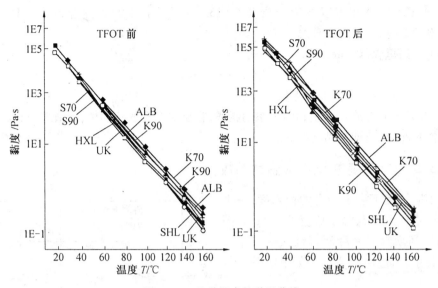

图 4.17　几种沥青的黏温曲线

黏温指数实际上就是黏温关系线的斜率。因此,对于道路沥青来说,其 VTI 值越小,则表明温度稳定性越好。

如黏温关系线在半对数坐标中不成直线关系,则在双对数坐标图中可成为直线,这样其黏温指数为

$$VTI_2 = (\lg \eta_1 - \lg \eta_2)/(\lg T_2 - \lg T_1) \tag{4.8}$$

沥青的黏温关系与黏温曲线是沥青流变学的基本内容,许多学者对此进行了研究,并提出了各种形式的黏温关系表达式。

(1) 安德拉得(Andrada) 纯理论方程式

$$\eta = Ae^{U/RT} = Ae^{B/T} \tag{4.9}$$

式中,η 为黏度,Pa·s;A,B 为常数;R 为摩尔气体常数,8.314 4 J/(mol·K);U 为流动活化能,$U = BR$,kJ/mol;T 为绝对温度,K。

式(4.9) 表明,黏度与温度成负相关,温度越高,黏度越小;同时,黏度对材料状态的活化能也有依赖关系,活化能越大,黏度也越大;而活化能随温度的升高而降低。该式如用对数形式表示,则可写成

$$\eta = \ln A + B/T \tag{4.10}$$

式(4.10) 中的常数 B 实际上是黏温关系线的斜率。我国石油大学对沥青的活化能进行过测试,在温度为 50 ~ 130 ℃ 范围内,100 号直馏沥青活化能为 83.9 kJ/mol,半氧化沥青活化能为 85.6 kJ/mol。

(2) 李(Lee) 和萧维伊(Sohweyer) 实验关系式

李式　　　　　　　　　$\lg \eta = n_1 - m_1 \lg T$ \tag{4.11}

式中,T 为绝对温度,K;n_1,m_1 为参数。

萧维伊式　　　　　　　$\lg \eta = n_2 - m_2 \lg T$ \tag{4.12}

式中,T 为摄氏温度,℃;n_2,m_2 为参数。

式(4.12)在软化点以下较窄温度域(15 ~ 35 ℃)或沥青混合料施工黏度范围(0.1 ~ 0.5 Pa·s)接近一直线。

(3)柯诺里森(Cornelissen)关系式

$$\lg \eta = n + m/T \tag{4.13}$$

式中,T 为绝对温度,K;n,m 为参数。

式(4.13)中的常数 m 是黏温关系的斜率,它反映沥青的感温性,m 值越小,表示沥青的感温性越小,m 值即为黏温指数。

4.5.3 针入度 – 温度敏感性系数

在不同温度下测定沥青的针入度,在半对数坐标中针入度与温度成直线关系。图 4.18 为胜利沥青和壳牌沥青针入度与温度的直线关系,通过回归建立起如下的关系方程式

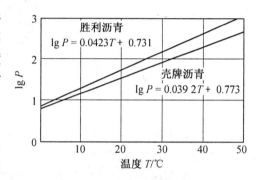

图 4.18 沥青针入度与温度的直线关系

$$\lg P = AT + B \tag{4.14}$$

式中,P 为沥青针入度,0.1 mm;T 为温度,℃;A 为针入度 – 温度敏感性系数;B 为回归系数。

针入度 – 温度敏感性系数 A 越大,表示沥青对温度的变化越敏感,其性能就越不好。如果以针入度 – 温度敏感性系数 A 来评价沥青的性能,那么,可以大致划分如下:$A \leqslant 0.045$,性能优;$0.045 < A < 0.055$,性能一般;$A \geqslant 0.055$,性能劣。

根据特定温度下沥青的针入度来表征其温度敏感性,通常采用针入度 – 温度指数,即根据在 0 ℃,25 ℃,46.1 ℃ 温度下的针入度,按以下公式计算其温度敏感性指数:

$$PR = \left[P_{(46.1\text{℃},50\text{ g},5\text{ s})} - P_{(0\text{℃},200\text{ g},60\text{ s})} \right]/P_{(25\text{℃},100\text{ g},5\text{ s})} = PR_1 + PR_2 \tag{4.15}$$

$$PR_1 = P_{(46.1\text{℃},50\text{ g},5\text{ s})}/P_{(25\text{℃},100\text{ g},5\text{ s})} \tag{4.16}$$

$$PR_2 = P_{(25\text{℃},100\text{ g},5\text{ s})}/P_{(0\text{℃},200\text{ g},60\text{ s})} \tag{4.17}$$

按以上公式计算得到的值越小,表示沥青的温度稳定性越好。其中,PR_1 表征高于常温的感温性,而 PR_2 表征低于常温的感温性。

4.5.4 针入度指数

针入度指数法是根据沥青在 25 ℃ 时的针入度值(0.1 mm)和软化点(℃)来表示沥青感温性的一种方法,针入度指数大表示沥青的感温性小。

荷兰学者 J·Ph·普费和范·杜尔马尔等人应用针入度和软化点的试验结果,提出一种能表征沥青感温性和胶体结构类型的所谓针入度指数(PI)。他们研究认为,沥青的针入度与黏度一样,在理论上都是以对沥青的剪切作用为基础的。针入度与旋转同轴黏度计有着相似的原理,而环球法软化点球的下落与落差式同轴黏度计也有相似之处。若以对数坐标表示针入度,而以横坐标表示温度,则可由式(4.14)得到图 4.19 所示的关系图。

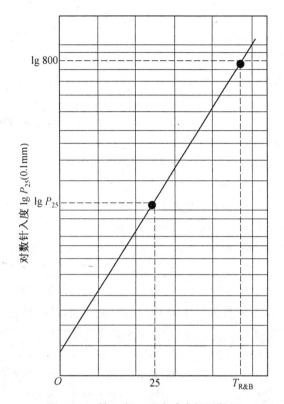

图 4.19 针入度 – 温度感应性系数图

普费定义了针入度指数(PI)的概念,并以通常使用的一种墨西哥 200 号道路沥青的温度敏感性为标准,假定其针入度指数 PI 为 0。

也就是说 PI 通常由针入度与温度的对数关系求取针入度温度敏感性系数 A 后求出,A 可以用两个不同温度(T_1 和 T_2)时的针入度(P_1 和 P_2)用下式计算求得(T_1 和 T_2 的间隔应大些),即

$$A = (\lg P_{T1} - \lg P_{T2})/(T_1 - T_2) \tag{4.18}$$

式中,T_1,T_2 为两个不同的试验温度,℃;P_{T1},P_{T2} 为在 T_1,T_2 温度下测得的针入度,0.1 mm。

式(4.18)是最基本和常用的 PI 计算式,由此概念出发,便得出了一系列计算针入度指数 PI 的方法。

经对许多沥青的测试,他们发现由关系式推算,当温度为沥青的软化点时,其针入度基本上都等于 800(0.1 mm)。由此,斜率 A 可用下式表示:

$$A = (\lg 800 - \lg P_{(25\ ℃,100\ g,5\ s)})/(T_{R\&B} - 25) \tag{4.19}$$

普费假定感温性最小的沥青其针入度指数 PI 为 20,感温性最大的沥青为 – 10,在图 4.19 中将软化点坐标 25 与针入度坐标 800 连成一线,将斜线划分成 30 等份,软化点与针入度连线同斜线交点定为 PI 值。此 PI 值将斜线分成两段,根据上式长度比,即为斜率 A。由于 A 值很小,为使 PI 值在 + 20 ~ – 10 之间,A 值乘以 50,得

$$(20 - PI)/(10 + PI) = 50A$$

$$A = \left[(20 - PI)/(10 + PI) \right] \times 1/50$$

由此可计算,得针入度指数:

$$PI = 30/(1 + 50A) - 10 \tag{4.20}$$

将式(4.19)代入式(4.20)即可计算出 PI 值,但式(4.19)是假定沥青在软化点时针入度为 800(0.1 mm),而实际上沥青在软化点时针入度波动于 600 ~ 1 000(0.1 mm)之间,故在实际应用时应测定 3 个或 3 个以上不同温度条件下的针入度值,令 $y = \lg P, x = T$,按式(4.14)的针入度对数与温度的直线关系,进行 $y = \alpha + bx$ 一元一次方程的直线回归,求取针入度温度指数 A 和常数项 B。回归时须进行相关性检验,当温度条件为 3 个时,直线回归相关系数不得小于 0.997(置信度 95%)。

由于含蜡沥青在软化点时针入度并不一定等于 800,因此,有些学者提出用针入度等于 800 时沥青的温度作为相当于沥青的软化点,即所谓沥青的当量软化点,并用符号 T_{800} 表示。"八五"国家科技攻关项目研究认为,当量软化点可以根据 15 ℃,25 ℃ 和 30 ℃ 温度下针入度用直线回归方程式 $\lg P = AT + B$ 求得,其计算式为

$$T_{800} = (\lg 800 - B)/A = (2.903\ 1 - B)/A \tag{4.21}$$

将 A 代入式(4.20)求取针入度指数 PI。另外可根据式(4.21)、式(4.22)、式(4.23)计算出沥青的当量软化点 T_{800}、当量脆点 $T_{1.2}$ 及塑性温度范围 ΔT。当量软化点 T_{800} 是相当于沥青针入度为 800(0.1 mm) 时的温度,用以评价沥青的高温稳定性;当量脆点 $T_{1.2}$ 是相当于沥青针入度为 1.2(0.1 mm) 时的温度,用以评价沥青的低温抗裂性能。

$$T_{1.2} = (\lg 1.2 - B)/A = (0.079\ 2 - B)/A \tag{4.22}$$

$$\Delta T = T_{800} - T_{1.2} = 2.823\ 9/A \tag{4.23}$$

另外,也可将不同温度条件下测试的针入度值绘于图 4.20 的针入度 – 温度关系诺模图中,按最小二乘法法则绘制回归直线,将直线向两端延长,分别与针入度为 800 及 1.2 的水平线相交,交点的温度即为当量软化点 T_{800} 和当量脆点 $T_{1.2}$。以图中 O 为原点,绘制回归直线的平行线,与 PI 线相交,读取交点处的 PI 值即为该沥青的针入度指数。但此法不能检验针入度对数与温度直线回归的相关系数,故仅供快速草算时使用。

通常可以先做 3 ~ 4 个不同温度(如 5 ℃、15 ℃、25 ℃、30 ℃ 或 15 ℃、25 ℃、30 ℃、35 ℃) 时的针入度试验,并将试验结果点在半对数坐标纸上,它应该很接近一根直线。然后用回归分析法计算得直线的斜率 A。A 也可直接用式(4.24)计算得到。

$$A = \frac{\sum (T_i \lg P_i) - (\sum T_i \sum \lg P_i)/n}{\sum T_i^2 - (\sum T_i)^2/n} \tag{4.24}$$

式中,n 为针入度的个数;T_i 为试验温度,℃;P_i 为与温度 T_i 相应的针入度。

环球法软化点常用来评价沥青的高温稳定性,所以,当量软化点也可以作为评价沥青高温稳定性的一种指标。

针入度指数 PI 是评价沥青感温性应用最广泛的指标。PI 值越小,表示沥青的温度敏感性越强。大多数沥青的 PI 值在 – 2.6 ~ +8 范围内,而适合铺筑路面的道路沥青其 PI 值必须符合一定的要求。有些国家对沥青的 PI 值要求如下:

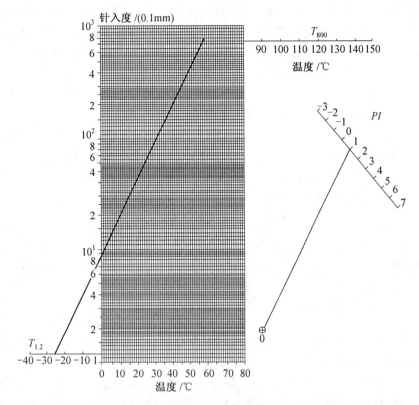

图 4.20　确定道路沥青 PI、T_{800}、$T_{1,2}$ 的针入度与温度的关系诺模图

西班牙、瑞士	$-1.0 \leqslant PI \leqslant +1.0$
前苏联	$-1.5 \leqslant PI \leqslant +1.0$
荷兰	$-1.2 \leqslant PI \leqslant +1.0$

不同沥青的 PI 值见表 4.7。

表 4.7　不同沥青的针入度指数

沥青品种	下列温度(℃)时的针入度/0.1 mm					$T_{R\&B}$/℃	A(回归法)	PI
	40	25	15	5	0			
单-90	370	79	26	9.8	5.8	48.8	0.045 2	−0.80
欢-90	312	75	32	13.9	8.3	49.5	0.038 9	+0.19
克-90	—	84	31	10.0	—	48.2	0.046 2	−0.94
壳-90	375	88	33	12.2	5.5	47.2	0.044 8	−0.74
英-90	418	100	34	14.1	8.0	45.2	0.042 8	−0.45
日-90	420	85	28	7.5	5.1	47.0	0.048 9	−1.29
单-70	328	63	22	8.1	5.2	50.5	0.045 1	−0.78
克-70	—	69	25	7.0	—	51.2	0.049 7	−1.39
阿-70	300	61	21	8.8	5.0	52.5	0.044 1	−0.64

从表 4.7 可以看到,欢-90 的感温性最小,克-70 的感温性最大。

现在有些国家已在沥青标准中纳入了 PI 指标。例如,荷兰对针入度为 80 ~ 100 的沥青规定其 PI 应在 - 1.2 ~ + 1.0 之间;西班牙和瑞士等国的沥青标准中都规定 PI 应在 - 1.0 ~ + 1.0 范围内;前苏联国家标准 TOCT 22244—90 规定普通石油沥青的 PI 应在 - 1.5 ~ + 1.0 范围内,改性沥青的 PI 应在 - 1.0 ~ + 1.0 范围内。

我国《公路沥青路面施工技术规范》(JTG F40—2004) 对道路石油沥青、聚合物改性沥青也提出了相应的 PI 要求。其中道路石油沥青的 PI 应在 - 1.5 ~ + 1.0(A 级沥青)、- 1.8 ~ + 1.0(B 级沥青)范围内,聚合物改性沥青的 PI 应在 - 1.2 ~ - 0.4 范围内。

"八五"国家科技攻关研究认为,为了保证沥青路面的高温稳定性,针入度指数的界限应随沥青的使用气候区域不同而异。按照 7 月平均最高气温划分为 > 30 ℃,20 ~ 30 ℃ 和 < 20 ℃ 三个高温气候区,分别提出不同 PI 要求值见表4.8。

表4.8　沥青针入度指数要求值

7月份平均最高气温	> 30 ℃	20 ~ 30 ℃	< 20 ℃
PI 要求值	> - 1.0	> - 1.2	> - 1.4

4.5.5　针入度 - 黏度指数

麦克里奥德(Mcleod)提出以 25 ℃ 针入度和 135 ℃ 运动黏度确定针入度 - 黏度指数 PVN_{25-135}(Penetration Viscosity Numbel),其计算式为

$$PVN_{25-135} = (\lg L - \lg \nu)(\lg L - \lg M) \times (-1.5) \tag{4.25}$$

式中,$\lg L = 4.258\,00 - 0.796\,74 \lg 25$;$\lg M = 3.462\,89 - 0.610\,94 \lg 25$;$\nu$ 为沥青 135 ℃ 运动黏度,mm^2/s。

同样,用 25 ℃ 针入度和 60 ℃ 黏度按下式计算:

$$PVN_{25-60} = x/y \times (-1.5) \tag{4.26}$$

式中,$x = 6.489 - 1.5 \lg P_{25} - \lg \eta_{60}$;$y = 1.050 - 0.223 \lg P_{25}$。

麦克里奥德按表4.9标准划分沥青的温度敏感性等级和适用场合。

表4.9　按 PVN 评价沥青的感温性

组别	PVN	温度敏感性等级	适用场合
A	0 ~ - 0.5	低	重中等轻交通道路
B	- 0.5 ~ - 1.0	中	中等交通道路
C	- 1.0 ~ - 1.5	高	轻交通道路

沥青的 PVN 值可用式(4.27)和式(4.28)计算。

(1)已知 25 ℃ 时针入度值 P 和 135 ℃ 时运动黏度值 ν(mm^2/s)时,用式(4.27)计算 PVN:

$$PVN = [(4.258\,0 - 0.796 \lg P - \lg \nu)/(1.050\,0 - 0.223\,4 \lg P)] \times (-0.15) \tag{4.27}$$

(2)已知 25 ℃ 时针入度值 P 和 60 ℃ 时绝对黏度值 η(Pa·s)时,用式(4.28)计算 PVN:

$$PVN = [(5.489 - 1.590 \lg P - \lg \eta)/(1.050\,0 - 0.223\,4 \lg P)] \times (-0.15)$$

$$(4.28)$$

麦克劳德建议,按式(4.27)计算沥青的 PVN 为 $0.0 \sim -0.5$ 时属低温度敏感性沥青, PVN 为 $-0.5 \sim -1.0$ 时属中等温度敏感性沥青, PVN 为 $-1.0 \sim -1.5$ 或更低时属高温度敏感性沥青。

美国 $P-S$ 肯德赫在研究宾夕法尼亚州的 219 号公路六段试验路后,推荐用 PVN 评价沥青的感温性,并根据路面冬季出现裂缝时沥青混合料容许极限劲度值为 27 MPa,提出沥青容许最小的 PVN 值见表 4.10。

表 4.10 PVN 容许最小值

沥青针入度(25 ℃)/0.1 mm	60	65	70	75
最小黏度(135 ℃)/(mPa·s)	390	330	290	250
PVN 容许最小值	-0.80	-0.95	-1.10	-1.25

表 4.9 和表 4.10 可以供选择沥青时参考,并用于预估使用该种沥青铺筑路面有无出现低温收缩开裂的可能性。

4.6 沥青的耐久性

高等级公路大部分都采用沥青路面,所以要求具有很长的耐用周期,因此对沥青材料的耐久性,提出了更高的要求。

4.6.1 沥青耐久性概述

沥青在储运、加工、施工及使用过程中,由于长时间地暴露在空气中,在风雨、温度变化等自然条件的作用下,会发生一系列的物理及化学变化,如蒸发、脱氧、缩合、氧化等。此时,沥青中除含氧官能团增多外,其他的化学组成也有变化,最后使沥青逐渐硬化、变脆开裂,不能继续发挥其原有的黏结或密封作用。沥青所表现出的这种胶体结构、理化性质或机械性能的不可逆变化称为老化。

在实际应用中,人们要求沥青有尽可能长的耐久性,老化的速度应尽可能地小一些,因而提出了对沥青耐久性的要求。耐久性确实是沥青使用性能方面一个十分重要的综合性指标。1977 年美国仅花费在道路维修方面的费用就达 10 亿多美元,1978 年加拿大为多伦多的麦特朗地区道路的维修费用花了约 1 800 万美元。所以如何提高沥青的耐久性,延长沥青路面的使用寿命,在国民经济中占有相当重要的地位,同时也是沥青科学研究和生产方面的一个十分迫切的课题。许多人甚至认为沥青的耐久性比国家现在规定的某些常规指标更重要,更现实。

4.6.2 沥青老化的特征

1.沥青常规指标的变化

一般情况下,高等级公路用沥青在 25 ℃时的指标为,针入度 80 以上,最低 60;延度

150 cm 以上;软化点 50 ℃以下。沥青使用或在自然条件下经历时效作用会发生老化现象。沥青老化最显著的特征是针入度变小、软化点增大、延度减小、脆点上升。沥青性状的这种变化,不仅从室内的老化试验可以看到,而且从旧沥青路面中回收沥青可以清楚地看到这种变化(表 4.11)。实际应用中,沥青三大指标变化范围都较大,一般为:针入度 60~110,软化点 40~50 ℃,延度 100~150 cm 以上,从表 4.11 中可以看出回收沥青性质的变化趋势。

表 4.11　回收沥青的性质

取样地点	路面使用年限/年	针入度/0.1 mm	软化点/℃	延度/cm
湖北潜江	12	19.3	61.3	8.8
湖北沔阳	12	17.0	79.0	4.5
湖北汉阳	12	20.0	74.4	5.7
上海汉口路	30	16	70.5	5.7
上海龙华路	15	30	69.3	5.0
南京太平北路	—	18	96.3	3.4

2. 沥青组分的老化

沥青在老化过程中,其组分会发生明显变化,从三组分看,表现为随着老化时间的加长,沥青质和胶质的含量增多,油分的含量减少,但在室内的老化试验中有所不同,胶质的量反而有些减少。老化过程中,沥青中组分的变化见表 4.12。

表 4.12　老化试验过程中沥青各组分的变化

试样沥青	光照时间	沥青质/%	胶质/%	油分/%
A	老化之前	21.8	17.2	66.0
	3 个月	22.5	26.8	50.7
	6 个月	26.5	37.2	36.3
	12 个月	29.6	38.2	32.2
	室内 12 个月	23.0	14.2	62.8
B	老化之前	18.2	27.8	54.0
	3 个月	21.9	35.8	42.3
	6 个月	24.0	40.8	35.2
	12 个月	25.8	41.6	32.6
	室内 12 个月	19.8	26.5	53.7
C	老化之前	29.2	25.2	45.6
	3 个月	32.5	34.0	33.5
	6 个月	32.4	37.8	29.8
	12 个月	34.8	40.5	24.7
	室内 12 个月	31.5	25.3	43.2

从四组分分析看,从表 4.13 可看出,表现为饱和分变化不大,但芳香分明显转变为胶质,而胶质又转变为沥青质,由于芳香分转变为胶质的量不足以补偿胶质转变为沥青质的

量,所以最终是胶质显著减少,而沥青质显著增加。

因此,沥青老化后,其塑性降低,脆性增大,黏附性减弱,性能变差。

表4.13 沥青老化前后组分的变化 单位:%

组成	胜利100号沥青		单家寺100号沥青	
	老化前	老化后	老化前	老化后
饱和分	11.6	11.8	17.5	17.8
芳香分	30.7	28.7	26.3	26.8
胶质	37.8	30.9	38.8	31.5
沥青质	19.5	26.0	17.0	22.7

注:沥青质用戊烷沉淀,故含量偏高。

3. 沥青胶体结构的变化

沥青在老化过程中组分发生变化引起胶体结构的变化,这主要表现为溶胶向溶凝胶转化,溶凝胶向凝胶转化。

4. 沥青流变性质的变化

老化沥青胶体结构的变化,引起了流变性质的变化。这种变化的主要特征是沥青的黏度和复合流动度有很大的变化。通过沥青热老化过程中一系列性质的测试,可以看出物理性质和流变性质的变化,见表4.14。

表4.14 大庆渣油热老化试验

加热时间 /h	加热损失 /%	密度 /($g \cdot cm^{-3}$)	线收缩系数 /10^{-4}	黏度(25℃) /(Pa·s)	复合流动度 (25℃)
0	0	0.933 9	3.22	1.65×10^4	0.40
5	0.45	0.938 0	2.89	2.42×10^4	0.38
10	0.46	0.940 2	2.63	3.24×10^4	0.34
30	0.46	0.945 9	2.58	1.20×10^5	0.34
90	0.53	0.953 0	2.54	4.99×10^5	0.26

由表4.14可见,沥青在加热初始的一段时间内,轻质油分挥发较多,但到一定时间后加热损失不再明显增加。在老化过程中沥青的密度增大,线收缩系数减小。沥青老化后不仅黏度增大,而且其复合流动度随着老化的加深而减小(图4.21),这表明沥青的胶体结构逐渐发生变化,非牛顿性质更加明显。

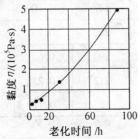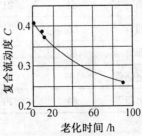

图4.21 沥青在老化过程中流变行为的变化

4.6.3 沥青老化的原因

沥青的老化过程一般分为两个阶段,即施工过程中的短期老化(蒸发损失)和路面在长期使用过程中的长期老化(氧化)。

在沥青路面的施工过程中,沥青的运输与储存、沥青混合料的拌和以及拌和后的施工期间,沥青始终处于高温状态,特别是在沥青与矿料的拌和阶段,沥青在薄膜状态暴露于170~190 ℃的空气中,在此短暂时间内由于空气氧化以及沥青中挥发成分的丧失,使沥青的性质发生变化,该施工阶段的老化称为短期老化。另外,沥青路面在长期使用过程中,由于空气、辐射、水与光等作用,使得沥青的性质发生改变,此过程发生的老化称为长期老化。老化的结果使得沥青变硬变脆。

沥青老化的原因有以下三个方面。

1. 蒸发损失

在历史上曾经认为轻组分的蒸发是沥青变硬的主要原因。蒸发是一个不可逆的过程,易挥发的油分损失之后,沥青的化学组成及性质随之改变。现在看来,蒸发是沥青变硬的原因之一,但不是主要的原因。

沥青在施工作业及储运过程中都需要加热到一定的温度,因标号不同,加热的温度也应有所差别。实践证明,在作业过程中釜内的温度可用经验公式计算:

$$T_K = T_S + 6PI + 88 \tag{4.29}$$

式中,T_K 为釜内沥青的温度,℃;T_S 为沥青的软化点,℃;PI 为沥青的针入度指数。

T_K 实际上与加热到软化点 100 ℃以上的温度很接近。当沥青在加热熔化达到釜温时,会引起沥青轻组分的蒸发及表面一层沥青的加速氧化,两者都将使沥青变硬。若加热后的沥青在釜内静止,可以延缓沥青轻组分的继续蒸发及进一步的氧化。所以沥青在加热熔化后,若不是立即使用,要尽可能地减少搅动。沥青在釜内加热变硬的程度称为釜温稳定性或加热稳定性。在测定沥青的硬度时应去掉这层保护膜。沥青的硬度一般用针入度的倒数表示。在加热过程中硬度的变化用加热前后针入度比来评定。沥青的加热稳定性取决于沥青本身的性质和加热的温度,见表4.15。

表 4.15 各种沥青的加热稳定性

沥青代号	沥青来源	软化点/℃	针入度(25 ℃)/0.1 mm	釜温/℃	蒸发损失/%	薄膜级别[①]	硬度增加[②]
P_1	焦油沥青	58	16	135	0.36	1	1.8
N_4	天然沥青	61	21	147	0.10	1	1.2
B_5	氧化沥青	128	11	250	0.45	4	1.4
B_7	氧化沥青	80	39	190	0.62	1	1.8
B_8	中东氧化沥青	103	11	212	0.25	2	1.3
B_9	中东氧化沥青	84	29	187	0.17	1	1.5

续表 4.15

沥青代号	沥青来源	软化点/℃	针入度(25 ℃)/0.1 mm	釜温/℃	蒸发损失/%	薄膜级别①	硬度增加②
R_{12}	中东渣油	63	24	152	0.10	1	1.3
R_{12}	南美渣油	59	42	148	0.16	1	1.4
R_{14}	南美渣油	51	56	135	0.05	0	1.2

注:①保护膜的评价标准:0 级指没有膜生成,5 级指完全被膜包围。

②硬度增加是指加热前后针入度之比。

从表 4.15 中的数据看出,加热蒸发损失所引起的硬度变化不大,不是决定沥青变硬的主要原因。但对于这个问题也不能忽视,特别是氧化沥青由于软化点较高,所需加热的温度高,而且加热稳定性比天然沥青或渣油差,因此更应十分注意。焦油沥青的加热稳定性最差。

2. 沥青的氧化

引起沥青老化的因素很多,其中沥青发生氧化是主要原因。为了说明沥青吸氧氧化,可进行吸氧试验。这是将沥青在薄膜状态下(如 40 μm)置于密闭的容器中,注入氧气,并保持一定的压力和温度,进行氧化。观察沥青吸氧后性质的变化,并测定氧气的体积以确定沥青的吸氧量。

沥青的氧化与温度有直接关系。在一定温度下,沥青各组分与空气中的氧发生作用而被氧化。温度越高,氧与沥青化合留在沥青中越少,而且沥青发生脱氢生成了水和二氧化碳;但当温度较低时,氧化反应较为缓慢,则生成极性含氧基团,所吸收的氧存在于沥青中。吸氧的多少还与沥青的组成有关,如芳香分含量高,吸氧量多;如饱和分含量高,由于饱和分较稳定,不易氧化,吸氧量就少。

在沥青混合料生产过程中,石料与沥青都处于高温状态,这时会引起沥青剧烈地老化。有人曾经做过专门研究证明,沥青在 160~170 ℃高温下以薄膜状态与石料接触,其老化速度几乎相当于沥青路面 19 年的自然老化。因此温度越高,沥青的氧化越剧烈,老化越严重。测定沥青在不同温度下老化后羰基在 1 700 cm⁻¹处吸收系数的变化,可以看出温度对氧化的影响(图 4.22)。

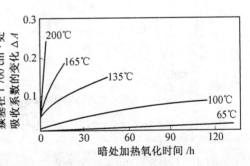

图 4.22　沥青在暗处氧化速度与温度、时间的关系

在自然界,阳光的照射也是沥青老化的重要因素。在光的照射下,沥青的氧化要比在黑暗中快得多。在这种情况下,沥青中的各种组分都能吸收氧而被氧化,当然芳香分氧化的速度更快,吸收的氧更多(表 4.16)。

表 4.16　沥青各组分的吸氧量

组分	20 h 内的吸氧量/($\mu g \cdot g^{-1}$)	
	黑暗	光照
饱和分	0	2.5
芳香分	0	8.8
胶质	1.7	5.0
沥青质	1.4	4.2

（1）沥青在暗处氧化

沥青在不见光的情况下,放在常温空气中就会慢慢老化变硬,虽然这主要发生在沥青的表面,但有时也会扩展到表面以下的深处。为了确定各种因素对沥青在暗处氧化的影响,在实验室内可用薄膜加速氧化法进行比较测定。

将沥青样品作成厚度 40 μm,直径 4 cm 的薄膜,放在不锈钢仪器中,用约 20 MPa 的纯氧在 65 ℃下氧化,并用滑板式微形黏度计测定氧化前后表观黏度的变化。同时,可用红外吸收光谱法测定羰基的变化,如图 4.23 所示。

测定表观黏度时,用一定的荷载将剪切速度恒定到某一数值,例如 10^{-4}/s。这样可保证表现黏度的对数与剪切速度的对数为直线关系。图 4.24 是某沥青的表观黏度与剪切速度的关系。

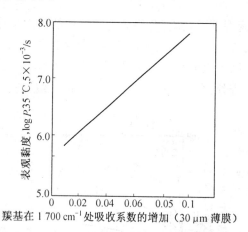

羰基在 1 700 cm^{-1} 处吸收系数的增加（30 μm 薄膜）

图 4.23　表观黏度与 1 700 cm^{-1} 处羰基红外吸收的关系

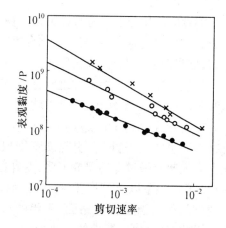

图 4.24　沥青的表观黏度与剪切速率的关系

图 4.23 中直线的斜率称为非牛顿流动指数。若用表观黏度的变化作为沥青硬度的指标时,就必须说明是在某一特定的剪切速率下测定的。氧化后与氧化前表观黏度的比称为老化指数。

表 4.17 是各种类型沥青的抗氧化性。由表 4.17 可看出,在开始氧化时,随着氧化时间的加长,黏度增加很快,焦油沥青及氧化沥青的黏度要比直馏沥青的黏度大得多,而且很快就氧化到无法测定其黏度的程度。所有的沥青当其剪切速率为 10^{-4}/s,表观黏度为 5×10^8 Pa·s 时,都达到断裂状态。这样可找到一个估计任何沥青抗氧化的简便方法,即在剪切速率为 10^{-4}/s 的条件下,测定沥青的三个表观黏度:其中一个为加热后的样品,其

余两个为在氧压下不同氧化时间后的样品。以氧化时间与表观黏度的对数为坐标,此三点的连线与黏度值为 $5×10^8$ Pa·s 的交点,就是当沥青到达断裂时所需的氧化时间,也就是沥青的耐久性指标。表 4.18 是用此法测定的几种沥青的抗氧化性。

表 4.17　各种沥青在氧压下表观黏度的变化

沥青代号		原试样	30 ℃时的黏度/(Pa·s^{-1})					
			氧化时间/d					
			1	2	4	6	10	15
P_1	η	$1.4×10^6$	$1.1×10^7$	$6.0×10^7$	$9.6×10^7$	$1.6×10^8$	F	N
	n	0	0.05	0.09	0.09	0.15		
B_7	η	$1.8×10^7$	$1.8×10^7$	$6.9×10^7$	—	$1.3×10^8$	F	N
	n	0.34	0.34	0.36	—	0.36		
B_{10}	η	$5.8×10^7$	$1.05×10^8$	$1.7×10^8$	F	F	F	F
	n	0.38	0.53	0.55				
R_{12}	η	$4.4×10^6$	—	$8.8×10^7$	$1.6×10^8$	$3.5×10^8$	$4.1×10^8$	F
	n	0.09		0.25	0.28	0.32	0.38	
R_{14}	η	$3.5×10^5$	—	$1.2×10^7$	$4.1×10^7$	$6.6×10^7$	$1.1×10^8$	$1.8×10^8$
	n	0.03		0.14	0.25	0.31	0.31	0.32

注:①η 为表观黏度(Pa·s);n 为非牛顿流体指数;

②F 表示沥青已经变得很硬,当给以剪切力时发生断裂;

③N 表示沥青的黏度太大,无法测定其剪切力。

表 4.18　沥青的抗氧化性

(氧化条件:65 ℃,21 大气压的氧压,剪速 10^{-4}/s 时的黏度为 $5×10^9$ P)

沥青代号	P_1	N_4	B_5	B_8	R_{12}	R_{14}
暗处氧化时的抗氧化性/d	10	23	4	8	17	30
阳光下氧化时的抗氧化性/d	4.5	6.0	2.7	2.7	5.5	6.0

温度对沥青氧化速度的影响可近似地用阿累尼乌斯方程式来说明。油分和胶质氧化的结果都是生成高分子的缩合产物,可以认为氧化生成物均为沥青质。根据阿氏方程式就可以得到

$$V=ke^{-E/RT} \tag{4.30}$$

所以

$$\ln V=\ln k-E/RT \text{ 或 } \ln V=B-A/T \tag{4.31}$$

式中,V 为反应速度;k 为速度常数;E 为活化能;A,B 为均为常数。

用实验方法求得在两个温度下沥青质的生成速度,就可以计算出阿氏方程式中的常数。从而也就可以计算出在其他温度时沥青质的生成速度。表 4.19 是几种不同沥青在 40 ℃、80 ℃、120 ℃及 160 ℃时得到实验数据与用阿氏方程式计算结果的比较(实验条件:40~160 ℃,50 μm 厚,10 h)。

从表 4.19 中可以看到,由计算得到的沥青质含量要比实验结果稍稍偏低,但都非常接近,前两种沥青的活化能很大,介于 $11 \times 10^3 \sim 16 \times 10^3$ kcal/mol,说明它们很稳定,只有在高温时才能进行氧化反应。第3、第4及第5三种沥青的活化能小,在较低的温度下即已开始氧化生成沥青质,这从 40 ℃ 时沥青质的含量比原始沥青中沥青质的增长量中也可看出。

表 4.19　沥青在不同温度时氧化结果与实验结果比较

沥青	沥青质/%									B	E /(kcal· mol^{-1})
	原始沥青	在以下温度作用后									
		40 ℃		80 ℃		120 ℃		160 ℃			
		实验	计算	实验	计算	实验	计算	实验	计算		
1	26.24	25.82	26.28	26.58	—	26.70	27.70	34.26	—	5.40	11 160
2	21.74	20.85	21.74	21.91	—	24.10	23.00	29.39	—	7.70	15 320
3	27.58	29.20	28.90	30.10	—	32.10	31.40	33.04	—	1.40	3 280
4	17.21	20.40	20.00	21.51	—	22.90	23.97	24.40	—	0.98	2 180
5	13.82	16.20	15.02	17.20	—	20.10	19.58	19.87	—	1.05	2 530
6	19.85	20.50	20.02	20.86	—	24.20	23.40	29.43	—	4.66	9 120
7	12.27	—	12.49	14.03	—	15.70	14.58	22.78	—	3.52	6 880

沥青在厚油层的热老化,例如在储罐或油槽车内的情况与薄油层加热老化的情况类似,老化速度也是随着温度的升高而加快,如图 4.25 所示。

沥青在暗处氧化的机理,是由于在原来的沥青中存在着稳定性较大的自由基引发的。这些自由基量不多,但在一定数量光照下会激发出来,引发步骤为:

$$R' + O_2 \longrightarrow ROO'$$
$$ROO' + R_1H \longrightarrow ROOH + R_1'$$
$$ROO' + R_2' \longrightarrow RCHO + R_2O'$$
$$R_2O' + RH \longrightarrow R_2OH + R'$$

R′ 为自由基,本来应比较活泼,存在时间短,此处浓度稳定,引发氧化。

除生成这类含氧化合物外还生成高分子的缩合产物。

(2)沥青的光氧化

在 70 多年前,托赫(Tohe)将硬沥青薄膜放在有颜色的玻璃板下面,用太阳光照射时就发现:在紫色玻璃下面的沥青,其表面损坏得严重;绿色其次;红色玻璃下的沥青几乎没有受到什么损害。但当去掉空气及水分时,就不再发现沥青的表面有损坏的现象。由此他提出了光氧化理论。其后的许多研究都证明,存在着辐射对沥青氧化的促进作用。

当沥青暴露在空气中时,在太阳光的辐射作用下,其氧化速度比在暗处要快得多。图 4.26 是沥青的甲苯溶液在暗处及光照时吸氧速度的比较。例如,当沥青在甲苯中的浓度为 1.25 g/mL 时,在光照下,20 h 的吸氧量为 4 ~ 6 mg,而在暗处吸氧量只有 0 ~ 0.6 mg。但随着沥青浓度的增大,暗处吸氧的速度增长较快,其直线斜率为 1.70;在光照时直线斜率为 0.63,要比在暗处小些。

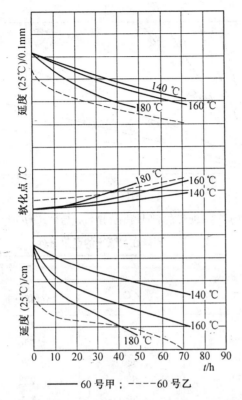

图 4.25 沥青在暗处厚油层加热老化时的变化

—— 60 号甲；- - - - 60 号乙

当沥青以厚油层状态存在时,一般光氧化作用只限于沥青表面约 41 ~ 10 μm 的薄层。光氧化是沥青路面及某些建筑沥青(如屋面黏结剂)变硬的主要原因。表面以下的沥青继续硬化是由于结构破坏后,无直接光照的情况下氧化引起的,但速度要慢得多。

(3)影响光-氧化速度的主要因素

①辐射强度

通过室内外的大量实验工作证明,光的辐射强度是影响光-氧化速度最重要的因素。在实验室内可以用碳弧或氙弧作辐射的光源,一般以用氙弧光源较好,因它更接近自然的太阳光辐射。图 4.27 是软化点为 81 ℃、针入度为 38 的沥青试样作成 35 ~ 40 μm 的薄膜,光源为氙弧用红外吸收光谱的 1 700 cm⁻¹ 测定光-氧化前后羰基吸收系数的变化 ΔA 的情况,也可以用表观黏度的改变来评定其氧化前后的结果。其照射的条件见表 4.20。

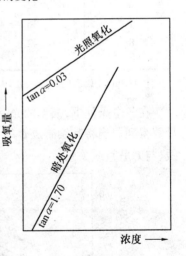

图 4.26 不同浓度的沥青在暗处及光照射时的吸氧速度

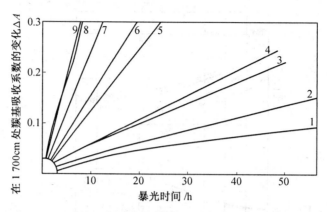

图 4.27　沥青在不同辐射强度氧化后羧基的变化

表 4.20　沥青在氙弧下的照射条件

编号	空气温度 /℃	黑体温度 /℃	相当于太阳的辐射强度	
			Btu/(ft² · h)①	cal/(cm² · min)
1	36	—	100	0.452
2	36	—	156	0.705
3	36	—	196	0.886
4	58	60	228	1.030
5	36	50	270	1.220
6	42	60	299	1.351
7	36	68	368	1.663
8	42	87	390	1.762
9	36	76	426	1.920

注：1 Btu=1 055.056 J；1 cal=4.186 J；1 ft=0.304 8 m。

在各个条件下，沥青的光-氧化速度 $d(\Delta A)/dt$ 都可以从图 4.27 的直线部分的斜率计算得到。当将其绘制成对等当量的太阳辐射强度 I_s 时，就得到图 4.28 所示的关系曲线，与 I_s^3 呈直线关系。

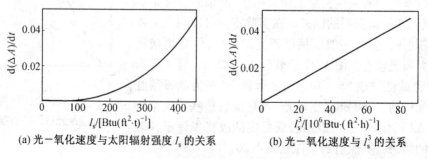

(a) 光-氧化速度与太阳辐射强度 I_s 的关系　　　(b) 光-氧化速度与 I_s^3 的关系

图 4.28　光-氧化速度与太阳辐射强度 I_s 的关系

从图 4.28 和表 4.20 的数据中可以看到，光-氧化的速度将随辐射强度的增加而迅速增大，而与氧化时的温度关系不大。

②温度

表 4.20 的数据表明,空气或黑体本身的温度对光–氧化的速度都没有明显的影响。应注意这里所说的温度是指沥青在使用过程中所经受的较低的温度,一般不超过 80 ℃。诺特尼尔斯用沥青的甲苯溶液进行的氧化研究也得到类似的结论,即温度从 20 ℃ 升高到 60 ℃ 时沥青的氧化速度基本没有变化。

这种现象也是易于理解的,因为在较低的温度时(例如 20～80 ℃),光量子的能量远比热能大得多,这与其他的光化学反应的情况很类似,但在暗处氧化时温度的影响就相当明显。

③沥青的化学组成

沥青中各种组分对氧的作用不同。为了证实这一点,可预先用液固色谱将其分为饱和族、芳香族、胶质和沥青质,然后分别配制成不同浓度的甲苯溶液,在不同的条件下通入氧气令其氧化。发现在暗处 20 h 内,饱和族和芳香族根本没有吸氧,只有胶质和沥青质可以被氧化。因此在暗处,氧分子主要消耗在高分子的缩合程度较高的芳香族化合物方面,如前所述,在这类组分中通常都含有少量的金属及相当稳定的自由基。

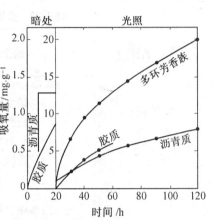

图 4.29　委内瑞拉沥青各组分的吸氧速度

但在光照的条件下,沥青中所有组分都能吸收氧而被氧化。此时芳香族化合物表现得最为活泼(表 4.21 和图 4.29),这与表 4.16 的数据是一致的。

表 4.21　沥青各组分吸氧速度的比较(溶液浓度,1.25 g/50 mL 甲苯)

沥青组分		中东 80/100 沥青				中东 180/200 沥青				委内瑞拉 180/200 沥青			
		饱和族	单环及双环芳香族	多环芳香族	沥青质	饱和族	单环及双环芳香族	多环芳香族	沥青质	饱和族	单环及双环芳香族	多环芳香族	沥青质
20 h 内的吸氧速度/(mg·g⁻¹)	暗处	0	0	0	0.5	0	0	1.7	1.4	0	0	0	0.9
	光照	0	8.1	7.0	2.8	2.5	8.8	5.0	4.2	0	9.6	4.0	3.6

为了进一步了解石油沥青中可能存在的最活泼的化合物对氧的作用,诺特尼尔斯选取了 27 种有代表性的化合物,配成 1.25 g/50 mL 甲苯的溶液,令其在空气中氧化,然后测定 30 ℃ 氧化时的吸氧量。发现在暗处没有一种化合物吸氧,但在光照下都或多或少地吸收氧而被氧化。其中,有几种噻吩及咔唑的衍生物比沥青更易吸氧,纯烷烃、烯烃、没有取代的或有正烷基取代的环烷烃及芳香烃,还有某些苯胺及吡啶的衍生物的吸氧量也极少;其他含有杂原子的化合物如二辛基硫醚 C_8–S–C_8、1-甲基-7-异丙基菲及 1,2,3,4-四氢菲的氧化速度介于上两类化合物之间,而最容易吸氧而被氧化的是那些部分加氢的

多环芳香烃,如5,12-二氢萘,9,10-二氢蒽及苯基[b]-芴,氧化的产物主要是酮醌之类的更加不稳定的物质。

④微量金属

微量金属存在会大大加速沥青的氧化速度。在试验过的各种金属盐类中,以硬脂酸铜最为活泼。在沥青中加入1%(质量分数)的硬脂酸铜可使沥青在暗处的吸氧量提高4倍(均为20 h);钴盐的催化作用稍小,硬脂酸钒及硬脂酸镍对沥青的吸氧量没有明显的影响,铁盐反而稍有抑制氧化的作用。但在光照条件下,金属盐类的催化作用要小些。例如,加入1%的硬脂酸铜只能使吸氧速度比无铜盐时提高约1.2~1.5倍(暗处为4倍)。这些实验结果见表4.22。

表4.22 金属盐类对沥青溶液吸氧量的影响

沥青名称	加入的金属盐	20 h 后的吸氧量/$(mg \cdot g^{-1})$	
		光照	暗处
委内瑞拉 180/200	—	—	0.91
	1%硬脂酸铁	3.49	0.59
	1%硬脂酸铜	6.07	3.34
	1%硬脂酸镍	3.58	1.00
	1%硬脂酸钴	4.26	1.31
	1%钒液	—	0.93
中东 180/200	—	6.5	0.42
	1%硬脂酸铁	5.63	0.32
	1%硬脂酸铜	7.39	2.35
	1%硬脂酸镍	6.01	0.42
	1%硬脂酸钴	6.06	0.44
	1%钒液	—	0.69

应当指出,表4.22的数据虽然很不完全,也不能得到某些规律性的结论,但仍有一定的参考价值。为了提高沥青的某些使用性质,例如为了提高黏结性常常加入不同的金属皂类添加剂,此时就不得不考虑各种金属盐(或皂类)对沥青老化性能的影响。

⑤浸水的影响

沥青在使用过程中经常遇到雨水、地下水等的作用,所以了解水对沥青光-氧化的影响十分重要。表4.23是为浸水时沥青光照氧化后的黏度。

表4.23 浸水时沥青光照氧化后的黏度

沥青代号	65 ℃,原样	65 ℃,浸水 1 h	在强度为 4 500 Btu/ft² 的日光下 1 h	光照并浸水 1 h
P_1	5.5×10^7	3.8×10^7	2.4×10^9	2.4×10^9
	7.9×10^7	8.7×10^7	4.0×10^9	3.4×10^9
N_4	6.6×10^7	4.4×10^7	1.7×10^9	2.8×10^9
	1.3×10^9	1.3×10^9	3.5×10^9	2.5×10^9

续表 4.23

沥青代号	65 ℃，原样	65 ℃，浸水 1 h	在强度为 4 500 Btu/ft^2 的日光下 1 h	光照并浸水 1 h
B$_6$	1.4×10^8	1.3×10^8	断裂	3.0×10^9
	1.4×10^8	1.3×10^8	1.1×10^9	6.3×10^8
B$_7$	9.3×10^7	7.6×10^7	9.2×10^8	8.3×10^8
	2.4×10^8	2.1×10^8	1.4×10^9	1.0×10^9
R$_{12}$	1.4×10^8	1.8×10^8	7.6×10^8	5.8×10^8
	2.5×10^7	1.3×10^7	4.0×10^8	2.9×10^8
R$_{13}$	1.7×10^7	1.7×10^7	3.5×10^8	2.2×10^8

从表 4.23 的数据可以看出，浸水对沥青的硬化没有十分明显的影响。它对沥青光-氧化反应的催化作用不大。

⑥氧化加工时的条件

通常在生产氧化沥青时只考虑工艺条件对当时出厂产品质量的影响，很少考虑氧化条件对沥青耐久性的影响。实际上沥青的耐久性与氧化加工时的条件有着相当密切的关系。表 4.24 是在不同条件下氧化得到软化点为 102～107 ℃的沥青时，各种氧化沥青的耐久性。

表 4.24　氧化条件对沥青耐久性的影响

沥青	氧化条件			软化点 /℃	针入度/0.1 mm			沥青质 /%	耐久性 /d
	时间/min	温度 /℃	气速 /(ft$^3 \cdot$ t^{-1})		0 ℃	25 ℃	46 ℃		
1	390	225	75	104	5	10	22	42.8	53
	300	250	75	106	4	9	17	43.7	44
	225	270	75	107	3	6	12	44.3	41
2	690	225	75	104.4	12	20	34	34.1	85
	562	245	75	103	12	21	34	33.8	87
	295	274	75	104	12	22	32	33.8	75
3	919	225	75	107	9	16	28	41.4	38
	600	244	75	104	11	17	33	40.0	45
	453	274	75	106	10	16	26	41.6	32

从表 4.24 的数据可以看出，提高氧化的温度，沥青的耐久性变差。这可能与生成的沥青质的数量较多有关，而且与沥青原料本身的性质有很大的关系。例如，2 号沥青氧化时生成的沥青质最少，所以耐久性也最好。若氧化温度相同，则空气的流速越大，耐久性越好，见表 4.25。

空气流速对耐久性的影响没有氧化温度那样显著，一般加大气速时，氧化沥青的耐久性稍有提高。

表 4.25 氧化沥青的耐久性与空气流速的关系

沥青	氧化条件		软化点 /℃	针入度/0.1 mm			沥青质 /%	耐久性 /d
	温度 /℃	气速 /(ft³·t⁻¹)		0 ℃	25 ℃	46 ℃		
1	249	38	106	4	8	18	44.7	39
	251	75	106	4	8	18	43.1	44
	248	150	106	4	9	7	44.1	44
2	244	38	104	13	20	35	33.3	80
	245	75	104	12	21	34	33.8	87
	246	150	105	11	19	29	34.6	65
3	245	38	103	11	18	33	40.9	49
	244	75	104	11	17	33	40.0	45
	244	150	104	12	19	36	40.0	56

根据表 4.24 和表 4.25 的数据可以认为,对于每一种原料用氧化的方法生产氧化沥青时,欲使其耐久性较好,都应当有一组最合适的氧化操作条件。在这些氧化操作条件中,氧化时的温度是最重要的,空气的流速对氧化沥青的耐久性没有十分明显的影响,氧化沥青中沥青质的含量虽与耐久性有一些关联,但没有看到两者之间有任何量的关系。

(4)光-氧化的机理

光-氧化反应也可用自由基理论加以说明。但初始自由基的形成与在暗处氧化时的情况不同。根据某些学者的意见,大部分的初始光-氧化反应过程对温度是不敏感的。从观察沥青光-氧化反应生成羰基的速度来看也与温度无关。但是由于氧化产物的生成速度又主要决定于初始反应的速度,所以初始自由基的生成不大可能是由于沥青分子热分解而引发的,更可能的途径是沥青分子吸收辐射能后生成了自由基,其反应如下:

$$R \xrightarrow{h\nu} R'$$

$$R' + O_2 \longrightarrow ROO'$$

氧化过程的速度决定于开始生成初始自由基 R' 的速度,而 R' 的生成又取决于辐射能的强度。一旦生成自由基 R' 后,即可继续进行链反应。但在实际中根据这一理论测定产品的生成速度时,发现与入射光的强度不成正比。这是由于吸收的辐射能随着样品厚度的逐渐变化的缘故。而像沥青这样具有很大吸收系数的物质,通过沥青薄层后辐射能量的变化梯度非常大。

通常可用下面的经验公式计算光-氧化产物的生成速度:

$$dx/dt = \beta I_s^n \tag{4.32}$$

式中,x 为氧化产物的生成量;β、n 为常数。如图 4.29(b)的沥青,可用下式计算:

$$dx/dt = 5.3 \times 10^{10} I_s^3 \tag{4.33}$$

式中,x 是在时间 t(h)内吸收系数 A 的变化,即 ΔA。

该经验公式在实际应用方面非常重要,它可以解释诸如在某一地区的辐射能虽然较其他地区的辐射强度只是稍稍高一些,但却可能使沥青因老化而断裂的速度快得很多的现象。从图4.29(a)可以看出,当辐射能的强度为0.994 cal/(cm² · min)以上时,曲线的斜率迅速增大,从而光-氧化的速度也迅速加大。用此理论可以比较容易地解释,当某两个地区的气候条件相近,但光照略微不同时,所引起沥青老化速度不同的原因。同时,还可以看出,辐射强度为0.994 cal/(cm² · min)附近也正是沥青急剧变化的范围。对沥青的光-氧化来说,阳光入射强度大于或小于0.994 cal/(cm² · min)是一个比其他参数(如年平均或月平均接受日照总辐射能量等)更重要的参数。

3. 其他原因引起的老化

①聚合作用。所谓聚合作用是指性质相近的分子结合成更大更复杂分子的过程,这种聚合硬化常认与沥青路面低温老化、硬化有关。

②自然硬化。沥青处于环境温度下发生自然硬化的过程有时称为物理硬化。这主要是沥青分子的重新定位,蜡质成分缓慢结晶所致。一般沥青的物理硬化是可逆的,一旦温度升高沥青又可以恢复原来的黏度。

③渗流硬化。渗流硬化是指沥青的油分渗透到集料中引起沥青膜硬化的现象。这种作用主要与沥青内烷基烃部分低相对分子质量组分的数量、沥青质的数量与类型有关,主要发生在多孔性集料中。

④沥青虽然是憎水性材料,但在雨水的作用下,沥青中的可溶性物质被冲洗掉,也是引起老化的原因之一。

⑤汽车交通荷载的作用,对沥青老化的影响可以认为是反复荷载的疲劳作用造成了沥青的不可逆的塑性变形,引起了结构的破坏。因此,机械力也是沥青老化的一种因素。

综合以上老化作用过程,都使沥青老化后黏度和沥青混合料强度得以增高,但沥青黏度增高会使路面变脆,其结果是增加路面磨损,降低其形变能力,最终导致沥青混合料路面出现裂缝。有人对沥青从加热拌和、运输、摊铺碾压成型、运营通车整个使用周期的老化指数的变化过程进行了研究,其变化过程如图4.30所示。从图4.30可以看出,沥青在拌和过程中老化最严重,运输、摊铺、碾压等施工过程中老化相对比较轻微,而运营使用过程中老化比较缓

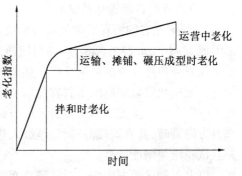

图4.30 沥青使用周期内老化过程示意

慢,但运营时间很长,所以这一过程的老化也是不容忽视的。有研究表明,沥青的老化主要发生在路面使用期的前18个月。老化严重的沥青混合料的水稳性和低温抗裂性差。所以沥青的老化特性是沥青的一个重要品质,采用合适的试验方法评价沥青的老化特性就显得尤为重要。

4.6.4 沥青耐久性的评价方法

1. 根据老化试验评价

在评价沥青的耐老化性时,很难对各种外界因素全部进行实验室的真实模拟,只能进行部分的模拟。研究沥青的耐老化性能,通常的方法是先将沥青试样在室内进行加速热

老化,然后根据老化后试样的性质加以评定。目前实验室内主要考虑加热与空气耦合作用情况下,评价沥青性能质量的变化、各种性能评价指标的变化。目前我国有 3 种试验方法可用于评价沥青的耐老化性能。

(1)沥青蒸发损失试验

沥青蒸发损失试验主要是确定沥青受热后的变化。将沥青试样盛于直径为 55 mm、深为 35 mm 的开口容器中,在 163 ℃烘箱中加热 5 h,然后测定其质量损失、残留物的针入度,计算试样的蒸发损失率(可能为正值,也可能为负值)和残留针入度比。

(2)沥青薄膜加热试验

现行沥青技术标准中作为评定耐老化性能的指标,对于重交通道路沥青为薄膜烘箱(TFO)试验,以试验后的质量损失、针入度比、延度,评定沥青的耐老化性,这是模拟沥青在混合料拌和生产过程中的老化。在有些情况下采用回转薄膜烘箱(RTFOT),烘箱有一垂直的圆形盘子,上面有八只放置试样瓶的孔;盘子可垂直旋转,当试样瓶转到最低位置时,烘箱中的一空气喷嘴就对瓶吹入空气;其老化的程度比薄膜烘箱(TFOT)严重。由于在试验过程中有氧化物的产生,有些沥青在试验后重量甚至会增加。

对于中、轻交通道路沥青,则以 163 ℃,5 h 加热后的质量损失来评定,但在这种情况下沥青不成薄膜状态。

此试验方法比上述蒸发损失试验有较大的改进,沥青与空气的接触面积较大,综合考虑了热与空气的作用。该法主要模拟沥青混合料在加热拌和等施工过程中的热老化现象,并与其有很好的相关性。

(3)沥青旋转薄膜加热试验

将 35 g 左右的沥青试样放入玻璃瓶盛样皿内,沥青加热时将均匀地在盛样皿内侧壁上形成 5 ~ 10 μm 厚的薄膜,且在玻璃瓶的旋转过程中,热沥青薄膜也会有微量的滚动,形成沥青体内外沥青的微量交换。盛沥青试样的玻璃瓶插入旋转薄膜烘箱内的插孔内,加热过程中放置玻璃瓶的垂直转盘以一定速度旋转,玻璃瓶每转到底部均会有喷气嘴向瓶内吹气。烘箱温度为 163 ℃,持续加热时间为 75 min。这种试验条件更为强化,试样在垂直方向旋转,沥青膜较薄;能连续鼓入热空气,以加速老化,使试验时间缩短为 75 min,并且试验结果精度较高。

以上三种试验方法均是对沥青路面由于施工加热导致沥青性能变化的评价,是一种短期老化试验,但沥青在长期使用过程中也会发生老化,评价长期老化的试验方法有以下几种。

①老化指数法

沥青老化后黏度随老化时间的延长而增大,其黏度与时间的关系可用下式表示:

$$\eta = bt^m \tag{4.34}$$

式中,η 为沥青黏度;t 为老化时间;m 为老化指数;b 为回归系数。

如将大庆渣油老化后的黏度与时间按 $\eta = bt^m$ 进行回归,则得以下方程式:

$$\eta = 2.57 \times 10^4 t^{0.4453} \tag{4.35}$$

式(4.35)表示,大庆渣油在 163 ℃的薄膜烘箱中老化,其黏度是随时间 t 按指数 $m = 0.4453$ 而增大的。因此,在某种意义上来说,指数 $m = 0.4453$ 表示该沥青在这种条件下的老化速度。表4.26是几种沥青的初始性质与老化指数。

表4.26 沥青的初始性质与老化指数

沥青材料	针入度/0.1 mm	软化点/℃	延度/cm	复合流动度（25℃）	老化指数
大庆渣油	283	37	4	0.40	0.445 3
回收沥青	121	45.5	25.8	0.54	0.386 9
胜利沥青	61	46	67.8	0.69	0.252 0
胜利沥青	81	46	>100	0.94	0.183 0
胜利沥青	68	51	69.5	0.84	0.194 5
阿尔巴尼亚沥青	46	53	>100	1.00	0.130 3
伊朗沥青60	72	47	>100	0.96	0.161 1

②SHRP压力老化容器法

美国SHRP为模拟沥青路面长期使用过程中的老化,开发了压力老化容器试验法(PAV)。压力老化设备包括一个压力老化容器和一个环境箱。气体的压力由一个清洁、干燥的压缩气体缸提供。环境箱是特殊设计的烘箱,温度可控制在±0.2℃以内。试验时将回转薄膜烘箱试验后的沥青残渣倒入试验盘中,每盘试样质量为50 g,放入压力老化容器中老化20 h,容器中的压力为110 kPa,温度由道路所在地区的气候条件决定,一般地区为90~100℃,沙漠性气候地区为110℃。然后,将经压力老化试验后的沥青结合料再进行沥青的动态剪切流变试验、蠕变试验以及直接拉伸等试验。

③其他试验方法

近年来,石油化工部门开发了新的评价方法,如抚顺石油学院采用反相气液色谱技术,将沥青的甲苯溶液均匀地涂渍在担体上作为固定相,在一定的条件下测定分析苯酚在各种沥青柱上的相对保留时间随吸氧老化时间的变化,分别用差值法、全面积法和老化特性指数法,可较快地评价沥青的耐老化性能。

又如,羰基指数法是根据沥青老化后羰基的增加量来评价。吸氧量法则是根据沥青在相同的老化条件下吸氧量的多少予以评价。此外还有凝胶渗析法,它是根据沥青老化前后相对分子质量分布的峰值扩展值来评价。

2. 根据初始性质评价

现在对于沥青的耐久性都是根据老化试验后的性质评定的,但人们在选择沥青时,往往希望不经过老化试验就能判断沥青耐久性的优劣,也就是说要按初始性质评定其耐久性。这就有必要研究沥青初始性质与其耐久性之间的关系。

根据沥青胶体理论,沥青质是分散体系中的分散相,油分是分散介质,胶质具有使高度聚合的沥青质分散在油分中的能力。当它们的相对含量和性质配伍时,就能形成相对稳定的胶体溶液。沥青老化的结果,改变了组分的相对含量和性质,因而也改变了沥青的胶体性质,与此同时,沥青的黏流性质也发生了变化。

Traxler用六种不同组成的沥青进行试验,并用下式表示为沥青组分的分散系数,即

$$组分分散系数 = (胶质 + 芳香分) / (沥青质 + 饱和分)$$

研究发现,沥青在老化过程中其老化速率与组分分散系数之间有很好的相关性。分散的好的沥青则老化速度较慢;反之,分散不好的沥青则老化速度较快。由此可见,沥青的耐久性与其组分有密切关系。

由于沥青的组分决定了它的黏流性质,因此,可以推断,沥青的耐久性与其黏流性质有密切关系。但是以前一直未能在沥青耐久性与黏流性质之间找到定量的关系。然而,如果将表4.26中的老化指数与复合流动度加以对照,那么,我们不难发现,它们二者之间存在着很好的线性关系,经回归得如下关系式:

$$m = 0.643\ 9 - 0.512\ 9C \tag{4.36}$$

式中,m 为沥青的老化指数;C 为复合流动度(25 ℃)。

该式相关系数 $R = 0.983\ 9$。

J·罗伯姆格等人在没有明显氧化条件下进行了几种沥青的老化实验,测定了它们的老化指数,结果见表4.27。

表 4.27 几种国外沥青的基本性质和老化指数

沥青材料	针入度 /0.1 mm	软化点 /℃	延度 /cm	复合流动度 (25 ℃)	老化指数
克勒肯格直馏沥青	59	46.1	—	1.00	0.017
加州氧化沥青	61	52.8	—	0.95	0.023
得克萨斯氧化沥青	49	72.2	—	0.95	0.183
氧化沥青-1	50	50	>200	1.00	0.02
氧化沥青-2	55	55	164	0.80	0.08
氧化沥青-3	53	65.5	55	0.50	0.21
美国中部氧化沥青	51	51.1	—	0.85	0.073

按上面同样的方法,将表4.27中的老化指数与复合流动度进行回归,则得如下关系式:

$$m = 0.376\ 8 - 0.362\ 8C \tag{4.37}$$

该式的相关系数 $R = 0.992\ 6$。

国内外实验资料证明,在同样的老化条件下,沥青的老化指数 m 与其初始的复合流动度 C 之间确实有着非常密切的线性关系。复合流动度 C 值越大,越接近于1,老化指数 m 就越小,沥青的老化速度就越慢,耐久性也就越好;反之,复合流动度 C 值越小,老化指数 m 就越大,老化速度越快,其耐久性也就越差。因此,利用沥青初始的复合流动度 C 值,就可以评价沥青的耐久性,而不必等到老化试验以后。

需要指出的是,如果将上面老化指数与复合流动度的两个关系式绘在同一张图中(图4.31),那么,它们是各自独立的两条直线,相互之间没有任何联系,这是

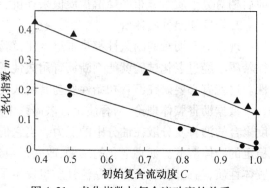

图 4.31 老化指数与复合流动度的关系

因为这两组沥青的老化条件是不同的。

4.6.5 延长沥青耐久性的可能途径

沥青的耐久性与沥青本身组成和外部环境有关。要提高沥青的耐久性,需从以下几个方面考虑:

①选择合适的生产沥青的石油,提高沥青的耐久性。

②改进生产沥青的加工过程,例如采用低温氧化、溶剂抽提或调配优良组分等方法对提高沥青的耐久性可能有一定的效果。但目前这方面研究工作进行得较少。

③既然沥青的老化主要是由氧化作用所引起,人们自然就会想到,加入某些用于石油轻馏分的抗氧化剂来改进沥青的耐久性,但在沥青中使用添加剂以提高其抗老化性的研究还很不成熟,由于沥青组成的复杂性,同一种添加剂对不同来源的沥青往往效果可能完全不同。因此,究竟以用何种添加剂合适,必须针对个别沥青通过试验才能确定,此外经济效果也是重要的考虑因素之一。

4.7 沥青的黏附性

4.7.1 沥青黏附性概述

沥青的黏附性是指沥青与石料之间相互作用所产生的物理吸附和化学吸附的能力,而黏结力则是指沥青本身内部的黏结能力,二者区别不大,有时混。然而黏结性好的沥青一般其黏附能力也强。道路沥青的主要功能之一是作为黏结剂将集料黏结成为一个整体。沥青对石料黏附性的优劣,直接影响沥青路面的使用质量,对沥青路面的强度、水稳性以及耐久性都有很大影响,所以黏附性是评价沥青技术性能的重要指标之一。

在干燥状态下,沥青与石料黏附较容易。但在潮湿状态下,由于水比沥青更容易浸润石料,石料表面的沥青就可能被水所取代,沥青从石料表面剥离下来。当集料失去沥青的黏结作用,路面就出现松散。这就是雨季沥青路面经常出现松散的原因。

沥青与集料的相互作用是一个复杂的物理化学过程。极性组分含量越高的沥青,其黏附性越好;黏性高的沥青,黏附性好。沥青以薄膜形式裹覆在干燥石料表面后,如果遇水,大多数沥青容易被水剥离。沥青裹覆矿料后的抗剥落性(或抗水性)取决于沥青与集料的黏附性,它不仅与沥青的性质有密切关系,而且与矿料性质有关:憎水性集料与亲水性集料相比有更好的抗剥落性能;集料表面粗糙、孔隙适当,且干燥、洁净,将有利于提高其与沥青的黏附性。掺加抗剥离剂可提高沥青与集料间的黏附性。沥青与石料之间的黏附强度与它们之间的吸附作用有密切的关系。沥青与矿料相互作用时,除分子力的作用,即物理吸附外,还有化学作用,即化学吸附,而且后者可较前者强若干倍。沥青是一种低极性有机物质,在沥青组分中沥青酸、沥青酸酐和树脂都具有高的活性,沥青质的活性较树脂低,油分的活性最低。水是极性分子,且有氢键,因此水对矿料的吸附力很强。酸性石料(如石英石)具有亲水性,石油沥青与其黏附时,基本上仅有物理吸附,所以易被水剥离。碱性石料(如石灰石)具有憎水性,石油沥青与其黏附时,除物理吸附外,还产生化学吸附,所以不易被水剥离。

沥青中含有一定数量的阴离子型表面活性物质,即沥青酸和酸酐,这种表面活性物质与石灰岩等碱性岩类接触时,能在它们的界面上产生很强的化学吸附作用,因而黏附力大,黏附得很牢固。当沥青与其他类型的集料(如酸性石料)接触时则不能形成化学吸附,分子间的作用只是范德华力的物理吸附,而水对石料的吸附力很强,所以极易被水剥落。

由石蜡基和中间基原油加工提炼的沥青与矿料的黏附力,不如由环烷基原油加工提炼的好。由同一基属的原油加工提炼的沥青,如果其稠度不同,对矿料的黏附力也有所不同。同一品种的沥青对不同品种矿料的黏附力也有差别,表4.28是同品种不同稠度的沥青与花岗岩碎石黏附力的试验结果。结果表明,同一品种的氧化沥青,其稠度越大,与矿料的黏附力越好。

表4.28 不同稠度的沥青与矿料的黏附力

大庆氧化沥青针入度/0.1 mm	矿料	剥离度/%	大庆氧化沥青针入度/0.1 mm	矿料	剥离度/%
240		26.32	70		11.22
108	花岗石	27.55	55	花岗石	6.68
85		25.69	47		5.44

不同品种沥青与同一种岩石的黏附性也有明显差别。七种沥青与七种岩石的黏附性试验结果见表4.29,试验采用80 ℃浸水法。

表4.29的结果表明:石灰岩与各种沥青的黏附性能好,黏附性等级为4级和5级;其次为安山岩,它与各种沥青(仅指试验所用沥青)的黏附性能属于4级;玄武岩与表中沥青的黏附性可属4级和3级;与沥青的黏附性最差的是石英岩和花岗岩。

表4.29 沥青与矿料黏附性试验结果(剥落百分数)

沥青	花岗岩	片麻岩	玄武岩	安山岩	砂岩	石英岩	石灰岩
克拉玛依	50	15	20	15	25	80	5
欢喜岭	55	20	30	10	30	70	5
辽河	65	20	25	15	10	55	5
兰炼	65	45	20	15	50	70	10
茂名	55	35	20	10	30	55	15
单家寺	60	20	15	15	10	60	5
胜利	70	70	35	20	35	80	15

4.7.2 黏附理论

1. 界面理论

液体要黏附在固体表面,完全浸润是形成高黏结强度的必要条件。液体对固体的浸润有如图4.32所示的三种情况:

①液体具有浸润固体表面并扩展到整个表面的倾向(图4.32(a));

②液体浸润固体表面并有一定的扩展(图 4.32(b));
③液体有离开固体自我收缩的倾向,液体不能润湿固体表面(图 4.32(c))。

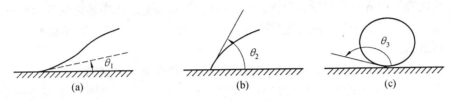

图 4.32　液体对固体的浸润

　　根据经典的润湿理论,当石料表面处于潮湿状态时,沥青要能黏附在石料表面,可应用沥青-石料-水三相体系平衡来描述。

　　设石料 – 沥青的界面张力为 γ_{sb},石料 – 水的界面张力为 γ_{sw},沥青 – 水的界面为 γ_{bw}。对于石料表面的某一平面处(图 4.33),当沥青将要被水取代,沥青在石料表面成球状接触时,三种界面张力处于平衡状态,即

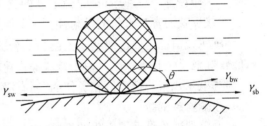

图 4.33　石料表面沥青被水剥离

$$\gamma_{sb} + \gamma_{bw}\cos\theta - \gamma_{sw} = 0 \quad (4.38)$$
$$\cos\theta = (\gamma_{sw} - \gamma_{sb})/\gamma_{bw} \quad (4.39)$$

　　在通常情况下,$\gamma_{sw} > \gamma_{sb}$,$\theta < 90°$,这表明石料表面的沥青将要被水剥离。为了改善沥青与石料的黏附能力,应改善沥青与石料的浸润性,使 $\theta < 90°$。研究表明,在沥青中掺入某些化学添加剂,可以使 γ_{sb} 和 θ 改变。例如,将阳离子表面活性剂加入沥青中,沥青就会被强力地吸附在石料表面,而使接触角 θ 随之减小,而沥青与水之间的界面张力也随之减小,这样,沥青取代水而能黏附在石料表面。

2. 酸碱理论

　　沥青是一种弱极性物质,其极性的强弱与沥青中的表面活性物质,如沥青酸和沥青酸酐的含量有关。当沥青与酸性石料接触时,沥青中的酸性物质不能与酸性石料(如花岗岩、石英岩)发生化学反应,只能产生分子间力的作用,即物理吸附,故黏附性不强。当与碱性石料接触时,则可以发生化学反应,而产生一种不溶于水的化合物,形成化学吸附;化学吸附作用力强于物理吸附力,故黏附力强。

4.7.3　沥青黏附性的评定方法

　　评价沥青黏附性,一种是评价沥青与集料黏附性,另一种是采用沥青混合料水稳性试验来评价沥青的黏附性。

　　沥青与集料黏附性试验,对最大粒径大于 13.2 mm 的集料采用水煮法;小于或等于 13.2 mm 的集料采用水浸法。评价沥青混合料水稳性的试验有浸水马歇尔试验、冻融劈裂试验、浸水轮辙试验。

1. 水煮法

水煮法是用 13.2~19 mm 的碎石,经 150 ℃左右的沥青所浸润,取出冷却后在沸水

中煮 3 min,观察碎石表面沥青膜被水移动剥落的程度,分五个等级评定其黏附性。

水煮法的试验方法简单,操作方便,观察碎石表面沥青被沸水剥落的情况比较直观,可以较快地确定沥青对石料的黏附性,因而目前无论在研究工作中还是在工程实践中,使用都比较广泛。但由于该方法评定结果受到人为因素的影响,带有一定的经验性。

2. 浸水试验

浸水法是采用 9.5～13.2 mm 的碎石,用沥青拌和成混合料,待冷却后在 80 ℃ 的水中浸泡 30 min,再放入冷水中,观察集料与沥青的剥离情况,由剥离面积的 百分率来评定黏附等级。

3. 浸水马歇尔试验

浸水马歇尔试验法是用马歇尔试件在 60 ℃ 水中浸泡 48 h 后的稳定度,与相同试件在 60 ℃ 水中浸泡 30～40 min 的稳定度的比值(残留稳定度)来表示沥青混合料的水稳性,它间接反映沥青与石料的黏附性。

马歇尔残留稳定度法对密实型沥青混合料不太敏感,对空隙较大的开级配沥青混合料,能较好地反映其水稳性。由于该法操作比较方便,故实际应用较多。

与马歇尔残留稳定度法相类似的,还有浸水抗压强度比、真空饱水抗压强度比等。

4. 冻融劈裂试验

冻融劈裂试验是采用简化的洛特曼(Lottman)试验,用两面击实 50 次的马歇尔试件(试件的空隙率达 7%～8%)在常温水中浸泡 20 min,再在-18 ℃ 冰箱中冷冻 16 h,然后在 60 ℃ 水浴中放置 24 h,完成一次冻融循环。又在 25 ℃ 水中浸泡 2 h 后测试其劈裂强度,将此强度与未经冻融循环试件的劈裂强度相比,求出劈裂强度比,以此指标作为沥青混合料的水稳性指标。

5. 浸水轮辙试验

浸水轮辙试验是模拟沥青路面受到交通影响的试验方法。它是将三个实心橡胶轮在三只沥青混合料试样上以 25 Hz 的频率往复移动,在每个轮上加载使试件受到约 25 kg 荷载,试样在水浴中保持水平状态,使水面恰好掩盖试样表面,水浴温度为 40 ℃。以出现破坏所需时间为度量剥落的标准。事实证明,拥挤交通道路的剥落损坏和相同材料的浸水车辙试验的效果之间存在很好的对应关系。

4.7.4 影响沥青与集料黏附性的因素

沥青与石料的黏附过程是一个复杂的物理、化学过程。黏附力的产生不仅与沥青本身的性质有关,而且与石料的性质、表面结构及状态有关,还与沥青混合料拌制工艺的条件有关。

1. 沥青性质

沥青中所含的表面活性物质(如沥青酸、酸酐),其含量的多少将影响沥青的黏附性。沥青中的这些活性物质实际上是一些阴离子表面活性物质。这些活性物质的含量以酸值表示。酸值大于 0.7 μg KOH 的沥青为活性沥青,这种沥青对碱性岩石的干燥表面有良好的黏附性,但与酸性石料却黏附不好;酸值小于 0.7 μg KOH 的非活性沥青,与大多数石料的表面都不能形成牢固的黏附,容易被水所剥落。

沥青温度的高低影响沥青的黏附性。当沥青的温度升高时,沥青的黏度降低,流动度增大,便于沥青在石料表面自由地展开,促进浸润,提高沥青与石料的黏附性。

2. 集料性质

集料是由岩石加工形成的,不同岩石是由不同的矿物组成的。每种矿物都有其特有的化学特性和晶体结构。岩石按成因分类有岩浆岩、沉积岩和变质岩。岩石按 SiO_2 的含量分为酸性、碱性和中性。若 SiO_2 含量大于 65% 为酸性石料;SiO_2 含量小于 52% 为碱性石料;SiO_2 含量在 52% ~65% 范围内为中性石料。表4.30 列出各种岩石 SiO_2 的含量与酸碱性质。

表 4.30　岩石的酸碱性

岩石类别	岩石名称	SiO_2 含量/%	酸碱性质
火成岩	花岗岩	68.3	酸性
	正长岩	64.7	中性
	流纹岩	74.3	酸性
	安山岩	61.4	中性
	玄武岩	51.7	碱性
	辉绿岩	48.9	碱性
沉积岩	砂岩	76.1	酸性
	石灰岩	3.8	碱性
	白云岩	0.1	碱性
	页岩	53.3	中性
变质岩	石英岩	74.2	酸性
	片麻岩	70.2	酸性
	片岩	59.3	中性
	板岩	61.6	中性

根据酸碱理论,沥青与碱性石料之间有良好的黏附性,而与酸性石料则黏附性不好,易在水的作用下剥落。

由于确定岩石的酸碱性必须分析其矿料的矿物成分,一般比较困难,而矿物又难溶于水,不能像测定易溶物那样,通过测定水溶液的 pH 值来确定其酸碱值,因此,目前还没有一种比较简便的方法来测定矿料的酸碱性。为了相对比较矿物的酸碱性的强弱,西安公路交通大学采用一种相对比较的方法,即用碳酸钙(分析纯)作为标准,其他石料的酸碱性强弱都与碳酸钙比较。具体做法是先将一定粒径的石料在一定浓度的酸中进行浸泡,然后测定溶液中消耗的 H^+ 浓度,与相同条件下碳酸钙所消耗的 H^+ 浓度作比较,按下式计算该矿料的碱值:

$$碱值 = 岩石消耗 H^+ 的浓度/碳酸钙消耗 H^+ 的浓度$$

按以上方法测试石灰岩、片麻岩、花岗岩的碱值,其结果见表4.31。碱值越大,沥青混合料抗水害能力越强,一般碱值应大于0.80,否则,应采取抗剥离措施。

表4.31　岩石碱值

岩石	石灰岩	片麻岩	花岗岩
碱值	0.97	0.62	0.57

3. 集料的表面状态

光滑的集料表面(如河卵石、砾石),沥青易于浸润,但当遇水后却容易脱落,黏结不牢。集料表面粗糙,形成凹凸不平的表面,不仅增加了表面积,使集料增多了与沥青接触的机会,而且沥青能嵌入凹穴之中,固化后形成牢固的机械嵌锁力,使沥青与集料牢固黏结。

集料表面的清洁程度对沥青的黏附也有很大影响,如集料表面裹覆黏土,将阻隔沥青与石料的接触,影响沥青的浸润。

4.7.5　沥青黏附性的改善方法

改善沥青与矿料颗粒表面的黏附力,能大大增加沥青混凝土面层的抗剥离性能,并扩大可使用矿料的品种。

1. 活化集料表面

在拌制沥青混合料时添加消石灰粉或水泥:常采用水泥、石灰、镍含量很高的碱性材料预处理集料的表面,使其碱性化,或者在沥青中掺入一定剂量的这类碱性材料。用消石灰粉或水泥取代部分矿粉拌制沥青混合料,能有效地提高其水稳性,但一般添加的剂量不超过矿粉总量的40%。

花岗岩碎石属于酸性石料,与沥青的黏附性比较差,黏附等级为2级,经过这些材料预处理后,其水煮法黏附性等级可以提高到4级。

沥青中加入石灰可以提高软化点和黏度(表4.32),减小针入度,有利于改善沥青与矿料之间的黏结,提高抗老化性能和低温下的抗裂性。间接抗拉强度试验结果(图4.34),石灰剂量1%~2%比较合适,且石灰应先与沥青拌和,然后与集料拌和成沥青混合料。

表4.32　石灰对改进沥青黏附性的效果

沥青种类	石灰剂量/%	针入度/0.1 mm	软化点/℃	延度/cm	黏度/(Pa·s)	
					60 ℃	135 ℃
40/50	0.0	44.8	52	118.0	572	0.645
	0.5	40.8	54	78.0	624	0.745
	1.0	36.0	54	61.0	902	1.056
	2.0	33.2	54	55.5	1 610	2.340
85/100	0.0	91.5	46	160.0	133	0.316
	0.5	88.1	47	90.5	161	0.386
	1.0	68.9	47	46.0	232	0.505
	2.0	47.6	47	37.0	548	1.120

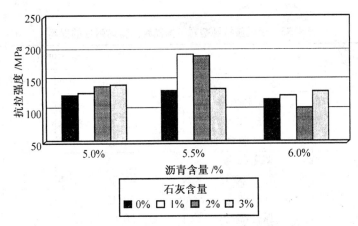

图 4.34　25 ℃时沥青混合料间接抗拉强度

由于石灰一般采用消石灰粉,掺入沥青后虽有沥青的包裹作用,但是,随着时间的延长,在水分和空气的综合作用下,石灰将转变为碳酸钙,出现体积膨胀,导致沥青路面出现其他质量问题。因此,采用石灰或水泥作为添加料时,一般应进行长期性能试验。

2. 在沥青中掺加抗剥剂

在沥青或沥青混合料中掺加的抗剥剂也是一种表面活性物质,它能降低沥青-矿料的界面张力,提高沥青与矿料的黏附性,从而达到抗剥离的效果。由于沥青大多与酸性石料黏附性不好,故常在沥青中添加阳离子表面活性剂。典型的阳离子表面活性剂有烷基胺、季铵盐、酰胺、环氧乙烷二胺等。但有些胺类的表面活性剂在高温下会分解失效,故选择表面活性剂时应注意它的耐热性。为此,近来有些学者采取对掺加抗剥落剂的沥青进行热老化试验后,再来评价抗剥落剂的效果。国内现已开发了几种抗剥落剂,可供选择使用。同济大学严家伋教授曾用二聚植物油脂肪酸与多乙烯多胺聚合的聚酰胺聚合物为抗剥落剂做了多种试验。在胜利油-60 甲中掺加 0.09% 这种聚酰胺后,使花岗岩碎石的黏附性得到很大改善,用分光光度法测定的剥离度从原先的 19.17% 降到 8.50% 。试验表明,抗剥剂用量从 0.03%(沥青用量的百分数)增加到 0.09%,沥青混合料的剥落度随之降低;但抗剥剂用量达 0.3% 时,剥落度又有所增加。所以抗剥剂有一个最佳用量。表 4.33 是用 0.09% 聚酰胺加入不同品种沥青中的试验结果,它显示了该抗剥剂对不同品种沥青黏性不同程度的提高。

按照化学性质,表面活性物质分离子型和非离子型两种。离子型表面活性物质又分成两类,即阴离子型和阳离子型。

为了改善沥青与碳酸盐类岩石和碱性岩石(如石灰岩、白云岩、玄武岩、安山岩、辉绿石等)的黏附性,要使用阴离子活性的表面活性物质。为了改善沥青与酸性和超酸性岩石(如石英岩、花岗岩、正长岩等)的黏附性要使用阳离子活性的表面活性物质。

阴离子表面活性剂的代表是高羧酸、高羧酸的重金属盐和碱土金属盐(硬脂酸钠是其中一个典型)。阳离子表面活性剂的代表是高脂属胺盐和季铵盐。

近年来,我国已经研制了许多高分子沥青抗剥落剂,它们抗剥落的初期效果良好,使用方便。但其长期效果如何仍是当前国内外道路工作者所关心的问题。

表4.33 聚酰胺抗剥剂对不同品种沥青黏附性的提高

沥青品种		剥离度/%	
		未加抗剥剂	加抗剥剂
大庆沥青	半氧化60号	27.74	14.68
	丙脱60号	51.74	14.68
	丙丁脱60	61.26	14.95
华北沥青	调配60号	47.56	18.73
	调配100号	47.56	13.60
胜利沥青	胜利60号	39.45	14.95
	孤岛60号	20.09	13.78
	胜利140号	75.58	17.38
外油沥青	外油60号	14.68	13.78

3. 选择碱性石料

根据工程性质可分别选用石灰岩、玄武岩、辉绿岩等碱性岩石破碎的石料作为沥青混合料的集料。

4. 保证石料表面的清洁度

清洁的石料表面有利于与沥青的浸润,而形成良好的黏结。如石料表面沾有泥土,沥青裹覆在泥土表面,当遇水侵蚀,沥青就容易被剥离下来。石料在破碎之前应予以清洗,并在运输中注意不被污染。

4.8 沥青的其他性质

4.8.1 沥青的安全性

沥青材料在使用时必须加热,当加热至一定温度时,沥青材料中挥发的油分蒸气与周围空气组成混合气体,此混合气体遇火焰则发生闪火。若继续加热,油分蒸气的饱和度增加,由于此种蒸气与空气组成的混合气体遇火焰极易燃烧,从而引起溶油车间发生火灾或导致沥青烧坏的损失,为此,必须测定沥青加热闪火和燃烧的温度,即闪点和燃点。

黏稠石油沥青、煤沥青用克利夫兰开口杯法测定闪点和燃点,液体石油沥青用泰格式开口杯法测定其闪点。克利夫兰开口杯法是将沥青试样注入试样杯中,按规定的升温速度加热试样,用规定的方法使点火器的试焰与试样受热时所蒸发的气体接触,初次发生一瞬即灭的蓝色火焰时的试样温度为闪点,试样继续加热时,蒸气接触火焰能持续燃烧时间不少于5 s时的试样温度为燃点。克利夫兰开口杯式闪点仪如图4.35所示。

4.8.2 溶解度

溶解度是指沥青在有机溶剂(三氯乙烯、四氯化碳、苯等)中可溶物的百分含量。溶解度可以反映沥青中起黏结作用的有效成分的含量。

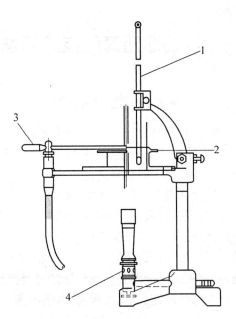

图 4.35　克利夫兰开口杯式闪点仪
1—温度计；2—标准杯；3—点火器；4—加热器

4.8.3 蜡含量

在低温，蜡结晶体使沥青的脆性增大，导致沥青的低温性和黏性降低，使沥青变硬变脆，使得沥青路面低温抗裂性能降低，出现裂缝。在较高温度下，蜡融化（融化的温度50 ℃），使沥青的黏度降低，使沥青发软，导致沥青路面的高温性能降低，出现车辙等病害。蜡的相态变化使沥青具有较高的温度敏感性，另外蜡的存在会降低沥青对石料界面的黏附性，在有水的情况下，会使沥青产生剥落，造成路面破坏。

蜡的存在，使沥青路面的抗滑性严重降低，影响行车安全。所以蜡对沥青和沥青混合料的性能没有好的影响，可以说是一种有害成分。

一些欧洲国家的沥青标准中对蜡含量没有提出控制要求，甚至一些学者研究得出结论认为蜡含量对沥青性能没有影响。这是由于欧洲的沥青多为环烷基属，本身含蜡量很低，在它们的含蜡量范围内，蜡含量的变化确实对沥青性能不起明显作用，但我国多为石蜡基沥青，有时蜡含量高达 10% 以上，在这个范围内蜡含量的变化肯定会对沥青性能带来很大影响。因此，在借鉴国外技术和标准时，一定要结合我国国情。

4.8.4 其他性能

其他性能如沥青含水量，沥青灰分，沥青弹性恢复，沥青蒸发损失、蒸发残留物，煤沥青酚含量、萘含量、甲苯不溶物含量，乳化沥青存储稳定性、蒸发残留物含量，聚合物改性沥青离析性能等，读者可参考国家相关标准和专业书籍。

4.9 石油沥青的技术标准

4.9.1 沥青材料的分级体系和分级技术指标

沥青材料在近代广泛作为路用胶结料已经有上百年的历史,在长期的使用过程中,人们拟订了一套检验和评价沥青性能的技术指标,并且纳入了世界许多国家的技术规范中。虽然各国规范中的指标有所不同,但大同小异。这些指标主要有:针入度、软化点、延度、闪点、溶解度、薄膜烘箱试验(针入度比、质量损失、延度)、含蜡量、相对密度等。这些指标与沥青的实际路用性能没有直接联系,人们需要根据经验来判断沥青材料的性能。由于主要是按针入度将沥青分级的,故这些指标又称为针入度分级指标。

针入度分级有许多局限性,在25 ℃温度下,针入度相同的两种沥青,其黏度(或稠度)往往会有很大的差别,而黏度是表征沥青黏结性能的重要指标,它反映沥青在中温和高温下的力学性质,它比针入度指标进了一步,所以,有些国家用黏度指标对沥青进行分级。

随着道路工程技术人员对沥青性质的进一步认识和沥青在沥青路面混合料中所起的作用,出现了以沥青材料的路用性能为标准的路用性能分级体系。1987 年,美国国会通过了一项重大公路科研项目,即公路战略研究计划(Strategic Highway Research Program,SHRP)。其中耗资 5000 万美元用于沥青和沥青混合料的研究,目的在于建立沥青的技术指标与野外路面性能的联系。该研究历时五年,最终提出了以沥青性能为依据的沥青规范,也就是性能分级沥青结合料规范,它不仅适用于普通沥青,而且适用于改性沥青。

1. 针入度分级技术指标

以针入度对沥青分级首先是由美国联邦公路局于1913 年提出的,列出了适用于不同气候条件与用途的各种针入度等级。1931 年美国各州公路工作者协会(AASHO)发表了按针入度分级的沥青结合料标准规范。因为沥青针入度仪设备简单、测试简便、试验时间短等,以沥青材料的针入度进行分级为世界各国所接受,目前大多数国家仍采用针入度分级体系,其技术指标如下。

(1)针入度

针入度是在规定温度、附加荷重和荷重作用时间的条件下,标准针贯入沥青中的深度,以 0.1 mm 表示。通常如不特别注明,则温度为25 ℃,附加荷重为(100±0.1)g,针贯入时间为5 s,但有时也可以改变温度、荷重或贯入时间。针入度用以划分沥青的标号。针入度越小,表示沥青的稠度越大;反之,则越小。

(2)软化点

沥青是非晶体物质,无确定的熔点。软化点是沥青在规定尺寸的铜环内,其上放置一规定质量(3.5±0.05)g 的钢球,以 5 ℃/min 的升温速度加热,沥青软化,钢球从沥青试样中沉落至规定的距离的底板时的温度,以 ℃表示。

软化点实质上反映沥青的黏度,与沥青的标号有关,是一种条件黏度,即是在等黏度条件下以温度表示的一种黏度。软化点反映沥青的温度敏感度,一般认为,软化点高,则其等黏温度也高,温度稳定性好,或者说热稳定性好。

(3)延度

延度是沥青在一定温度下,按一定速度拉伸至沥青断裂时的长度,以 cm 记。通常试验温度为 25 ℃,15 ℃,拉伸速度为 5 cm/min。

延度反映沥青的柔韧性,延度越大,沥青的柔韧性越好。如在低温下延度越大,则沥青的抗裂性越好。沥青延度与其黏度、组分有密切关系。一般来说,延度大的沥青含蜡量低,黏结性和耐久性都好;反之,含蜡量大,延度小,黏结性和耐久性也差。因此,延度是表征沥青性质的重要指标。

(4)溶解度

沥青在溶剂中的溶解度表明沥青中起黏结作用的有效成分的含量。通常采用的溶剂有三氯乙烯、苯等。

(5)闪火点

沥青在加热过程中,其挥发油分与空气混合气体在高温下极易发生闪火,闪火时的温度为闪火点。闪火点与沥青中轻质油分的含量有关。为保证施工安全,需要了解沥青材料的闪火温度。

(6)薄膜烘箱试验

沥青混合料生产过程中,沥青要加热,尤其在生产沥青混合料时,沥青薄膜状态与热集料接触,沥青发生明显的老化。故室内模拟这一老化过程采用薄膜烘箱试验,即先将沥青放在盘中形成 32 mm 厚的薄层,然后在 163 ℃的烘箱中烘 5 h,根据加热前后试样的质量变化,测定其质量损失率,以表示其轻质油分挥发的数量,同时,测定针入度、软化点、延度等指标,比较薄膜烘箱试验前后性质的变化,以表征沥青的耐老化性能。

(7)含蜡量

测定含蜡量的方法有蒸馏法、吸附法、磺化法等,不同方法所测的含蜡量有所差别。含蜡量的多少对沥青性质有很大影响。

(8)脆点

将一定数量的沥青涂于金属片上,在规定的降温速率下使金属片弯曲,当沥青膜出现裂缝时的温度即为脆点。该试验方法是由费拉斯(Frass)提出,故称为费拉斯脆点。脆点指标反映沥青材料的低温性能。

2. 沥青黏度分级的技术指标与标准

(1)黏度分级标准

沥青用黏度分级,其指标即为黏度。20 世纪 60 年代初期,美国一些州提出采用沥青的 60 ℃黏度进行分级。其主要目的是用科学合理的黏度试验取代经验性的针入度试验,同时以夏天沥青路面表面最高温度作为测试沥青稠度的试验温度,提出适用于不同气候条件与用途的不同黏度等级。美国各州公路与运输工作者协会(AASHTO)、美国试验与材料协会(ASTM)都有自己的沥青技术标准。表 4.34,表 4.35,表 4.36 是美国 AASHTO 黏度分级的黏稠沥青的技术标准。使用哪种标准由买方指定,在买方未定的情况下,按表 4.34 执行。

表 4.34　美国 AASHTO 以 60 ℃黏度分级的黏稠沥青标准 1(以原始沥青为基准分级)

试验项目		黏度等级				
		AC-2.5	AC-5	AC-10	AC-20	AC-40
动力黏度(60 ℃)/(Pa·s)	≥	250±50	500±100	1 000±200	2 000±400	4 000±800
运动黏度(135 ℃)/cSt	≥	80	110	150	210	300
针入度(25 ℃,100 g,5 s)/0.1 mm	≥	200	120	70	40	20
闪点(克利夫兰开口杯)/℃	≥	163	177	219	232	232
溶解度(三氯乙烯)/%	≥	99.0	99.0	99.0	99.0	99.0
薄膜烘箱试验残渣试验						
动力黏度(60 ℃)/(Pa·s)	≯	100	2 000	4 000	8 000	16 000
延度(25 ℃,5 cm/min)[1]/cm	≯	100	100	50	20	10
斑点试验[2]						
标准石脑油溶剂		各级均阴性				
石脑油-二甲苯溶剂,二甲苯		各级均阴性				
庚烷-二甲苯溶剂,二甲苯		各级均阴性				

注:①1 cSt=10^{-6} m^2/s;

②如果 25 ℃延度小于 100 cm,而 15 ℃延度大于 100 cm,则也认为合格;

③斑点试验属选择项目,当需要实验时,应指明在测定时是使用标准石脑油溶剂还是庚烷-二甲苯溶剂;当使用二甲苯溶剂时,应指明二甲苯的百分含量。

表 4.35　美国 AASEHO 以 60 ℃黏度分级的黏稠沥青标准 2(以原始沥青为基准分级)

试验项目		黏度等级					
		AC-2.5	AC-5	AC-10	AC-20	AC-20	AC-40
动力黏度(60 ℃)/(Pa·s)	≮	250±50	500±100	1 000±200	2 000±400	3 000±600	4 000±800
运动黏度(135 ℃)/cSt[1]	≮	125	175	250	300	350	400
针入度(25 ℃,100 g,5 s)/0.1 mm	≮	200	120	70	40	50	20
闪点(克利夫兰开口杯)/℃	≮	163	177	219	232	232	232
溶解度(三氯乙烯)/%	≮	99.0	99.0	99.0	99.0	99.0	99.0
薄膜烘箱试验残渣试验							
加热损失/%	≯	—	1.0	0.5	0.5	0.5	0.5
动力黏度(60 ℃)/Pa·s	≯	1 250	2 500	5 000	10 000	15 000	20 000
延度(25 ℃,5 cm/min)[2]/cm	≯	100	100	75	50	40	25
斑点试验[2]							
标准石脑油溶剂		各级均阴性					
石脑油-二甲苯溶剂,二甲苯		各级均阴性					
庚烷-二甲苯溶剂,二甲苯		各级均阴性					

注:①1 cSt=10^{-6} m^2/s;

②如果 25 ℃延度小于 100 cm,而 15 ℃延度大于 100 cm,则也认为合格;

③斑点试验属选择项目,当需要实验时,应指明在测定时是使用标准石脑油溶剂还是庚烷-二甲苯溶剂;当使用二甲苯溶剂时,应指明二甲苯的百分含量。

黏度是沥青的基本特性,通常要求测试路面平均服务温度25 ℃时的针入度,一般沥青路面面层经受的最高温度(60 ℃)黏度和施工温度的黏度,据此可判断沥青在较宽温度范围的性质。该黏度试验系统相比于针入度分级具有一定的科学性与合理性,但是该黏度试验系统价格昂贵,试验时间较长,推广受到限制。在美国西部的一些州也有采用旋转薄膜烘箱(RTFO)试验老化残留物(AR)黏度分级(表4.36)。

表4.36 60 ℃黏度分级的黏稠沥青标准(以薄膜烘箱试验残渣为基准分级)

AASHTOT240 试验后残渣试验[①]		黏度等级				
		AR-10	AR-20	AR-40	AR-80	AR-160
动力黏度(60 ℃)/(Pa·s)		1000±250	2000±500	4000±1000	8000±2000	16000±4000
运动黏度(135 ℃)/cSt[②]	≮	140	200	275	400	550
针入度(25 ℃,100 g,5 s)/0.1 mm	≮	65	40	25	20	20
占原始沥青针入度的百分数(25 ℃)/%	≮	—	40	45	50	52
延度(25 ℃,5 cm/min)[③]/cm	≮	100	100	75	75	75
原始沥青试验						
闪点(克利夫兰开口杯)/℃	≮	205	219	227	232	238
溶解度(三氯乙烯)/%	≮	99.0	99.0	99.0	99.0	99.0

注:①可以采用 AASHTOT179(薄膜烘箱试验),但应以 AASHTOT240 作为仲裁方法;
　　②1 cSt = 10^{-5} m^2/s;
　　③如果25 ℃延度小于100 cm,而15 ℃延度大于100 cm,则也认为合格。

日本为防止车辙,制订了以60 ℃黏度分级的半氧化沥青的技术标准(表4.37)。

表4.37　日本重交通沥青质量标准

项　　目	AC-80	AC-140
黏度(60 ℃)/P	8 000±2 000	14 000±4 000
黏度(180 ℃)/P	200 以下	200 以下
针入度(25 ℃)/0.1 mm	40 以上	40 以上
闪点/℃	260 以上	260 以上
溶解度/(三氯甲烷)/%	99 以上	99 以上
密度/(g·cm^{-3})	1.000 以上	1.000 以上
薄膜烘箱质量变化/%	0.6 以内	0.6 以内

(2)世界各国沥青黏度分级标准的汇总

各国的沥青的技术要求不尽相同,不仅在技术指标种类上,还是在同一技术指标上也有所差别。

目前世界各国对于道路石油沥青都有自己的标准,如欧洲共同体的欧洲标准化组织CEN(Committee Euiopean de Normalization)沥青标准,德国沥青标准,加拿大沥青标准,英荷皇家壳牌石油公司中央研究所(KSLA)于1989年提出的沥青质量控制体系九面图,称为 QUALAGON,即壳牌石油沥青标准,等等。除了个别国家采用了一些特殊的指标外,基本上没有太大的差别。但是由于各国的具体情况不同,尤其是采用的原油不同,沥青厂的生产水平不同,以及长期以来的习惯不同,各相关指标略有差别。一些代表性国家的现行道路石油沥青标准指标见表4.38。

表4.38 一些主要国家现行道路石油沥青标准指标

指标	中国	阿根廷	澳大利亚	奥地利	比利时	加拿大	丹麦	芬兰	法国	德国	英国	意大利	马来西亚	日本	荷兰	新西兰	挪威	南非	西班牙	瑞典	瑞士	泰国	美国1	美国2	前苏联
1. 针入度	★	★	★	★	★	★	★	★	★	★	★	★	★	★	★	★	★	★	★	★	★	★	★	★	★
2. 软化点	★			★	★			★	★	★	★	★	★	★		★			★	★	★				★
3. 延度	★	★		★																					
4. 黏度(60℃/135℃)			★	★		★	★		★						★	★				★	★			★	
5. 费拉斯脆点				★			★			★			★				★				★				★
6. 针入度指数(PI)		★																							
7. 密度(相对密度)	★	★		★	★																				
8. 闪点	★	★	★			★		★	★				★	★	★			★			★	★	★		★
9. 溶解度	★	★	★	★	★	★	★	★	★	★	★	★	★	★									★		★
10. 介电常数																		★							
11. 蒸发损失试验	★	★		★					★		★	★	★							★		★			
12. TFOT 或 RTFOT	★		★			★	★								★						★		★		
13. 旋转烧瓶试验										★															
14. 灰分										★															
15. 蜡含量	★						★		★	★			★												
16. 沥青质含量																									
17. 滴点试验		★				★											★						★	★	
18. 耐久性试验			★																						
老化试验后																									
19. 针入度比	★	★		★		★	★		★	★	★	★	★	★		★	★			★	★	★	★	★	
20. 软化点升高						★				★	★														★
21. 延度	★	★	★			★	★		★						★	★	★		★				★	★	
22. 黏度比				★		★											★						★		
23. 质量损失	★		★	★		★		★				★			★	★					★				
24. 费拉斯脆点							★	★		★							★			★					
25. 针入度指数																		★							★
26. 与集料黏结力																									★

注:①美国1为针入度级标准,美国2为黏度级标准;
　　②上述标准,一类是针入度分级标准,一类是黏度分级标准。美国的部分州、澳大利亚、加拿大采用的是黏度分级,其他国家仍然停留在针入度分级标准的阶段。

从表4.38中看出,沥青的指标按所反映的沥青性能不同,主要有以下项目。
①分级指标:针入度、60℃黏度。
②综合指标(包括纯度):密度、针入度指数、含蜡量、溶解度、灰分。

③高温稳定性指标:软化点、60 ℃黏度。

④低温抗裂性能指标:延度、费拉斯脆点。

⑤耐老化性能指标:薄膜加热试验、旋转薄膜加热试验、蒸发损失试验、旋转烧瓶试验,试验前后的质量损失、针入度比、软化点升高、黏度比、费拉斯脆点、延度等。

⑥施工及安全指标:闪点、135 ℃黏度。

3.沥青性能分级技术指标与标准

以美国 Superpave 沥青性能分级体系为代表,其标准就是著名的美国 Superpave 沥青路用性能规范。

(1)美国 SHRP 沥青结合料路用性能规范

1987~1993 年,美国耗资 1.5 亿美元,开展了举世瞩目的"战略公路研究计划(SHRP)",其中的沥青研究项目占了总经费的1/3,其目的就是通过改善沥青及沥青混合料的质量与性能,延长沥青路面的使用寿命。而沥青研究项目最重要的研究成果就是Superpave 技术,它主要包括沥青结合料性能规范、沥青混合料体积设计方法及沥青混合料性能预测等三个方面。根据这项研究成果,美国提出了新的沥青结合料规范,从而使沥青的指标与路用性能紧密地联系起来。这一规范称为《Superpave 沥青结合料规范》(即《美国性能分级沥青结合料规范》)。Superpave 的意思是"高性能沥青路面",它已成了专有名词。

《Superpave 沥青结合料规范》的显著特点,在于它改变了在固定温度下进行试验是采取规定要求值,试验温度则是变化的。例如,有两个建设项目,一个在南方,另一个在北方,这两个项目都期望良好的沥青性能,但结合料达到良好性能的温度条件却很不相同。

《Superpave 沥青结合料规范》的主要技术指标、试验仪器和试验的目的见表 4.39。

表 4.39　《Superpave 沥青结合料规范》主要指标与仪器

技术指标	符号	试验仪器	试验目的
车辙因子	$G^*/\sin\delta$	动态剪切流变仪(DSR)	测试结合料中、高温性能
黏度	η	毛细管黏度计或旋转黏度计	测试结合料的泵送性能
拉伸应变	ε	直接拉伸试验机	测试结合料的低温性能
蠕动劲度	S_t	弯曲梁流变仪	测试结合料的低温性能
质量损失		压力老化箱和旋转薄膜烘箱	模拟结合料的老化特性

SHRP 项目的特点在于开发了一套全新的试验设备并提出了相应的试验方法,从根本上改变了现行试验方法和规范的纯经验性质,避免了由此带来的局限性。Superpave 沥青结合料与混合料规范的新体系将试验方法与指标同沥青路面的路用性能建立起直接关系,通过控制高温车辙、低温开裂和疲劳开裂,来达到全面改进路面性能的目的,形成一个基于路用性能基础上的沥青-沥青混合料设计新体系。

SHRP 的研究成果:Superpave 提出了一个按照路用性能分级的沥青结合料规范(见表 4.40)。

表 4.40 美国 SHRP 沥青路用性能规范 (AASHTO MP1, 1995)

沥青使用性能等级	PG46	PG52	PG58	PG64	PG70	PG76	PG82
平均 7 d 最高路面设计温度①/℃	<45	<52	<58	<64	<70	<76	<82
最低路面设计温度/℃	>-34 >-40 >-46	>-10 >-16 >-22 >-28 >-34 >-40 >-46	>-16 >-22 >-28 >-34 >-40	>-10 >-16 >-22 >-28 >-34 >-40	>-10 >-16 >-22 >-28 >-34 >-40	>-10 >-16 >-22 >-28 >-34	>-10 >-16 >-22 >-28 >-34
原样沥青							
闪点 (COC, ASTM D92, min)/℃	230						
黏度 (ASTM 4402②, max, 2 Pa·s) 试验温度/℃	135						
动态剪切 (SHRP B-003)③ $G^*/\sin\delta$ (min, 1.0 kPa) 试验温度 (10 rad/s)/℃	46	52	58	64	70	76	82
RSFOT (ASTM D2872)							
质量损失 (max)/%	1.00						
动态剪切 (SHRP B-003) $G^*/\sin\delta$ (min, 2.0 kPa) 试验温度 (10 rad/s)/℃	46	52	58	64	70	76	82

续表 4.40

沥青使用性能等级	PG46			PG52							PG58					PG64						PG70						PG76					PG82				
	34	40	46	10	16	22	28	34	40	46	16	22	28	34	40	10	16	22	28	34	40	10	16	22	28	34	40	10	16	22	28	34	10	16	22	28	34
PAV 残留沥青 (SHRP B-005)																																					
PAV 老化温度④/℃	90			90							100					100						100(110)						100(110)					100(110)				
动态剪切（SHRP B-003） $G^*/\sin\delta$（min, 30 MPa）																																					
试验温度（10 rad/s）/℃	10	7	5	25	22	19	16	13	10	7	25	22	19	16	13	31	28	25	22	19	16	34	31	28	25	22	19	37	34	31	28	25	40	37	34	31	28
物理老化⑤	实测记录																																				
蠕变劲度（SHRP B-002）⑥ S（max, 200 MPa） m 值（min, 0.35），试验温度/℃	24	30	36	0	6	12	18	24	30	36	6	12	18	24	30	0	6	12	18	24	30	0	6	12	18	24	30	0	6	12	18	24	0	6	12	18	24
直接拉伸（SHRP B-006） 破坏应变（min, 1.0%），试验温度/℃	24	30	36	0	6	12	18	24	30	36	6	12	18	24	30	0	6	12	18	24	30	0	6	12	18	24	30	0	6	12	18	24	0	6	12	18	24

注：① 路面温度由大气温度按 Superpave 程序中的方法计算，也可由指定的机构提供。

② 如果供应商能保证在所有温度下，沥青结合料都能很好地泵送或搅拌，此要求可由指定的机构确定放弃。

③ 为控制非改性沥青结合料产品的质量，在试验温度下测定原样结合料黏度，可以取代测定动态剪切的 $G^*/\sin\delta$。在此温度下，沥青多处于牛顿流体状态，任何测定黏度的标准试验方法均可使用，包括毛细管黏度计或旋转黏度计（AASHTO T201 或 T202）。

④ PAV 老化温度为模拟气候条件试验温度，从 90 ℃,100 ℃,110 ℃ 中选择一个温度，高于 PG64 时为 100 ℃，在沙漠条件下为 110 ℃。

⑤ 物理老化：按照 TP1 规定的 BBR 试验进行，试验条件中的时间为最低设计温度以上 10 ℃延续 24 h±10 min，报告 24 h 劲度模量和 m 值，仅供参考。

⑥ 如果蠕变劲度小于 300 MPa，直接拉伸试验可不要求，如果蠕变劲度在 300~600 MPa 之间，直接拉伸试验的破坏应变要求可代替蠕变劲度的要求，m 值在两种情况下都应满足。

从表 4.40 可以看出,AASHTO MP1 将沥青分为七个等级和 21 个亚级,七个等级是 PG46、PG52、PG58、PG64、PG70、PG76、PG82,规定了最高路面设计温度的分级;21 个亚级 从−10 ~ −46 ℃,每 6 ℃ 一挡,它规定了最低路面设计温度的分级。PG 是 Peformance Grade 的词头,表示反映路用性能,分级直接采用设计使用温度表示适用范围。实际上在 SHRP 中,PG 等级规范分为 37 种等级,胶结材料的性能等级(PG)表示为 PGXX−YY,第 一组数字 XX 指高温等级,这表明其胶结材料在 XX ℃ 时其性能满足使用要求,胶结材料 可以在这种高温的气候环境中工作。第二组数字−YY 指低温等级,这表明其胶结材料在 −YY ℃ 时其性能也必须满足使用要求。如 PG64−22 表示该级沥青适用于最高路面设计 温度不超过 64 ℃,最低路面设计温度不低于−22 ℃ 的地区。这两个关键温度分别成为高 温稳定性和低温开裂性指标试验测试温度确定的依据。SHRP 的沥青规范规定试验方法 相同,但沥青等级不同,应采用相应地区的试验温度,但各项指标的要求是一常数。

设计最高温度为 7 天最高平均路面温度,设计最低温度为年极端最低温度。根据道 路等级、交通量确定保证率为 95%(平均值)或 98%。它采用 3 种样品:①原样沥青; ②RTFOT后的残留沥青;③RTFOT 后又经 PAV 老化的残留沥青。评价各种路用性能指 标,包括高温时抵抗永久变形的能力、低温时抵抗路面温缩开裂的能力、抗疲劳破坏的能 力、抗老化性能、施工安全性等。在确定沥青的 PG 等级时,要充分考虑气候条件及交通 条件(交通量及车速、车辆停驻时间),有时需要提高一个或两个 PG 高温等级选择沥青的 标号。在此基础上,各州交通部门都根据各地的具体情况,规定了常用的 PG 等级或再增 加一些常规指标。不过,现在对 PG 分级能不能完全解释沥青质量与使用性能的关系,能 不能适用于评价改性沥青还存在不少争议。例如,普通沥青的高温性能一般用动态剪切 试验(DSR)得到的车辙因子 $G^*/\sin\delta$ 来评价,但对聚合物改性沥青来说,普遍反映 $G^*/\sin\delta$ 并不能反映高温性能,而沥青结合料的零剪切黏度(ZSV)却在欧洲等许多国家 引起了广泛的关注。

沥青结合料的性能等级根据工程所在地的气候条件和交通条件确定,即根据最高路 面设计温度和最低路面设计温度及交通条件加以选择,见表 4.41。

最高路面设计温度按下式计算

$$T_{20\,mm} = (T_{air} - 0.006\ 18L_{at}^2 + 0.228\ 9L_{at} + 42.2) \times 0.954\ 5 - 17.78 \qquad (4.40)$$

式中,$T_{20\,mm}$ 为位于 20 mm 深处的最高路面设计温度,℃;T_{air} 为 7 d 平均最高气温,℃; L_{at} 为工程的地理纬度。

最低路面设计温度按下式计算:

$$T_{min} = 0.859\ T_{ai} + 1.7 \qquad (4.41)$$

式中,T_{min} 为最低路面设计温度,℃;T_{ai} 为平均年最低气温,℃。

选择结合料的方法:

①选择荷载类型。

②水平移动到最高路面设计温度。

③向下移动到最低路面设计温度。

④确定结合料等级。

⑤ESALS>10^7,考虑增加一个高温等级;ESALS>3×10^7,再增加一个高温等级。设计

交通量 ESALS 是换算为 80 kN 的标准累计轴载次数。

表 4.41　根据气候、交通速度和交通量选择结合料性能等级

荷载方式和温度要求		最高路面设计温度/℃						
停车		28 ~ 34	34 ~ 40	40 ~ 46	46 ~ 52	52 ~ 58	58 ~ 64	64 ~ 70
(50 km/h)慢速		34 ~ 40	40 ~ 46	46 ~ 52	52 ~ 58	58 ~ 64	64 ~ 70	70 ~ 75
(100 km/h)快速		34 ~ 46	46 ~ 52	52 ~ 58	58 ~ 64	64 ~ 70	70 ~ 76	76 ~ 82
最低路面设计温度/℃	>-10	PG46-10	PG52-10	PG58-10	PG65-10	PG70-10	PG76-10	PG82-10
	-10 ~ -16	PG46-16	PG52-16	PG58-16	PG65-16	PG70-16	PG76-16	PG82-16
	-16 ~ -22	PG46-22	PG52-22	PG58-22	PG65-22	PG70-22	PG76-22	PG82-22
	-22 ~ -28	PG46-28	PG52-28	PG58-28	PG65-28	PG70-28	PG76-28	PG82-28
	-28 ~ -34	PG46-34	PG52-34	PG58-34	PG65-34	PG70-34	PG76-34	PG82-34
	-34 ~ -40	PG46-40	PG52-40	PG58-40	PG65-40	PG70-40		
	-40 ~ -46	PG46-46	PG52-46	PG58-46	PG65-46			
地区		阿拉斯加-加拿大、美国北部		加拿大、美国北部	美国南部	美国西部、沙漠慢速或重交通道路		

例如:停车荷载、最高设计温度 57 ℃,路面最低设计温度-25 ℃,则沥青等级为 PG70-28。

(2)Superpave 的意义和应用

美国战略性公路研究计划(SHRP)是道路部门的一项划时代的研究项目,它的研究成果将会对国际公路事业作出巨大的贡献。其中关于沥青的研究成果,包括材料规格、试验方法、混合料配合比设计、使用性能评价等,并将这些成果综合统称为 Superpav,这个体系的一整套沥青结合料的路用性能规范(AASHTO MP1)不仅适用于普通沥青,也适用于改性沥青。

该路用性能规范不同于往常试验方法相同、不同等级的沥青取不同标准值的做法,而采用各项指标的要求值为一常数,所不同的只是各个沥青等级适用的地区采用相应的试验温度不同。此规范最根本的特点是各项指标明确与各项路用性能直接相关,因此它不仅适用于普通沥青,还适用于改性沥青。规范列入的各种路用性指标包括:

①高温时抵抗永久变形的能力(高温稳定性)——动态剪切流变试验(DSR)。

②低温时抵抗路面温缩开裂的能力(低温抗裂性能)——弯梁流变试验(BBR)及直接拉伸试验(DTT)。

③抗疲劳破坏的能力(耐疲劳性)——DSR 试验。

④抗老化性能——旋转薄膜烘箱试验(RTFOT)及压力老化试验(PAV)。

⑤施工安全性、可操作性——旋转黏度试验(RV)。

在表 4.40 中,以 PG70-22 为例,见表 4.42,可以看出各项指标的测试项目和特点,此等级沥青适用于温度-22 ~ 70 ℃的范围。试验需要采用 3 种样品:

①原样沥青;

②RTFOT 后的残留沥青,模拟经热拌热铺后刚成型的沥青。

③RTFOT 后又经 PAV 长期老化的残留沥青,模拟已经使用 5 年左右的路面沥青结合料。

由于路面车辙主要在路面铺砌初期形成,沥青的高温稳定性指标用平均最高路面设计温度时的原样沥青及薄膜加热后残留沥青的 $G^*/\sin\delta$ 作为指标。要求原样沥青不低于 1.0 kPa,RTFOT 后残留沥青不低于 2.2 kPa,试验时的角速度为 10 rad/s(相当于频率 1.502Hz)。G^* 是动态剪切复数劲度模量,是动态剪切复数柔量的倒数。G^* 越大表示沥青的劲度越大,抗流动变形能力越强。

表 4.42　美国沥青 Superpave 沥青标准 PG70-22 示例

等　级	PG70-22
平均 7 d 最高设计温度	<70 ℃
最低路面设计温度	>-22 ℃
原样沥青的试验指标	
闪点	>230 ℃
黏度,<3 Pa·s	试验温度 135 ℃
动态剪切试验,10 rad/s,$G^*/\sin\delta$, >1.0 kPa	试验温度 70 ℃(高温)
RTFOT 短期老化后残留沥青试验指标	
动态剪切试验,10 rad/s,$G^*/\sin\delta$, >2.0 kPa	试验温度 70 ℃(高温)
PAV 长期老化后残留沥青试验指标	
PAV 老化温度	100 ℃
动态剪切试验,10 rad/s,$G^*/\sin\delta$, <30 MPa	试验温度 28 ℃(疲劳)
弯曲蠕变试验,劲度模量 S,<200 MPa 斜率 m,>0.35	试验温度 -12 ℃(低温)

与高温抗车辙能力相反,路面温缩开裂通常是由于沥青使用过程中不断老化,劲度模量不断增加,沥青的低温柔性逐步转变为脆性造成。故反映低温抗裂性能的指标是用经过 TFOT 并经过压力老化试验(PAV)的沥青,测定低温弯曲蠕变劲度模量 S 作为主要指标,它要求 60 s 时的 S 不得大于 300 MPa。试验温度取为最低路面设计温度以上 10 ℃,是由于温度太低了试验困难,按流变学原理的时间温度换算法则,在试验温度下测定的 60 s 的劲度模量,相当于比试验温度低 10 ℃ 的设计温度下 2 h 劲度模量。同时还要求 60 s 时蠕变劲度模量与荷载作用时间的双对数曲线的斜率 m 值不小于 0.30。当 300 MPa<S< 600 MPa 时,则可用沥青在低温设计温度时的直接拉伸破坏应变(拉伸速率1.0 mm/min)代替蠕变劲度,要求不小于 1.0%。

抗疲劳性能的设计温度显然是在一年中的最不利季节的路面温度,分析 SHRP 规范的温度可以看出,它相当于最高路面设计温度与最低路面设计温度的平均值以上 4 ℃,或与低温指标试验温度的平均值以下 1 ℃。路面的疲劳破坏主要是在使用周期的后期发生,它同样考虑路面使用期的长期老化,并采用 RTFOT 及 PAV 后的沥青做动态剪切试验,要求 $G^*/\sin\delta$ 值不超过 5 MPa。$G^*/\sin\delta$ 是复数剪切模量的黏性成分,即损失劲度模量。

沥青老化是个重要指标,除了低温及疲劳指标本身就是用 RTFOT 及 PAV(老化温度 90~110 ℃,通常为 100 ℃)以后的沥青进行试验,反映沥青老化后的性质外,规范还保留了 RTFOT 质量损失的指标,要求不超过 1.00%。这个指标几乎所有的沥青都能达到,因此我国认为意义不大,但北美有些沥青则不一定达到,而质量损失太大意味着沥青减少,对施工成本有影响,因此仍列入了规范。另外,SHRP 还提出了"物理老化指数"的指标,用 H 表示,要求实测报告。

$$H = (S_{24}/S_1)^{m_1/m_{24}} \tag{4.42}$$

式中,1、24 表示沥青在试验温度下在压力老化罐中存放的时间;S 是蠕变 60 s 时的劲度;m 为 60 s 加载时间的蠕变曲线的斜率。

施工安全性及可操作性采用原样沥青的闪点及 135 ℃黏度,要求闪点大于 230 ℃,135 ℃黏度不超过 3 Pa·s。对通常使用的非改性沥青来说,135 ℃黏度一般不超过 1 Pa·s。很显然,高温黏度指标极限值是针对改性沥青的,由于改性沥青的黏度较大,施工可能会发生困难,所以规范中列有 135 ℃黏度指标,要求不超过 3 Pa·s,采用布洛克菲尔德(Brookfield)型旋转黏度计测定。但在标准的备注中说明,如果施工没有困难,也可以不测定。

由上看出,SHRP 沥青规范本身使用原样沥青、RTFOT 后残留沥青及 PAV 老化后的三种沥青。

值得注意的是,SHRP 研究之初,花了很大的力量进行沥青的化学成分分析,如核磁共振等,但最终未能得出与路用性能关联的实用性成果。关于蜡对沥青性质的影响,由于均已反映在沥青路用性能中,也未再列入。

将主要的 SUPERPAVE PG 规格列入图 4.36 中,涵盖了从 +82~-40 ℃的广域温度范围,可以分成 3 个区域:

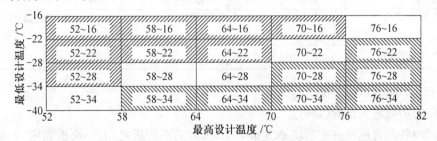

图 4.36　PG 等级沥青的分类

①处于对角线位置上方的沥青等级可以采用原来通常使用的原油炼制得到。

②处于对角线位置中部的沥青等级可以采用原来通常使用的原油炼制或者必须进行适当的改进才能得到。

③处于对角线位置下方的沥青等级不能采用原来通常使用的原油炼制得到,必须改进原油或者通过添加聚合物改性剂才能得到。

实际上,SHRP 沥青等级与原有的沥青标准之间也有一定的关系,最常用的 AC-5、AC-10、AC-20、AC-40 级大部分符合 PG58-34、PG58-28、PG65-22 和 PG70-22 级。按美国 SHAP 沥青学用性能型范斌验的沥青性质见表 4.43。

表 4.43　按美国 SHRP 沥青路用性能规范试验的沥青性质

沥青品种	KLM	HXL	LHE	LAL	MMN	SJS	SLI
SHRP 沥青使用性能等级	PG65-28	PG65-28	PG52-28	PG65-22	PG58-22	PG52-22	PG52-22
最高路面设计温度/℃	64	64	52	64	58	52	52
最低路面设计温度/℃	-28	-28	-28	-22	-22	-22	-22
适用的温度范围/℃	92	92	86	86	86	74	74
质量损失/%	+0.05	+0.85	+0.20	-0.05	-0.15	+0.06	-0.10
动态剪切($G^*/\sin\delta$)/kPa	2.674	2.538	3.591	2.297	3.603	4.370	4.432
试验温度/℃	64	64	52	64	58	52	52
RTFOT 残留沥青							
质量损失/%	+0.05	0.85	+0.20	-0.05	-0.15	+0.06	-0.10
动态剪切($G^*/\sin\delta$)/kPa	2.674	2.538	3.591	2.297	3.603	4.370	4.432
试验温度/℃	64	64	52	64	58	52	52
PAV 残留沥青							
PAV 老化温度/℃	100	100	100	100	100	100	100
动态剪切($G^*/\sin\delta$)/kPa	3 032	4 738	3 558	3 731	4 551	4 110	3 723
试验温度/℃	16	16	16	19	19	19	19
蠕变劲度 S/MPa m 值 试验温度/℃	181.5 0.37 -18	205.0 0.35 -18	237.5 0.30 -18	133.5 0.33 -12	165.5 0.33 -12	175.5 0.32 -12	165.5 0.30 -12
直接拉伸破坏应变/% 试验温度/℃	0.2(NG) -18	0.2(NG) -18	0.2(NG) -18	- -	1.2 -12	0.8(NG) -12	0.5(NG) -12
质量优劣排队次序	1	2	3	4	5	6	7

（3）Superpave 试验方法

①动态剪切流变试验（DSR）

该试验将沥青试样夹在两块 ϕ25 mm 或 8 mm 的平行板之间,一块板固定,一块板围绕着板中心轴来回转动,转动频率为 10 rad/s,试验得出正弦变化的剪应力、剪应变和相位角。试验原理可参见图 3.44 和图 3.45。其中沥青试样的剪应力 τ、剪应变 γ、复数模量及相位角 δ 可按式（4.43）~式（4.46）计算。

$$\tau = 2T/(\pi r^3) \tag{4.43}$$

$$\gamma = \delta r/h \tag{4.44}$$

$$G^* = (\tau_{max} - \tau_{min})/(\gamma_{max} - \gamma_{min}) \tag{4.45}$$

$$\delta = 2\pi f\Delta t \tag{4.46}$$

式中,T 为最大扭矩;r 为振荡板半径（12.5 mm 或 4 mm）;h 为试样高度（1 mm 或 2 mm）;τ_{max}, τ_{min} 为试样承受的最大、最小剪应力;$\gamma_{max}, \gamma_{min}$ 为试样承受的最大、最小剪应变;δ 为相

位角;f 为转动频率;Δt 为滞后时间。

动态剪切流变试验有应力和应变两种控制模式,应力控制的 DSR 施加固定的扭矩,使板产生振荡;应变控制的 DSR 是以固定频率使振荡板产生固定的振荡,测量所需的扭矩。

SHRP 规范定义 $G^*/\sin\delta$ 为车辙因子,其值大,表示沥青的弹性性质显著,因此以最高路面设计温度下沥青结合料 DSR 试验指标 $G^*/\sin\delta$ 作为沥青结合料的高温评价指标。以中等路面设计温度下沥青结合料的 DSR 试验指标 $G^*/\sin\delta$ 作为沥青结合料疲劳耐久性指标。

通过对 50 余条试验路的观察和研究,对沥青材料提出了作为永久变形的车辙因子指标如下:

原始沥青 $G^*/\sin\delta > 1.0\ \text{kPa}$

旋转薄膜烘箱试验后的沥青 $G^*/\sin\delta > 2.2\ \text{kPa}$

车辙因子 $G^*/\sin\delta$ 表征沥青材料的抗永久变形能力,反映了沥青的高温性能。这一试验适用的温度范围为 5 ~ 85 ℃,G^* 在 0.1 ~ 10 000 kPa 范围内。

②弯曲梁流变试验(BBR)

本试验是将规定尺寸的沥青小梁试件放在弯曲梁流变仪的保温槽中的加载支撑架上进行蠕变加载,所加荷载用一个小气压泵控制,在蠕变试验过程中,不断调节气压泵气压大小,使小梁上所加荷载为常值。计算机数据采集系统自动采集荷载、变形,并自动计算蠕变劲度 S、蠕变速率 m。BBR 典型试验曲线如图 4.37 所示。

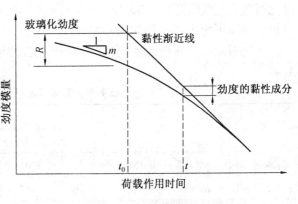

图 4.37 弯曲蠕变曲线

SHRP 采用 BBR 试验的两个指标,弯曲蠕变劲度模量和蠕变曲线的斜率 m(劲度模量对荷载作用时间的曲线斜率)来评价沥青结合料的低温抗裂性能。

③直接拉伸试验(DTT)

该试验设备为直接拉伸仪,包括三个组成部分:拉伸试验机、伸长测量系统、环境系统。试验时,将两端粗、中间细、长 40 mm、有效标准长度 27 mm、截面积 36 mm²、形如"狗骨头"的试件放入恒温液浴中的拉伸装置的球形支座上进行拉伸。拉伸速度 1 mm/min,测定试件拉断时的荷载和伸长变形,荷载由分辨能力 0.1 N 的电子传感器测定,试件的伸长变形由一组激光测微计测定。试件的应力和应变可由式(4.47)和式(4.48)计算得到。

应力 σ = 最大荷载/试样截面积   (4.47)

应变 ε_f = 长度变化(伸长 Δl)/ 有效标准长度(27 mm)   (4.48)

Superpave 沥青结合料性能规范规定:如果沥青结合料弯曲蠕变劲度在 300 ~ 600 MPa 范围内时,需追加直接拉伸试验 DTT;如果沥青试样拉伸应变能符合不小于 1.0% 的要求,也认为符合要求;沥青样品采用经过 RTFOT 及 PAV 试验后的残留沥青进行。

④压力老化试验(PAV)

压力老化试验在压力老化容器中进行。经压力老化试验后的沥青结合料用于动态剪切流变试验、弯曲梁流变试验和直接拉伸试验,以评价长期老化对沥青性能的影响。

在试验盘中放入规定用量的沥青,并放入压力老化容器中,温度保持为 90 ~ 110 ℃(随沥青结合料的标号不同而不同),容器内的充气压力保持 2.1 MPa,老化 20 h。该试验条件模拟路面 7 ~ 10 年所受的长期老化的影响。

4.9.2 建筑石油沥青的技术标准

建筑石油沥青和道路石油沥青一样都是按针入度指标来划分牌号的。在同一品种石油沥青材料中,牌号越小,沥青越硬;牌号越大,沥青越软,同时随着牌号增加,针入度增加,沥青的黏性减小;延度增大,塑性增加;软化点降低,温度敏感性增大。

建筑石油沥青黏性较大,耐热性较好,但塑性较小,主要用于制造油毡、油纸、防水涂料和沥青胶。它们绝大部分用于屋面及地下防水、沟槽防水、防腐蚀及管道防腐等工程。

对于屋面防水工程,应注意防止过分软化。据高温季节测试,沥青屋面达到的表面温度比当地最高气温高 25 ~ 30 ℃。为了避免夏季流淌,屋面用沥青材料的软化点应比当地气温下屋面可能达到的最高温度高 20 ℃以上。

建筑石油沥青的技术性能应符合《建筑石油沥青》(GB T494—1998)的规定,见表4.44。

表4.44 建筑石油沥青技术标准

项　　目		质量标准		
		10 号	30 号	40 号
针入度(25 ℃,100 g,5 s)/0.1 mm		10 ~ 25	26 ~ 35	36 ~ 50
延度(25 ℃,5 cm/min)/cm	≮	1.5	2.5	3.5
软化点(环球法)/℃	≮	95	75	60
溶解度(三氯乙烯、四氯化碳或苯)/%	≮	99.5		
蒸发损失(163 ℃,5h)/%	≯	1		
蒸发后针入度比 /%	≮	65		
闪点(开口)/℃	≮	230		
脆点/℃		报告		

4.9.3 道路石油沥青的技术标准

按照我国现行《公路沥青路面施工技术规范》(JTG F40—2004)的规定,道路石油沥青按针入度大小划分为 160 号、130 号、110 号、90 号、70 号、50 号、30 号七个牌号,每个牌号的沥青又按其评价指标的高低划分为 A、B、C 三种不同的质量等级。各个等级的适用范围见表4.45。

表4.45 路用石油沥青的适用范围

沥青等级	适 用 范 围
A级沥青	各个等级的公路,适用于任何场合和层次
B级沥青	1.高速公路、一级公路沥青下面层及以下的层次,二级及二级以下公路的各个层次; 2.用做改性沥青、乳化沥青、改性乳化沥青、稀释沥青的基质沥青
C级沥青	三级及三级以下公路的各个层次

在选择沥青混合料的等级、沥青混合料配合比设计和检验应适应公路环境条件的需要,能承受高温、低温、雨(雪)水的考验,沥青路面的气候条件按高温指标、低温指标和雨量指标进行了分类。

1.高温区

气候分区的高温指标是采用最近30年内年最热月的平均日最高气温的平均值作为反映高温和重载条件下出现车辙等流动变形的气候因子,并作为气候区划的一级指标。全年高于30℃的气温及连续高温的持续时间可作为辅助参考值。按照设计高温分区指标,一级区划分为3个区,见表4.46。

表4.46 按照设计高温分区表

高温气候区	1	2	3
气候区名称	夏炎热区	夏热区	夏凉区
最热月平均最高气温/℃	>30	20~30	<20

2.低温区

气候分区的低温指标是采用最近30年内的极端最低气温作为反映路面温缩裂缝的气候因子,并作为气候区划的二级指标。温降速率、冰冻指数可作为辅助参考值。按照设计低温分区指标,二级区划分为4个区,见表4.47。

表4.47 按照设计低温分区表

低温气候区	1	2	3	4
气候区名称	冬严寒区	冬寒区	冬冷区	冬温区
极端最低气温/℃	<-37.0	-37.0~-21.5	-21.5~-9.0	>-9.0

对于屋面防水工程,应注意防止过分软化。据高温季节测试,沥青屋面达到的表面温度比当地最高气温高25~30℃,为避免夏季流淌,屋面用沥青材料的软化点应比当地气温下屋面可能达到的最高温度高20℃以上。

3.雨量分区

按照设计雨量分区指标,三级区划分为4个区,见表4.48。

表 4.48 按照设计雨量分区表

雨量气候区	1	2	3	4
气候区名称	潮湿区	湿润区	半干区	干旱区
年降雨量/mm	>1 000	1 000~500	500~250	<250

沥青路面温度分区由高温和低温组合而成,第一个数字代表高温分区,第二个数字代表低温分区,数字越小表示气候因素越严重,对沥青的性能要求越高。沥青路面温度分区见表 4.49。

沥青路面的气候分区由温度和雨量组成,见表 4.50。

交通部道路石油沥青技术标准见表 4.51。

表 4.49 沥青路面温度分区表

气候区名		最热月平均最高气温/℃	年极端最低气温/℃	备注
1-1	夏炎热冬严寒		<-37.0	
1-2	夏炎热冬寒	>30	-37.0~-21.5	
1-3	夏炎热冬冷		-21.5~-9.0	
1-4	夏炎热冬温		>-9.0	
2-1	夏热冬严寒		<-37.0	
2-2	夏热冬寒	20~30	-37.0~-21.5	
2-3	夏热冬冷		-21.5~-9.0	
2-4	夏热冬温		>-9.0	
4-1	夏凉冬严寒		<-37.0	不存在
4-2	夏凉冬寒		-37.0~-21.5	
4-3	夏凉冬冷	<20	-21.5~-9.0	不存在
4-4	夏凉冬温		>-9.0	不存在

表 4.50 沥青路面气候分区表

气候区名		最热月平均最高气温/℃	年极端最低气温/℃	年降雨量/mm
1-1-4	夏炎热冬严寒干旱	>30	<-37.0	<250
1-2-2	夏炎热冬寒湿润		-37.0～-21.5	1 000～500
1-2-3	夏炎热冬寒半干		-37.0～-21.5	500～250
1-2-4	夏炎热冬寒干旱		-37.0～-21.5	<250
1-4-1	夏炎热冬冷潮湿		-21.5～-9.0	>1 000
1-4-2	夏炎热冬冷湿润		-21.5～-9.0	1 000～500
1-4-3	夏炎热冬冷半干		-21.5～-9.0	500～250
1-4-4	夏炎热冬冷干旱		-21.5～-9.0	<250
1-4-1	夏炎热冬温潮湿		>-9.0	>1 000
1-4-2	夏炎热冬温湿润		>-9.0	1 000～500
2-1-2	夏热冬严寒湿润	20～30	<-37.0	1 000～500
2-1-3	夏热冬严寒半干		<-37.0	500～250
2-1-4	夏热冬严寒干旱		<-37.0	<250
2-2-1	夏热冬寒潮湿		-37.0～-21.5	>1 000
2-2-2	夏热冬寒湿润		-37.0～-21.5	1 000～500
2-2-3	夏热冬寒半干		-37.0～-21.5	500～250
2-2-4	夏热冬寒干旱		-37.0～-21.5	<250
2-4-1	夏热冬冷潮湿		-21.5～-9.0	>1 000
2-4-2	夏热冬冷湿润		-21.5～-9.0	1 000～500
2-4-3	夏热冬冷半干		-21.5～-9.0	500～250
2-4-4	夏热冬冷干旱		-21.5～-9.0	<250
2-4-1	夏热冬温潮湿		>-9.0	>1 000
2-4-2	夏热冬温湿润		>-9.0	1 000～500
2-4-3	夏热冬温半干		>-9.0	500～250
4-2-1	夏凉冬寒潮湿	<20	-37.0～-21.5	>1000
4-2-2	夏凉冬寒湿润		-37.0～-21.5	1000～500

表 4.51　道路石油沥青技术标准

指　标	单位	等级	沥青标号 160号	130号	110号	90号	70号	50号	30号
针入度(25 ℃,5 s,100 g)	0.1 mm		140~200	120~140	100~120	80~100	60~80	40~60	20~40
适用的气候分区			注	注	2-1 2-2 3-2	1-1 1-2 1-3 1-4 2-2 2-3 2-4 3-2	1-3 1-4 2-2 2-3 2-4 3-2	1-4 2-3 2-4	注
针入度指数 PI		A	−1.5 ~ +1.0						
		B	−1.8 ~ +1.0						
软化点($T_{R\&B}$) ≥	℃	A	38	40	43	45	46	49	55
		B	36	39	42	43	44	46	53
		C	35	37	41	42	43	45	50
60 ℃动力黏度 ≥	Pa·s	A	—	60	120	160	180	200	260
10 ℃延度 ≥	cm	A	50	50	40	45 30 20	20 20 25 15	15	10
		B	30	30	30	30 20 15	20 15 10	10	8
15 ℃延度 ≥	cm	A B	100			50			
		C	80	80	60	50	40	30	20
含蜡量(蒸馏法) ≤	%	A	2.2						
		B	3.0						
		C	4.5						
闪点 ≥	℃		230		245		260		
溶解度 ≥	%		99.5						
密度(15 ℃)	g/cm³		实测记录						
TFOT(或 RTFOT)后									
质量变化 ≤	%		±0.8						
残留针入度比(25 ℃) ≥	%	A	48	54	55	57	61	63	65
		B	45	50	52	54	58	60	62
		C	40	45	48	50	54	58	60
残留延度(10 ℃) ≥	cm	A	12	12	10	8	6	4	—
		B	10	10	8	6	4	2	—
残留延度(15 ℃) ≥	cm	C	40	35	30	20	15	10	—

注:经建设单位同意,沥青的 PI 值、60 ℃动力黏度、10 ℃延度可作为选择性指标。

第5章 改性沥青

5.1 改性沥青概述

近年来由于交通运输业的迅速发展,交通量和汽车轴载迅速增加、行驶渠化,对沥青和沥青混合料的性能提出了更高的要求。一方面要求沥青混合料具有高温稳定性,不产生车辙;另一方面要求具有低温抗裂性、抗疲劳性,并延长路面的使用年限。特别是由于沥青路面技术的发展,对沥青结合料的要求逐步提高,因此改性沥青的研究和应用更加深入。20世纪60年代以来,国内外许多学者对沥青的性能和结构进行了大量的研究,但由于沥青材料组成结构的复杂性及其对环境因素的敏感性,虽然沥青生产厂家不断探索新的沥青生产工艺而使沥青性能得到明显改善,道路设计部门也竭力采用优质道路石油沥青,但是许多道路的使用效果仍不尽人意。许多建成时间不久的沥青路面在远未达到设计年限就已经出现严重损害,这说明在许多情况下,一般普通沥青往往不能满足路用要求。另外,目前一些新型路面结构,如沥青玛琋脂碎石(SMA)路面、排水性沥青路面以及超薄型的沥青路面都需要性能更加优越的沥青作为结合料。

因此,研究沥青性能的改善方法及其配制技术,开发与之配套的加工设备,并逐步予以推广应用,成为道路工作者日益关注的焦点。

就我国目前沥青的情况来看,由于原油基属的限制,所生产的道路沥青大部分都是普通沥青,含蜡量高、黏结性差,即使用于一般道路的养护,其性能也不能令人满意,很多养路单位更希望通过改性来提高其技术性能。

为了提高路面的使用功能,保证行车舒适安全,尽可能地减少交通事故,构造深度大、抗滑性能好、交通噪声低的新型路面结构,如沥青玛琋脂碎石(SMA)路面、排水性沥青路面(draining asphdt)以及超薄型的沥青路面,正在研究和应用之中。修建这些新型路面都需要使用改性沥青。

因此,研究沥青性能改善的方法及其配制技术,开发与之配套的加工设备,并逐步予以推广应用,就日益成为道路建设者关注的焦点。

改性沥青技术为提高沥青的实用性能作出了巨大贡献,但传统的改性沥青是利用聚合物或无机材料的微细颗粒与沥青形成复合材料,这种复合材料不改变沥青材料的结构,是一种物理改性,存在一定的技术盲区。例如,路用性能的提高受到一定限制,尤其是对于石蜡含量比较高的沥青,改性困难。随着技术的发展,人们认识到只有改善沥青的结构和组分,才能真正改善沥青的性能。纳米材料由于具有巨大的比表面积和极高的表面活性,可以在微观上影响沥青的结构和组成,从而显著改善沥青性能,尤其是对于我国的石蜡基石油沥青,有望产生良好的改性效果。

纳米改性沥青近年来成为研究的热点,本书作者在纳米改性沥青研究方面也做了一些工作。我国的石油沥青大多是石蜡基,用常规改性技术很难奏效。应该说沥青的纳米改性技术,是解决我国高等级公路用沥青国产化问题的战略途径。

5.1.1 国产沥青概况

20 世纪 60 年代大庆油田的开发,成为中国石油化学工业发展史上的一个里程碑。石油沥青的性质与石油的性质和获得沥青的方法有关,高树脂、少石蜡的石油是道路沥青的最好原料。我国 20 世纪 80 年代中期以前开采的都是石蜡基石油,用它炼制出来的沥青中蜡的含量多,常在 10% 以上。这就导致用我国国产原油所生产的沥青的延度小,与石料的黏结力较差,沥青混合料的低温抗裂性能和高温稳定性都不好,不适合生产高等级道路沥青。用我国国产原油生产的沥青存在以下问题:

1.沥青产品结构不合理

我国的道路沥青占沥青总产量的 50% ~ 60% 左右,比例明显偏低。美国、日本道路沥青在沥青总量中的比例都在 80% 以上,而我国的高等级道路沥青在沥青总产量中的比例则更低。

2.产品标准低,用户认识不一

占道路沥青总产量 25% 的高等级道路沥青以前执行的是《重交通道路石油沥青》(GB/T 15180—94)标准,该标准中对用户关注的蜡含量未做规定。沥青的含蜡量并非是反映沥青性能的指标,但含蜡量的高低与沥青的主要性能指标密切相关,而且相关性很强。沥青作为工程建设的特殊原材料,其产品质量直接与工程质量有关,这对沥青的生产、运输、储存、改性加工、使用都有不同的要求。含蜡量高的沥青其软化点低,热稳定性也差。表现在夏天流淌变形,冬天收缩开裂。因其黏度低,与石材骨料的握裹力也小,使用中易出现车辙和骨料剥离。

进入 21 世纪以来,我国公路建设每年需要沥青 250 万吨以上,城市建设需 160 万吨以上,防水材料 140 万吨以上,其他用途约 50 万吨,合计每年至少需要各种沥青 600 万吨以上。

我国的炼油厂分布不均衡,主要集中在华北、东北、西北三个区域,南方除茂名石化和广州石化外基本没有其他炼油厂。

北方的沥青要通过津浦、京广、陇海、兰新、宝成等全国运输最紧张的干线向南方调拨,途中还需要经过几个编组站。

道路沥青的长距离运输在我国曾经极为困难,沥青铁路运输紧张的原因,除了线路紧张外,铁路油罐车不足,受流向限制,往返周期长也是主要的影响因素。全国现约有铁路罐车 2 500 辆左右,其中石化公司约 1 130 辆,石油天然气总公司约 500 辆,其余为交通部门自备罐车。沥青罐车是单程使用,放空回来,周转期较长,导致沥青运输问题的大量出现。

由于铁路运输安排困难,汽车运输远远超过了合理的经济距离,有的不得用汽车拉运至 1 000 km 以外的工程上使用。

我国在"七五"以前,曾取消桶装沥青,改为散装沥青用铁路运输。但自从京津塘高速公路开始进口沥青后,桶装沥青又成了部分地区的主要方式。每一吨沥青需要 6 个沥青桶,连同装卸费需增加600元/t以上的成本,而且桶装沥青需要加热脱桶,不仅需添置脱桶设备,还要耗费大量的柴油。使用桶装沥青还需占用较大的场地,甚至要征地,普遍的还有5%左右的浪费,而且旧桶没有回收使用价值,所以,桶装沥青带来的使用问题是非常明显的。

5.1.2 改性沥青的分类

当石油沥青不能满足土木工程中对石油沥青的性能要求时,可通过某些途径改善其性能。通过在沥青中添加各种聚合物或其他无机材料,经过充分混溶,使之均匀分散在沥青中,大幅度改善沥青的路用性能,即成为改性沥青。所用的改性剂不同就形成性能不同的改性沥青,其他种类的改性沥青实际应用不多。就目前而言,国内外使用取得成效并形成规模的主要是各种聚合物改性沥青,其他种类的改性沥青实际应用不多。

所谓改性沥青,也包括改性沥青混合料,按照我国《公路沥青路面施工技术规范》(JTG F40—2004)的定义,是指"掺和橡胶、树脂、高分子聚合物、天然沥青、磨细的橡胶粉,或者其他材料等外掺剂(改性剂),从而使沥青或沥青混合料的性能得以改善的沥青结合料"。改性剂是指"在沥青或沥青混合料中加入的天然的或人工的有机或无机材料,可熔融、分散在沥青中,改善或提高沥青路面性能(与沥青发生反应或裹覆在集料表面上)的材料"。随着人们对道路使用性能要求的逐年提高和货运车辆数量及轴重的日益增长,采用改性沥青已成为一种合理的选择。目前石油沥青的改性途径大致可分为两类:一类是工艺改性,即从改进工艺着手改进沥青性能;另一类是材料改性,即掺入高聚物等改进其性能。

工艺改性主要是氧化工艺,给熔融沥青吹入少量氧气可产生新的氧化和聚合作用,使其聚合成更大的分子。在氧化时,这种反应将进行多次,从而形成越来越大的分子,分子变大,则沥青的黏性得到提高,温度稳定性得到改善。

材料改性主要是在沥青中掺入橡胶、树脂、矿物填充料以进行改性,所得沥青混合物分别是橡胶沥青、树脂沥青、矿物填充料改性沥青。

关于改性沥青的分类,国际上并没有统一的分类标准。从广义上划分,根据不同目的所采取的改性沥青及混合料技术汇总如图5.1所示。

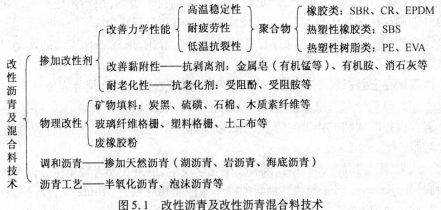

图5.1　改性沥青及改性沥青混合料技术

另外,近年来随着纳米技术的兴起,国内外相继开展了纳米改性沥青的研究,张金升等人开展的无机纳米粒子改性沥青的研究,取得了一定的成效。

5.1.3 沥青改性的关键问题

1. 改性沥青的相容性

聚合物要能够均匀地分散在沥青中,必须与沥青相容。从热力学的含义讲,相容性是指两种或两种以上的物质按任意比例均能形成均相物质的能力,它可以用溶解度来判断;而物理上的含义是指两种物质混溶以后形成一个稳定的体系,不发生分层或者相分离。对于改性沥青而言,则是指聚合物能够均匀地分布于沥青中。总体来讲,能完全满足热力学混溶条件形成均相体系的材料极少,而热力学不相容则是常见情况。沥青与高聚物存在着相对分子质量、化学结构的差异,因而属于热力学不相容体系,但这也许是沥青改性所期望的。与聚合物共混物相类似,由于不同组分相界面上的相互作用,使聚合物共混物具有很多均相物质所难达到的性质。Sam Maccarrone 认为聚合物在沥青-聚合物体系中的理想状态是细分布而不是完全互溶。所以对聚合物改性沥青来讲,达到物理意义上的相容是很有必要的。研究表明,聚合物是否与沥青相容,主要与沥青中沥青质的相对分子质量和含量、软沥青质相位的芳香度、聚合物的相对分子质量与结构、聚合物的剂量等因素有关。当聚合物的相对分子质量接近或大于沥青质的相对分子质量时,就会破坏沥青相位的平衡。聚合物与沥青质争夺软沥青质的相位,如果没有足够的软沥青质,相位就可能分离,也就形成聚合物与沥青不相容。学者 Brule 提出,当沥青组分比例在如下范围时:饱和分 8% ~12%,芳香分与树脂 85% ~89%,沥青质 1% ~5%,与聚合物相容性好。当聚合物加入沥青中时,聚合物首先要吸收油分而溶胀,使体积增大 5 ~10 倍。当聚合物添加剂量较高的情况下,吸收的油分也将增加。只有聚合物充分溶胀,它才有可能分散成细小颗粒。聚合物的分子结构对相容性也有很大的关系,试验表明,对于热塑性弹性聚合物 SBS,线型结构较星型结构易分散。因此,在制备聚合物改性沥青时,要精心选择基础沥青的品种,并对聚合物的相对分子质量、分子结构、分散状态加以选择,使它们能形成很好的配伍。因此,相容性是改性沥青的首要条件,相容性好可以起到以下四个方面的作用:

①改性作用。相容性好的改性沥青体系,改性剂粒子很细,很均匀地分布于沥青中;而相容性差则改性剂粒子呈絮状、块状或发生相分离和分层现象。

②聚合物(特别是嵌段共聚物)在低剂量下发生溶胀,形成一种连续的网络结构,发挥改性作用。

③改善储存、运输过程中的稳定性。相容性差的改性沥青,在搅拌完成且温度降低后可能发生相分离或分层现象,这将导致前期工作的失败。

④减少搅拌时间和搅拌机的功率要求,减少能量消耗,并防止改性沥青的老化。

2. 溶胀

初步认为,聚合物加入沥青后,没有发生化学反应,但是在沥青轻质组分的作用下,体积将会胀大。Nahas 把溶胀与改性沥青的抗车辙性能相联系,而 Brule 认为溶胀是使改性沥青的拉伸应力-应变关系得以改善的关键。总而言之,溶胀是聚合物改性沥青起到改性作用的重要环节,同时也是其区别于其他类型的改性剂如矿物填充料的最大特点。也有研究者将改性剂的溶胀称为"发育"。聚合物加入沥青后,被沥青中的轻质组分溶胀,并表现了区别于聚合物又不同于沥青的界面性质。溶胀程度随着聚合物剂量的增加而降低。

在高剂量情况下,聚合物在沥青中的溶胀程度略有降低,但形成网状结构。它使沥青的力学性质产生很大的改善,而实际上限于经济方面的因素,聚合物剂量应有所限制。在低剂量的情况下,聚合物被溶胀,表现为沥青中的胶质和油分析出并吸附于聚合物表面,形成类似于沥青本身的另一种胶体结构。组分比例发生变化,沥青的性能得到改善,所以在低剂量聚合物情况下,保证聚合物的溶胀是很重要的。这可以通过选择合适的沥青而实现,如选择饱和分和芳香分含量较高的沥青或标号较高的沥青。

3. 分散度

分散度是指聚合物在沥青中的分布状态及聚合物粒子的大小。改性技术中工艺之所以重要,就是为了保证良好的分散度。聚合物的细小、均匀的分布是保证相容性的前提,也是发挥改性效果的保证。如果忽视分散度,聚合物很难发挥改性作用,甚至有副作用。Novophalt 改性沥青技术为了保证改性沥青的质量,将聚乙烯颗粒分布情况的显微镜检查作为常规指标之一,要求显微镜检查的聚乙烯颗粒呈现球状并且均匀分布,不合格的标志是聚乙烯呈絮状或大团的颗粒。

聚合物在沥青中的分散度对改性沥青性质有很大影响,改性沥青制备的过程,就是使聚合物尽可能地充分分散,分散度的好坏是加工质量的重要标准。聚合物只有充分分散在沥青中,才能真正发挥改性作用。实验表明,当聚合物改性沥青经加工后,成为均匀的混合物(在显微镜下,聚合物颗粒尺寸在 $10~\mu m$ 以下),用肉眼看不见粒子的存在,那么,改性沥青的软化点就会有较大幅度的提高;相反,如果有明显粒子可见,则改性沥青的软化点提高就很少。例如,在进口的埃索 70 号沥青中加入 5%SBS,当加工后沥青中有许多大小不等的颗粒存在时,测得软化点只有 $55 \sim 58$ ℃;而在试验室加工的均匀而无颗粒可见,其软化点则可以提高到 $68 \sim 70$ ℃。

5.1.4 进口沥青概况

20 世纪 90 年代以来,随着我国公路建设,特别是高等级公路建设的迅猛发展,国产沥青不论从数量还是质量上均不能满足国内市场的需求。所以,大量国外沥青进入中国市场是不可避免的。面对这种激烈的竞争形势,国内沥青生产企业不得不采取积极的措施改进产品质量来提高竞争能力和扩大市场占有率。公路建设作为国家优先发展的基础设施,对国民经济的拉动作用是显而易见的。

公路建设新高潮的出现,特别是以"五纵"、"七横"为代表的国家高速公路主框架的加紧建设,对沥青有了更大的需求,国外公司早已看准并抓住了这一时机。所以,进口沥青与国产沥青共发展的局面短期难以打破,这种共存,也有利于用户,有利于沥青质量的提高和服务意识的增强。

对沥青用户而言,要深入了解国内外沥青市场的动态,结合当地气候、环境特点及公路等级标准,从而选择最适合自己的沥青品种与品牌。要反对走两个极端:一个是必须用进口沥青,另一个是坚决不用进口沥青。

在一个相当长的时期内,由于国产重交沥青供应不足,运输困难及价格方面的原因,进口沥青的状况将会持续下去。从公路部门的自身利益出发,只要价格合适,质量有保证,采用进口沥青是无可非议的。

当然,国产沥青的价格具有竞争性。目前进口沥青高于国产沥青 200 元/t,即便加入 WTO 取消 8% 的关税,国产沥青的价格仍可低于进口沥青 100 元/t。

我国进口的沥青,主要来自我国周边的国家和地区,如新加坡、韩国、日本、泰国、马来西亚及我国台湾等地。近年来,众多的国外公司先后在我国沿海地区建设了沥青库,一些省份如江苏、浙江、福建、山东、天津、河北等也开始建设散装沥青库。

目前,已经在建的沥青库有:海口、北海、防城、广州、深圳、珠海、湛江、茂名、汕头、厦门、马尾、宁波、乍浦、上海、南通、镇江、大港、南京、淮阴、太仓、连云港、九江、芜湖、鄂州、日照岚山、青岛、烟台、黄骅、秦皇岛、天津(两个)、塘沽、营口等。

水上运输沥青不仅为国内进口沥青服务,同样也可以为出口沥青服务。由于散装沥青免去了铁桶包装费,进口沥青每吨可以省去 50 美元以上的铁桶包装费,并减少了沥青的损耗和污染,省去了脱桶设备及燃料费,其经济性是显著的。

形成沥青进口的原因简要分析如下:
①国产重交通沥青数量满足不了需求。
②少数重交通沥青由于运输问题销售不畅。
③国产沥青供货期没有保证,受运输制约不能按时到货。
④施工单位因分段承包,缺少大型沥青储罐。
⑤与进口沥青的价格比,国产沥青价格优势越来越小。
⑥因工程使用外汇,必须使用进口沥青。
⑦一些人对国产沥青不放心,国产沥青没有吸引力。

进口沥青与进口原油炼制沥青一样,决定沥青质量主要是原油品种,不同沥青厂之间在生产工艺上的差别不是很大。其中运输成本在沥青销售中占了相当比例,不同厂家的沥青将受运输费的影响,在质量、价格大体相当的条件下,选择国产沥青是符合国家长远利益的。且随着沥青用量的增加,国务院下达有关文件,中石化召开会议,对沥青质量进行了攻关。目前已生产出符合要求的重交通沥青,基本可取代进口,满足国内道路建设的需要。

5.2　改性剂的种类

5.2.1　工程高聚物材料

1.高聚物材料的概念

高聚物按国际理论化学与应用化学联合会(IUPAC)的定义是组成单元相互多次重复连接而构成的物质。通常认为聚合物材料包括塑料、橡胶和纤维三类。实际上,随着高分子合金材料、复合材料、互穿聚合物网络、功能高分子材料等的不断涌现,各类高聚物材料的概念重叠交叉,它们之间并无严格的界限。

(1)高聚物的特征和基本概念

高聚物在结构和性能上都有其与低分子化合物不同的特征,现择其最主要几点简单分述如下。

①具有巨大的相对分子质量。高聚物是由数目很大(一般为 $10^3 \sim 10^7$)的重复结构单元,以共价键的形式连接而成的聚合物,所以具有大的相对分子质量是其首要特征。以最简单的聚乙烯为例,其相对分子质量为$(6 \sim 80) \times 10^4$。超高相对分子质量聚乙烯可达$(200 \sim 300) \times 10^4$。高聚物的性能主要取决于其相对分子质量及相对分子质量分布。

②复杂的链结构。高聚物按其大分子链几何形状,可分为线型、支链型、交联网状体型等。如纤维多呈线型结构、硫化橡胶和酚醛树脂等呈网状体型结构。

③晶态与非晶态的共存。高聚物可以呈晶态和非晶态结构,但是多为晶态与非晶态共存。故同一种高聚物既有固态性质(有固定的形状和体积),又有液态性质(加热可以流动)。

④同一种高聚物可加工为不同性质的材料。例如聚氨酯树脂可以加工为聚氨酯弹性纤维,又可加工为聚氨酯橡胶,还可加工为聚氨酯泡沫塑料。

⑤高的品质系数。品质系数为极限强度与密度之比。由于高聚物极限强度时的密度小,故其品质系数较传统材料(钢材、混凝土等)高,是一种有发展前途的新材料。

高聚物虽然相对分子质量较大、原子数较多,但都是由许多低分子化合物聚合而成的。例如,聚乙烯($\cdots\!-\!CH_2\!-\!CH_2\!-\!CH_2\!-\!CH_2\!-\!CH_2\!-\!CH_2\!-\!\cdots$)是由低分子化合物乙烯($CH_2\!=\!CH_2$)聚合成的,若将$-\!CH_2\!-\!CH_2\!-$看作聚乙烯大分子中的一个重复结构单元,则聚乙烯可写成$\{\!CH_2CH_2\!\}_n$。

可以聚合成高聚物的低分子化合物,称为单体(Monomer),如上例中的乙烯($CH_2\!=\!CH_2$)。组成高聚物最小的重复结构单元称为链节(Chain Element),如上例中的$-\!CH_2\!-\!CH_2\!-$。相应组成的大分子称为聚合物(Polymer),如上例的$\{\!CH_2CH_2\!\}_n$。聚合物中所含链节的数目 n 称为聚合度。聚合度很大(10^3 以上)的聚合物称为高聚物(High Polymer)。

(2)高聚物的命名和分类

高聚物的命名方法主要有下列 3 种。

①习惯命名

按原料单体的名称,在其前冠以"聚"字。部分高聚物在原料后附以"树脂"二字命名。

②系统命名法

按国际理论化学与应用化学联合会命名法,是将聚合物的重复结构单元按照有机化合物系统命名法命名,最后再在前面冠以"聚"字。系统命名法虽然比较严谨,但冗长繁琐,除正规科技文献外,少有采用。

③英文缩写

由于高聚物名称较长,读写不便,所以常用英文名称的缩写表示,例如聚乙烯用 PE、聚丙烯用 PP、氯丁橡胶用 CR、丁苯橡胶用 SBR 等。

高聚物种类繁多,为便于研究和讨论它的性能,通常按高聚物材料的性能和用途可分为下列三类:

a. 塑料。具有可塑性的高聚物材料。可塑性是指当材料在一定温度下受到外力作用时,可产生变形,而外力除去后仍能保持受力时的形状。按其能否进行二次加工,又可分为热塑性塑料(线型结构高聚物材料)和热固性塑料(体型结构高聚物材料)两类。

b. 橡胶。具有显著高弹性的高聚物材料。在外力作用下可产生较大的变形,当外力卸除后又可恢复原来的形状,按其来源可分为天然橡胶和合成橡胶两类。

c. 纤维。纤维是柔韧、纤细而且均匀的线状或丝状,并具有相当长度(直径的 100 倍以上)、较高强度和弹性的高聚物材料。纤维可分为天然纤维和化学纤维(包括人造纤维和合成纤维)两类。

2. 几种主要高聚物材料

(1)塑料(Plastics)

塑料按其用途分为:

①通用塑料(General Plastics):产量大、用途广、成型性好、价廉的塑料。如聚乙烯、聚丙烯、酚醛树脂等。

②工程塑料(Engineering Plastics):能承受外力作用,有良好的力学性能、尺寸稳定好,在高温和低温下能保持良好性能,可作为工程构件的塑料,如 ABS 塑料。作为水泥混凝土或沥青混合料改性的均属于前一类,直接作为桥梁或道路结构构件的属后一类。

通用塑料的主要种类及特性如下:

表 5.1 是塑料的主要种类及聚合方式。

(1)聚乙烯(Polyethylene,简称 PE)

聚乙烯是由乙烯加聚得到的高聚物。聚乙烯塑料(Polyethylene Plastics)是以聚乙烯为基材的塑料。聚乙烯按其密度分为高密度聚乙烯和低密度聚乙烯。高密度聚乙烯(High Density Polyethylene,缩写 HDPE)是白色粉末状或柱状或半圆状颗粒,密度为 $0.94 \sim 0.976 \ cm^3$。低密度聚乙烯(Low Density Polyethylene,缩写 LDPE)是白色或乳白色蜡状物,呈球形或圆柱形颗粒,密度为 $0.91 \sim 0.94 \ g/cm^3$(其中 $0.926 \sim 0.948 \ g/cm^3$ 又称为中密度聚乙烯)。低密度聚乙烯较高密度聚乙烯具有较低的强度,但具有较大的伸长率和较好的耐寒性,故用于改性沥青时选用低密度聚乙烯。

聚乙烯的特点是强度较高、延伸率较大、耐寒性好(玻璃化温度可达 $-120 \sim -125 \ ℃$)。聚乙烯是较好的沥青改性剂,由于它具有较高的强度和较好的耐寒性,并且与沥青的相容性较好,在其他助剂的协同作用下,可制得优良的改性沥青。

近年生产的超高相对分子质量聚乙烯(UHNWPE),聚合度 $n = (100 \sim 600) \times 10^4$,密度 $0.936 \sim 0.984 \ g/cm^3$,抗冲击强度、抗拉强度、耐磨性和耐热性均大大提高。

表 5.1 塑料的主要种类及聚合方式

单体	链节结构	高聚物
乙烯		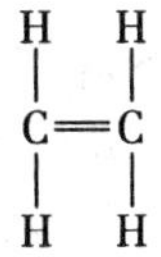 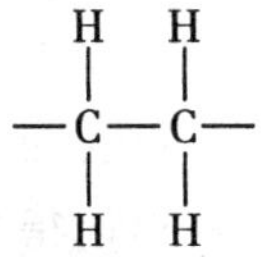 聚乙烯 (PE) 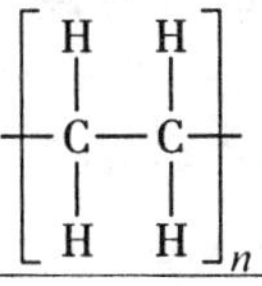
丙烯		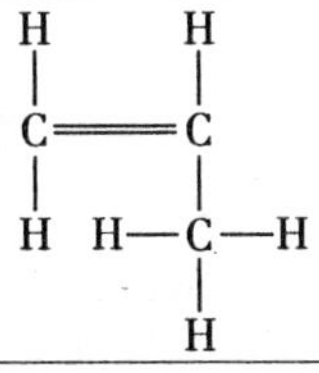 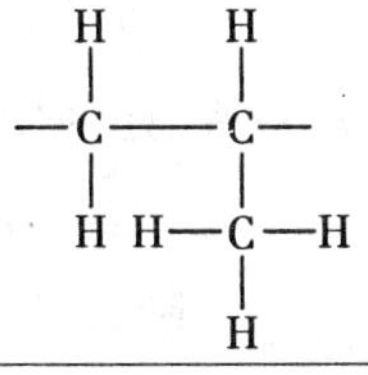 聚丙烯 (PP) 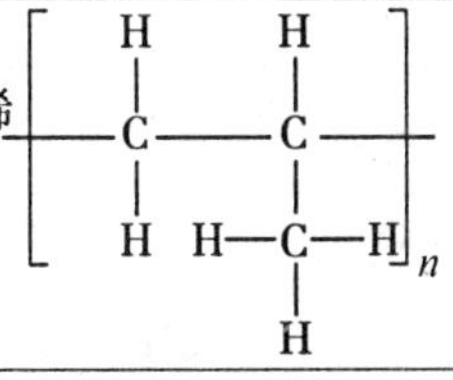
氯乙烯		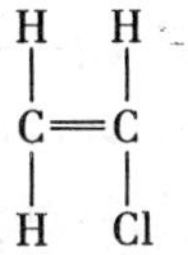 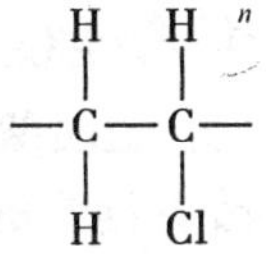 聚氯乙烯 (PVC) 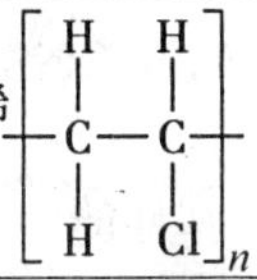
苯乙烯		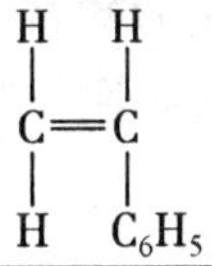 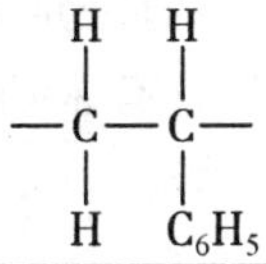 聚苯乙烯 (PS) 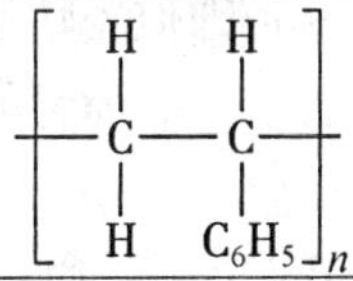
甲基丙烯酸甲酸		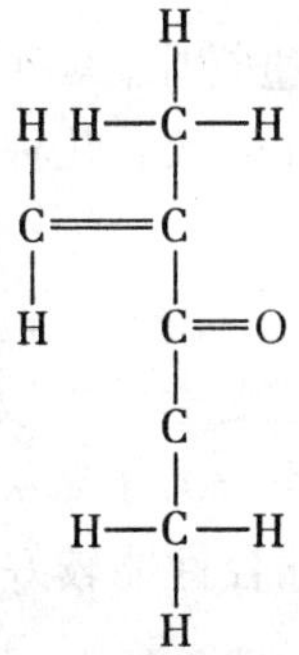 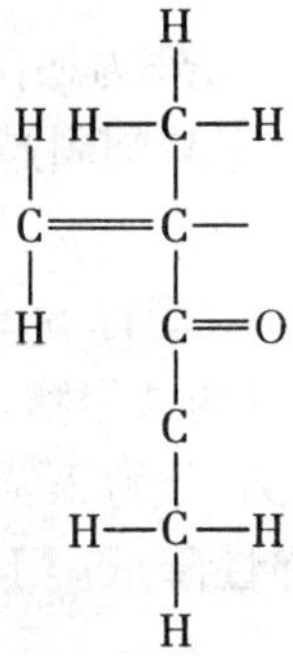 聚甲基丙烯酸甲酯 (PMMA) 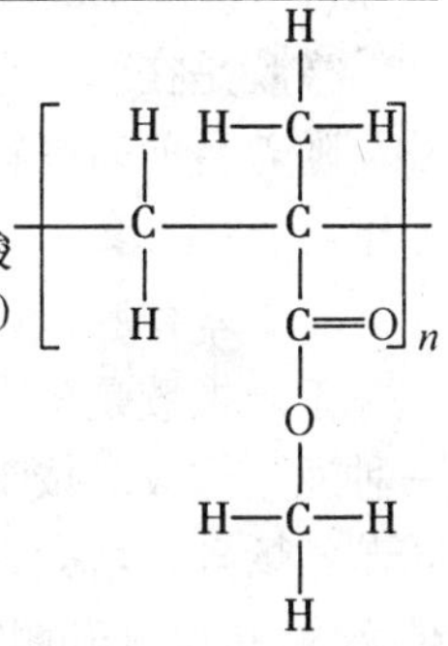

②聚丙烯(Poly Propylene,缩写 PP)

聚丙烯是以丙烯为单体聚合而成的高聚物。以聚丙烯为基材的塑料称为聚丙烯塑料 (Poly Propylene Plastics)。聚丙烯按其分子结构可分为无规聚丙烯、等规聚丙烯和间规聚丙烯三种。用作沥青改性的主要为无规聚丙烯(Atactic Polypropylene,缩写 APP)。无规聚丙烯是生产等规聚丙烯的副产品,在常温下呈乳白色至浅棕色橡胶状物质,密度为 0.85 g/cm^3,抗拉强度较低,但延伸率高,耐寒性尚好(玻璃化温度$-18 \sim -20 \text{ ℃}$)。无规聚丙烯常用作道路和防水沥青的改性剂。

③聚氯乙烯(Poly Vinyl Chloride,简称 PVC)

聚氯乙烯是由氯乙烯单体聚合而成的高聚物。经加工后制成的聚氯乙烯塑料,具有较高的力学性能和良好的化学稳定性,主要缺点是变形能力低和耐寒性差。聚氯乙烯与焦油沥青具有较好的相容性,常用来作为煤沥青的改性剂,对煤沥青的热稳性有明显的改善,但变形能力和耐寒性改善较少。

④聚苯乙烯(Polystyrene,简称 PS)

聚苯乙烯是以苯乙烯为单体制得的聚合物。聚苯乙烯塑料是以聚苯乙烯为基材的塑料,是无色透明具有玻璃光泽的材料。由于不耐冲击、性脆、易裂,故目前是通过共聚、共混、添加助剂等方法生产改性聚苯乙烯(Modified Polystyrene),如 HIPS 等。

⑤乙烯-醋酸乙烯酯共聚物(Ethylene-Vinyl Acetate Copolymer,缩写 E/VAC,EVA)

EVA 是由乙烯(E)和醋酸乙烯酯(VA)共聚而得的高聚物,化学名为乙烯-醋酸乙烯酯共聚物。

$$-\left(CH_2-CH_2\right)_n\left(CH-CH_2\right)_m$$
$$O-C-CH_2$$
$$\|$$
$$O$$

EVA 为半透明粒状物,具有优良的韧性、弹性和柔软性;同时又具有一定的刚性、耐磨性和抗冲击等力学性能。EVA 的力学性能,随醋酸乙烯酯(VA)的含量而变化,VA 含量越低,其性能则接近低密度聚乙烯,主要改善沥青的高温性能,如软化点和黏度;VA 含量越高,则似胶物的比例越大,对低温性能也有一定的改善。EVA 为较常采用的沥青改性剂,改性后沥青的性能与共聚物中 VA 含量有密切关系,在选用时应注意其品种与牌号。

(2)橡胶(Rubber)

橡胶是在外力作用下可发生较大形变,外力撤除后又迅速复原,具有高弹性的高聚物。随着目前高聚物合金的发展,实际上它与塑料越来越重叠交叉。几种常用橡胶材料如下:

①丁苯橡胶(Styrene-Butadiene Rubber,简称 SBR)

丁苯橡胶是丁二烯与苯乙烯共聚而得的共聚物。丁苯橡胶是合成橡胶中应用最广的一种通用橡胶。按苯乙烯占总量中的比例,分为丁苯-10、丁苯-30、丁苯-50 等牌号。随着苯乙烯含量增大,硬度、硬磨性增大,弹性降低。丁苯橡胶综合性能较好,强度较高、延伸率大,抗磨性和耐寒性也较好。

$$nCH_2=CH-CH=CH_2 + nCH_2=\overset{\overset{C_6H_5}{|}}{CH} \longrightarrow \left(CH_2-CH=CH-CH_2-CH_2-\overset{\overset{C_6H_5}{|}}{CH}\right)_n$$

丁二烯　　　　　　苯乙烯　　　　　　丁苯橡胶

丁苯橡胶是水泥混凝土和沥青混合料常用的改性剂。丁苯胶乳可直接用于拌制聚合物水泥混凝土,也可与乳化沥青共混制成改性沥青乳液,用于道路路面和桥面防水层。丁苯橡胶需用溶剂法或胶体磨法将其掺入沥青中。丁苯橡胶对水泥混凝土的强度、抗冲击和耐磨等性能均有改善,对沥青混合料的低温抗裂性有明显提高,对高温稳定性亦有适当改善。

②氯丁橡胶(缩写 CR)

氯丁橡胶是以 2-氯-1,3-丁二烯为主要原料通过共聚制得的一种弹性体。氯丁橡胶呈米黄色或浅棕色,密度为 1.23 g/cm^3,具有较高的抗拉强度和相对伸长率。耐磨性好,且耐热、耐寒,硫化后不易老化。由于它的性能较为全面,是一种常用改性剂。

氯丁胶块用溶剂法可掺入沥青。氯丁橡胶乳与乳化沥青共混均可用于沥青混合料，也可作为桥面或路面防水层涂料。

$$n\left[CH_2{=}C{-}CH{=}CH_2 \right] \longrightarrow \left(CH_2{-}C{=}CH{-}CH_2\right)_n$$
$$\qquad\qquad\quad | \qquad\qquad\qquad\qquad\qquad |$$
$$\qquad\qquad\quad Cl \qquad\qquad\qquad\qquad\qquad Cl$$

（3）高聚物合金（Polymer Alloy）

高聚物合金是指多组分和多相同时并存于某一共混物体系中的聚合物。苯乙烯-丁二烯苯乙烯嵌段共聚物（Styrene-Butadiene-Styrene Copolymer，简称 SBS），是苯乙烯（S）和丁二烯（B）的嵌段共聚物。

$$\left(CH_2{-}CH\right)_n\left(CH_2{-}CH{=}CH{-}CH_2\right)_m\left(CH_2{-}CH\right)_n$$
$$\quad |\qquad\qquad\qquad\qquad\qquad\qquad\qquad\qquad\quad |$$
$$\quad C_6H_5\qquad\qquad\qquad\qquad\qquad\qquad\qquad\quad C_6H_5$$

SBS 产品外观为白色（或微黄色），呈多孔小颗粒，它的性能兼有橡胶和塑料的特性，具有弹性好、抗拉强度高、低温变形性能好等优点。SBS 是沥青优良的改性剂，可提高沥青的高温稳定性和低温抗裂性，广泛应用于路面和屋面防水材料。

为提高黏结力，开发了苯乙烯-异戊二烯-苯乙烯三嵌段共聚物（SIS）；为改善 SBS 的耐久性和耐老化性，开发了饱和型 SBS（即 SEBS）。

5.2.2 改性剂的种类

从狭义来说，现在所指道路改性沥青一般是指聚合物改性沥青，简称 PMA、PMB 或 PmB。用于改性的聚合物种类也很多，按照改性剂的不同，一般将其分为三类。

1. 热塑性橡胶类

热塑性橡胶类即热塑性弹性体，主要是苯乙烯类嵌段共聚物，如苯乙烯-丁二烯-苯乙烯（SBS）、苯乙烯-异戊二烯（SIS）、苯乙烯-聚乙烯/丁基-聚乙烯（SE/BS）等嵌段共聚物，由于它兼具橡胶和树脂两类改性沥青的结构与性质，故也称为橡胶树脂类。属于热塑性橡胶类的还有聚酯弹性体、聚脲烷弹性体、聚乙烯丁基橡胶浆聚合物、聚烯烃弹性体等。研究表明，热塑性弹性体对沥青结合料的温度稳定性、形变模量、低温弹性和塑性变形能力都有很好的改善，所以这类弹性体已成为目前世界上最为普遍使用的道路沥青改性剂，其中应用最多的是 SBS。SBS 由于具有良好的弹性（变形的自恢复性及裂缝的自愈性），故已成为目前世界上最为普遍使用的道路沥青改性剂。

SBS 是由苯乙烯（硬段 S）和丁二烯（构成软段 B）组成的三嵌段共聚物。根据苯乙烯和丁二烯所含比例的不同和分子结构的差异，可以分为线型和星型两种，化学结构式如下。

线型：
$$\left(CH_2{-}CH\right)_n\left(CH_2{-}CH{=}CH{-}CH_2\right)_m\left(CH_2{-}CH\right)_n$$
$$\quad |\qquad\qquad\qquad\qquad\qquad\qquad\qquad\qquad\quad |$$
$$\quad C_6H_5\qquad\qquad\qquad\qquad\qquad\qquad\qquad\quad C_6H_5$$

星型：
$$\left[\left(CH_2{-}CH\right)_n\left(CH_2{-}CH{=}CH{-}CH_2\right)_m\right]_4Si$$
$$\quad\ |$$
$$\quad\ C_6H_5$$

SBS 作为第三代橡胶，具有微观呈两相分离的特征，这使得它具有两个玻璃化温度点,分别为 T_{g1} 和 T_{g2}。 T_{g1} 为 $-83 \sim -88$ ℃(相当于聚丁二烯的 T_g), T_{g2} 为 90 ℃左右(相当于聚苯乙烯的 T_g)。在 $T_{g1} \sim T_{g2}$ 之间,内聚能密度较大的端基聚苯乙烯分别聚集在一起形成许多约束成分的物理交联区域,分散在聚丁二烯连续相之间,形成网状结构,如图 5.2 所示,起物理交联固定链段和硫化补强等作用,因而 SBS 具有硫化橡胶的高弹性和抗疲劳性能。当温度升至 T_{g2} 时,聚苯乙烯塑料段开始软化和流动,失去交联作用。SBS 在外力作用下,可以产生流动,使之具有塑料的热塑易加工性。当温度再次冷却时,聚苯乙烯又会再次形成交联点而恢复原有性能。上述结构特征使 SBS 具有弹性较高、高温不软化、低温不发脆等特性,这些都决定了其用途的广泛性。

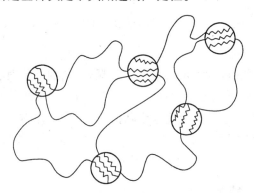

〜〜〜—聚苯乙烯　〜〜—聚丁二烯

◉—聚苯乙烯交联点

图 5.2　SBS 网状结构示意图

2. 橡胶类

橡胶即聚合物弹性体,主要有天然橡胶、合成橡胶和再生橡胶三大类。在道路工程中,主要采用合成橡胶来改性沥青。合成橡胶主要有丁苯橡胶(SBR)、氯丁橡胶(CR)、丁二烯橡胶(BR)、异戊二烯橡胶(IR)、乙丙橡胶(EPDM)、丙烯酸丁二烯(ABR)、异丁烯异戊二烯(IIR)、苯乙烯异戊二烯(SIR)以及硅橡胶(SR)、氟橡胶(FR)等。其中丁苯橡胶(SBR)是世界上应用最广泛的改性剂之一,它是丁二烯-苯乙烯聚合物,根据苯乙烯含量多少又分为许多品种,通常用于沥青改性的多采用苯乙烯含量为 30% 的丁苯橡胶。氯丁橡胶具有极性,常掺入煤沥青,作为煤沥青的改性剂。

SBR 能显著提高沥青的低温变形能力,改善沥青的感温性和黏弹性。有关文献认为,由于 SBR 与沥青的相对分子质量相差太大,二者兼容性较差,因此改性沥青的结构属于一种镶嵌结构。在低温下由于沥青硬而橡胶相对较软,这样在受到外力作用时,胶粒的变形拉伸起到一定程度的增韧增塑作用,降低了整体材料的脆性,使得低温性能得到改善。同时由于改性剂相对分子质量大,掺入沥青后使得改性沥青平均相对分子质量增大,弹性增强,而且改性剂的大分子在沥青中起着缠绕的作用,其结果阻碍了沥青分子的流动,因而沥青高温性能增强。由于我国 SBR 资源丰富,全国年产量为 30 多万吨,价格比 SBS 和 AFP(无规立构聚丙烯)等改性剂便宜,因此在国内得到了广泛应用。

橡胶是沥青的重要改性材料。掺入后能使沥青具有橡胶的很多优点,如高温变形小,低温柔性好。用于改性的橡胶品种很多,现将常用的几种分述如下。

(1)氯丁橡胶沥青

氯丁橡胶属合成橡胶类,在沥青中掺入此种橡胶,可使沥青的气密性、低温柔性、耐化学腐蚀性、耐燃烧性、耐候性得到明显改善。

氯丁橡胶掺入沥青中的方法有溶剂法和水乳法两种。溶剂法是将氯丁橡胶溶于一定的溶剂中形成溶液,然后掺到沥青(液态)中,混合均匀即为氯丁橡胶沥青。水乳法是将氯丁橡胶和沥青分别制成乳液,再混合均匀即可使用。

氯丁橡胶与沥青相互作用的机理是:橡胶可看作沥青的外加剂,它起着促进沥青结构形成的作用,它分布在沥青胶体结构的分散介质中或在沥青中形成本身的结构网,一方面保证强度,高温下不产生流动;另一方面保证低温下的变形,从而扩大了混合物的工作范围。

(2)丁基橡胶沥青

丁基橡胶沥青具有优异的耐分解性,并有较好的低温抗裂性和耐热性能,多用于道路路面工程和制作密封材料和涂料。丁基橡胶沥青的配制方法与氯丁橡胶沥青的配制方法类似。

(3)再生橡胶沥青

再生橡胶掺入沥青中,可大大提高沥青的气密性、低温柔性、耐候性。再生橡胶与石油沥青的作用机理和氯丁橡胶与石油沥青的作用机理相似,且更为复杂。制备再生橡胶沥青时,先将废旧橡胶加工成 1.5 mm 以下的颗粒,然后与沥青混合,经加热搅拌脱硫后混合均匀即可。

3. 树脂类

树脂按其可塑性分为热塑性树脂和热固性树脂。热塑性树脂主要有聚乙烯(PE)、乙烯-醋酸乙烯共聚物(EVA)、无规聚丙烯(APP)、聚苯乙烯(PVC)和聚酰胺等。热固性树脂主要为环氧树脂(EP)和聚氨酯,用热固性树脂可配制具有高强度、高性能的沥青混凝土材料,但由于其工艺比较复杂,施工难度大,除在某些特殊工程中外,应用不太普遍,在道路工程中用于沥青改性的主要为 PE 和 EVA。无规聚丙烯 APP 由于价格低廉,用于改性沥青油毡较多,其缺点是与石料的黏结力较小。

(1)PE

PE 分为高压低密聚乙烯和低压高密聚乙烯。高密聚乙烯分子排列较规整,很少有支链,呈线型结构,且它的熔点高达 131 ℃,难以在沥青中分散;而低密聚乙烯的平均相对分子质量很大,可达 30 万以上,它虽然也是线型长链分子结构,但在主链上却带有数量较多的烷基侧链和较短的甲基支链,成为一种多分支的树枝状结构。所以,低密聚乙烯的这种多分子链排列的不规则分子结构有利于加强与集料的黏结。此外,由于低密聚乙烯柔软性、伸长率、耐冲击性等都比高密聚乙烯好,熔点也较低,通常在 110~120 ℃之间,而且结晶度也小。在沥青处于 160 ℃以上的改性状态下,经胶体磨强力的反复挤压、剪切,能粉碎成小于 5~7 μm 数量级的细微颗粒,均匀地分散、混溶在沥青中。因此,通常只用低密度聚乙烯来改性沥青。

低密聚乙烯为乳白色、无味、无毒、表面无光泽的蜡状物颗粒,密度为 0.916~

0.930 g/cm^3，它是聚乙烯树脂中最轻的一种。在电子显微镜下观测聚乙烯改性沥青（掺量≥5%），可发现有絮状的发丝状联结，有一些柔顺卷曲的聚乙烯支链相互结合形成交联网状结构，因而扩大了沥青的黏弹性范围，约束了沥青在外力作用下的流动性，由此提高了沥青在高温状态下的黏度和抗流动变形能力。低剂量的 PE 加入沥青中，即使施加较大的外力，也不能形成上述的网状结构，经显微观察，PE 仍为独立的微粒分散于沥青中，而低剂量 PE 改性沥青通过实验也发现确有明显的高温改性效果，这意味着网构形成的解释并不是 PE 能够提高高温稳定性能的唯一结论。有研究认为，低剂量 PE 对沥青高温时的改性效果与 PE 粒度、分散均匀性、溶胀、扩散、界面作用力及沥青组分等有较大关系，这些因素的协同作用改善了沥青的使用性能。由于 PE 与沥青不能形成分子级分散，体系中存在着明显的相界面，PE 与沥青的混合性能只能用物理意义上的是否有良好的相界面、均匀性、分散性、稳定性等表征的混溶性来描述。此外，沥青的性质对其改性效果有着很大的影响，一般认为，PE 的良溶剂是芳香烃类溶剂。Brule 提出，当沥青组分比例在以下范围：饱和分 8%～12%，芳香烃及树脂 85%～90%，沥青质 1%～5%，PE 与聚合物兼容性较好。可见，芳香烃含量对最终结果产生很大影响。另外还有研究表明，在改性沥青中，PE 可以溶于蜡中作为黏结剂，即蜡的存在可提高 PE 在沥青中的溶胀程度，同时也改变了蜡在沥青中的分布，降低了蜡对沥青性能的不利影响。

（2）EVA

EVA 是乙烯–醋酸乙烯酯共聚物的缩写，它在常温下呈透明颗粒状（也有粉状产品），有轻微醋酸味。由于乙烯支链上引入了醋酸基团，使 EVA 较 PE 更富弹性和柔韧性，尤其是 EVA 能很好地融于沥青中，故在许多国家得到研究和应用。在国外改性沥青中，EVA 大约占 25%，欧洲主要是英国使用较多。我国从 20 世纪 90 年代才开始研究并应用 EVA 改性沥青，由于 EVA 价格昂贵，使其使用受到了一定限制。

EVA 是一种无定形结构的热塑性树脂，按其醋酸乙烯（VA）含量和相对分子质量的不同而有不同品种。EVA 相对分子质量的大小用熔融指数 MI 间接表示，MI 值越大，相对分子质量和黏度越小；反之，MI 值越小，相对分子质量和黏度越大。当 MI 一定，VA 含量增加时，EVA 的弹性、柔韧性、与沥青的兼容性、透明度都相应提高；VA 含量越低，其性质越接近低密度聚乙烯。当 VA 含量一定时，MI 值增大，则 EVA 相对分子质量降低，软化点下降；MI 值减小，则 EVA 相对分子质量增大，性质变硬，强度相应提高。

大量研究发现，尽管 EVA 能有效地改善沥青性能，但目前在国外仅大量应用于寒冷气候条件下的施工。EVA 有助于改善沥青混合料的低温施工性能，是因为 EVA 的剪切敏感性，同时使用了较软的基质沥青。EVA 改性沥青在较冷气候条件下施工时，应特别注意施工过程中的混合料温度。混合料温度下降太低，则很难压实，路面质量得不到保证。所以，在使用 EVA 改性沥青混合料前，必须充分估计其施工条件。

将树脂掺入沥青中，可以改进沥青的气密性、黏结性和耐低温性。常用的树脂有：古马隆树脂、聚乙烯树脂和聚丙烯树脂等。

①古马隆树脂沥青

古马隆树脂又名香豆桐树脂，呈黏稠液体或固体状，浅黄色至黑色，易溶于氯化烃、酯、硝基苯和苯胺等有机溶剂，能耐酸、碱，为热塑性树脂。掺入方法是将沥青加热熔化脱水,在温度为 150～160 ℃下,把古马隆树脂加入熔化的沥青中,并不断搅拌,再把温度提高到 185～190 ℃,保持足够的时间,以便使树脂和沥青充分混合均匀。古马隆树脂掺量在 40% 左右,掺入后的沥青黏性得到明显改善。

②聚乙烯树脂沥青

沥青中聚乙烯的掺量为 7%～10%,此时沥青的针入度和软化点均较好。制备方法是先将沥青加热熔化脱水,再加入聚乙烯不断搅拌,温度保持在 140 ℃左右,即可得到均匀的聚乙烯树脂沥青。

③聚丙烯树脂沥青

无规聚丙烯在常温下呈黄白色固体,不溶于水,无明显熔点,加入到沥青中可使沥青的软化点明显提高,针入度趋于平衡或稍有增大,在低温下的韧性得到改善。

在沥青中单纯加入无规聚丙烯树脂,其混合物黏结性较差,在防水施工中易产生气泡。如加入占无规聚丙烯树脂量 20%～40% 的古马隆树脂则能显著地改善黏结性和耐候性。

4. 橡胶和树脂改性沥青

同时掺入橡胶和树脂两种改性材料,可使沥青同时具有橡胶和树脂的特性,取得比只掺某一种改性材料更好的改性效果。

5. 矿物填充料改性沥青

其他改性材料有矿物填料类改性剂,如炭黑、硫磺、石灰等,矿物填料在沥青中起填充增强作用。硫磺在某些国家是工业副产品,如波兰硫磺就有大量剩余,故价格低廉,添加在沥青中,不但可以起改性作用,而且可以取代部分沥青起到结合料的作用。近年来,纤维在道路工程中也得到了广泛的应用,且已有 20 多年的历史。纤维是一种柔软、纤细而且均匀的线状物或丝状物,它具有相当的长度(约为其本身直径的 100 倍以上),富于柔曲性,具有一定的强度和弹性。与其他聚合物改性剂不同,纤维并不与沥青发生化学作用。使用纤维的主要目的是通过提高疲劳和开裂过程中所吸收的能量来提高沥青混合料的韧性。近年来,纤维逐步成为 SMA 沥青玛琋脂碎石混合料的必需成分。由于 SMA 使用较多的矿粉和沥青结合料,纤维加入其中可以起到加筋作用、分散作用(分散沥青矿粉胶团,减少油斑的存在)、吸附和吸收沥青作用、稳定作用及增黏作用等。目前,常用的纤维品种有木质素纤维、合成纤维、矿渣纤维及玻璃纤维等。

为增强沥青与石料的黏附性和黏结力,常在沥青中加入一些抗剥落剂,这些抗剥落剂大多是各种表面活性物质。由于在沥青路面的早期破坏中,沥青的水剥落现象较为严重,因而抗剥落剂也得到了广泛应用。此外,金属皂在国内外也有研究和应用。金属皂是多价金属与一元羧酸反应所生成的盐类,其通式为 $(RCOO)_x M$,x 为金属 M 的原子价数,R 为烃基或脂环基。金属皂通常由碱金属之外的金属氧化物或盐类与脂肪酸、松香酸、环烷酸作用而成。用环烷酸制成的金属皂有环烷酸锰、环烷酸铅、环烷酸钴等。金属皂加入热沥青中,能起到催化作用,使沥青分子之间发生交联作用并形成稳定的不可逆酮键,进而形成酮-金属(如锰)络合物,达到改善沥青耐老化及黏附性等目的。因金属皂的改性作用尚未得到充分研究,故实际应用不多。

（1）矿物填充料的种类

矿物填充料按形状可分为粉状和纤维状,按化学组成可分为含硅化合物类、碳酸盐类等。主要有以下几种:

①滑石粉。它是由滑石经粉碎、筛选而制得的。主要化学成分为含水硅酸镁（$3MgO \cdot 4SiO_2 \cdot H_2O$）。它的亲油性好,易被沥青润湿,可提高沥青的机械强度和耐候性。可用于具有耐酸、耐碱、耐热和绝缘性能的沥青制品中。

②石灰石粉。由天然石灰石粉碎、筛选而制成。主要成分为碳酸钙,属亲水性岩石,但亲水性较弱。它与沥青有较强的物理吸附力和化学吸附力,是较好的矿物填充料。

③云母粉。天然云母矿经粉碎、筛选而成。具有优良的耐热性、耐酸碱性和电绝缘性,用于屋面防护层有反射作用,可降低屋面温度,反射紫外线防止老化,延长沥青使用寿命。

④石棉粉。一般由低级石棉经加工而成。主要成分是钠、钙、镁、铁的硅酸盐,呈纤维状,富有弹性,具有耐酸、耐碱性和耐热性,是热和电的不良导体,内部有很多微孔,吸油量大,掺入沥青后可提高沥青的抗拉强度和温度稳定性。

此外,可用作沥青矿物填充料的还有白云石粉、磨细砂、粉煤灰、水泥、硅藻土等。

（2）矿物填充料的作用机理

在沥青中掺入矿物填充料后,矿物颗粒能否被沥青包裹,并有牢固的黏结能力,必须具备两个条件:一是矿物颗粒能被沥青所润湿;二是沥青与矿物颗料间具有较强的吸附力。

一般是由共价键或分子键结合的矿物属憎水性即亲油性矿物,此种矿物颗粒表面能被沥青包裹而不会被水剥离,例如滑石粉,对沥青的亲和力大于对水的亲和力,故能被包裹。另外,具由离子键结合的矿物如碳酸盐、硅酸盐等亲水性矿物有憎油性。但是,因沥青中含有酸性树脂,它是一种表面活性物质,能够与矿物颗粒表面产生较强的物理吸附作用,如石灰石粉颗粒表面上的钙离子和碳酸根离子,对树脂的活性基团有较大的吸附力,还能与沥青酸或环烷酸发生化学反应形成不溶于水的沥青酸钙或环烷酸钙,产生了化学吸附力,故石灰石粉与沥青也可形成稳定的混合物。

根据以上分析认为,由于沥青对矿物填充料的润湿和吸附作用,沥青可呈单分子状排列在矿物颗粒（或纤维）表面,形成牢固结合的沥青薄膜,称为结构沥青,如图 5.3 所示。结构沥青有较高的黏性和温度稳定性。

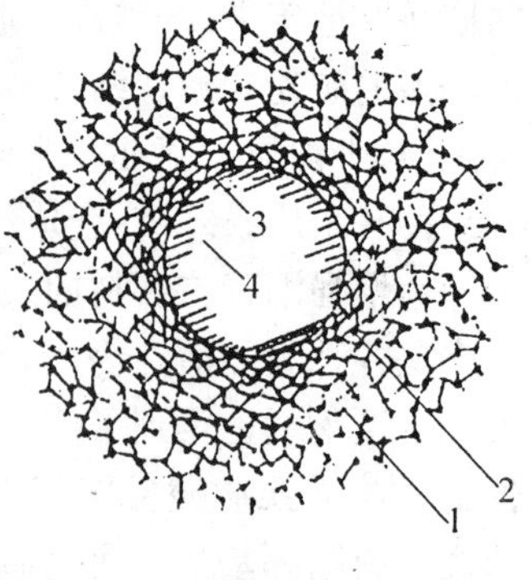

另外,矿物填充料的种类、用量和细度不同,形成结构沥青的情况亦不同。掺入矿物填充料的数量要适当,以形成恰当的结构沥青膜层。例如,在石油沥青中掺入 35% 的滑石粉或云母粉,用于屋面防水时,对气候的稳定性可提高 1 ～ 1.5 倍;当掺量少于 15% 时,则不会提高。一般矿物填充料掺量为 20% ～40%。矿物填充料的颗粒越细,颗粒表面积越大,则形成的结构沥青越多,并可避免从沥青中沉积。但太细时,矿粉易结块,不易与沥青搅

图 5.3 沥青与矿粉相互作用的结构图示

1—自由沥青;2—结构沥青;3—钙质薄膜;4—矿粉颗粒

匀,也不能发挥结构沥青的作用。

6.无机纳米粒子改性剂

无机纳米粒子与作为有机物的沥青材料互补性较强,可以较大地改善沥青的高、低温性能,因此近年来已逐渐成为纳米改性沥青研究的热点。无机纳米改性沥青的关键是无机纳米粒子与沥青的相容性和纳米粒子在沥青中的均匀分散稳定性问题,在这方面张金升等人进行了有益的探索。

5.2.3 改性剂的选择

正如以上分析,聚合物改性剂对沥青性能的改善程度取决于多方面的因素,为使改性沥青在公路工程应用中发挥较好的作用,取得令人满意的路用效果,必须结合各种因素综合考虑。

为达到满意的改性效果,选择合适的改性剂是关键。改性剂的选择应从以下几个方面来考虑。

(1)相容性

相容性是聚合物改性沥青的一个必要条件。聚合物要对改性沥青有效发挥作用,本身必须填充到沥青分子中,无论是以颗粒形式还是以网络形式存在,改性沥青必须保持两相的稳定,包括储存、运输及施工过程中的稳定,否则会产生相的分离,则改性效果不明显。可以根据"极性相近、溶解度参数相近"的原则选择改性剂以保证其相容性。

(2)有效性

选择改性剂时希望加入尽可能少的改性剂以得到尽可能大的改性效果,各类改性剂对沥青及沥青混合料的性能改善目的有所不同,针对沥青混合料在使用环境下的不同要求,选择改性剂应能最大限度发挥其改性效果。

(3)耐久性

为了使聚合物改性沥青能够在长期使用下保持良好性能,应保证聚合物在使用期间物理力学性能保持稳定。而且还要求聚合物具有一定的抗氧化性及对光和热的稳定性。

大量试验和经验表明,热塑性橡胶类 SBS 改性沥青无论在炎热地区、温暖地区,还是寒冷地区都是适用的。橡胶类 SBR 改性沥青与 SBS 改性沥青相似,应用的地区范围很广,由于它的低温柔软性特别好,故在寒冷地区更能发挥作用。EVA 改性沥青除寒冷地区不宜使用外,炎热地区和一般地区都可使用。PE 改性沥青由于只是高温性能比较好,故主要适宜于炎热地区,寒冷地区不适用,而一般温暖地区由于四季分明,夏季虽热,但冬季往往也很冷,所以一般来说也不宜采用 PE 改性沥青。表 5.2 列出了常用改性剂大致适合的使用地区。表 5.3 所列为常用改性剂在道路工程中的应用实例。

表 5.2 常用改性剂适用的地区

改性剂	SBR	SBS	EVA	PE
炎热地区	适用	适用	适用	适用
温暖地区	适用	适用	适用	不宜用
寒冷地区	适用	适用	不适用	不适用

表 5.3 常用改性剂在道路工程中的应用实例

改性剂类型	适用场合	改性方法	性能	设备要求	施工要求	应用国家及地区
天然乳胶	石屑罩面、快凝沥青、砂浆表面处	双相乳液(沥青-胶乳)	提高集料的整体性 提高混合料黏附性 降低感温性	胶乳储存和搅拌设施	沥青砂浆表面处治洒布机	西班牙、法国、美国、欧洲
氯丁橡胶	石屑罩面	乳化沥青:在沥青乳化过程中或乳化后加入胶乳	增加弹性降低温感性	胶乳贮存和搅拌设施	无	美国
丁苯橡胶(SBR)	沥青混凝土磨耗层	热混合料:乳胶直接加入叶式拌和机	改善柔性及黏附性			
SBS	沥青混凝土、开级配磨耗层、石屑罩面	用高速剪切机将聚合物加入沥青	改善柔性 增强抗永久变形能力 降低温感性	搅拌聚合物与沥青的设备	无	欧洲、美国
聚乙烯(PE)聚丙烯(PP)	沥青混凝土		提高稳定性和劲度模量 增强抗永久变形能力	在拌和和场增加特殊设备	提高碾压温度	
乙烯-醋酸乙烯(EVA)	热碾沥青、沥青混凝土、开级配磨耗层	高速剪切设备将聚合物加入	提高抗永久变形能力 模量增加	增加搅拌设备	无	欧洲
乙丙橡胶(EPOM)	沥青混凝土		改善抗永久变形能力 降低温感性	无,在提炼厂进行搅拌	无	
废胶粉	沥青混凝土	将橡胶粉加入沥青	增加柔性和黏接性	无,增加特殊搅拌器	无	美国
		将橡胶颗粒代替部分矿料	提高抗滑,抗疲劳特性	无	无	
	应力吸收薄膜	在拌和过程中将橡胶粒子加入混合料	增加柔性 空隙率很小情况下也能保持混合料稳定性 延缓反射裂缝的出现	无	无	

续表 5.3

改性剂类型	适用场合	改性方法	性能	设备要求	施工要求	应用国家及地区
石棉	沥青混合料薄面层				无	欧洲
聚酯	沥青混合料罩面		防止反射裂缝抵抗翘曲变形	增加加入纤维的设施	137.8℃ 280 ℉下搅拌	美国
聚丙烯	沥青混合料罩面	用纤维增强结构整体性和强度在拌和过程中将纤维加入混合料			无	英国美国西班牙
	沥青砂浆罩面					
石棉石毛	开级配磨耗层		防止反射裂缝抵抗翘曲变形提高抗松散能力	增加将纤维加入沥青或加入拌和机的设施	无	法国德国
钢纤维	沥青混合料罩面及薄面层		提高稳定性和抗压强度	增加将纤维加入拌和机的设施	无	欧洲
金属化合物（锰及有机化合物）	沥青混凝土开级配磨耗层冷级合料碎石磨罩面	溶于沥青，促使化学硬化及交联发展	提高稳定度和模量减少感温性抵抗老化	自动控制添加器	养生前混合料较软养生与混合料的空隙率有关	美国欧洲
金属胺合成物	沥青混凝土	加入沥青，它可以增强沥青与矿料的黏结性	减少水损坏减小老化速率		无	美国

5.3 改性沥青的生产

除了少量可以直接用投入法加工的改性剂(如 SBR 胶乳)外,大部分改性剂与道路沥青的相容性很不好,所以必须采取特殊的加工方式,将改性剂完全分散在沥青中,才能生产改性沥青。我国之所以长期以来对改性沥青的研究和推广进展缓慢,不能不说是由于在改性沥青设备上陷入了误区,对 PE、SBS 等仅采用常规的搅拌方式,以致加工效果不明显,严重影响了改性沥青的发展,所以改性沥青设备成了发展改性沥青的关键。

归纳起来,改性沥青的加工制作及使用方式,可以分为预混法和直接投入法两大类。实际上,直接投入法是制作改性沥青混合料的工艺,只有预混法才是名副其实的制作改性沥青。改性沥青的制备方法,如图 5.4 所示。

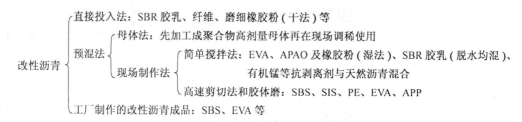

图 5.4 改性沥青的生产工艺

5.3.1 母体法

母体法的原理是先采用一种适当的方法,制备加工成高剂量聚合物改性沥青母体,再在现场把改性沥青母体与基质沥青掺配调稀成要求剂量的改性沥青使用,所以又称为二次掺配法。母体法可以采用溶剂法和混炼法制备改性沥青母体。

对与沥青相容性不好的 SBR、SBS、PE 等聚合物改性剂,都可以采用高速剪切等工艺生产高浓度的改性沥青母体。可是如果把聚合物剂量增加,不采取添加稳定剂等措施,那么改性沥青在冷却、运输、存放乃至将母体加热、与沥青稀释掺配的再加工过程中,改性剂会发生离析,严重影响改性效果。所以在二次掺配时还必须进行强力搅拌,使改性剂分散均匀。

生产改性沥青母体的方法在我国曾经用于 SBR 橡胶沥青的生产,其中能形成规模生产、工艺较为成熟的主要是交通部重庆公路科学研究所研制的溶剂法橡胶沥青生产工艺。该工艺可分为两步:

第一步,先将固体丁苯橡胶切成薄片,用溶剂使丁苯橡胶溶解(溶胀)变成微粒,与热沥青共混,再回收溶剂,制成高浓度 SBR 改性沥青母体,以商品形式销售。成品 SBR 改性沥青母体固体成分含量一般为 20%。由于生产过程中的溶剂难于完全回收,母体中一般残留有 5% 以下的溶剂。

第二步,在工程上使用时,用户将固体形态的母体用人工方式切碎,按要求比例投入热态的沥青中,采用搅拌机或循环泵搅拌,直至混合均匀(一般需 1~2 h),制成要求比例的改性沥青,再投入沥青混合料拌和锅中拌和即可。现在已经有了热法切割改性沥青母体的专用配套设备,切碎的细度越小越好,一般小于 1 mm,均混的温度宜保持在 120 ~ 150 ℃范围内,并保持温度稳定。

溶剂法的优点是聚合物改性剂的粒度很细,改性剂在沥青中分散非常均匀。缺点是母体制造时需要用溶剂,回收后产品中仍含有少量的溶剂(溶剂回收大于 95%,残留率小于 5%),溶剂回收成本较高,增加了生产成本,因此现在橡胶沥青的价格昂贵,而且存在生产安全问题。另外在工程上应用比较困难,母体打不碎割不断,人工粉碎母体特别麻烦,与沥青的二次掺配的设备投资也比较高。由于制作工艺过程较复杂,且长时间搅拌又影响沥青本身性能及改性效果,从而影响了推广的进程。另外,母体使用的沥青品种与工程上的沥青品种不一致时,也存在沥青的配伍性(相容性)问题。所以现在国外已经很少采用此方法生产改性沥青了。

由溶剂法制成的改性沥青母体,可在现场利用改性沥青混炼设备稀释混练成要求剂量的改性沥青,也可在生产改性沥青母体的工厂直接制成要求剂量的改性沥青,即跳过母体的阶段。

试验表明,所制成的改性沥青在 163 ℃温度条件下存储 8 ~ 12 h 后,针入度和延度开始明显下降。因此,为避免丁苯橡胶及改性沥青的老化,要求混合和保温的温度保持较低的水平,在制造后应该尽早使用。

5.3.2 直接投入法

直接投入法是直接将改性剂投入沥青混合料拌和锅与矿料、沥青拌和制作改性沥青混合料的工艺。严格来说,由于它没有预先与沥青共混,所以没有经历制作改性沥青的阶段,不能说是制作改性沥青。

由于 SBR 等橡胶固体很难与沥青共混,采用溶剂法制成橡胶沥青母体再在现场使用的工艺又较为复杂。因此利用合成橡胶制造过程中的中间产品胶浆,再制成高浓度的胶乳,便可以在沥青混合料制造过程中直接喷入拌和锅中拌匀,使施工工艺简化。目前国内外用得较多的是丁苯乳胶、氯丁乳胶、丁腈乳胶等。1966 年,日本即提出改性用 SBR 胶乳的技术标准,要求固体有效成分含量在 50% ±0.5%,25 ℃黏度在 300 Pa·s 以下,苯乙烯 23% ±2%,25 ℃pH 值在 9 ~ 11,凝固分含量在 0.05% 以下。

SBR 胶乳采用直接投入法施工时,只需将 SBR 胶乳大桶运到工地,倒入一个存放罐中,直接用一台泵抽取胶乳,然后通过喷嘴喷入拌和锅即可,所需的设备非常简单,施工成本很低。

胶乳直接投入拌和锅的技术关键是计量,为使计量准确,输送胶乳的管道不能堵塞,但胶乳在使用过程中可能发生少量的破乳,同时也会附在设备的管道、泵、喷嘴等处,这些都会影响计量的准确性。为了解决这个问题,工地上往往采用两套设备轮流使用的办法,一台设备使用一段时间后,便换一台使用,将更换的设备用水清洗备用。另外,在喷沥青的同时喷乳胶是使乳胶分散均匀的关键。

胶乳直接投入拌和锅拌和使改性沥青的制作工艺简化,而且成本降低。但是,由于胶乳中含有一半以上的水分,在遇到温度很高的矿料拌和时,水分立即变成蒸汽,易使拌和机生锈。而且,由于胶乳的用量一般为沥青的 3% ~ 5%,相对于沥青混合料来说只有 0.1% ~ 0.2%,是非常少的,能否在短短的几十秒内与沥青混合料拌和得十分均匀,始终是个疑问。室内试验的结果表明,采用直接投入法拌和的效果要比预混法的改性效果稍差些。因此,即使是使用 SBR 胶乳,现在也有采用预混法施工的。

5.3.3 机械搅拌法

从理论上讲,聚合物改性剂与基质沥青都可以通过机械搅拌法制得改性沥青。不过,由于改性剂与基质沥青的相容性不同,采用机械搅拌法的难易程度有很大的差别。对 SBS、PE 等相容性较差的改性剂,不适用于机械搅拌法加工,而对 EVA 以及某些相容性较好的聚合物,可以采用搅拌法加工。

EVA 的品种很多,醋酸乙烯 VA 的含量越大,熔融指数越小,熔融后的黏度越大,改性效果越好,但在沥青中的加工分散也越困难。熔融指数一定时,VA 含量增加,EVA 的弹性、柔韧性、与沥青的相容性、透明度都相应提高;VA 含量一定时,熔融指数增大,则 EVA 相对分子质量降低,软化点下降,改性沥青容易加工分散。从生产工艺和产品性能两方面考虑,即要求有良好的相容性,也希望易于分散加工,而良好的分散也有利于性能的发挥和提高。因此机械搅拌法仅适用于 VA 含量较高,熔融指数也较高的 EVA 产品。

由于 APAO(无定型烯烃共聚物)与沥青有极好的亲和性,在高温下投入沥青中,只需稍加搅拌,便可达到均匀分散的目的。沥青厂在制作 APAO 改性沥青时,在沥青罐上方安装一台普通机械搅拌装置,只要将沥青加热到 165 ℃,按要求的比例 94∶6(6%)或 92∶8(8%)用人工投入 APAO 改性剂,利用搅拌轴不断地搅拌沥青,便可将 APAO 融化均匀。对搅拌的速度无需特殊要求,例如 8 ~ 12 r/min 均可,一般维持搅拌 30 min 即可达到要求。搅拌制成的改性沥青可直接送入拌和机供拌和沥青混合料使用。

实际上,APAO 改性剂投入 165 ℃ 的沥青中后大约 15 min 已基本上分散开,再看不到有大的颗粒,到 30 min 可以认为已完全分散。由显微镜观察,APAO 材料已均匀分散在沥青中,达到了制作改性沥青的要求。不过,如果 APAO 在存储过程中受压成大团将使融化时间延长。APAO 改性沥青的制作只需有一个简单的拌和罐即可实现,生产量仅取决于搅拌罐的容量,这是 APAO 改性剂不同于其他改性剂的最大优点。所以它特别适用于缺乏具有高速剪切功能的改性沥青设备的小规模工程,或与小型沥青混合料拌和机配套使用。

5.3.4 胶体磨法和高速剪切法

对目前工程上使用较多的 SBS、SIS 等热塑性橡胶类和 EVA、PE 热塑性树脂类改性剂,由于它与沥青相容性较差,仅仅采用简单的机械搅拌势必需要太长的时间,且效果不好,所以我国长期以来始终停留在试验阶段。对这些改性剂,必须通过胶体磨或高速剪切设备等专用机械的研磨和剪切力强制将改性剂打碎,使改性剂充分分散到基质沥青中。这种生产改性沥青的方式是目前国际上最先进的方法,除了可以在工厂生产专用的改性沥青并运输到现场使用外,也可将改性沥青设备安装在现场,边制造边使用,从而给生产带来了很大的方便。而且改性沥青的质量良好,因此是值得推广的方法。

例如在热沥青中加入 SBS 后,SBS 在受到剪切粉碎的同时,聚合物中的聚苯乙烯块吸收了沥青中的部分芳香分及轻胶质而使体积较原来膨胀了 9 倍,当混合物冷却到 100 ℃以下时,聚苯乙烯块黏结而强化了结构,聚丁二烯则可提供弹性。

购买现成的改性沥青成品,对道路用户来说,使用时可以与普通的沥青一样加热融化使用,使用起来当然简单。但是,由于需要在改性沥青制作时加入多种外掺剂,以防止改性剂的离析,所以总的价格要比现场制作昂贵,且长期放置改性沥青,对改性效果必然有所影响,目前主要是一些国外公司在推销成品的改性沥青。成品改性沥青一般是桶装的,这对于没有存储和接收散装沥青条件的单位来说是个方便,但它成本较高,因此,对我国的情况而言,它并不是最适合的。

目前我国主要采用现场制作法生产改性沥青,即采用专用的改性沥青制造设备在现场加工制作改性沥青,然后直接送入拌和机使用。由于它生产成本较低,改性剂分散后还没有离析或凝聚,便与混合料拌和,所以改性效果较好,这是我国改性沥青制作的方向。所加工的改性沥青也可以供应一定范围内的沥青混合料拌和厂,由沥青车调运使用,只需在现场设置可搅拌的储存罐即可。因此,研制改性沥青制作设备,已成为发展我国改性沥青技术关键中的关键。

现场使用的改性沥青设备有胶体磨式与高速剪切式两大类,这两类设备都是国外常用的专用改性沥青设备。目前我国主要采用胶体磨法,但高速剪切式也有良好的前景。

采用胶体磨法和高速剪切法加工改性沥青,一般都需要经过改性剂融胀、分散磨细、继续发育三个阶段。每一个阶段的工艺流程和时间随改性沥青及加工设备的不同而不同,而加工温度是关键。改性剂经过融胀阶段(SBS 充油将使融胀变得很容易)后,磨细分散才能做到又快又好,加工出来的沥青还需要进入储存罐中不停地搅拌,使之继续发育(对 SBS 一般需 30 min 以上),才能喷入拌和锅中使用。

在我国,采用高速剪切方式生产改性沥青是一个简单高效的办法,它的加工原理与室内试验相同,仅仅是规模大小不同。其中最关键的设备高速剪切机,已有不同型号的国产产品可供选择,其他配套设备生产单位可以自行设计加工。这些设备一般都是立式的,属于单罐单批的间隙式生产方式,生产一罐排出一罐,每一罐所需的剪切搅拌时间一般不超过 20 ~ 30 min,单罐产量可达 8 t/h 左右,如果配备多台这样的设备,供应沥青混凝土生产制作改性沥青混合料应该没有问题。

胶体磨法和高速剪切法生产改性沥青的工艺要求,对不同的改性剂和基质沥青,没有一成不变的模式,在每一个工程正式生产开始前都必须进行调试,以适应所使用的改性沥青品种的需要,确定合理的融胀分散—存放—发育的工艺过程。尤其是分散过程,胶体磨的间隙、温度、遍数,剪切机的转速、时间这些参数都影响改性沥青的产量和质量。而且应该注意,研磨和剪切并不是越长越好、越细越好,真正良好的工艺必须通过大量的试验研究予以确认。

5.3.5　橡胶类改性沥青的制备

合成橡胶有各种不同的形态,当用于沥青改性时制备的工艺方法是不同的。

1. 粉末橡胶

将合成橡胶或天然橡胶加工成足够细的粉末,使用时将粉末加入热沥青中,经充分搅拌,橡胶即分散在沥青中。粉末橡胶有两种制造方法:一是将精炼过的橡胶用液氮冷冻,使之脆化,再用球磨机磨成粉末;二是将预先制备的橡胶胶乳雾化,使它吸附在硅藻土上,经热风干燥除去水分而成粉末。国外早年已经有橡胶类的改性剂专用产品,如 Pahater,它是天然橡胶与硅藻土按 60∶40 比例配成的粉末添加剂。粉末橡胶具有运输、储存、使用方便的优点,但其加工工艺比较复杂。

废橡胶粉改性沥青的生产方式分为两大类:

(1)湿法(McDonald 法)

湿法是将 CRM(废橡胶粉)先在 160～180 ℃的热沥青中拌和 2 h,制成改性沥青悬浮液(沥青橡胶),然后拌入混合料中。由于橡胶粉剂量太多,改性沥青的黏度太大,泵送有困难,所以从技术、经济的角度出发,橡胶粉的用量不宜超过沥青质量的 20%。当橡胶粉改性沥青用于应力吸收膜时,橡胶粉剂量宜为 25%～32%。

湿法制备改性沥青的工艺比较简单,不过改性效果与胶粉的细度关系很大,粒度越细,越易拌和均匀,且不易发生离析、沉淀现象,有利于管道输送或泵送。橡胶粉与沥青混融过程中,可适当加入适量的活性剂,如多烷基苯酚二硫化合物等,但量不能太多,否则会造成橡胶过度裂解,反而影响橡胶改性沥青的质量。据国外资料介绍,如果将橡胶粉先经少许重油浸泡融胀,再与沥青混融,将有利于胶粉在沥青中的分散,提高改性沥青的效果。

(2)干法(Piusride 法)

干法是将 CRM 直接喷入拌和锅中拌和废橡胶粉改性沥青混合料的方法(剂量为混合料的 2%～3%),所得到的混合料称为橡胶改性混合料,交通部重庆公路研究所与重庆市合作曾用此法铺筑了试验路。上海交通轮胎翻修厂将废橡胶粉经"脱硫"工艺制成活化胶粉,掺入沥青中,使其与沥青结合得更为紧密,效果更好,但价格偏高,未在工程上应用。美国明尼苏达州在干法生产改性沥青时,橡胶粉的颗粒超过 6 mm,但对改性沥青的效果并不明显,仅仅是为了处理废橡胶轮胎。

一般说来,湿法橡胶粉改性沥青常用于填缝料、封层(应力吸收膜),也可用于热拌沥青混合料;干法仅用于热拌沥青混合料。据述 CRM 对沥青路面的高低温性能均有所改善,但日本专家认为,在日本橡胶粉改性沥青的路面成功与失败的大概各占一半,之所以失败,主要是橡胶粉使路面有弹性,碾压比较困难,由于压实不足使空隙率变大,所产生的负面影响抵消了橡胶粉改性沥青的效果。

近来,用湿法生产沥青橡胶的工艺又有了重大进步,即橡胶粉混入沥青中以后不仅仅是简单的机械搅拌,而是还要通过高速剪切装置,如胶体磨的加工。由于橡胶粉在加工过程得到了进一步的融胀和粉碎,在沥青中的分散更加均匀,因而有更好的改性效果。

湿法沥青橡胶改性沥青的生产利用胶体磨的工艺,使它有可能与其他聚合物改性沥青混用,例如与 SBS、PE、EVA 等混用成为综合改性沥青,这对提高改性沥青的性能,更有效地使用废橡胶粉有很大好处。不过,若混进废橡胶粉以后,改性沥青质量的评价方法就必须考虑。因为掺加的废橡胶粉颗粒的细度达不到聚合物改性剂颗粒的细度,因此其延度、软化点、弹性恢复等有所降低。

CRM 改性的技术关键是 CRM 的制造工艺,轮胎通过轧碎再通过磨细可制得很细的胶粉,也可采用液氮快速制冷使其变脆,再加工成微粒。用 CRM 改性的沥青混合料的成本一般将增加 20% ~ 100%。在美国普遍要求胶粉细度达 80 目(0.18 mm),我国生产的一般可达 60 目(0.25 mm)。考虑到加工技术和成本,希望胶粉的细度不小于 50 目(0.30 mm),且宜为多孔羽状,否则将严重影响改性效果。

2. 橡胶胶乳

橡胶胶乳与乳化沥青混合,可制备成改性乳化沥青,用于铺筑沥青路面。在热拌沥青混合料时,将胶乳加入拌缸,与沥青混合料混合,即制备成改性沥青混合料,这种方法的缺点是在拌制沥青混合料时会放出大量的蒸汽,易使机械设备锈蚀。而沥青混合料中含有水分,对混合料的压缩性有影响。另外,输送胶乳的管道常会出现挂壁现象而阻塞管道。

3. 橡胶胶浆

将橡胶塑炼,用混炼的方法加入溶剂,即可制成胶浆;或者在密闭式球磨机中经球磨而成胶浆。再将胶浆加入热沥青中,使之混溶,然后将溶剂萃取回收,即制成橡胶沥青。如增加橡胶的含量,即制成橡胶沥青母体。交通部重庆公路科学研究所研制成丁苯橡胶母体就是采用这种方法。

4. 橡胶母体

将橡胶、沥青及添加剂在炼胶机中混炼,可制成含胶量高达 50% 的橡胶沥青混合物,即橡胶母体。同济大学曾研制成再生胶沥青母体,其组成配比为:再生胶 48.3%,沥青 48.3%,分散剂 3.4%。日本也曾制成橡胶母体,其组成配比为:橡胶 50% ~ 70%,沥青 49% ~ 27%,分散剂 1% ~ 3%。使用时将橡胶母体加入热沥青中,并搅拌,使母体慢慢熔化分散在沥青中。

5. 废旧轮胎粉

将废旧轮胎磨细成粉末,加入热沥青中,经过搅拌,即制成橡胶沥青。一般要求橡胶粉的细度至少为 30 目(0.30 mm)以上,制备时沥青的加热温度为 160 ~ 170 ℃,经过约 1 h 的搅拌,橡胶粉经过吸收油分、溶胀、软化的过程,逐步分散在沥青中。如采用高速剪切机械进行搅拌,则可加快这一过程,使胶粉细化,所配制的橡胶沥青更均匀。

除了聚合物改性剂改性沥青外,废橡胶改性沥青也是一个大类。利用废橡胶粉改性沥青首先是出于环保上的考虑,至于改性沥青的效果怎样,国际上一直有不同的看法。在 1991 年美国国会通过了一个法案促使废橡胶轮胎用于沥青混合料得到了稳定的发展。我国的废旧轮胎每年的形成量很大,并有逐年增多的趋势,除橡胶工业和其他行业使用外,还有相当的余量(据测算每年可生产的橡胶粉超过 10 万吨),把橡胶粉用于修筑道路路面,也是一个良策。

5.3.6 热塑性树脂类改性沥青的配制

PE 与 EVA 各有许多品种,性质有所差异,改性沥青制备的方法不尽相同。

对于 PE 来说,有研究认为,PE 能与石蜡基沥青相容,而 PE 与适于道路使用的环烷基沥青相容性不良。为使 PE 能与沥青相混溶,有采取在沥青中添加催化剂,通过催化反应促进二者相容。但更多的是采用机械的剪切力使 PE 细化,进而使之分散在沥青中,通常采用胶体磨或者高剪切混溶机进行加工,即可获得均匀的改性沥青。但有些相对分子质量大的 PE,即使经机械磨细加工后,在热储存条件下,仍会很快发生离析,PE 又重新聚集起来漂浮在沥青表面。然而,也有少数低相对分子质量品种的 PE,在热沥青中,只要用对流式的搅拌机械进行搅拌就能使 PE 均匀地分散在沥青中。

EVA 树脂与沥青有良好的相容性,因而 EVA 在沥青中容易分散,而且随着 EVA 含量的增加,分散更加容易。EVA 在沥青中溶解,还与 EVA 熔融指数有关:熔融指数 MI 越大,EVA 相对分子质量越小,则 EVA 在沥青中更加容易溶解分散。欧美国家常用的 EVA 型号为 19/150,其次是 33/45。国内常用的型号为 30/50 和 28/150,这些型号的 EVA 在热沥青中,只要采用对流式搅拌机经过 30 min 的搅拌,就能使 EVA 充分分散在沥青中。如果在搅拌时使用高速剪切混溶设备,则更可缩短搅拌制备的时间。

5.3.7 热塑性橡胶类改性沥青的制备

SBS 在热沥青中会吸收油分而溶胀软化,但由于仅采用对流式搅拌无法克服其橡胶分子交联化学键的束缚,故其始终不能溶解分散在沥青中。为使 SBS 混溶在沥青中,有人采取"两次溶胀法"、"变态处理法",也有的采取将 SBS 溶解在溶剂中,先制成胶浆,将胶浆与沥青混合后再将溶剂萃取出来。由于这些方法都要混入其他材料,结果使改性效果大为降低。要使 SBS 与沥青相混溶,必须采用胶体磨或高速剪切混溶机等设备进行加工。加工时,将 SBS 加入至 160～180 ℃ 的热沥青中,先使 SBS 吸收沥青中的油分而软化,然后经胶体磨或高速剪切混溶机研磨,即可使 SBS 分散在沥青中。

由于 SBS 与沥青的相容性不良,因此改性沥青容易发生离析,其主要表现为 SBS 上浮在表面形成一层皮。通过添加稳定剂或采用经处理过的特殊沥青来制备改性沥青能够解决离析问题,但这些技术都属于专利。

目前,国外已有预混改性沥青供应市场,而且形成不同品牌的系列产品,如壳牌石油公司近几年大力发展 SBS 改性沥青,其品牌有 Cariphalte、Caribit、Shelphalt、Cariflex 等,每种品种又有若干牌号,如 Cariphalte 有 DA、DM、HD 等几种牌号以适合不同的用途。现在,国内也有预混的 SBS 改性沥青面市。使用预混改性沥青时,必须进行热储存离析的检验。

5.3.8 基质沥青的选择及混溶、施工

1.基质沥青的选择

沥青作为一种路用建筑材料,已有很长的应用历史。随着高等级公路建设的迅猛发展,改性沥青由于其优良的路用性能得到大规模的推广应用。众所周知,改性沥青是在基质沥青中掺加少量的改性剂,通过一定的工艺加工而成,改性沥青的性质与基质沥青密切相关。一种沥青不一定适用所有的改性剂,一种改性剂也不一定适用于所有的沥青。沥青种类的选择应从沥青的组分构成及原始物理性质出发,考虑沥青的组分构成主要是针对沥青与改性剂的相容性,而物理力学性质是针对聚合物对不同沥青改性效果不同。应根据不同地区的使用要求选择合适的沥青。因此,要生产符合规范要求的改性沥青,如何选择基质沥青就成为关键。通常选择基质沥青一般要考虑到以下几个方面:

（1）基质沥青应符合重交通沥青的技术标准要求

前面已提到了目前两种主要的路用沥青，普通道路沥青和重交通道路沥青。对比两者的性能我们可以发现，重交通沥青强调了 15 ℃延度及含蜡量的要求。改性沥青的突出优点就是低温延伸性能的大幅提高，因而对基质沥青的低温延度（15 ℃）也有较高要求。同时基质沥青中的蜡含量高低与改性沥青的感温性能（PI 值）的相容性也有直接的关系，蜡含量高，基质沥青与改性剂的相容性差，改性效果不理想，其感温性能指标 PI 值也越小。因此，在《公路改性沥青路面施工技术规范》（JTJ 036—98）中明确规定了加工改性沥青的基质沥青必须符合重交通沥青的要求。

（2）必须充分考虑到基质沥青与改性剂的配伍性

加工改性沥青时，并不是基质沥青符合重交通沥青技术标准时，就简单地认为用任何一种改性剂都能达到很好的改性效果。基质沥青与改性剂之间存在配伍性的问题。沥青作为一种石油提炼产物，其成分相当复杂，基质沥青通常所说的三大指标并不能完全反映沥青的内在组分性质。从化学组成来说，可分为沥青质、胶质、芳香分、饱和分，每个组分之间的比例关系直接影响到与改性剂的配伍性问题。国内外许多学者也提出了不少组分含量与相容性之间的理论。这些大多为经验公式，并且组分的测定及每一组分中的分子分布也有很大差异，故在实际应用中并不十分可靠。我们在生产实践中采用试验用均化磨，对基质沥青取样改性，考察不同改性剂品种，工艺条件的改性效果，最终选定合适的配伍及工艺。

（3）必须选用合适的基质沥青标号

改性沥青的等级是按 25 ℃针入度来区分的，应根据工程设计中要求的改性沥青等级来选择合适的基质沥青标号。一般来说，基质沥青用通常工艺手段改性后，其 25 ℃针入度要下降 20～25（0.1 mm）。如 70 号重交通沥青改性后针入度一般在 45～50（0.1 mm）左右，故只能符合 I-D 级要求。所以，加工 I-D 级一般选用 70 号沥青，I-C 级选用90 号沥青，I-B 级可用 110 号沥青。

2. 混溶工艺

由于沥青是一种复杂的高分子烃类物混合组成的有机胶结材料，聚合物改性剂也是高分子材料，其平均相对分子质量远高于沥青，且分子结构极性不同，随聚合物类型不同存在很大的差异。而沥青又是一个从饱和分到沥青质，相对分子质量大小、分子极性大小（即芳香度）连续分布的多元成分并存的复杂体系，要想使这两种材料成为均匀分布、可供工程使用、性质稳定的材料，必须采取一定的工艺措施，使聚合物均匀地分散于沥青中，形成稳定的体系。混溶工艺根据聚合物类型的不同而不同，而且采用不同的制备工艺可能得到不同性能的改性沥青。目前聚合物混溶工艺主要有溶剂共混、热熔共混、溶剂-热熔共混等，采用的混溶机械主要为胶体磨、高速剪切设备。

3. 设计施工

目前我国高等级沥青路面大多采用半刚性基层，半刚性基层作为主要承载层，一般不会由于基层强度不足成为影响沥青路面使用寿命的主要根源，当今路面破坏主要表现为沥青面层的破坏，如低温开裂、高温车辙、拥包等。因此，沥青面层应更多地从使用功能角度考虑，或者更确切地说沥青面层应是功能层而非结构层。聚合物改性沥青的性能优于原沥青,更易满足功能层的要求。基于这些特点,要求在选择面层结构时应主要从防止面层的高低温形变损坏角度来考虑。从以往经验看,除了保证基层强度与沥青面层合理厚度之外,施工环节往往是决定聚合物改性沥青使用效果成败的关键,切实控制好洒油、拌和、摊铺、碾压及储存的温度和时间,保证工序衔接,是实现聚合物改性沥青路用性能的基本保证。由于改性沥青混合料的黏度较高,因此一般情况下,可在普通沥青混合料施工温度的基础上提高 10～20 ℃,适宜的施工温度应该根据黏温曲线决定,但如果参照非改性沥青要求的拌和黏度确定改性沥青的拌和黏度,有时所确定的沥青拌和温度会超过180 ℃,如果按此温度施工,显然易使沥青混合料老化。因此,在使用黏温曲线时,改性沥青的施工黏度要求还需不断对比总结,在工艺可能的情况下,施工温度应尽量低一些,以免老化。

5.3.9 影响沥青改性效果的因素

1. 聚合物

不同种类的聚合物有不同的改性效果,而同一类聚合物也会由于剂量、粒子大小等因素的差异产生不同的改性效果。

（1）剂量

剂量是影响改性效果的重要因素。Nahas 通过乙烯共聚物对沥青改性的研究发现,随着剂量的增加,软化点呈增大趋势（图 5.5）。当聚合物含量很小,且沥青具有高的芳香度时,聚合物是可溶的,聚合物沥青体系呈单相体系,聚合物对软化点影响很小。如聚合物剂量增加,会出现相的分离,表现为聚合物相分布在呈连续相的沥青中,此时聚合物相被沥青中的轻质组分所溶胀,使沥青的性能得到改善,软化点略有提高。随着聚合物剂量继续增大,特别是对于橡胶类（SBR、SBS、胶乳等）,则形成相互贯通的网络,表现为两个连续相。在此区沥青的软化点随着聚合物掺量增加很快增大。Collins 则将聚合物形成网络结构时的剂量称为临界含量,在此含量下网络结构的形成使体系的黏度和弹性大幅度增加。如剂量再增大,沥青相成为非连续相而分布在呈连续相的聚合物中,软化点的增大

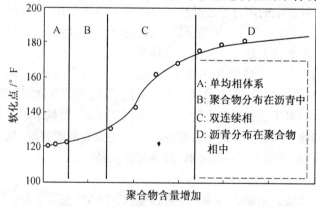

图 5.5 聚合物含量与软化点关系曲线

$$t/℃ = \frac{5}{9}(t/℉ - 32)$$

趋势变缓。总之,随着聚合物含量增加,沥青的性能逐渐改善,而当剂量达到最佳剂量时(或称临界含量),即当一个连续的聚合物网络结构形成时,沥青的高、低温性能均会得到大幅度改善。

（2）聚合物粒子大小

据研究,弹性体的橡胶类聚合物粒径起着双重作用。小的弹性体粒子数量多,在低温情况下它们与基体相的模量不同,会引发应力集中而产生银纹,而较大的弹性体粒子起着限制单个银纹发展的作用,使其不致很快发展为破坏性裂纹,改善沥青的低温柔性。所以对于一定含量的聚合物存在一个最佳粒子尺寸,低于此尺寸,则分布的橡胶相将会失去引发银纹的能力。而对于某些塑料改性沥青,研究认为剪切屈服是其低温性能得以改善的主要机理。从这一点出发,塑料类改性剂粒子应越细越好。

2. 沥青

沥青影响其改性效果会通过其与聚合物的相容性而体现出来,与聚合物具有良好相容性的沥青改性效果就好。沥青质含量过多对相容性有不利的影响,而为了保证相容性,饱和分和芳香分应占有一定的比例。

沥青的黏度不仅影响到沥青与聚合物的相容性,而且影响到改性沥青的性质。研究认为:随着基质沥青针入度的减小,相容性降低,网状结构形成所需聚合物量增加,搅拌时间延长,温度敏感性也会增强,所以改性沥青宜采用高标号的基质沥青。另外高标号沥青修筑的沥青路面,低温柔性好,不易产生温度裂缝,即使产生也会在较高的温度下弥合。正是由于以上原因,建议采用高标号低黏度的沥青,这样聚合物加入后,可以发挥高分子聚合物改善沥青高温抗变形能力好的特点;而低黏度沥青低温柔性好的特点也得到保持或加强,从而达到同时改善高、低温性能的改性效果。

3. 工艺

聚合物改性过程中采用何种工艺应根据聚合物类型、技术要求、设备情况的不同而确定。而生产工艺过程中的机械、温度、时间是决定生产效率及改性效果的三个关键因素。工艺过程中应注意保持适宜的温度,温度太高,沥青会老化,改性剂也可能裂解;温度太低、稠度太大,搅拌时间会延长。另外搅拌时间应保证使改性剂很细很均匀地分布于沥青中。正如前述,要使聚合物发挥改性效果,就必须使聚合物很均匀、很充分地分布于沥青中,这是工艺所要解决的。而工艺过程中的温度与搅拌时间则为关键因素,在适当的温度下,随搅拌时间的延长,聚合物颗粒变得更细,分布也更均匀,改性效果也更好。另外在搅拌过程中必须有合适的温度,温度太低会增加搅拌能量消耗,或者不能使聚合物完全熔融,不能很好地分布于沥青中;但温度太高又会促使改性沥青老化。

5.4 改性沥青技术性能

5.4.1 改性沥青的技术性质

1.温度敏感性

目前世界上评价沥青感温性能的指标有多种表达方式,普遍采用的指标有针入度指

数 PI、针入度-黏度指数 PVN、黏温指数 VTS 及沥青等级指数 CI 等。实际上,上述的温度感温性指标各反映了不同温度区间的感温性能,PI 由 0~40 ℃的针入度变化决定;VTS 由 60~135 ℃的黏度变化决定;PVN 由 25 ℃的针入度及 60 ℃或 135 ℃的黏度决定。然而,路面使用期间的温度一般在-30~+60 ℃之间,所以采用 PI 似乎更能说明这一实用温度区间的温度敏感性,而且测定方法也最简单。

2. 高温稳定性

环球法软化点是目前世界上普遍使用的评价指标,也是我国道路沥青最常用的三大指标之一,其数值表达直观,且与路面发软变形的程度相关联。但是,根据我国长期使用的实践证明,我国的普通沥青有"软化点虽高,但高温稳定性不好"的特点。这是由于我国大部分沥青属于多蜡沥青,即 W(Wax)型沥青,沥青中的蜡影响了软化点的测定,使其出现了假象。

在软化点的测定过程中,温度计的测温部分插在沥青试样旁边的水中,当水以 5 ℃/min 的速率加温时,沥青内部的升温速度滞后于水温,而沥青的软化点一般在 40~55 ℃之间,沥青中蜡的熔点在 30~100 ℃之间,此时正是大部分蜡结晶融化成液体的阶段,将会吸收一部分溶解热,从而使沥青试样的升温速度更滞后于水温,这就导致了在沥青达到软化点时,沥青试样内部的温度与温度计显示的水温的差别要比无蜡沥青的大。

沥青的软化点实际上是个等黏温度,沥青试样在钢球的恒定荷载下被穿透,说明沥青的黏度达到了所能承受的极限。根据大量的研究证明,沥青软化点的温度大体相当于针入度为 800(0.1 mm),或黏度为 1 300 Pa·s 时的温度,而且沥青的对数针入度与温度有良好的直线关系,这样就可以通过三个以上温度(15 ℃、25 ℃、35 ℃或 5 ℃)的针入度建立回归直线,延长这条直线与针入度为 800(0.1 mm)的水平线相交,从而得出一个温度,即软化点时的温度,为了与传统的环球法软化点区分,称为当量软化点 T_{800}(也可用回归方程计算,参见第 4 章针入度指数,式(4.21))。

T_{800} 既发挥了软化点的功能,具有软化点表示沥青高温性能的全部优点,且沥青 T_{800} 的排序与实际路用性能的好坏基本一致,又克服了多蜡沥青的影响,因为针入度的测定是在 30 ℃及其以下进行的,此时沥青中的蜡绝大部分处在结晶状态,不会影响试验的结果。经研究,又发现它与 SHRP 的高温性能指标动态剪切劲度模量有良好的相关关系。

3. 低温柔韧性指标

(1)当量脆点 $T_{1.2}$

在许多国家的沥青规范中,低温开裂性能指标采用了弗拉斯脆点,它是在等温降速的条件下用弯曲受力的方式测定其脆裂的温度,是一种劲度为 200 MPa 的等劲度温度。但用脆点评价沥青的低温性能有其严重的缺点,主要是实验的重复性较差,试验用的钢片刚度不一,试件的制备和降温条件各异,都会对试验的结果产生影响。经研究发现钢片上沥青膜的温度比温度计显示的温度要高出 5.5 ℃,且对于我国含蜡量较多的沥青来说,其脆点虽低,但冬天开裂情况仍相当严重,因此弗拉斯脆点失去了评价沥青低温抗裂性能的作用。

实测的弗拉斯脆点不能反映沥青低温抗裂性能的主要原因是受沥青中蜡的影响。对于含蜡量较少的 S 级沥青来说,弗拉斯脆点能较好地位于针入度温度回归直线上,且大部分沥青可以假定在弗拉斯脆点时的针入度为 1.2(0.1 mm),而对于含蜡量较多的 W 型沥青来说,弗拉斯脆点温度往往偏离回归直线,位于低温的一侧,且含蜡量越高,偏离越大。

因此可以利用当量软化点的原理,假设沥青在弗拉斯脆点时的针入度为 1.2(0.1 mm),由沥青的对数针入度温度回归直线方程求取针入度为 1.2(0.1 mm)时的温度,即弗拉斯脆点时的温度,为了区别传统的脆点,称为当量脆点 $T_{1.2}$。其公式为

$$\lg P = A - T + K \tag{5.1}$$
$$T_{1.2} = (0.079\ 2 - K)/A \tag{5.2}$$

实验表明,当量脆点 $T_{1.2}$ 的排列顺序与沥青路用性能有良好的相关关系,同时,它与 SHRP 的低温性能指标弯曲蠕变模量及直接拉伸试验的破坏应变也有良好的相关关系。当量脆点 $T_{1.2}$ 操作简单,适合我国国情,因此将其列为低温抗裂性能的评价指标。

(2)低温延度

研究成果表明,重交通道路沥青的延度与温度的关系曲线存在转折点温度,即各种沥青都有一个延度迅速增加或降低的温度,当速率为 5 cm/min 时,温度低于 7 ℃,各种沥青的延度差别甚小,温度大于 7 ℃而小于 15 ℃,延度值迅速拉开距离。综合考虑以上原因,可以认为 10 ℃的延度最为合适。同时,将 10 ℃延度与按 SHRP 方法进行的小梁弯曲试验(BBR)得到的弯曲蠕变劲度模量 S,以及直接拉伸试验(DTT)得到的破坏应变相比较,发现它们之间有良好的相关关系。

然而,对于改性沥青来说,5 ℃的延度(速率 5 cm/min)是合适的指标。这是因为普通沥青在掺加改性剂后其性能有了很大的变化,尤其是对于掺加了改善低温性能的改性剂的沥青来说,继续采用 10 ℃延度无法拉开沥青性能的档次,从而无法加以比较。随着实验仪器的不断更新和发展,5 ℃的实验温度并不难达到。

因此,可将速率为 5 cm/min 的 5 ℃延度作为评价改性沥青低温性能的一个指标。

4.弹性指标

弹性恢复试验是用于测定和评价改性沥青在外力作用下,变形后可恢复变形的能力。对于改性沥青来说,这是一个比较重要的评价指标。

这个试验采用一般的沥青延度试验设备,首先浇注"8"字形的沥青试样,冷却后放在 15 ℃的水中保温 1 h,接着脱模并在延度仪上进行拉伸,拉伸温度为 15 ℃,拉伸速率为 5 cm/min。当拉伸到 10 cm 时,停止拉伸并从中间剪断试样,在水中原封不动地保持 30 min 后,把剪断的试样两头对接起来并测量其恢复后的长度。按下式计算其弹性恢复率:

$$弹性恢复率 = (10 - x)/10 \times 100\% \tag{5.3}$$

式中,x 为恢复后的试样长度,cm。弹性恢复试验的恢复率越大,表明沥青的弹性性质越好。

美国 AASHTO 的试验方法中试件的拉伸长度为 20 cm,恢复时间为 60 min,而且特别规定在试件拉伸到 20 cm 时并不立即剪断,而是稳定 5 min 后剪断。澳洲在采用"拉伸弹性恢复"试验的同时,还建议采用"扭转恢复"试验来评价改性沥青的弹性恢复能力。

5.黏韧性指标

沥青材料在低温下表现为良好的柔韧性还是脆硬性,是改性沥青性能优劣的重要指标。测力延度(Force Ductiiity Test)是一种简单易行的试验方法,只要在延度试验时加装一只测力传感器并接上记录仪即可。如果试验温度太低(0 ℃或 4 ℃)不仅保温困难而且

试件不易拉伸,故试验温度定为 10 ℃,拉伸速度为 5 cm/min。与此同时,还必须注意到,力的测定是测力延度试验的关键,由于力比较小,要求测量与记录仪器的精度高,重复性好。AASHTO 要求测力传感器应精确到 0.044 5 kN。

测力延度曲线充分显示了材料的黏韧性质,力的峰值和延度之间存在这样的关系:延度越大,峰值力越小;延度越小,峰值力越大。峰值力减小的坡度也随延度的增大而减小。然而,单凭测力延度试验得到的几个特征值,即力的峰值,延度及力变形曲线的面积中的任一个单一指标,都难以反映沥青的性能。因此可结合测力延度的力变形曲线的形态,考虑选用单位峰值力所产生的变形,即 D/F_{max} 定义为延度拉伸柔量,它反映了变形和应力两个参数,可反映沥青的抗变形能力。D/F_{max} 越大,表示柔度越大,这比单纯的力和延度具有一定的优越性。

测力延度曲线显示 SBS 改性沥青拉力强度不大,表明在低温下比较容易拉伸,有良好的柔韧性。而拉伸曲线逐渐向上移动,说明拉伸过程中内力增大,充分展示了 SBS 改性沥青的黏韧性。PE 改性沥青拉力强度最大,表明在低温下过于脆硬,不易拉伸,需要较大的力才能拉动,而拉伸曲线较快的向下移动而断裂,柔韧性很差。EVA 改性沥青的黏韧性则介于两者之间。

6. 耐久性指标

沥青的老化性能是沥青路用性能的重要性质。现行沥青标准所采用的指标,并不足以反映沥青在实际施工及使用过程中的老化情况,美国 SHRP 等都将其作为一项重要指标进行研究,并提出了一系列新的评价方法和指标。

沥青老化后,由于轻质油分的挥发,低分子向大分子转化,沥青的密度增加、溶解度变小、闪点提高、黏度增大、针入度变小、软化点升高、延度变小、脆点升高、PI 值得到改善。在这些变化中,轻质油分的挥发将使沥青变轻,但与空气中的氧气发生化学反应,将反而使沥青增重。事实上,改性沥青的质量损失均很小,它们之间的差别都在试验误差范围内,因此采用薄膜加热试验前后的质量损失不能正确反映沥青的耐老化性能。于是,不少国家和机构试图采用 TFOT 后软化点的升高作为评价沥青抗老化性能的主要指标。我国现行沥青路面施工规范中,采用下列两个指标:

(1)残留针入度比

残留针入度比反映了沥青在薄膜加热试验前后稠度的变化,采用老化后针入度与老化前针入度的比值。从前人的试验结果来看,不同单位测定的针入度数值相差比较大,而残留针入度比的试验数值却比较接近。

(2)低温残留延度

沥青老化后,对高温稳定性不会有影响,关键是低温抗裂性能,因此残留延度就显得特别重要。可选用温度为 5 ℃,拉伸速率为 5 cm/min 的延度值作为评价沥青抗老化性能的一个指标。从前人的试验结果来看,不同单位测定的 5 ℃延度值非常接近,具有良好的重现性,并且 5 ℃延度与沥青混合料低温弯曲蠕变速率密切相关,能充分反映沥青混合料的低温抗裂性能。

7. 存储稳定性

聚合物改性沥青通常是由聚合物和沥青结合料液相组成的多相混合系统,由于它们之间的混合主要是物理过程,加上沥青与改性剂的相对分子质量通常有较大的差异,因此往往不能很好相容,存在一定程度的非兼容性。如果不相容性过于严重,以致影响储存和使用,那就会使改性失败。因此,对于不是在现场制作后马上使用的聚合物改性沥青,都要进行离析试验。

对于 SBS 类聚合物改性沥青,可以采用软化点差来表征离析程度。试验方法的原理是将改性沥青放入盛样管中,在高温条件下放置一段时间后,从盛样管顶部和底部分别取样,测定其环球法软化点之差,来评价聚合物改性沥青的离析程度。此外,也可以通过测定顶部和底部试样的针入度差,来反映聚合物改性沥青中改性剂与沥青的离析程度。

对于 EVA 和 PE 等聚合物改性沥青来说,测定软化点差的试验方法是不适用的,而通常采用观察法来定性描述这类聚合物和沥青之间的热储存性。试验时将聚合物拌入沥青中成为混合物,在高温状态下灌入金属试样杯中,将杯放入 135 ℃ 的烘箱中持续保温 15 ~ 18 h,不扰动表面,取出试样杯后先仔细观察试样,然后用一小刮刀徐徐地探测试样,检查表面层稠度和底部的沉淀物,这些检查和试验都应在沥青试样处于热状态下,从烘箱中取出后 5 min 之内进行。

8. 施工指标

闪点是反映沥青在施工过程中安全性能的指标,施工性能也属于沥青路用性能的一个指标。所以在各国的沥青标准及 SHRP 的沥青规范中,无一例外地列有闪点指标。从施工的实际情况来看,沥青拌和厂加热沥青经常为 150 ~ 170 ℃,矿料温度经常为 170 ~ 190 ℃,控制不好也有超过 200 ℃ 的情况。各国大体规定了不低于 230 ~ 260 ℃,我国的规定是不低于 230 ℃,测定方法用克利夫兰开口杯进行。

9. 工作度指标

由于许多改性沥青在高温时有较高的黏度,故在国外的改性沥青标准中,通常对改性沥青设置了高温黏度的界限,这个界限是根据材料的泵送性规定的。例如,美国 AASHTO 标准中,为了使目前常规使用的沥青泵能有效地操作,要求 135 ℃ 的黏度最高不要超过 2 000 mm²/s(运动黏度)。我国现行沥青路面施工规范中,要求 SBS 等改性沥青 135 ℃ 运动黏度不大于 3 000 mPa·s(动力黏度)。

$$\eta = \upsilon P \tag{5.4}$$

式中,η 为试样动力黏度,mPa·s;υ 为试样运动黏度,mm²/s;ρ 为与测量运动黏度相同温度下试样的密度,g/cm³。

5.4.2 橡胶沥青的性质

1. 合成橡胶改性沥青的性质

沥青掺加橡胶后,针入度减小、软化点提高,性质的这种变化随橡胶掺加量的增加而增大。软化点上升使沥青的高温稳定性提高;针入度减小,则使针入度指数增大,沥青的温度敏感性降低;橡胶沥青的延度有所提高,尤其在低温下(4 ℃)的延度提高更明显。提高低温下的延度,其效果最好的是丁苯橡胶,而且常常在掺量不大的情况下(3% 左右),延度就超过 150 cm。橡胶沥青低温延度的增大,表明其低温柔性改善,使沥青路面脆性降低,从而能够减少低温收缩开裂的可能性。表 5.4 是胜利沥青掺加丁苯橡胶后性质的变化。

表5.4 丁苯橡胶沥青的性质

技术指标	针入度(25 ℃)/0.1 mm	软化点/℃	延度			针入度指数	针入度-温度敏感性系数	劲度模量($t=2\times10^3$s, $T=60$ ℃)/Pa
			25 ℃	15 ℃	7 ℃			
胜利100沥青	102	46	91	42	4.2	−0.42	0.042 6	1.5×10^5
胜利100沥青+2%丁苯橡胶	82	48.9	61	145	150	−0.23	0.041 4	9×10^5

黏韧性和韧性是橡胶沥青最具代表性的特性。本森所设计的拉拔试验是将金属半球埋在沥青中在一定的温度下以一定速度拉拔,取纵坐标表示试样的拉力,横坐标表示拉拔的长度,画出沥青的黏韧性线,如图5.6所示。开始拉拔时,图中出现峰值,这时拉力最大。随着沥青被拉细长后,拉力急剧减小,但不同的材料拉力减小的速度是有差别的。曲线所包围的面积表示沥青抗变形能力,很大程度上反应沥青材料的弹性和黏性性质,称为黏韧度。曲线后半部所包围的面积反应沥青材料的韧性,称为韧度。

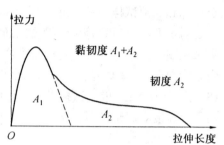

图5.6 沥青的黏韧性曲线

沥青中加入橡胶会增强沥青的耐老化性能,故橡胶可称为沥青的防老剂。表5.5是橡胶沥青在薄膜烘箱试验后性质的变化。

表5.5 橡胶沥青的薄膜烘箱试验

沥青材料	薄膜烘箱试验前		薄膜烘箱试验后残渣			
	针入度/0.1 mm	软化点/℃	针入度/0.1 mm	针入度比/%	软化点/℃	软化点上升/℃
沥青80/100	89	46.8	57	64	51.5	4.7
橡胶沥青80/100(橡胶3%)	79	57.0	77	97.5	57.5	0.5
橡胶沥青100/120(橡胶5%)	113	48.0	80	70.8	51.5	3.5

2. 废旧轮胎粉改性沥青的性质

用轮胎橡胶粉配制的改性沥青,其性质在很大程度上与合成橡胶沥青相似,同样表现为沥青稠度提高,温度敏感性降低。表5.6是兰州炼油厂100号沥青掺加15%橡胶粉的性质。

表5.6 轮胎粉改性沥青的性质

沥青材料	软化点/℃	针入度/0.1 mm				针入度-温度关系式
		25 ℃	20 ℃	15 ℃	10 ℃	
基础沥青	48	102	48	30	17	$\lg P=0.050\,8T+0.710\,9$
橡胶沥青	56	92	50	31	23	$\lg P=0.040\,3T+0.924\,1$

应用滑板黏度计研究橡胶沥青的剪切蠕变性质时,由蠕变曲线(图5.7)可明显看出,在同样的外力作用下,橡胶沥青的剪切应变比基础沥青小得多,这表明橡胶沥青的耐流动性得到明显增强。

由于橡胶沥青的低温脆化温度降低,使柔韧性得到改善,对酸性石料的黏附性都可以由原来的2级提高到4~5级。不

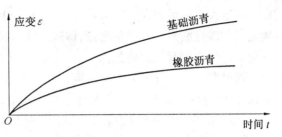

图5.7 滑板剪切蠕变应变随时间的增长

仅如此,在石料表面形成的沥青膜也明显增厚;并且抗老化性能也得到改善。薄膜烘箱试验表明,橡胶沥青的加热损失少、针入度和延度下降幅度小、黏度提高的比例小,这些都说明在沥青中掺加一定量的橡胶粉也可使沥青的耐老化性能得到改善。

5.4.3 热塑性树脂沥青和热塑性橡胶沥青的性质

热塑性树脂沥青和热塑性橡胶沥青是现在道路工程中应用比较普遍的改性沥青。表5.7是用埃索石油公司所产70号沥青,分别掺加5%PE、EVA(30/30)、SBS(星型与线型),经高速剪切搅拌为改性沥青的性能,同时表中除常规指标外,还列有当量软化点、当量脆点、弹性回复、测力延度等试验的结果。由于是同一基础沥青,改性剂是同样的剂量,故不但可看出这几种不同的改性沥青的性质,而且这几种改性沥青之间有很好的可比性。

表5.7 聚合物改性沥青的性质

技术性质	基础沥青	+5%SBS		+5%EVA	+5%PE
		星型	线形		
针入度(25 ℃)/0.1 mm	64	38	40	49	47
软化点/℃	48	92	55	60	60
延度(15 ℃)/cm	200	100	54	35	11
当量软化点/℃	47.2	63.1	58.3	56.1	52.4
当量脆点/℃	−8.6	−16.7	−11.4	−15.7	−9.8
回弹率(15 ℃)/%	14	78	65	54	16
针入度指数 PI	−1.36	+0.96	+0.16	+0.17	−0.76
测力延度10 ℃ 拉力强度/MPa 黏韧度/(N·m)	0.73 2.99	0.52 21.5	0.62 19.6	0.81 7.85	1.04 4.29
薄膜烘箱试验 质量损失/% 针入度比/% 延度(10 ℃)/cm	0.07 78.3 9	0.07 88.9 68	0.02 88.9 42	0.06 73.5 7	0.05 70.0 5.5

1.高温稳定性

由表5.7可见,沥青中添加聚合物后,沥青的针入度减小,软化点提高,这表明沥青的

高温稳定性有明显提高。如果将表5.7中的SBS改性沥青与表5.3对比,则普通道路沥青配制的改性沥青都有相似之处,即针入度明显偏小,这说明表5.7中的SBS改性沥青存在离析而使表面有结皮现象。

通过测定不同温度下的针入度(如15 ℃,25 ℃,35 ℃),可回归得针入度与温度的关系式 $\lg P = AT + B$,然后求得针入度为800(0.1 mm)时的温度,即沥青材料的当量软化点 T_{800}。改性沥青的当量软化点较之基础沥青都有很大的提高,由此也说明高温稳定性的改善。

比较几种聚合物对高温稳定性的改善程度,那么,显而易见,则以SBS效果最明显,EVA次之,PE再次之。

2. 低温柔软性

欧洲国家研究认为,当针入度为1.2(0.1 mm)时,其温度相当于沥青的费拉斯脆点。按上述同样的方法,可计算得当量脆点 $T_{1.2}$。当量脆点越低,表明沥青材料的低温柔软性越好。表5.7数据表明,星型SBS和EVA对改善沥青的低温性能有较好的效果,线型SBS则次之,而PE对沥青低温性能的改善几乎没有贡献。

15 ℃和薄膜烘箱试验后10 ℃的延度都在一定程度上反映沥青材料的低温性能。显然,SBS对改善沥青的低温有显著效果,而PE甚至使沥青的低温性能有所降低。

3. 温度敏感性

针入度指数 PI 反映沥青材料对温度的敏感性,PI 值越小,则表明对温度的敏感性越强,其性能就越差。由表5.7可见,改性沥青的 PI 值均有所增大,表明它们的温度敏感性减弱,同样说明温度稳定性改善。这种改善以星型SBS最为显著,线型SBS和EVA次之,而PE则最次。

4. 弹性

沥青是黏弹性材料,弹性好的沥青在外力作用下所产生的变形能够逐渐回复,剩余变形小。改性沥青的弹性性质是以回弹率表示的。其测试方法是在15 ℃温度下进行延度试验,当拉伸至10 cm时,用剪刀从中剪断,使其回弹,10 min后,量取回弹长度,计算回弹率。回弹率越大,则表明其弹性越好。表5.7的数据表明,SBS和EVA改性沥青有很好的弹性,而PE对改善沥青的弹性几乎没有作用。

5. 黏韧性

沥青材料在较低的温度下表现为良好的柔韧性还是脆性是沥青性能的重要标志。测力延度试验(Force Ductility Test)是一种简单易行的试验方法,只要在延度试验时加一只测力传感器并接上记录仪即可。几种不同的改性沥青在测力延度试验图上(图5.8)有完全不同的表现。

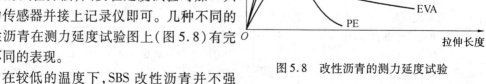

图5.8 改性沥青的测力延度试验

在较低的温度下,SBS改性沥青并不强硬,不用很大的力就能被拉伸,故拉力强度不大,拉伸的线很粗,而且其显著特点是拉伸曲线逐渐向上移动,这说明在拉伸过程中,其拉伸的线可以承受很大的拉应力而不断裂,这充分显示出在较低的温度下SBS改性沥青具有很好的黏韧性。PE改性沥青拉力强度最大,这表明在较低的温度下,需要很大的力才能将它拉伸,表现为强硬的性质,而且拉伸曲线很快向下移动而断裂,黏韧性很差。EVA 改性沥青的性质则介于二者之间。

6. 耐老化性

改性沥青的薄膜烘箱试验的质量损失均很小。不同改性沥青之间的差异都在试验误差范围之内,故质量损失往往不足以反映沥青的耐老化性能。针入度比,尤其是它们 10 ℃延度(包括薄膜烘箱试验前后延度值的变化)可以明显地看出不同改性沥青之间的差别。显而易见,SBS 改性沥青的耐老化性能要比热塑性树脂改性沥青优越。

综上所述,在沥青中添加聚合物材料其性能有以上几方面改善,但由于各种聚合物材料性质不同,其改善的效果不同,表 5.8 大体反映了几种聚合物对沥青性能改善的程度。

表 5.8　几种聚合物用于沥青改性的效果

聚合物材料	高温稳定性	低温柔软性	温度敏感性	弹性	黏韧性	耐久性
SBS(星型)	优	优	优	优	优	优
SBS(线型)	优	中	中	中	优	优
EVA	优	中	中	中	中	中
PE	优	差	中	差	差	中

5.5 改性沥青技术标准

5.5.1 改性沥青的技术标准

目前,改性沥青的优良性能已逐步被人们所认识,其应用也日趋广泛。大量研究成果证明,用评价普通道路改性沥青的一套技术指标来评价改性沥青,往往会得出一些错误的结论,对于改性沥青必须有一套对应的技术标准。许多国家都已制定了改性沥青规范,用以指导改性沥青的生产和使用。

1. 国外改性沥青标准

由于各国地理环境和自然条件以及施工水平的不同,所制定的改性沥青规范不仅技术指标有所区别,而且要求也不一致。

美国将改性沥青分为 SBS 类、SBR 类以及 EVA 类、PE 类。每一类又按稠度不同分为几个标号,其技术标准见表 5.9。

表 5.9 中所列标准是在 1991 年版的基础上经修改而成的。其中,对 SBS 类离析试验的软化点差由 2.2 ℃放宽为 4 ℃;对 60 ℃黏度的要求也大幅度降低;对 SBR 类的黏韧性和韧性其单位由 cm-kg 改为 in-lbs,公制改成了英制;另外,可以注意到,PE、EVA 类都没有延度要求,也说明这类改性沥青的特点。

表 5.9　美国 AASHTO-AGC-ARTBA 改性沥青建议标准(1995 年版)

指标		SBS 类				SBR 类			PE、EVA 类				
		I-A	I-B	I-C	I-D	II-A	II-B	II-C	III-A	III-B	III-C	III-D	III-E
针入度(20 ℃100 g,5 g)/0.1 mm	min	100	75	50	40	100	70	80			30		
	max	50	100	75	75						130		
针入度(4 ℃,200 g,60 g)/0.1 mm	min	40	30	25	25				48	35	26	18	12
运动黏度(60 ℃)/cSt	min										150		
	max		−2 000				−2 000				1 500		
软化点/℃	min	43	49	54	60				52	54	57	60	
闪点/℃	min		218		232		232				218		
溶解度/%	min		99.0				99.0						
离析,软化点差/ ℃	max		4										
黏韧性(25 ℃)/in-lbs	min						75	110					
韧性(25 ℃)/in-lbs	min						50	75					
RTFOT 或 TFOT 后残留物													
质量损失/%	max										1.0		
弹性恢复(25 ℃)/%	min		45		50								
针入度(4 ℃,200 g,60 g) /0.1 mm	min	20	15	13	13				24	18	13	9	6
动力黏度(60 ℃)/(Pa·s)	min					4 000	8 000						
延度(4 ℃,5 cm/min)/cm				25		8							
黏韧性(25 ℃)/in-lbs	min										110		
韧性(25 ℃)/ in-lbs											75		

注:1 cSt=10^{-6} m^2/s。

德国聚合物改性沥青供货技术条件见表 5.10,改性剂是 SBS。此标准中,每一类改性沥青主要是针入度、软化点、延度、脆点指标有所区别,其他指标都一样。B 类比 A 类延度要求低,C 类延度要求则更低,未要求弹性恢复指标,其主要技术指标变化范围较宽,可适用于不同气候条件的地区的需求。

表 5.10 德国聚合物改性沥青供货技术条件(BMV ARS 17/91 TL-PMA)

技术指标		PMBA			PMBB			PMBC	
		80A	65A	45A	80B	65B	45B	65C	45C
针入度(25 ℃,100 g,5 g)/0.1 mm	>	120	50	20	120	50	20	50	20
软化点/℃		40~80	48~55	55~63	40~48	48~55	55~63	48~55	55~63
费拉斯脆点/℃	<	−20	−15	−10	−20	−15	−10	−15	−10
延度/cm	7 ℃ min	100			50				
	13 ℃ min		100			30		15	
	25 ℃ min			40			20		10
密度(25 ℃)/(g·cm⁻³)		1 000~1 100							
闪点/℃		200							
弹性恢复/%	>	50							
热储存均匀性软化点差/℃		2.0							
旋转瓶加热试验残渣									
质量损失/%	<	1.0							
软化点变化/℃	上升 <	6.5							
	下降 <	2.0							
针入度变化/0.1 mm	下降 <	40							
	上升 <	10							
延度/cm	7 ℃ >	50			40				
	13 ℃ >		50			20		8	
	25 ℃ >			20			20		5
弹性恢复/%	>	50							

密度(25 ℃)/(g·cm⁻³) 为 $1\,000\sim1\,100$,闪点/℃ 为 200。

日本道路协会所公布的改性沥青标准与欧美国家有很大区别,不仅改性沥青分类不同,而且技术指标也有很大差别。日本的改性沥青分成 Ⅰ 型(主要是 SBR 胶乳改性沥青)和 Ⅱ 型(主要是 EVA 树脂类改性沥青和 SBS 热塑性橡胶类),此外还有高黏度改性沥青、提高黏附性的改性沥青以及用于超重交通道路的改性沥青等,见表 5.11。

国际上生产沥青的一些大企业如壳牌石油公司、埃索石油公司等都生产各种牌号的改性沥青,它们也有自己的技术标准,表 5.12 为壳牌 SBS 改性沥青 Caribit 技术标准。

表 5.11 日本道路协会改性沥青标准

指标		Ⅰ型（橡胶类）	Ⅱ型（树脂、橡胶树脂类）	高黏度改性沥青	提高黏附性的改性沥青	超重交通道路改性沥青
针入度(25 ℃)/0.1 mm		>50	>40	>40	>40	>40
软化点/℃		50～50	56～76	>80	>68	>75
延度/cm	7 ℃	>30	—	—	—	—
	25 ℃	—	>30	>50	>30	>50
闪点/℃		>260	>260	>260	>260	>260
TFOT 试验后	质量损失/%	—	—	<0.6	<0.6	<0.6
	残留针入度/%	>55	>65	>65	>65	>65
费拉斯脆点/℃		—	—	—	<-12	—
黏韧性/(N·m)		>5	>8	>20	>16	>20
韧性/(N·m)		>2.5	>4	>15	>8	>15
密度(15 ℃)/(g·cm⁻³)		实测①	实测	实测	实测	实测
60 ℃黏度/(10²Pa·s)		—	—	>2.00	>0.15	>0.30
最佳拌和温度/℃		实测	实测	实测	实测	实测
最佳碾压温度/℃		实测	实测	实测	实测	实测
生骨料剥离度/%		—	—	—	<5	—

注："实测"表示有实验要求但没有具体指标限制。

表 5.12 壳牌 SBS 改性沥青 Caribit 技术标准

指标		Caribit45	Caribit65	Caribit80	CaribitDA	CaribitOB	Caribit200E
针入度(25 ℃)/0.1 mm		20～40	50～80	120～150	60～90	220～300	180～220
软化点(环球法)/℃		55～63	48～55	40～48	70～80	30～40	36～48
费拉斯脆点/℃		≤-10	≤-15	≤-20	≤-15	≤-25	≤-20
延度/cm	25 ℃	≥40	≥100		≥60		
	13 ℃				≥60		
	7 ℃			≥100			≥100
	6 ℃					≥60	
密度(15 ℃)/(g·cm⁻³)		1.0～1.1	1.0～1.1	1.0～1.1	1.0～1.1	1.0～1.1	1.0～1.1
闪点(开口杯)/℃		≥200	≥200	≥200	≥200	≥200	≥200
回弹率/%	25 ℃	≥50	≥50	≥50	≥70		≥50
	13 ℃		≥50	≥50	≥50		≥50
	0 ℃					≥70	
离析(软化点)/℃		≤2	≤2	≤2	≤2	≤2	≤2

在国外,大部分国家已经制订了改性沥青的标准或规范,但尚未见有一个通用的标准。各国改性沥青标准都有一些共同的特点,首先都根据聚合物类型的不同进行分类,然后将每一种类型的聚合物改性沥青分为几个等级,每一个等级适用于不同的气候条件。在美国 AASHTO–AGC–ARTBA 改性沥青建议标准中,路用性能只控制有限的几种性质,这些性质包括感温性、低温开裂、疲劳开裂、永久变形、老化、均匀性、纯度、安全、工作度(施工性)等。

2. 我国改性沥青技术标准

我国对改性沥青的研究已经有 20 余年的历史,并形成了聚合物改性沥青技术标准见表 5.13。该标准主要参考了国外的标准,尤其是参考了美国 ASTM 标准,吸取了国外标准的长处,同时考虑了我国改性沥青的一些实践经验。由于该技术标准主要参考美国标准编制,其中某些技术指标不一定适合我国的国情,这就有待于在今后的改性沥青研究过程中不断总结经验以逐步修订、完善。

表 5.13　我国聚合物改性沥青技术要求

指标		SBS 类（I 类）				SBR 类（II 类）			EVA、PE 类（III 类）				试验方法
		I –A	I –B	I –C	I –D	II –A	II –B	II –C	III –A	III –B	III –C	III –D	
针入度(25 ℃,100 g,5 g)/0.1 mm		>100	80~100	60~80	30~60	>100	80~100	60~80	>80	60~80	40~60	30~40	T0604
针入度指数 PI	≮	-1.2	-0.8	-0.4	0	-1.0	-0.8	-0.6	-1.0	-0.8	-0.6	-0.4	T0604
延度(5 ℃,5 cm/min)/cm	≮	50	40	30	20	60	50	40	—				T0605
软化点 $T_{R\&B}$/℃	≮	45	50	55	60	45	48	50	48	52	56	60	T0606
运动黏度① 135 ℃/(Pa·s)	≯	3											T0625 T0619
闪点/℃	≮	230				230			230				T0611
溶解度/%	≮	99				99							T0607
弹性恢复(25 ℃)/%	≮	55	60	65	75	—			—				T0662
黏韧性/(N·m)	≮	—				5			—				T0624
韧性/(N·m)	≮	—				2.5			—				T0624
储存稳定性②离析,48 h 软化点差/℃	≯	2.5							无改性剂明显析出、凝聚				T0661
TFOT(或 RTFOT)后残留物													
质量变化/%	≯	1.0											T0610 T0609
针入度比(25 ℃)/%	≮	50	55	60	65	50	55	60	50	55	58	60	T0604
延度(5 ℃)/cm	≮	30	25	20	15	30	20	10	—				T0605

注:①表中 135 ℃动力黏度可采用《公路工程沥青及沥青混合料试验规程》(JTJ 052—2000)中的"沥青布氏旋转黏度试验方法(布洛克菲尔德黏度计法)"进行测定。若在不改变改性沥青物理力学性质并符合安全条件的温度下易于泵送和拌和,或经证明适当提高泵送和拌和温度时能保证改性沥青的质量,容易施工,可不要求测定。

②储存稳定性指标适用于工厂生产的成品改性沥青。现场制作的改性沥青对储存稳定性指标可不作要求,但必须在制作后,保持不间断的搅拌或泵送循环,保证使用前没有明显的离析。

5.5.2 我国的改性沥青技术要求(标准)的特点

我国的改性沥青技术要求(标准)有以下特点。

1.改性沥青的分类及适用范围

我国目前乃至今后的相当长一段时间内,可能使用的聚合物改性剂主要是 SBS、SBR、EVA、PE,因此将其分为 SBS(属热塑性橡胶类)、SBR(属橡胶类)、EVA 及 PE(热塑性树脂类)三类。其他未列入的改性剂,可以根据其性质,参照相应的类别执行。

Ⅰ类是 SBS 热塑性橡胶类聚合物改性沥青。我国大部分地区高速公路宜选择Ⅰ-D级;西北和东北地区可选择Ⅰ-C 级;Ⅰ-B 级适用于非常寒冷的地区;Ⅰ-A 级除特殊情况外很少使用。

Ⅱ类是 SBR 橡胶类聚合物改性沥青。Ⅱ-A 型用于寒冷地区,Ⅱ-B 和Ⅱ-C 适用于较热地区。

Ⅲ类是树脂类聚合物改性沥青。如乙烯-醋酸乙烯酯(EVA)、聚乙烯(PE)改性沥青,适用于较热和炎热地区。通常要求软化点温度比最高月使用温度的最大日空气温度要高 20 ℃左右。根据沥青改性的目的和要求选择改性剂时,可作如下初步选择:

①为提高抗永久变形能力,宜使用热塑性橡胶类、热塑性树脂类改性剂。

②为提高抗低温变形能力,宜使用热塑性橡胶类、橡胶类改性剂。

③为提高抗疲劳开裂能力,宜使用热塑性橡胶类、橡胶类、热塑性树脂类改性剂。

2.关于改性沥青的分级及感温性要求

改性沥青的技术指标以改性沥青的针入度作为分级的主要依据,改性沥青的性能以改性后沥青感温性的改善程度,即针入度指数 PI 的变化为关键性评价指标。一般的非改性沥青的 PI 值基本上不超过 -1.0,改性后要求大于 -1.0 以上。从改善温度敏感性的要求出发,改性后希望在沥青的软化点提高的同时,针入度不要降低太多。在国外的标准中,聚合物改性沥青的感温性通常采用不同温度的针入度及黏度表示,但低温针入度与疲劳开裂也有关。

在标准中规定了各种改性沥青不同等级的针入度指数 PI 的最低要求。根据每个等级的最小 PI 要求值,以及改性沥青的实测 25 ℃针入度,可以求出所要求的当量软化点和当量脆点的极限要求值。计算方法如下:

$$T_{800} = \left[50 \times (2.903\ 1 - \lg P_{25}) \times (PI+10)\right]/(20-PI) + 25$$

$$T_{1.2} = 25 - \left[50 \times (\lg P_{25} - 0.079\ 2) \times (PI+10)\right]/(20-PI) \tag{5.5}$$

对应于不同的 PI 要求值和不同的针入度值,按上式求得的 T_{800} 和 $T_{1.2}$ 的要求值见表 5.14。表中未列出的针入度可以由内插法求得或按上式求取。由三个实测针入度求取的 T_{800} 和 $T_{1.2}$ 值也应该符合表 5.14 的要求。

表 5.14 不同针入度的改性沥青对 T_{800} 和 $T_{1.2}$ 的要求

针入度 (25℃) /0.1 mm	对应于下列 pH 值的 T_{800} 和 $T_{1.2}$ 的要求值/℃													
	-1.0		-0.8		-0.6		-0.4		-0.2		0		+0.2	
	T_{800}	$T_{1.2}$	T_{800}	$T_{1.2}$	T_{800}	$T_{1.2}$	T_{800}	$T_{1.2}$	T_{800}	$T_{1.2}$	T_{800}	$T_{1.2}$	T_{800}	$T_{1.2}$
	min	max	min	max	min	max	min	max	min	max	min	max	min	max
30	55.6	-5.0	56.5	-5.9	57.5	-6.9	58.6	-7.9	59.6	-8.8	60.6	-9.9	61.7	-11.0
32	55.0	-5.6	55.9	-6.5	56.9	-7.5	57.9	-8.6	58.9	-9.6	59.9	-10.6	61.0	-11.7
34	54.4	-6.1	55.3	-7.1	56.3	-8.1	57.3	-9.2	58.3	-10.2	59.3	-11.3	60.3	-12.4
36	53.9	-6.7	54.8	-7.7	55.7	-8.7	56.7	-9.8	57.7	-10.8	58.7	-11.9	59.7	-13.0
38	53.4	-7.2	54.3	-8.2	55.2	-9.2	56.1	-10.3	57.1	-11.4	58.1	-12.5	59.1	-13.7
40	52.9	-7.6	53.8	-8.7	54.7	-9.7	55.6	-10.8	56.6	-11.9	57.5	-13.1	58.5	-14.2
42	52.4	-8.1	53.3	-9.1	54.2	-10.2	55.1	-11.3	56.0	-12.5	57.0	-13.6	58.0	-14.8
44	52.0	-8.5	52.9	-9.6	53.7	-10.7	54.6	-11.8	55.6	-12.9	56.5	-14.1	57.4	-15.3
46	51.6	-8.9	52.4	-10.0	53.3	-11.1	54.2	-12.3	55.1	-13.4	56.0	-14.6	56.9	-15.8
48	51.2	-9.3	52.0	-10.4	52.9	-11.6	53.7	-12.7	54.6	-13.9	55.5	-15.1	56.5	-16.3
50	50.8	-9.7	51.6	-10.8	52.5	-12.0	53.3	-13.1	54.2	-14.3	55.1	-15.5	56.0	-16.7
52	50.4	-10.1	51.3	-11.2	52.1	-12.3	52.9	-13.5	53.8	-14.7	54.7	-15.9	55.6	-17.2
54	50.1	-10.4	50.9	-11.6	51.7	-12.7	52.5	-13.9	53.4	-15.1	54.3	-16.3	55.2	-17.6
56	49.7	-10.8	50.5	-11.9	51.3	-13.1	52.2	-14.3	53.0	-15.5	53.9	-16.7	54.7	-18.0
58	49.4	-11.1	50.2	-12.2	51.0	-13.4	51.8	-14.6	52.6	-15.9	53.5	-17.1	54.4	-18.4
60	49.1	-11.4	49.9	-12.6	50.7	-13.8	51.5	-15.0	52.3	-16.2	53.1	-17.5	54.0	-18.8
62	48.8	-11.7	49.6	-12.9	50.3	-14.1	51.1	-15.3	51.9	-16.6	52.8	-17.8	53.6	-19.1
64	48.5	-12.0	49.3	-13.2	49.0	-14.4	50.8	-15.6	51.6	-16.9	52.4	-18.2	53.3	-19.5
66	48.2	-12.3	49.0	-13.5	49.7	-14.7	50.5	-15.9	51.3	-17.2	52.1	-18.5	52.9	-19.8
68	47.9	-12.6	48.7	-13.8	49.4	-15.0	50.2	-16.3	51.0	-17.5	51.8	-18.8	52.6	-20.2
70	47.7	-12.8	48.4	-14.1	49.1	-15.3	49.9	-16.6	50.7	-17.8	51.4	-19.1	52.3	-20.5
72	47.4	-13.1	48.1	-14.3	48.0	-15.6	49.6	-16.8	50.4	-18.1	51.1	-19.5	51.9	-20.8
74	47.2	-13.4	47.9	-14.6	48.6	-15.8	49.3	-17.1	50.1	-18.4	50.8	-19.8	51.6	-21.1
76	46.9	-13.6	47.6	-14.8	48.6	-16.1	49.1	-17.4	49.8	-18.7	50.6	-20.0	51.3	-21.4
78	46.7	-13.8	47.4	-15.1	48.1	-16.4	48.8	-17.7	49.5	-19.0	50.3	-20.3	51.0	-21.7
80	46.4	-14.1	47.1	-15.3	47.8	-16.6	48.5	-17.9	49.3	-19.2	50.0	-20.6	50.8	-22.0
82	46.2	-14.3	46.9	-15.6	47.6	-16.9	48.3	-18.2	49.0	-19.5	49.7	-20.9	50.5	-22.3
84	46.0	-14.5	46.6	-15.8	47.3	-17.1	48.0	-18.4	48.7	-19.8	49.5	-21.3	50.2	-22.5
86	45.8	-14.8	46.4	-16.0	47.1	-17.3	47.8	-18.7	48.5	-20.0	49.2	-21.4	49.9	-22.8
88	45.5	-15.0	46.2	-16.3	46.9	-17.6	47.6	-18.9	48.3	-20.2	49.0	-21.6	49.7	-23.0
90	45.3	-15.4	46.0	-16.5	46.6	-17.8	47.3	-19.1	48.0	-20.5	48.7	-21.9	49.4	-23.3
92	45.1	-15.6	45.8	-16.7	46.4	-18.0	47.1	-19.3	47.8	-20.7	48.5	-22.1	49.2	-23.5
94	44.9	-15.8	45.6	-16.9	46.2	-18.2	46.9	-19.5	47.6	-20.9	48.2	-22.3	49.0	-23.8
96	44.7	-16.0	45.4	-17.1	46.0	-18.4	46.7	-19.8	47.3	-21.2	48.0	-22.6	48.7	-24.0
98	44.5	-16.2	45.2	-17.3	45.8	-18.6	46.5	-20.0	47.1	-21.4	47.8	-22.8	48.5	-24.2
100	44.4	-16.2	45.0	-17.5	45.6	-18.8	46.2	-20.2	46.9	-21.5	47.6	-23.0	48.3	-24.5
102	44.2	-16.3	44.8	-17.7	45.4	-19.0	46.0	-20.4	46.7	-21.8	47.4	-23.2	48.0	-24.7
104	44.0	-16.5	44.6	-17.9	45.2	-19.2	45.8	-20.6	46.5	-22.0	47.2	-23.4	47.8	-24.9
106	43.8	-16.7	44.4	-18.0	45.0	-19.4	45.7	-20.8	46.3	-22.2	46.9	-23.7	47.6	-25.1
108	43.6	-16.9	44.2	-18.2	44.8	-19.6	45.5	-21.0	46.1	-22.4	46.7	-23.9	47.4	-25.3
110	43.5	-17.0	44.1	-18.4	44.7	-19.8	45.3	-21.2	45.9	-22.6	46.5	-24.1	47.2	-25.5
112	43.3	-17.2	43.9	-18.6	44.5	-1.9.9	45.1	-21.4	45.7	-22.8	46.3	-24.3	47.0	-25.7
114	43.1	-17.4	43.7	-18.7	44.3	-20.1	44.9	-21.5	45.5	-23.0	46.2	-24.4	46.8	-25.9
116	43.0	-17.5	43.5	-18.9	44.1	-20.3	44.7	-21.7	45.3	-23.0	46.0	-24.6	46.6	-26.1
118	42.8	-17.7	43.4	-19.1	44.0	-20.5	44.6	-21.9	45.2	-23.3	45.8	-24.8	46.4	-26.3
120	42.7	-17.9	43.2	-19.2	43.8	-20.6	44.4	-22.1	45.0	-23.5	45.6	-25.0	46.2	-26.5

3. 关于改性沥青性能的评价指标

对每一类改性沥青的路用性能,采用不同的评价指标,这是目前国际上流行的做法,但要针对改性沥青的特点,选择代表性的试验指标作为重点评价指标。同一类分级中的 A、B、C、D 主要是基质沥青标号及改性剂剂量的不同,从 A 到 D 意味着沥青的针入度变小,沥青越硬,高温性能越好,相反低温性能降低。

SBS 类改性沥青最大特点是高温、低温性能都好,具有良好的弹性恢复性能,所以采用软化点、5 ℃低温延度、弹性恢复作为主要指标。TFOT 后的弹性恢复,由于试验后的性能降低很少,甚至比老化前还要好一些,再加上试验要求的样品数量较多,所以没有列入。SBS 类改性沥青,适于在各种气候条件下使用,使用者应该根据所在地区的高、低温情况及主要目的选择相适宜的标号。

SBR 改性沥青最大特点是低温性能得到改善,所以以 5 ℃低温延度作为主要指标,考虑到 SBR 改性沥青在老化试验后延度严重降低的实际情况,故还列入了 TFOT 后的低温延度。另外黏韧性试验对评价 SBR 改性沥青特别有价值,软化点试验作为施工控制较为简单,也列入标准中。SBR 类改性沥青,主要适宜在寒冷气候条件下使用,使用者应该根据所在地区的低温情况及主要目的选择相适宜的标号。

EVA 及 PE 类改性沥青的最大特点是高温性能明显改善,故以软化点作为主要指标。在 5 ℃试验温度条件下,延度一般还要降低,不足以评定低温抗裂性能,故不列入。由于 PE 不溶于三氯乙烯,对此类改性沥青,溶解度也不要求。EVA 及 PE 类改性沥青,主要适合在炎热气候条件下使用,使用者应该根据所在地区的高温情况及主要目的选择相适宜的标号。

我国一般采用现场生产、现场使用的改性沥青,改性沥青制作后必须一直保持搅拌状态,直至使用,一旦停止搅拌,改性沥青就不可避免地会产生离析。所以在标准中要求对工厂生产的产品要进行离析试验,而对现场制作、使用的改性沥青可免此试验。对针入度、软化点、延度试验来说,没有办法保持搅拌状态,试样冷却过程中必然会离析,这已经是一个很大的缺陷,说明它不能完全反映实际情况。

4. 关于老化试验的标准试验方法

我国普通沥青的老化试验通常采用薄膜加热试验(TFOT),对改性沥青来说,也可采用旋转薄膜加热试验(RTFOT)。对老化试验来说如果采用 TFOT,某些改性沥青的试样离析会在表面发生"结皮"(Skinning),从而使老化条件降低,妨碍老化的进行。如果采用 RTFOT,使其在试验过程中始终保持旋转和搅拌的状态,将比较接近老化的实际情况。但 SBS 改性沥青用 RTFOT 做质量损失有困难,且国外正在修订 RTFOT 试验方法,所以我国现行沥青路面施工技术规范以 TFOT 试验为准。

5. 关于黏度指标

改性沥青的 60 ℃黏度是一个非常重要的指标,它特别能说明改性沥青在高温稳定方面的改善效果。但是,随着改性剂剂量的增加,黏度增高很大,测定方法上也有困难。尽管 SHRP 主张采用工程上常用的布溶克菲尔德(Brookfield)型旋转黏度计测定,但作为标准试验方法,ASTM 规定仍然采用毛细管黏度计。但由于黏度大,毛细管的型号要求有所不同(常用 400 号),再加上我国尚缺乏这方面的数据,标准要求值的提出有一定的困难,所以在我国现行的标准中,没有列入。

改性沥青施工一般无需特殊的要求,然而因为许多改性沥青在高温时有较高的黏度,故对改性沥青混合料工作性提出一定的要求。

6. 其他指标

聚合物改性沥青的安全性要求是由克利夫兰杯闪点最低要求规定的,要求现场所使用的沥青闪点温度不低于规定的极限值。

关于改性沥青的纯度指标,Ⅰ类与Ⅱ类聚合物改性沥青规定了改性沥青的最低溶解度要求,执行此项标准必须保证聚合物改性沥青不被矿质材料或矿粉污染。此要求不适用于Ⅲ类改性沥青或混合型的聚合物改性沥青,因为目前道路工程常规使用的三氯乙烯溶剂不能溶解 PE 等改性剂。

7. 关于标准的使用问题

具体对一个工程,当使用改性沥青时,如何使用此项技术要求呢? 一般可参照如下步骤进行:

①根据当地的气候条件和交通条件,选择适当的基质沥青。希望提高高温性能的路段,基质沥青的标号宜为当地同类公路使用的沥青标号;希望提高低温性能的路段,基质沥青的标号宜为针入度大一个等级(软一些)的沥青。

②根据改性目的和经济条件,在改性剂的合理使用范围内,选择一个初试剂量。各类改性沥青的合理范围,除特殊情况外,宜在下列范围内选择:对 SBS 改性沥青,SBS 的剂量宜为 3% ~6%,通常采用 3% ~4%,要求高时采用 5% ~6%;对 SBR 改性沥青,SBR 的剂量宜为 3% ~5%,通常采用 3% ~4%,要求高时采用 5%;对 EVA 或 PE 改性沥青,EVA 或 PE 的剂量宜为 4% ~6%,通常采用 4% ~5%,要求高时采用 6%。

③按改性沥青的加工工艺,采用适宜的方法制作改性沥青样品,测定改性沥青的 15 ℃、25 ℃、30 ℃针入度,计算针入度指数 PI,再根据 25 ℃针入度确定属于哪一个等级。例如针入度 88(0.1 mm)的基质沥青采用 4% SBS 改性后,针入度为 66(0.1 mm),则属于I-C 级。

④按照各类改性沥青的关键性技术指标,试验各项性质,对照相应的指标,评定其是否合格。

⑤如果达不到要求的指标,或指标过高,可以适当调整改性剂剂量,以符合标准的要求。也可以一开始就试验几个不同剂量的改性沥青,从中选择一个适宜的剂量。

⑥试验技术要求规定的其他指标,检验其是否符合各自技术要求。

需要注意的是,对某一项指标,例如软化点、延度,对同一类改性剂来说,指标的高低有很大价值,可通过改性前后指标的变化评价改性效果。但对不同类型的改性剂,相互之间比较时,意义要小些,不能完全根据该指标的高低就判断改性效果好坏,还要根据改性沥青混合料的指标进行评定后,才能下结论。

我国现行规范对改性沥青混合料也提出了相应的技术要求。用于高速公路、一级公路或特重交通路段时,为提高高温抗车辙能力,制作的改性沥青混合料应该符合表 5.15 规定的车辙试验动稳定度的要求,同时低温性能指标不得低于基质沥青混合料的低温性能指标。

表 5.15 改性沥青混合料高温稳定性技术要求

气候条件与技术指标	相应于下列气候分区所要求的动稳定度/(次·mm⁻¹)									试验方法
七月平均最高气温/℃ 及气候分区	>30				20 ~ 30				<20	
	1. 夏炎热区				2. 夏热区				3. 夏凉区	
	1-1	1-2	1-3	1-4	2-1	2-2	2-3	2-4	3-2	
改性沥青混合料 ≮	2 400	2 800			2 000		2 400		1 800	T 0719

混合料应该符合表 5.16 规定的弯曲试验破坏应变的要求。

表 5.16 改性沥青混合料低温抗裂性能技术要求

气候条件与技术指标	相应于下列气候分区要求的破坏应变								试验方法
年极端最低气温/℃ 及气候分区	<-37.0		-21.5 ~ -37.0		-9.0 ~ -21.5		>-9.0		
	1. 冬严寒区		2. 冬寒区		3. 冬冷区		4. 冬温区		
	1-1	2-1	1-2	2-2	1-3	2-3	1-4	2-4	
改性沥青混合料 ≮	3000		2800		2500				T 0175

改性沥青、混合料的水稳定性应该符合表 5.17 所列要求,达不到要求时应采取抗剥离措施。

表 5.17 改性沥青混合料水稳定性技术要求

气候条件与技术指标	相应于下列气候分区的技术要求				试验方法
年降雨量/mm	>1 000	500 ~ 1 000	250 ~ 500	<250	
气候分区	1. 潮湿区	2 湿润区	3 半干旱	4. 干旱区	
浸水马歇尔试验残留稳定度/% ≮					
改性沥青混合料	85		80		T 0709
冻裂劈裂试验的残留强度比/% ≮					
改性沥青混合料	80		75		T 0729

5.6 改性沥青评价技术

5.6.1 改性沥青的评价技术

改性沥青及改性沥青混合料的性能评价指标和方法,国际上还没有统一,不过有一点是共同的,那就是不能完全照搬普通沥青性能的评价指标。但改性沥青中的改性剂总的来说,它并没有与沥青发生化学反应,主要是物理地分散、混匀、吸附、交联。无论分散得如何均匀,也不可能成为完全的均质体,仍然相当于在沥青均质体中混进了"杂质",是两相或多相的混合体。

现行评价改性沥青性能的方法有以下三大类：

①采用沥青性能指标的变化程度来衡量,如针入度、软化点、延度、黏度、脆点的变化程度。变化值越大,改性效果越好。由于对广大工程技术人员来说,这些指标测定方法简单,意义明确,容易接受,所以是目前生产上最常用的方法。

②针对改性沥青的特点开发的试验方法,如弹性恢复试验、测力延度试验、黏韧性试验、冲击板试验、离析试验等。

③美国的 SHRP 沥青胶结料评价方法,该方法在一套全新的试验设备和观念的基础上,制定了既适用于普通沥青又适用于改性沥青的指标体系。

必须注意的是,改性沥青的效果还有一个如何比较的问题。一般将改性沥青与未改性前的基质沥青的质量进行比较,比较其各项常规及非常规的试验结果的差值,以评价改性效果。此时应考虑改性沥青在制作过程中沥青本身的老化过程,也会使针入度变硬,软化点升高。为了避免这种影响,可以按改性沥青的制作工艺将基质沥青也采用相同的方法、相同的时间进行模拟"加工",给予同等的"待遇"。另外,在美国往往是将改性沥青与同一油源炼制的同标号的普通沥青(而不是基质沥青)相比较,例如,AH-90 号基质沥青改性后针入度成为 50 号,不是将改性沥青与原 AH-90 沥青相比较,而是与 AH-50 沥青相比较。

5.6.2 评价改性沥青性能的新指标

不同的改性沥青有不同的特点,不能用完全相同的指标去衡量。那么,开发出适于不同改性沥青品种的专用指标就很重要。目前一些国外改性沥青标准中提出的评价指标及试验方法大部分已经增补列入我国的《公路工程沥青及沥青混合料试验规程》(JTG E20—2011)中。我国的聚合物改性沥青技术要求也大都采用了这些指标。

1. 弹性恢复(回弹)

对 SBS 等热塑性橡胶改性沥青,弹性恢复能力强是特别显著的特点。由于弹性恢复性能好,路面在荷载作用下产生的变形,能在荷载通过后迅速恢复,留下的残余变形小,或者说有良好的自愈性。

目前最通用弹性恢复试验适用于评价热塑性橡胶类(SBS 等)聚合物改性沥青的弹性恢复性能,采用延度试验所用试模,但中间部分换为直线侧模,制作的试件截面积为 1 cm^2。试验时按延度试验方法在 (25 ± 0.5)℃试验温度下以 5 cm/min 的规定速率拉伸试样达 10 cm 时停止,用剪刀在中间将沥青试样剪成两部分,原封不动地保持试样在水中 1 h,然后将两个半截试样对至尖端刚好接触,测量试件的长度为 x,按式(5.6)计算弹性恢复的恢复率,即延度试验拉长至 10 cm 后的可恢复变形的百分率。

$$恢复率 = [(10-x)/10] \times 100\% \tag{5.6}$$

除了拉伸弹性试验外,国际上还通行一种扭转弹性的试验方法,也称为杜邦(Dupont)回弹试验。它是采用一个双筒圆柱体,间隙中有改性沥青试样,使双筒相对旋转一个角度(180°),产生一个扭矩,然后放松荷载,测定其恢复变形的角度。

澳大利亚还开发了一种滑板式改性沥青弹性恢复流变仪。在两块夹板中浇注 10 mm 厚的改性沥青试样,通过砝码加载使试样发生剪切变形达 1.0(约需荷载 330 Pa),然后释放荷载,测定试样变形恢复的过程,由 LVDT (Linear Variable Differetial Tansformoer)记录下来(图5.9),评定改性沥青的弹性恢复性能。

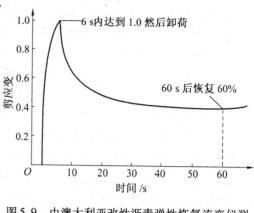

图5.9 由澳大利亚改性沥青弹性恢复流变仪测定的变形曲线

2. 聚合物改性沥青的离析试验

由于聚合物改性沥青在停止搅拌、冷却过程中,聚合物会从沥青中离析,所以当聚合物改性沥青在生产后不能立即使用,需要冷却、储存、运输、再加热后使用,并进行改性沥青的离析试验,以评价改性剂与基质沥青的相容性。

不同的改性剂离析的态势也有所不同,对 SBR、SBS 类聚合物改性沥青,离析时表现为聚合物的上浮。离析试验方法,是从一定条件盛样管中分别提取在 163 ℃烘箱中放置 48 h 后的聚合物改性沥青的顶部和底部试样,测定其环球法软化点,以软化点差表示离析的程度;而对 PE、EVA 类聚合物改性沥青,离析时表现为向四面的容器壁吸附,在表面则结皮,所以离析试验也是观测改性沥青存放过程中结皮、凝聚在容器表面的情况。

3. 黏韧性试验

国外的研究表明,沥青黏韧性试验的结果是评价橡胶类改性沥青效果的一种比较好的方法。近年来,国内也有许多单位开始进行此项试验。沥青黏韧性试验是测定沥青在规定温度条件下高速拉伸时与金属半球的黏韧性及韧性。非经注明,试验温度为 25 ℃,拉伸速度为 500 mm/min。它最早由 Benson 于 1955 年提出,1974 年日本橡胶协会作为标准,并收入日本道路协会铺装试验法便览。现在日本沥青路面铺装要纲的改性沥青标准中正式列入了黏韧性指标,用以评价沥青掺加改性剂后的改性效果。

在图5.10 的荷重-变形曲线上,将曲线 BC 下降的直线部分延长至 E,用虚线表示分别量取曲线 ABCE 及 CDFE 所包围的面积 A_1 和 A_2。试样的黏韧性 $T_0 = A_1 + A_2$,韧性 T_e 即为 A_2。

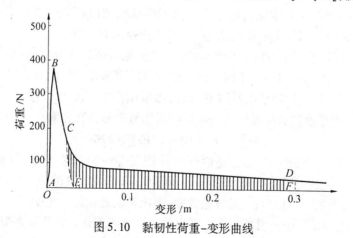

图5.10 黏韧性荷重-变形曲线

4. 测力延度试验

测力延度试验的设备是在普通的延度仪上附加一个测力传感器,试验用的试模是与拉伸回弹试验相同的条形试模。试验温度通常为 5 ℃,拉伸速度 5 cm/min,传感器最大负荷有 100 kg 即可。试验结果记录的拉力-变形(延度)曲线如图 5.11 所示。图中显示了改性沥青试验曲线的峰值荷载和拉力-变形曲线下面的面积。一般情况下,低温时越脆的沥青,延度越小,但峰值力越大,而表示黏韧性的拉力-变形曲线下面的全面积则越小。研究此曲线的形状和面积对评价改性沥青的性能有重要意义。

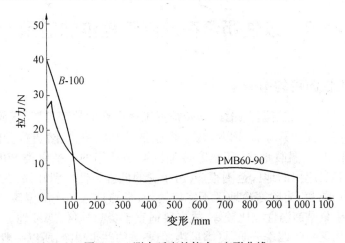

图 5.11　测力延度的拉力-变形曲线

5. 评价改性沥青与石料低温黏结力的板冲击试验

改性沥青与石料低温黏结力的板冲击试验是埃索公司提出的试验方法。如图 5.12所示,它是利用一块 200 mm(长)×200 mm(宽)×2 mm(厚)尺寸的钢板(边缘有 5 mm 高的围栏),板中灌沥青 40 g,沥青厚度为 1 mm,在沥青面上均匀地放上 10 排 4.75 ~9.5 mm 干燥洁净的碎石。每排 10 颗,共 100 颗。置室温中冷却后,放入 60 ℃烘箱中加

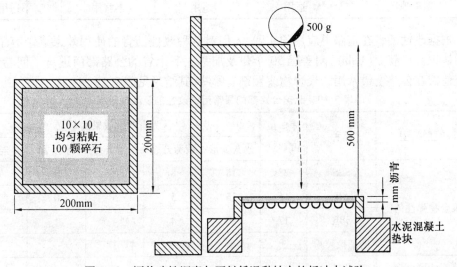

图 5.12　评价改性沥青与石料低温黏结力的板冲击试验

热5 h,使碎石与沥青良好地黏结,再放入家用冰箱的冷冻室(约−18 ℃左右)冷冻12 h。从冰箱中取出钢板,迅速放在水泥混凝土垫块上,将钢板的沥青面朝下,钢板垫起架空,铁架平台高度至铁板平面的距离为500 mm。随即用质量(500±1) g的钢球从平台边缘自由落下,落点在钢板的反面中央,观测沥青碎石受钢球冲击后被振落的情况。

本方法适用于评价改性沥青与石料的低温黏结特性。PE 改性沥青的试验结果表明,尽管其延度减小,但板冲击试验石子几乎没有振落,说明其低温黏结力较好,而未改性的基质沥青则有相当多的振落,说明板冲击试验是一个很有价值的试验方法。

5.7 改性沥青在道路工程中的应用

5.7.1 改性沥青的选择

选择何种改性沥青铺筑沥青路面,必须根据工程所在的地理位置、气候条件、道路等级、路面结构等多方面因素综合加以考虑。根据试验和经验,显然热塑性橡胶类 SBS 改性沥青无论炎热地区、温暖地区,还是寒冷地区都是适用的。橡胶类 SBR 改性沥青与 SBS 改性沥青相似,应用的地区范围很广,由于它的低温柔性特别好,故在寒冷地区更能发挥作用。EVA 改性沥青除寒冷地区不宜使用外,炎热地区和一般温暖地区都可使用。PE 改性沥青由于只是高温性能比较好,故主要适宜于炎热地区,寒冷地区肯定是不适用的,而一般温暖地区由于四季分明,夏季虽热,但冬季往往也很冷,所以一般来说也不宜采用 PE 改性沥青。表5.18 列出了各种改性沥青大致适用地区。

表5.18 改性沥青适用的地区

改性沥青	SBR	SBS	EVA	PE
炎热地区	适用	适用	适用	适用
温暖地区	适用	适用	适用	不适用
寒冷地区	适用	适用	不宜用	不适用

根据改性沥青在道路上应用的实践,人们对各种改性沥青的使用效果逐渐有了进一步的认识。巴赫亚(Bahia)对美国50个州及加拿大5个省的公路部门进行了问卷调查,调查他们在公路上最常用的聚合物改性剂有哪些,其结果见表5.19。

表5.19 北美公路部门最常用的改性剂及改性效果

改性剂类型	品种	使用单位数量	认为有改性效果的单位				
			永久变形	疲劳开裂	低温开裂	水损害	老化
聚合物弹性体	SBS	28	18	8	10	3	6
	SB	16	13	5	5	0	2
	SBR	17	10	4	4	1	2
	磨细橡胶粉	3	1	—	1	—	—
热塑性聚合物	EVA	6	3	—	—	—	—

在北美的公路部门已不用或很少使用 PE 改性沥青。另外,在被问及在近 5 年内是否考虑使用改性沥青时,有 35 个单位回答会增加改性沥青的使用,12 个单位说与现在的用量持平,没有一个单位说会减少改性沥青的使用。此外,调查还发现,公路部门使用改性沥青的目的主要是为提高抗车辙和抗低温开裂的能力。

1991 年,西欧对聚合物在道路改性沥青中的应用情况作了调查,其情况是:SBS 和 SIS 为 40%,SB 为 14%,EVA 为 19%,PE 为 3%,回收橡胶为 4%,其他改性材料为 20%。由此可见,西欧国家 SBS 类的热塑性橡胶应用最为广泛,1984 年其用量为 2 000 t,到 1992 年就增长为 8 500 t,1995 年又增至 11 200 t。和北美地区相似,PE 的应用日趋减少,表明 PE 改性剂在西欧已基本被淘汰。

改性沥青的选择还与制备的条件有关。由于 SBR 改性沥青需要特殊的设备才能制备,所以一般使用单位都只能采购橡胶母体,使用时再将它掺入热沥青中。这样虽然比较麻烦,但毕竟给使用单位提供了一种加工改性沥青的方法,尤其是养路部门有了提高沥青路面性能的办法。SBS、PE 改性沥青的制备必须使用专门的加工设备,故一般只有大型工程才有条件采用。EVA 与沥青有较好的相容性,在沥青中只要用对流式搅拌器或者简单的高剪切混溶机就能使 EVA 分散开来,因而制备比较方便,一般单位都可选用。用废旧轮胎磨细的橡胶粉制备改性沥青,设备简单,尤其适合道路养护部门使用。

5.7.2 改性沥青的应用

改性沥青的应用最早是橡胶沥青。第一条掺有橡胶的沥青公路路面的是法国修建的,并在 1899 年获得了专利证书。由于 20 世纪 30 年代橡胶价格的大幅度降低,迫使橡胶生产者寻找新的市场,橡胶沥青路面的试验因而得以加速开展。荷兰于 1936 年修建的一条橡胶沥青路面,在经历了二次大战以后仍然良好,引起了道路工程师的浓厚兴趣。橡胶改性沥青在欧美、日本等许多国家逐渐得到广泛应用。在 20 世纪 60~70 年代,美国使用橡胶沥青铺筑机场跑道,如爱伦斯堡机场的跑道,这条跑道使用至今情况一直良好,而且不需要进行大的修理和养护。随着新型聚合物材料,尤其是 SBS 等新一代橡胶的出现,国外在 20 世纪 80 年代以后,以丁苯橡胶为主的橡胶沥青应用逐渐减少。

我国自 1990 年有丁苯橡胶母体面市以后,橡胶沥青路面的应用快速发展。仅在 1991~1993 年期间,橡胶沥青路面铺筑的面积就迅速增加到 400 多万平方米。如广深一级汽车专用道在新建的水泥混凝土路面上用橡胶沥青铺筑 5 cm 厚的磨耗层,日交通量每车道达 5 万辆,证明使用效果良好。青藏二级汽车专用道用橡胶沥青进行罩面,延长了高寒地区沥青路面的使用寿命。又如杭州钱塘江大桥用丁苯橡胶沥青加铺桥面铺装,收到很好的效果。和国外一样,橡胶沥青的使用有逐渐被 SBS 改性沥青取代的趋势。

美国亚利桑那州利用磨细橡胶粉铺筑应力吸收薄膜,用以防止反射裂缝,取得成功经验。南非、澳大利亚等国家用磨细橡胶粉改性沥青铺筑沥青路面;法国和英国则用于铺筑吸音路面,取得成效。磨细橡胶粉的应用对环保是有益的。

我国自 1980 年以来,在江西、浙江、湖北等省,用磨细橡胶粉配制的改性沥青养护沥青路面,累计里程达 1 000 多千米,有效地改善了道路状况,延长了路面使用寿命。另外,在一些小型机场,如敦煌、嘉峪关等机场也用这种橡胶沥青铺筑道面。

PE 改性沥青这几年在国内应用较多,且主要用于机场沥青道面,如广州白云机场、厦门机场、桂林机场以及北京首都机场。观察表明,PE 改性沥青在南方使用效果良好,在北京等较寒冷的地区效果并不理想。

由于改性沥青加工设备的研制成功,SBS 改性沥青逐步在许多地区开始应用,1998年上海在新建公路上就用 SBS 改性沥青铺了数千米 SMA 试验路面。

总的来说,采用改性沥青铺筑路面的好处已逐渐被人们所认识。今后,其在更多的公路和城市道路中应用将成为总的发展趋势,而 SBS 改性沥青将逐渐成为主要品种。

用改性沥青铺筑路面,建设费用将有较大幅度的增加。但是,比较普通沥青路面与改性沥青路面使用周期寿命,用净现值、贴现率等经济指标进行分析比较,就不难得出这样的结论:采用改性沥青铺筑路面在许多情况下经济上是合算的。

5.8 SBS 改性沥青

早在 1843 年英国就利用橡胶制作改性沥青并且申报了专利,但由于橡胶不容易在沥青中分散,无法大规模工业化生产。所以,一百多年来,此项技术的推广受到了限制。

国外的 SBS 最早是由美国的菲利浦公司于 1963 年开始工业化生产的,20 世纪 60 年代中期法国率先将 SBS 生产技术应用在建筑防水材料上,制作出了 SBS 改性沥青和改性沥青油毡。这对改性沥青的品种来说,是一个技术上的突破。

我国利用 SBS 改性沥青技术是在 20 世纪 80 年代初,当时国内的企业还没有一家能够生产 SBS 材料,所以,用的全都是进口的 SBS。

到了 20 世纪 80 年代中期,我国石化公司自行设计制造的 SBS 生产装置开始发挥作用,其两个生产基地一个在北京,一个在岳阳。随后又为国外设计了两套生产 SBS 的生产装置。

1984 年,当时的国家建材局组织了部分企业与科研单位从德国、美国、奥地利、意大利引进了国外的 SBS 改性沥青油毡生产线,并进行了消化吸收。随后又陆续地引进了十几套装置。

1986 年交通部开始组织科研单位对高等级公路用改性沥青及混合料进行试验与研究。这些举措对我国改性沥青的应用技术起到了决定性的推动作用。

国外几十年的使用经验和国内十多年来上百个路段使用 SBS 改性沥青的实践表明,SBS 改性沥青在高等级公路、城市干道和机场跑道等的应用,显著提高了路面的使用性能,延长了路面使用寿命,大大降低了养护费用,收到了良好的社会与经济效益。具体特点如下:

①在温差较大的地区有很好的耐高温、抗低温能力。

②具有较好的抗车辙能力,其弹性和韧性提高了路面的抗疲劳能力,特别是在大流量、重载严重的公路上具有良好的应变能力,可减少路面的永久变形。

③其黏结能力特别强,能明显改善路面遇水后的抗拉能力,并极大地改善了沥青的水稳定性。

④提高了路面的抗滑能力。

⑤增强了路面的承载能力。

⑥可减少路面因紫外线辐射而导致的沥青老化现象。

⑦能减少因车辆渗漏柴油、机油和汽油而造成的破坏。

因此,SBS 改性沥青在国内高等级公路上的广泛应用,已成为不可逆转的趋势。

兰亭高科从 1986 年着手进行沥青产品的软硬件技术研究,在十多年的开发过程中,取得了许多的成果。在软件技术上,成功研制了性能优越的 SBS 改性沥青新材料、效果优良的热储存稳定剂、复配式乳化剂、冷储存稳定剂、SBS 乳化改性沥青等;在硬件技术上,试制并开拓了 SBS 改性沥青成套设备市场。作为一家高新技术企业,其 SBS 改性沥青项目被评为国家级重点新产品项目,列入 2000 年国家级火炬计划,成套设备通过交通部新产品鉴定,整机性能国内领先;新研制的多功能成套设备,更是集改性沥青、乳化沥青、乳化改性沥青等生产于一体,开发思路及性能属国际首创。

5.8.1 SBS 改性沥青的相容性与热储存稳定性

①SBS 改性沥青是高科技产品,但高科技也要高质量。SBS 改性沥青是现代道路用性能最好的产品,它要求有高档次的生产加工设备、先进的工艺流程、必备的生产条件和必要的管理手段。但不能盲目照搬国外的工艺、设备,应考虑中国的实际情况。

②并不是国内的所有重交沥青都能与 SBS 很好的相容,在使用前必须做分析实验。

③SBS 改性沥青的性能指标受温度的影响比较大,其次在溶胀、高剪切及自动控制技术方面尤其是工艺流程方面应科学地设计和应用。

④SBS 改性沥青的产量一定要与拌和机系统匹配。

⑤用多少,生产多少,减少不必要的浪费。

改性沥青相容性机理:改性沥青是由高分子聚合物改性剂作为分散相用物理的方法以一定的粒径均匀地分散到沥青连续相中而构成的体系。聚合物与沥青相之间仅仅存在部分地吸附、相容,而并非完全熔融。这种体系属于热力学不稳定体系,极易发生两相之间的分离,造成离析现象。

相容性好是指作为分散相的 SBS 聚合物能以一定的粒径,均匀地分布在沥青相中,改性效果显著。试验发现,部分的国内外沥青与 SBS 之间也存在着相容性不好的问题。在生产中发现,现场加工的改性沥青成品一旦外力停止作用,SBS 就会从沥青中分离上浮,在表面凝聚,形成较大颗粒的粗糙表皮。试验中也遇到相容性不好的改性沥青测试时针入度偏小、*PI* 指数较好的现象,这主要是因为试样在冷却过程中发生离析以致表层 SBS 含量较高的缘故。同时发现,相同剂量、相同标号的 SBS 改性剂掺到不同的基质沥青中会有不同的改性效果,说明 SBS 与沥青之间存在配伍问题。

研究表明,聚合物与沥青是否相容,主要与沥青种类、沥青的组成、聚合物的相对分子质量与结构、聚合物的剂量、制备工艺、储存温度、必要的稳定添加剂等多种因素有关。

1.SBS 与沥青的相容性

SBS 改性沥青的生产问题就是沥青与 SBS 的相容性问题,如果两者的相容性不好,则沥青与 SBS 会发生分离,使改性沥青的技术指标受到很大的影响。SBS 与沥青的相容性是由两者的化学结构及物理特征决定的,在 SBS 改性沥青的生产过程中,由于 SBS 在分子类型、相对分子质量分布、结构、黏度等方面与基质沥青有明显的差异,将对改性沥青的使用产生影响。

SBS 在不同的沥青中溶胀程度是不同的,而且同一改性剂在相同沥青中,不同的温度下溶胀程度也是不同的。温度升高,溶胀程度增大,低温条件下,SBS 被溶胀的程度也低。这是因为相容性主要是由沥青的组分决定的,芳香分多时,则相容性好;沥青质越多,相容性越差。沥青的针入度减少,相容性便降低,这说明饱和分对 SBS 改性沥青的改性效果起较大作用。星型与线型 SBS 其改性沥青指标对比见表 5.20。

表 5.20　5% SBS 改性沥青不同品种的改性效果比较(国产 90 号沥青)

	25 ℃针入度/0.1 mm	软化点/℃	延度 5 ℃/cm
星型 4303	38	85	96
线型 1401	38	49	54

线型的 SBS 相容性比星型的相对要好。因为线型的 SBS 其相对分子质量相对较小,所以对沥青的相容性要好,容易形成稳定的体系。如果改性剂 SBS 被分散的越细且溶胀程度越大,则表面吸附的沥青分子数越多。SBS 改性剂与基质沥青的配伍性说明:同样条件下,沥青质含量少、芳香分含量高的沥青其相容性好。因此,同一种沥青,其 90 号应比 70 号有更好的相容性。

(1)沥青组成与相容性的关系

①沥青质含量少的沥青,与 SBS 的相容性好。

②Brule 提出:饱和分 8% ~ 12%,芳香分与树脂 85% ~ 89%,沥青质 5% 以下,相容性较好。

③日本 JSR 的 CI 指数法。

$$CI = (沥青质+饱和分)/(芳香分+树脂) = 30(左右)为好$$

④SBS 与芳香分含量高的沥青相容性好。

总之,SBS 改性剂与基质沥青的相容性决定了 SBS 改性沥青的改性效果。影响因素有:沥青质的含量、芳香分的含量、SBS 的相对分子质量与结构等。

相容性是影响沥青改性的最关键因素。在生产实践中一定要做好改性剂与沥青的配伍研究,不能简单地认为符合质量标准的重交通沥青都能用某一改性剂达到很好的改性效果。

因此,在制备聚合物改性沥青时,要精心选择基础沥青的品种,并对聚合物的相对分子质量、分子结构、分散状态加以选择,使它们能形成很好的配伍。同时,可采取以下两种方法,提高其相容性:一是加入增溶剂,促使聚合物相与沥青相之间形成一层稳定的相界面吸附层,降低相界面的表面张力,增加两相之间的亲和力,从而达到两相之间的相容;二是采用化学稳定剂,通过化学作用在聚合物相与沥青相之间形成化学键作用,从而避免两相之间的离析现象。

(2)SBS 在沥青中的溶胀

SBS 是丁二烯和苯乙烯的嵌段共聚物,其中丁二烯为软段弹性体,苯乙烯为硬段。软段作为连续相,使 SBS 呈弹性状态,硬段分布于丁二烯之间作为分散相起固定和补强作用。

SBS 用于沥青改性时,苯乙烯区域被沥青中芳香分溶胀,丁二烯的链段被溶胀伸长作为弹性键,发生相转移变化。SBS 在沥青中混溶时变成小颗粒后,表面能量增大,吸附沥青中结构相近的组分形成界面吸附层以降低表面能,这种溶胀和吸附的形成,使得 SBS 稳定地分布在沥青中。

根据能量最低原理,SBS 体系有自动降低表面能的趋势,一是通过缩小表面积而降低表面的自由能,二是吸附某些结构相似的物质来降低表面能。相容性差的体系,SBS 呈大粒子或絮状,缩小表面积以降低表面能。

SBS 经高速剪切后与沥青形成连续网状结构,沥青与 SBS 形成微观混合相容状态。SBS 链因吸收沥青中的烃类组分发生溶胀,因此,SBS 变成伸长溶胀的网状连续相,沥青则成为分立的球状体。不同溶胀时间下,SBS 改性沥青的针入度、PI 指数、软化点、5 ℃延度见表 5.21。

表 5.21 SBS 改性沥青在不同溶胀时间下的试验结果

指　标	溶胀时间(170~175 ℃)/min			
	5	30	60	90
25 ℃针入度/0.1 mm	67.0	65.0	60.0	56.0
PI	+0.10	+0.21	+0.26	+0.18
软化点/℃	69.0	71.0	74.0	79.0
5 ℃延度/cm	35.0	42.0	38.0	31.0

SBS 沥青改性是一个物理共混的过程。沥青中加入 SBS 后,受沥青中轻质组分的作用而溶胀,也就是沥青中的溶剂分子渗透到 SBS 内部,使 SBS 体积膨胀,完全溶胀后的 SBS 其体积可增加到原来的 8 倍左右。

(3)SBS 与沥青混溶的温度

SBS 的熔点在 180 ℃左右,基质沥青的温度越高,SBS 越易被熔化,并能加快 SBS 的溶解速度。但沥青的温度越高,沥青自身也容易老化。所以,掌握沥青的加热温度也是个关键的问题。表 5.22 为不同温度下的 SBS 改性沥青其针入度、软化点、5 ℃延度及针入度指数的试验数据。

表 5.22 SBS 改性沥青在不同温度下的试验结果

指　标	温度(溶胀时间为 30 min)		
	170~175 ℃	190~195 ℃	210~215 ℃
25 ℃针入度/0.1 mm	65.0	59.0	52
PI	+0.21	+0.01	−0.36
软化点/℃	71.0	74	67
5 ℃延度/cm	42.0	36.0	21.0

　　由于 SBS 改性沥青的黏度比较大,其在容器及管道转移时,最容易堵塞。SBS 与沥青在高温及低温下密度、黏度及相对分子质量都不相同,尤其在高温下相差较大。

　　SBS 的黏度在 500～10 000,而沥青的黏度则小得多。所以,SBS 的加热不宜超过190 ℃,在 160～180 ℃时,SBS 具有较好的柔韧性,并易于加工。当 SBS 加热温度超过190 ℃时,SBS 就会被不同程度地氧化、焦化、分解、降解,造成使用性能下降。

2. SBS 改性沥青的热储存稳定性

　　沥青中含有较多的极性化合物,SBS 则属非极性化合物,并且 SBS 的黏度大,易聚集在上部,而沥青则沉在下部,即产生分离现象。这种不稳定性对工厂规模生产 SBS 改性沥青的存储是不利的,甚至使所做的所有工作从新归零,尤其在长途运输时更不容易解决。影响存储稳定性的因素是多方面的,外部因素有混合方法、混合时间、混合温度等,内部因素有沥青组分、SBS 的结构、相对分子质量、SBS 的掺量及稳定剂的加入等。

　　例如基质沥青在 175 ℃时分别加入线型的 SBS 及星型的 SBS,现以兰亭高科做的试验为例,其结果表明:线型 SBS 加工的改性沥青其储存稳定性普遍好于星型 SBS 改性沥青。

　　虽然线型 SBS 改性沥青的储存稳定性较好,但改性后的沥青技术性指标提高的幅度要比星型的差。

　　在加了稳定剂后,发现改性沥青的聚合物的形态结构发生了变化。这说明稳定剂的加入降低了沥青相与 SBS 之间的界面能,也促进了 SBS 相的分散,并阻止了 SBS 相的凝聚,强化了相间的黏结。这一实验结果照片对比如图 5.13 和图 5.14 所示。

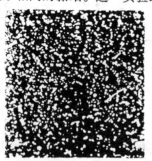 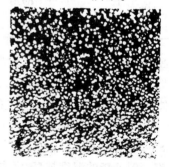

图 5.13　添加稳定剂的 SBS 改性沥青荧光显微　　图 5.14　未添加稳定剂的 SBS 改性沥青荧光显
　　　　　照片　　　　　　　　　　　　　　　　　　　　　微照片

　　试验结果还说明,一种稳定剂并不是对所有沥青都有效,包括用国外的一种稳定剂对国内各地沥青也不是都有效。因此,兰亭高科在对国内不同地区的沥青改性时选用不同的稳定剂,并取得了良好的效果。

　　(1)稳定剂掺加工艺

　　根据沥青与 SBS 相容性的不同程度,兰亭高科研制开发了液状、粉状、复配式三大系列热储存稳定剂,并对有代表性的国产及进口沥青进行了多次试验。我们认为,要充分发挥稳定剂的稳定效果,在工艺上应做到两点:一是 SBS 必须以一定粒径均匀分布在沥青相中;二是稳定剂应符合一定的添加反应工艺条件。我们选取某国产 90 号沥青为基质沥青,采用5%的 SBS 改性,添加常用的液状稳定剂 WD-1,考察不同粒径分布对稳定效果的影响,见表 5.23。

表 5.23 不同粒径分布对稳定效果的影响

测试	上段软化点/℃	下段软化点/℃	差值
粒径 5~10 μm	73.0	69.5	3.5
粒径 2~5 μm	71.5	70.5	1.0

从表 5.23 对比可知,SBS 粒径分布越小,稳定剂稳定效果也就越好。

其次,对相容性程度不同的基质沥青改性,添加稳定剂的比例及工艺也应作适当的调整。我们选取了进口 70 号沥青 AS-1,进口原油炼制的国产沥青 90 号 AS-2,国产原油炼制的 90 号 AS-3 分别用 5% 的 SBS 改性后掺加一定比例的稳定剂 WD-1,试验结果见表 5.24。

表 5.24 所选几种沥青掺加稳定剂的改性效果

测试项目	添加剂/%	上段软化点/℃	下段软化点/℃	差值/℃
AS-1	0.2~0.5	80.0	79.5	0.5
AS-2	0.2~0.5	71.5	70.5	1.0
AS-3	0.5~0.8	74.0	73.0	1.0

从表 5.24 可知,对本身相容性较好的基质沥青改性,添加比例较小的稳定剂就能达到好的稳定效果。而对相容性稍差的基质沥青改性,添加比例应适当增大一点,同时对工艺也应作一定的调整。图 5.15 是稳定剂添加装置在生产工艺中的布局图。

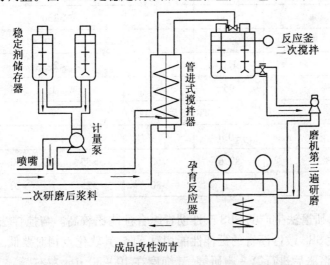

图 5.15 稳定剂添加装置在生产工艺中的布局图

《公路改性沥青路面施工技术规范》(JTJ 03—98)中对 SBS 改性沥青的存放温度、存放时间没有说明及要求。而现场应用表明:SBS 改性沥青长时间在高温条件下储存时,沥青会硬化,针入度会稍下降,但软化点略有上升,其延度在储存一两天时,还比较好,时间再长,延度则下降较多。在 150~160 ℃时储存,则各项技术指标变化量不大。交通部公路科学研究所对兰亭高科的 SBS 改性沥青所做的检测指标见表 5.25。

(2)SBS 改性沥青的研磨遍数

研磨法生产的 SBS 改性沥青,SBS 颗粒在溶胀充分后就可以进行研磨,通过研磨使 SBS 分子团受到强烈的剪切作用,SBS 也容易断裂成较小的分子链。当 SBS 颗粒被研磨很细后,继续研磨的剪切作用对分子链的破坏作用变得很小,而断链后形成的 R—CH 自由基具有很高的反应活性,能够与 SBS 分子中的双键发生聚合反应,会生成部分带支链的 SBS 分子。因而,研磨法生产的 SBS 改性沥青黏度比较高。但由于 SBS 分子链已变短,所以,研磨法生产的改性沥青的延伸性相对要小一些,又由于研磨法分散的比较均匀,形成网状分布,所以软化点又相对高一些。

表 5.25　交通部公路科学研究所对兰亭高科 SBS 改性沥青所做的检测指标

指　　标		试验结果	改性沥青技术要求			
			I—A	I—B	I—C	I—D
针入度 /0.1 mm	30 ℃	102.9	—	—	—	—
	25 ℃	67.5	100	80	60	40
	15 ℃	30.6	—	—	—	—
针入度指数 PI		+0.91	−1.0	−0.6	−0.2	+0.2
延度(15 ℃,5 cm/min)/cm		48	50	40	30	20
软化点/℃		79	45	50	55	60
运动黏度(135 ℃)/(Pa·s)		<3	<3			
闪点/℃		>230	>230			
溶解度/%		99.7	>99			
分离,软化点差/℃		1.0	<2.5			
弹性恢复(25 ℃)/%		95	>55	>60	>65	>70
TROT 后残留物						
质量损失/%		−0.1	<1.0			
针入度比(25 ℃)/%		89.6	>50	>55	>60	>65
延度(5 ℃)/cm		41	>30	>25	>20	>15

但总的来看,研磨法生产的 SBS 改性沥青综合性能比较高。与搅拌法或简单胶体磨法对比,研磨法使 SBS 改性沥青的延伸性能相对下降,其软化点相对要低。

当 SBS 充分溶胀后进行第一遍研磨,其细度在 10~30 μm 左右,第二遍研磨后其细度约在 5~10 μm 左右,到了第三遍后,其细度基本在 2~5 μm。表 5.26 为研磨 1~3 遍的 SBS 改性沥青针入度、软化点、5 ℃延度及细度的数据。

表 5.26 不同研磨遍数下的实验结果

指 标	研磨遍数		
	一遍	两遍	三遍
25 ℃针入度/0.1 mm	67	62	56
软化点/℃	55	70	82
5 ℃延度/cm	14	38	52
细度/μm	10~20	8~12	2~5

从表 5.26 中数据可以看出,随着第一遍、第二遍及第三遍的研磨,其针入度呈下降趋势,研磨到第三遍后其针入度基本上不再下降。多数情况下,研磨两次就能确保 SBS 改性沥青达到较好的性能。

这说明,有充分溶胀装置的设备,在最多三遍的研磨后,又通过三台磨机的流水作业可一次性完成研磨。这对单位时间产量及控制研磨遍数都有提高。如果整套设施中,仅靠一台磨机,只能靠循环研磨几遍,这对单位时间的产量是不利的。更为严重的一种情况是,整套设施中没有设置溶胀系统,又仅靠一只磨机研磨,则其研磨的遍数会增加很多。对比表明,没有溶胀装置及靠一台磨机研磨生产 SBS 改性沥青的装置,其加工的温度也要求较高。而有溶胀装置和多只研磨机组成的系统,则可不需过高的温度来强行溶胀SBS。

(3)SBS 改性沥青产品的细度检验

可检验 SBS 改性沥青细度的显微镜有普通光学显微镜、透射电子显微镜、扫描电子显微镜、紫外荧光显微镜等。目前使用紫外荧光显微镜的较多,这种显微镜观察迅速,容易掌握。

对 SBS 改性沥青的细度检测要制作出符合要求的试片,太厚、太薄都不行。

通过细度检验及技术指标检测,如 SBS 改性沥青的细度、指标均好,说明加工工艺理想。如果仅是细度好,而指标不好,则问题一定是出在温度这一主要环节上。温度过高,产品性能下降,指标自然不高。还有一种情况是研磨过程中,如果磨的间隙调的很小(1 mm以下),这种强力的摩擦可使 SBS 改性沥青的温度上升,且研磨的遍数越多,上升的温度越高。磨的间隙大小,不但影响磨碎细度,还影响进出口的压差、电能消耗及 SBS 改性沥青的温度升高老化等连锁反应。用荧光显微镜拍摄的 SBS 改性沥青细度照片如图 5.16 所示。

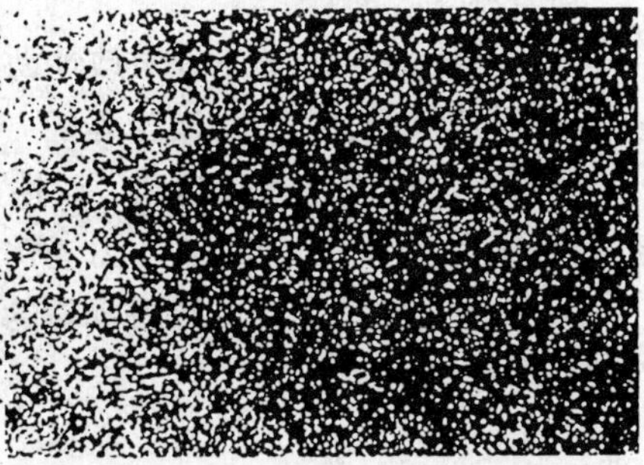

对 SBS 投入罐中而导致的温度下降,因其幅度小,同磨机升高的温度不能抵消。另外,磨机的间隙虽然是可调的,但生产一种固定的材料时不应经常去调整间隙,过多的调整会影响长期运转的精度。

图 5.16 荧光显微镜 SBS 改性沥青细度照片

当磨机不是每天都研磨时,其内存的残余 SBS混合料都应在当天放出。为放出这部分料,兰亭的专利磨机在磨底部专配了一个放料口。

如是连续生产,又在一定温度的条件下,则可不必每天放出。

(4)SBS 改性沥青与高速剪切

高速剪切等专用磨机可在最短时间内,通过强大的、以剪切力为主的多种外力的作用,强制将 SBS 改性剂破碎,使 SBS 能充分分散到基质沥青中。这种生产方式也是现阶段国内外最先进的生产 SBS 改性沥青的方法。

SBS 在受到剪切或强拉伸力作用时,是分子链先断裂,而不是分子间的简单脱节,SBS 在沥青中将主要以微米级粒子的形态存在。

在高剪切作用下,SBS 改性沥青黏度与剪切的速率密切相关,速率提高,改性沥青的黏度明显下降。

在没有其他影响因素的前提下,SBS 改性沥青在高剪切下其细度是越细越好。这里所说的细度指的是在 1 μm 左右,其效果最理想。

5.8.2　SBS 改性沥青性能评价

沥青材料在长期的使用过程中,逐步建立了一套检验和评价其使用性能的技术指标,而 SBS 改性沥青作为一种新型的路用材料,其性能与普通沥青相比已经有很大的差异,单纯采用普通沥青的技术指标难以反映改性沥青的性能特点。因此,许多国家在探索能够反映 SBS 改性沥青性能的新的技术指标和试验方法。目前,国际上还没有统一的标准。现将目前常用的 SBS 改性沥青性能评价方法简单介绍如下。

①采用沥青性能常规指标的变化程度来评价。常规指标一般指针入度、延度、软化点等三大指标,其变化值越大,说明其改性效果越好。此评价法对于施工单位来说其指标的测定方法相对简单,容易接受,所以是目前生产上最常用的方法。表 5.27 为不同掺量及不同温度下的延度实验结果。

表 5.27　不同掺量及不同温度下的延度实验结果

掺量/%	0	3	4	5
5 ℃	5.2	9.8	12.1	22.2
10 ℃	74.0	33.3	37.5	41.1
15 ℃	>200	48.8	50.7	59.2

②新指标。新指标是针对改性沥青的特点开发的试验方法,如弹性恢复试验、测力延度试验、黏韧性试验、离析试验等。

③美国 SHRP 的有关规范。改性沥青结合料的性能规范试验,如简支梁弯曲试验、动态剪切试验、直接拉伸试验、压力老化试验等。

1.我国目前评价 SBS 改性沥青的新指标

(1)弹性恢复

$$恢复率=(10-x)/10 \times 100\% \tag{5.7}$$

式中,x 为试样拉长并断后经 1 h 恢复的长度,cm。

(2)离析试验

上下两段软化点差小于 2.5 ℃,详见前述有关章节。

2. SBS 改性沥青的实验室配方

实验室制作 SBS 改性沥青配方是为现场应用时提供最佳效果的指导性依据,所以,其工艺过程应该符合或接近现场生产的工艺。

因国内的一些科研单位、设计单位和设备生产企业所用的实验室磨机各不相同,有搅拌剪切型的,还有一般胶体磨型的,以大生产工艺模式缩小的高剪切型的等。还有工艺上的反复循环不知研磨遍数,仅靠研磨时间来确定的,这往往与生产现场的研磨遍数、研磨时间不一致。现只能以"兰亭高科"的实验室专用高剪切磨机为例介绍如下,表 5.28 为 SBS 按照不同比例,其改性沥青的主要指标变化量。

表 5.28　不同掺量的 SBS 改性沥青效果比较(国产 90 号沥青)

剂量	0	2	3	4	5	6	7	8
25 ℃针入度/0.1 mm	88	81	73	64.3	61.8	61.3	55.2	52.7
软化点/℃	46.5	48	55	69	74	90	96	101
延度(5 ℃)/cm	9.4	18.3	26.1	38.4	41.2	42.3	43.5	48.6

兰亭高科的实验室专用高剪切磨机是以其专利产品"高速剪切均化磨"按比例和产量缩小制造的。为知道每遍的研磨效果,该小磨机仍然采用分遍的研磨法,即在保证大生产的溶胀搅拌时间同样的前提下进行。

基质沥青温度在 165 ~ 175 ℃之间便可把不同掺量的 SBS 投放到加热器中,用改装的小型搅拌器进行搅拌,然后把达到工艺条件的混合料放入小磨机内研磨,一遍后进行指标测试,并用荧光显微镜观察,记下所有数据,进行第二遍研磨,用同样方法把数据记录下来,从第三遍的结果便知不同掺量下的技术指标及细度指标。如达到 2 ~ 5 μm,其指标在不检测前便已大概知道。

3. 关于 SBS 改性沥青的分级及感温性要求

SBS 改性沥青的技术指标以改性沥青的针入度作为分级的主要依据。改性沥青的性能以改性后沥青感温性的改善程度,即针入度指数 PI 的变化为关键性评价指标。这是"八五"国家科技研究成果的核心。一般的非改性沥青的 PI 值基本上不超过-1.0,改性后要求大于-1.0 以上。

从改善温度敏感性的要求出发,改性后希望在沥青的软化点提高的同时,针入度不要降低太多。

A、B、C、D 的分级主要是基质沥青标号及改性剂掺量的不同,从 A 到 D 表明沥青的针入度变小,沥青变硬,高温性能越好,相反它的低温性能降低。

$$\lg P = A \times T + K \tag{5.8}$$

式中,A 为不同温度针入度回归直线的斜率,称为针入度温度指数。

$$T_{800} = (2.903\ 1 - K)/A$$
$$T_{1.2} = (0.079\ 2 - K)/A \tag{5.9}$$

不同针入度的改性沥青对 T_{800} 和 $T_{1.2}$ 的要求值见表 5.14。

5.8.3 SBS 改性沥青的生产工艺

SBS 改性沥青是我国"九五"期间的重大科研项目,在国内的应用不过十多年。因其能全方位地改善沥青的路用性能,在高温、常温、低温、水稳定性和抗老化方面显示出其他材料所不具备的综合性能而得以在国内步入高速推广阶段。在中国的公路行业,率先打入中国市场的是奥地利 Novophalt 设备,该公司的设备只租不卖,当时的收费是每生产一吨改性沥青收取 110 美元。其材料与技术均是以 PE 为主或 PE+SBS,也不主张用其设备加工纯 SBS 改性沥青。

SBS 改性沥青的加工过程一般包括改性剂的溶胀、磨细分散、发育三个阶段。每一阶段的加工温度和时间是关键因素。一般来说,溶胀温度为 165 ~ 175 ℃,分散温度为 175 ℃左右,发育温度为 165 ℃左右。加工时间则视加工工艺及技术质量控制确定。

SBS 改性沥青的生产方式基本可分为现场生产与工厂生产两种方式。使用单位可根据具体条件,灵活选用适合自身需要的产品供应方式。

因 SBS 与沥青之间存在相容性问题,容易导致在热储存条件下发生离析现象,所以可根据实际情况采用施工现场加工的办法来生产 SBS 改性沥青。

如果在方便运输及解决好稳定性的同时,采用工厂生产方式也是可行的。在一定的运输半径内,固定式设备可较好地发挥大生产的作用。图 5.17 为工厂固定式 SBS 改性沥青成套设备的外观。

图 5.17　工厂固定式 SBS 改性沥青成套设备

在生产方法上主要有三种方法,即搅拌法、胶体磨法和高速剪切法。这三种方法按排列顺序及技术提高的阶段性也是相符的。即最早是搅拌法,然后是胶体磨法,再到高速剪切法。目前,国内外对高速剪切法最为推崇。

1. 国内外 SBS 改性沥青生产工艺

综合分析国内外 SBS 改性沥青的生产工艺,从磨机种类来分,分为高速剪切法和胶体磨法两大类。现将国内外 SBS 改性沥青生产工艺概括如图 5.18 所示。

2. SBS 改性沥青生产工艺实例介绍

（1）三罐式生产工艺

图 5.19 是德国 Benninghoven BMA4 型改性沥青生产设备生产工艺流程图。

①启动沥青流量计和螺旋输送器,将基质沥青和沥青改性剂分别计量并加入到搅拌罐 A 中。

②启动搅拌器,对加入到 A 罐中的基质沥青和改性剂进行搅拌,使之初步溶混。

③启动循环泵,将 A 罐中初步溶混的改性沥青混合物泵入研磨机。启动研磨机对来自 A 罐中的改性沥青混合物进行研磨、剪切,使之初步细化并均匀混合。然后再通过循环泵将其泵入搅拌罐 B 中,并在 B 罐中进一步进行搅拌、溶混。

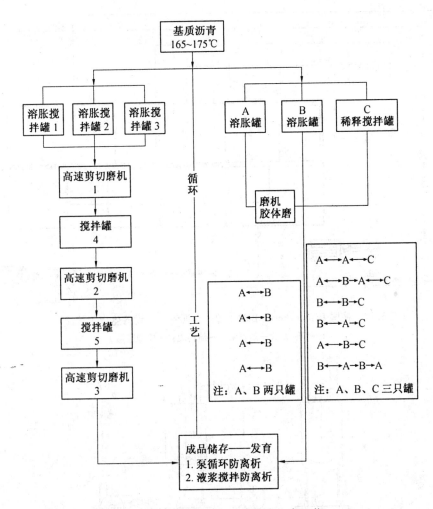

图 5.18　国内外 SBS 改性沥青生产工艺

④通过循环泵将 B 罐中的改性沥青混合物泵入研磨机中,通过研磨机对来自 B 罐中的改性沥青混合物再次进行研磨、剪切,使之更进一步地细化、均匀混合,然后再经循环泵打入溶混 A 罐中。这种磨碎循环过程每循环一次,聚合物改性剂就被磨碎、细化一次,沥青混合物的温度就升高 1 ℃。

⑤上述③和④两个过程重复进行 3～4 次,经检验合格,即聚合物改性剂已被磨成非常小的颗粒,并均匀地分布在基质沥青中,最后送到储存罐中储存备用。

⑥重新自①过程开始到⑤结束的下一次生产过程。

(2)两罐式生产工艺

图 5.20 为美国 HEATEC 改性沥青生产工艺流程图。

①将沥青和 SBS 加入 A 罐;

②将 A 罐内的混合物用 SM-D3/HK 研磨机进行循环研磨,使其均匀化混合 30 min;

③用泵将 A 罐中的混合物打入 B 罐;

④在 B 罐内继续循环研磨,直到将聚合物磨好为止,重新向 A 罐中加入沥青和 SBS;

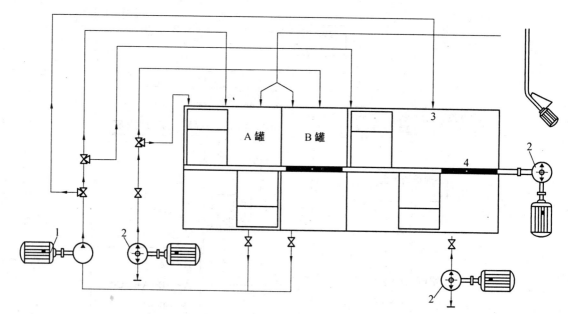

图 5.19 德国 Benninghoven BMA4 型改性沥青生产设备生产工艺流程图

1—SM-D3;2—沥青泵;3—储料罐;4—搅拌通轴

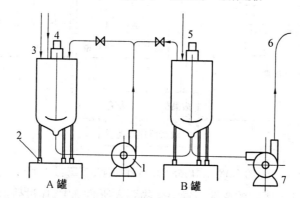

图 5.20 美国 HEATEC 改性沥青生产工艺流程图(双罐系统)

1—SM-D3/HK;2—传感器;3—沥青;4—合成橡胶;5—粉状改
性剂;6—储存罐;7—输送泵

⑤重复进行上述②的研磨过程:向 B 罐内加入粉状改性剂,用搅拌器将其打碎、扩散混合均匀后,用泵将生产好的改性沥青打入储存罐。

⑥重复继续上述③的生产过程。

(3)奥地利 RF 集团的 Novophalt 改性沥青生产工艺(图 5.21)

①打开沥青阀门,开动沥青泵将沥青注入 A 罐,开动垂直搅拌器,同时在计量斗按设计配比计量改性剂并通过螺旋输送机送入 A 罐,搅拌。

②开动胶体磨,打开沥青阀门,将 A 罐中的原沥青与改性剂的混合体通过胶体磨研磨后全部注入 B 罐,即研磨一遍。

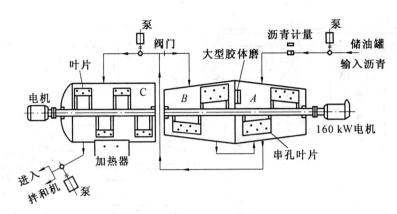

图 5.21　奥地利 RF 集团的 Novophalt 改性沥青设备及其生产工艺示意图

A,B—搅拌釜(6 t);C—储存罐(10 t);主轴转速 40 r/min

③打开沥青阀门,将 B 罐中已研磨一遍的改性沥青通过胶体磨后全部注入 A 罐,即研磨两遍。如此反复研磨 5~6 遍即为合格的改性沥青。打开沥青阀门经沥青泵将 A(或 B 罐)中已研磨合格的改性沥青注入 C 罐,进行此工艺时 C 罐作为成品储存罐。

④当 A 罐中已研磨合格的改性沥青注入 C 罐的同时 B 罐又注入原沥青和改性剂作下一次研磨生产。

(4)兰亭高科改性沥青生产工艺(已申报专利)

图 5.22、5.23、5.24 是兰亭高科的三种改性沥青生产工艺。

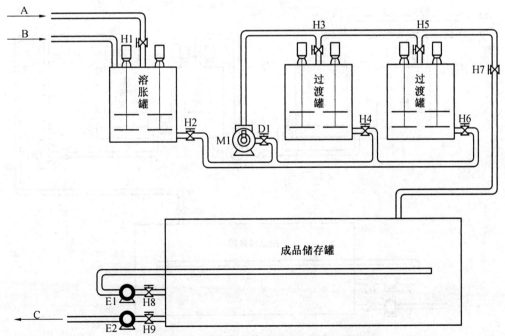

图 5.22　兰亭高科分级式流水生产工艺

A—基质沥青输入;B—改性剂输入;C—成品输出;D1—流量调节阀;E1、E2—沥青泵;H1~H9—气动阀;M1—高速剪切均化磨机

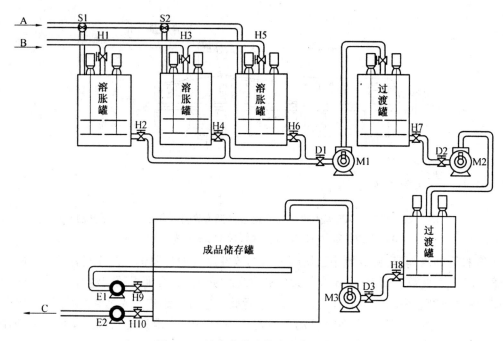

图5.23　兰亭高科连续式流水生产工艺

A—改性剂输入；B—基质沥青输入；C—成品输出；D1～D3—流量调节阀；E1、E2—沥青泵；H1～H10—气动阀；M1～M3—高速剪切均化磨机；S1、S2—双路阀门

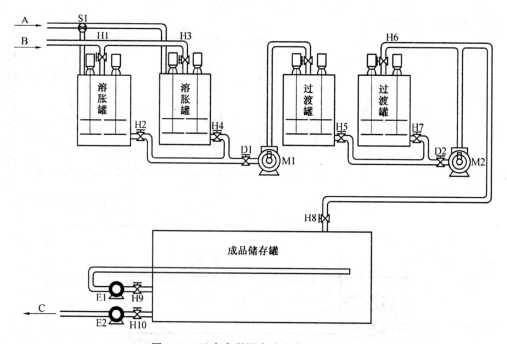

图5.24　兰亭高科混合式流水生产工艺

A—改性剂输入；B—基质沥青输入；C—成品输出；D1、D2—流量调节阀；E1、E2—沥青泵；H1～H10—气动阀；M1、M2—高速剪切均化磨机；S1—双路阀门

　　下面以连续式流水生产工艺为例,说明兰亭改性沥青成套设备的生产工艺流程。

　　①打开阀门 H1 给 1 号罐加入基质沥青,在阀门 H1 打开之后 2 min 打开阀门 S1,按一定比例加入 SBS 改性剂,同时启动搅拌电动机,在搅拌叶桨的旋转作用下,基质沥青和 SBS 进行充分的拌和、溶胀。

　　②20 min 之后以同样的方式给 2 号罐加入基质沥青和 SBS,进行相同的拌和、溶胀。

　　③再过 20 min 以同样的方式给 3 号罐加入基质沥青和 SBS,进行相同的拌和、溶胀,同时启动 1 号磨机并打开阀门 H2,将 1 号罐中的混合浆料经由 1 号磨机进行第一遍研磨。

　　④第一遍研磨后的浆料进入 4 号罐进行第二次的充分溶胀和拌和,当 1 号罐的浆料放完之后,关闭阀门 H2,打开阀门 H4,将 2 号罐中的浆料送入 1 号磨机进行研磨,同时给 1 号罐加基质沥青和 SBS。

　　⑤1 号、2 号、3 号罐便开始进行循环的放料、加料。

　　⑥在 1 号磨机启动后 5 min 启动 2 号磨机,打开阀门 H7 将 4 号罐中的混合浆料送入 2 号磨机进行第二遍研磨。

　　⑦在 2 号磨机启动后的 5 min 启动 3 号磨机,打开阀门 H8 将 5 号罐中经过第三次溶胀拌和后的混合浆料送入 3 号磨机进行第三遍研磨,研磨后的改性沥青送入成品储存罐进行孕育,且送入拌和机。

　　⑧沥青改性系统便在 PLC 的控制下进行自动运行,一边进料,一边出料,生产出优质的改性沥青。

　　兰亭高科的连续式流水生产工艺可以保证所有混合浆料 100% 地得到相同遍数的研磨,聚合物粒径均匀,已研磨与未研磨浆料严格分离,且磨盘间隙可以根据需要调节,充分保证了沥青实现改性效果。

第 6 章　乳化沥青

在现代繁重交通的作用下,要求路面具有高温稳定性,同时又具有低温抗裂性,因此通常采用黏稠沥青作为结合料。但是为满足施工的要求,必须将黏稠沥青加热至流动状态,才能洒布或拌和。有时需要将黏稠沥青用轻质油类稀释,制成轻质沥青,可以常温施工。以上这两种方法,都存在一定的缺点。热法施工,最大的缺点是沥青加热需要消耗大量能量,同时污染环境并影响施工操作人员健康;制成轻质沥青虽然可以常温施工,但是浪费大量昂贵的溶剂油,同时这些轻油挥发于空气中同样会对环境造成污染。随着科学技术的进步,就产生了沥青的一种冷态使用技术——乳化沥青与稀浆封层。将沥青乳化分散在水中,而制成乳化沥青,这种沥青既能常温施工,又可节约稀释溶剂油,已得到越来越多的重视和应用。

6.1　乳化沥青的发展过程

6.1.1　什么是乳化沥青

用于公路工程的沥青材料在常温下一般是一种半固体黏稠状物质,要在公路工程中应用,就必须使它成为液态,才能用于喷洒或与矿料拌和。为使其成为液态,目前有三种方法可采用。一是常用的加热法,就是将沥青加热至 130~180 ℃,使其成流动状态,然后在高温下喷洒或与加热后的矿料拌和;二是用汽油、煤油、柴油等溶剂将石油沥青稀释成液体沥青,此产品也称轻质沥青或稀释沥青,然后在常温下喷洒或与矿料拌和;三是将沥青乳化。

乳化沥青是将黏稠沥青加热至流动态,再经高速离心、搅拌及剪切等机械作用,而形成细小微粒(粒径约为 2~5 μm),沥青以细小的微滴状态分散于含有乳化剂的水溶液中,形成水包油状的沥青乳液,由于乳化剂、稳定剂的作用而形成均匀稳定的分散系。这种乳状液在常温下呈液状。

乳液包括油包水型和水包油型两种。当连续相为水、不连续相为油时,即为水包油型(图 6.1),反之为油包水型。

水包油型乳液中,根据其颗粒的大小,可分为普通乳液和精细乳液。普通乳液的颗粒一般为 1~20 μm,精细乳液的颗粒一般为 0.01~0.05 μm。

乳化沥青为普通乳液,其典型的颗粒粒径 r(μm)分布为: $r<1,28\%$; $1 \leqslant r \leqslant 5,57\%$; $r>5,15\%$ 。

稀释沥青需要大量的溶剂,而汽油、煤油、柴油等溶剂都是宝贵的能源,并且稀释沥青铺到路上后要让这些溶剂挥发掉才能成型,这会污染环境,同时稀释沥青使用时也不安全,因此,现在在公路工程中很少使用稀释沥青。

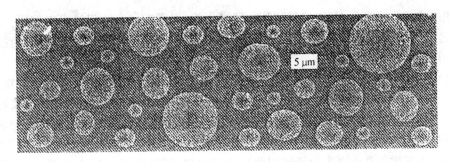

图 6.1 水包油型乳液

目前广泛使用的是热沥青,但热沥青施工需要大量的热能,特别是大宗的砂石料需要烘烤热,操作人员施工环境差,劳动强度大。使用乳化沥青施工时,不需加热,可以在常温下进行喷洒或拌和摊铺,可以铺筑各种结构的路面。更为重要的是,乳化沥青在常温下可以自由流动,并且可以根据需要做成不同浓度的乳化沥青,做贯入式或透层容易达到所要求的沥青膜厚度。这是热沥青不可能达到的。乳化沥青发展至今天,其使用范围非常广泛,见表6.1。

表 6.1 乳化沥青使用范围

表面处置	沥青再生	其	他
雾状封层	现场冷拌和	土壤稳定	透层
砂封层	现场热拌和	基层稳定	裂缝
稀浆封层	全厚度再生	填坑	填补保护层
微表处	场拌	黏层	贯入式
开普敦封层		防尘剂	

6.1.2 乳化沥青的发展过程

乳化沥青的发展始于 20 世纪初,最早被用于喷洒以减少灰尘,20 世纪 20 年代在道路建筑中普遍使用。起初乳化沥青的发展速度相对较慢,受制于可利用的乳化剂和人们对如何使用乳化沥青缺乏足够的知识。通过改进乳化设备和人们的不断实践,乳化沥青的型号和等级不断发展,现在的选择范围已经非常广泛。事实上,有一些道路必须使用乳化沥青。明智的选择和使用可以获得重大的经济效益并有利于环保。20 世纪 30 年代至 50 年代中期,乳化沥青的使用数量在缓慢而稳定地增长。第二次世界大战后,随着道路承载量的加大,道路设计者们开始限制乳化沥青的使用。从 1953 年起,沥青黏结料的使用量迅速增加,乳化沥青的使用数量也在稳定地上升。

乳化沥青的应用已有八九十年了,但前 40 多年由于所使用的材料性能不佳和当时的技术状况较差,其效果不甚理想。近 40 年来,由于界面化学和胶体化学的发展,乳化剂品种的增多,性能提高,拓宽了乳化沥青的应用范围;机电技术的发展使加工工艺和施工设备臻于完善,乳化沥青的优越性才得到了充分的发挥,世界上许多国家开始大量使用乳化沥青进行公路的修筑和养护。

我国应用乳化沥青,可以追溯到新中国成立前,但真正作为一门技术来使用,还是从 20 世纪 70 年代后期开始。首先由交通部立题,对这项技术进行攻关研究,后又由国家作为节能项目予以推广。

乳化沥青稀浆封层技术是乳化沥青的具体应用,目前已成为乳化沥青应用的重头戏。国际上为了开展各国间的学术交流,成立了国际稀浆封层协会(ISSA)。目前稀浆封层技术在世界各国发展很快,可以说是日新月异,这与国际稀浆封层协会的工作和不懈的努力是分不开的。

我国为了推进乳化沥青和稀浆封层技术的发展,开展广泛的学术交流,1987 年成立了中国公路学会道路工程学会乳化沥青学组。乳化沥青学组成立 10 余年来,举办多种类型的培训班,出版交流刊物,召开每年一次的学术年会,开展国际的学术交流,为我国乳化沥青技术的发展起了引导和推动作用。

一些因素也有助于乳化沥青使用量的增大:

①20 世纪 70 年代的能源危机,美国联邦能源署对中东石油禁运迅速采取的保护措施。乳化沥青不需要用石油溶解为液体,乳化沥青还可以在不需要特别加热的情况下用于许多地方,这两点因素都有助于能量的储蓄。

②可以减少环境污染。从乳化沥青中游离出的碳氢化合物的数量几乎为零。

③一些型号的乳化沥青能够包裹在潮湿的石料表面,这就可以减少因加热和风干石料所需要的燃料。

④乳化沥青多种型号的可利用性。不断发展的最新的乳化沥青品种和施工工艺可满足应用需求。

⑤在偏远地区能够用冷材料施工。

⑥乳化沥青的适用性可用于对现有道路细微缺陷的预防性保养方面,可以达到延长使用寿命的作用。

能源的危机和环境污染这两个因素加速了乳化沥青在实际中的应用。美国联邦公路局早期活动中的一项,就是发布了一条公告,直接关注燃料的节约,这样就使乳化沥青代替稀释沥青成为现实。从那时起,美国所有的州都允许或命令用乳化沥青代替稀释沥青。

交通运输是国民经济的命脉,公路运输是交通运输的主要方式之一,因此各国都在一方面重视各级公路的建设的同时,也十分重视已铺路面的经常性的维修和养护。在能源危机的影响下,在筑路养路工程中要求节省能源、节约资源、保护环境、减少污染的呼声越来越高。在这种形势下,如何节省能源和资源,如何改善热沥青施工的工作环境,已引起筑路和养护部门的重视。在长期的筑路实践中,人们越来越深刻地认识到,发展和应用乳化沥青技术,是达到上述要求的有效途径。

在前 40 余年的发展过程中,主要发展的是阴离子乳化沥青。这种乳化沥青虽然有节省能源、使用方便、乳化剂来源广且价格便宜等优点,但是,这种乳液与矿料的黏附性不太好,特别是与酸性矿料的黏附性更不好。这是因为阴离子乳化沥青中沥青的微粒表面带有阴离子电荷,当乳液与矿料表面接触时,由于湿润矿料表面普遍也带有阴离子电荷,同性相斥的原因,使沥青微粒不能尽快地黏附到矿料表面上。若要使沥青微粒裹覆到矿料表面,必须待乳液中水分蒸发后才能进行,两者在有水膜的情况下难以相互结合(图6.2)。

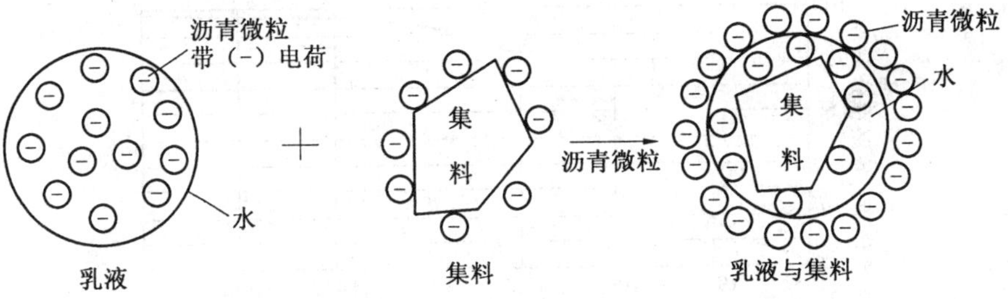

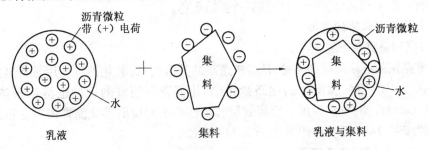

图 6.2　阴离子乳化沥青与矿料表面的黏附

　　阴离子乳化沥青与矿料的裹覆只是单纯的黏附,沥青与矿料之间的黏附力低。若在施工中遇上阴湿或低温季节,乳液的水分蒸发缓慢,沥青裹覆矿料的时间拖长,这样就影响路面的早期成型,延迟开放交通时间。另外,因石蜡基与混合基原油的沥青增多,当时的阴离子乳化剂对于这些沥青难以进行乳化。因而在这一时期中,乳化沥青虽然在发展着,但是发展的速度并不快。

　　随着近代界面化学和胶体化学的发展,近 40 年来,阳离子乳化沥青发展速度很快。阳离子乳化沥青中的沥青微粒上带有阳离子电荷,当与矿料表面接触时,由于异性相吸的作用,使沥青微粒很快地吸附在矿料的表面上(图 6.3)。

图 6.3　阳离子乳化沥青与矿料表面的黏附

　　由图 6.3 可见,乳液中沥青微粒带正电荷,湿矿料表面带负电荷,两者在有水膜的情况下仍可以吸附结合。因此,即使在阴湿或低温季节(5 ℃以上),阳离子乳化沥青仍可照常施工。阳离子乳化沥青可以增强与矿料表面的黏附力,提高路面的早期强度,铺后可以较快地开放交通,同时它对酸性矿料和碱性矿料都有很好的黏附能力。因而,阳离子乳化沥青既发挥了阴离子乳化沥青的优点,同时又弥补了阴离子乳化沥青的缺点,这样,就使乳化沥青的发展进入了一个新的阶段。

　　由于应用乳化沥青施工简便、现场不需加热、节省能源、效果显著,尤其在旧沥青路面的维修与养护中更显示了其特有的优越性,因此目前世界上许多国家如西班牙、德国、英国、法国、瑞士、瑞典、加拿大、美国、俄罗斯等国家,都在公路工程的铺筑和养护上大量应用乳化沥青。尽管这些国家热沥青搅拌厂很多,每年仍然使用大量乳化沥青修路和养路,其中 90% 为阳离子乳化沥青(图 6.4),从而提高了这些国家公路的好路率与铺装率。

　　乳化沥青的应用范围不断得到开拓发展,现在乳化沥青不仅仅用于低等级公路沥青路面的铺筑和养护上,还用于高等级公路的透层油和黏层油,公路工程的上、下封层,旧沥青路面材料的冷再生。乳化沥青用于水泥混凝土路面的养护也有应用实例。

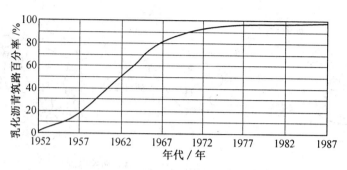

图6.4　法国乳化沥青使用量发展

6.1.3 乳化沥青的未来发展

1. 为什么发展乳化沥青

从国内外的发展与现状来看,主要由于以下几点:①修建新路的需要;②旧路养护与升级;③质量意识的提高;④技术优势;⑤经济可靠;⑥使用方便;⑦应用灵活;⑧安全环保。

乳化沥青经过几十年的研究和发展,人们已清楚地知道为什么且如何使用这一有效的新材料。在未来,乳化沥青将扮演更重要的角色。

2. 乳化沥青未来的发展

（1）使用量将越来越大

随着路网的逐渐形成与完善,低等级道路的升级要求,乳化沥青使用量将越来越大;随着环保意识的增强和能源的逐渐紧张,乳化沥青占沥青的比例也将越来越高。据《ISSA Report》介绍,全世界用于稀浆封层和改性稀浆封层的乳化沥青用量在不断增长,1996 年为 291.1465 万 t,1999 年为 360.343 万 t。

（2）使用范围将越来越广

乳化沥青的使用,除了新建道路外,更重要的应用领域是预防性养护和矫正性养护。

（3）质量将越来越高

随着乳化技术、胶体磨技术（生产与控制系统）、配方技术的不断发展,乳化沥青更趋于专用化,这有利于施工工艺和路面质量的提高。有资料显示,欧洲乳化沥青发展新趋向有以下几个方面:①可以控制破乳时间的乳化沥青;②掺聚合物的乳化沥青;③高浓度乳化沥青,浓度达到 65% ~69%;④精制乳化沥青,一般乳化沥青微粒直径的中间值为 3 ~5 μm,而精制乳化沥青的中间值为 1 ~2 μm。

在美国,战略公路研究计划（SHRP）中也进行了有关乳化沥青的专题研究,这无疑会对乳化沥青技术产生影响。乳化沥青的破乳特性、残留物的技术性能和改性乳液的技术要求是今后几年的研究重点。

6.2　乳化沥青的特点及社会经济效益

乳化沥青具有无毒、无臭、不燃、干燥快、黏结力强等特点,特别是它在潮湿基层上使用,常温下作业,不需加热,不污染环境,同时避免了操作人员受沥青挥发物的危害,并且加快了施工速度。在建筑防水工程中采用乳化沥青黏结防水卷材做防水层,造价低、用量省,即可减轻防水层重量,又有利于防水构造的改革。

现在乳化沥青筑养路技术已被越来越多的施工人员所掌握,乳化沥青应用量越来越大,应用范围越来越广。实践证明,用乳化沥青筑养路有以下几大特点。

1. 提高道路质量

热沥青的可操作温度为 130～180 ℃,当用做黏层时,由于原路面为常温,喷洒的热沥青迅速凝固,不再具有流动性,因此很难保证洒布的均匀性。并且由于黏层所需的沥青用量很少,热沥青洒布机很难达到这一精度要求,沥青过多,将可能带来泛油,沥青过少,则不均匀,黏结效果将打折扣。而乳化沥青的沥青含量可以任意调整,最高可达 67%,最低可以 10% 以下,因此可以根据洒布量和洒布机的具体情况,实现要求的目标。再如贯入式路面,用热沥青的贯入深度有限,而且一般只占集料的上半表面,而如用乳化沥青,则可贯入到底,并可使集料的 3/4 表面附着沥青,因此其路面的质量将会得到较大提高。总之,乳化沥青常温下的可流动性、水溶性等将对路面带来质量的提高。

2. 扩大沥青使用范围

自从乳化沥青使用以来,随着乳化沥青技术的不断发展,已有许多热沥青不可能做到的,用乳化沥青都能够实现。例如对出现轻度老化性龟裂的路面,用雾状黏层(Fog Seal)这种方法,可迅速填裂,并让表面沥青再生,封闭路面雨水,延长路面寿命。再如土壤稳定(Soil Stability),用乳化沥青可与土壤拌和均匀,并使沥青均匀的分散在土壤中,形成土壤中的黏结力,使土基达到一定的强度要求,从而实现柔性基层的目的。近几十年,我国大量使用的稀浆封层技术,就是一个很好的例证。用乳化沥青稀浆封层可以做成 3～15 mm的不同厚度的路面,封闭路面水,保护原路面不使其继续老化、硬化,延长路面寿命。

3. 可常温施工节约能源

采用热沥青修路时,一般需要消耗大量能源为沥青材料和矿料加热。如将 1 t 沥青从 18 ℃升温到 180 ℃时,按理论计算需用柴油 10 kg,或用普通煤 20 kg。但是,对各地公路部门调查资料表明,加热 1 t 沥青实际消耗的燃料远远超过理论计算所需量。据调查几个筑路部门,实际燃料消耗量高达理论计算需用量的十余倍。采用热沥青筑路之所以要消耗这么多燃料,主要是在施工过程中,为了时刻保持沥青应有的温度,常常对沥青要进行重复加温与持续加温。在沥青的运输和使用过程中,沥青每倒运一次就要加热一次。如果施工中出现机械故障,或因气候、材料、人员等各种意外情况造成停工时,运到现场的沥青必须持续不断地进行保温,这样就需消耗大量的燃料,并且也容易引起沥青材料的老化。

采用乳化沥青筑养路时,只需在沥青乳化时一次加热,而且沥青加热温度只需达120～140 ℃,仅此就比热沥青降低 50 ℃左右。尽管在生产沥青乳液时,在其他方面还要消耗一些能源,如制备乳化剂水溶液需要加热、乳化机械需要消耗电能等。但据统计计算,用乳化沥青筑养路比用热沥青可节约热能在 50% 以上。

4. 施工便利、节省材料

乳化沥青与矿料表面具有良好的工作度和黏附性,可以在矿料表面形成均匀的沥青膜,容易准确地控制沥青用量,保证矿料之间能有足够的结构沥青,使混合料中的自由沥青降低到适宜程度,因而提高了路面的稳定性、防水性与耐磨性。对已铺的乳化沥青路面的观察,高温季节较少出现油包、推移、波浪,低温季节较少见到开裂,显示出其特有的优越性。这是由于在施工过程中,沥青的加热温度低,加热次数少,沥青的热老化损失小,因而增强了路面的稳定性与耐久性。

各种路面结构热沥青用量与乳化沥青用量的比较见表6.2。从表6.2可见,用乳化沥青筑养路一般可节省沥青10%~20%。另外,特别是阳离子乳化沥青与碱性和酸性矿料都有良好的黏附效果,扩大了矿料的来源,便于就地取材,减少材料的运输量,降低工程造价。

表6.2　各种路面结构沥青用量的比较

路面结构形式	热沥青用量	乳化沥青		节约沥青/%
		用　量	折合沥青用量	
简易封层/(1 cm)	1.0~1.2 kg·m⁻²	1.2~1.4 kg·m⁻²	0.72~0.84 kg·m⁻²	30
表面处治(拌和2 cm)	3.0%~4.5%	4.0%~7.0%	2.4%~4.2%	12
多层表处(层铺3 cm)	4.0~4.6 kg·m⁻²	4.8~5.4 kg·m⁻²	2.88~3.24 kg·m⁻²	28
贯入式(4 cm)	4.4~5.1 kg·m⁻²	6.0~6.8 kg·m⁻²	2.4~4.08 kg·m⁻²	11
沥青碎石	2.5%~4.5%	3.5%~6%	2.1%~3.6%	20
中粒式混凝土	4.0%~5.5%	6.0%~8.0%	3.6%~4.8%	12
细粒式混凝土	4.5%~6.5%	6.5%~9.5%	3.9%~5.7%	13
黏、透层油	0.8~1.2 kg·m⁻²	0.8~1.2 kg·m⁻²	0.48~0.72 kg·m⁻²	40

5. 延长施工季节

阴雨与低温季节是热沥青施工的不利季节,也是沥青路面发生病害较多的季节。特别在我国多雨的南方,常在阴雨季节沥青路面路况急速下降,出现了病害无法用热沥青及时修补,在行车的不断碾压与冲击下,更使病害迅速蔓延与扩大,致使运输效率降低,油耗与轮胎磨损增加,交通事故增多。而采用乳化沥青筑养路,可以少受阴湿和低温影响,发现路面病害可以及时修补,从而能及时改善路况,提高好路率和运输效率。同时乳化沥青可以在下雨后立即施工,就能减少雨后的停工费用和机械的停机台班费,并能提前完成施工任务。

延长施工季节的重要意义在于加速公路建设,并有利于沥青路面的及时养护,制止病害的加剧与扩大。关于用乳化沥青施工可延长施工的时间,随各地区气候条件而有所不同,一般可延长施工时间一个月左右。

6. 减少环境污染,改善施工条件,保障健康

乳化沥青的生产使用比热沥青的生产使用能减少环境污染。乳化沥青车间的生产过程都是在密封状态中进行,沥青的加热温度低(120~140 ℃),加热时间短,污染程度就较轻。热沥青车间由于沥青加热温度高(160~180 ℃),加热时间长,沥青蒸汽中的有害物质对环境污染严重。表6.3是乳化沥青车间与热沥青车间环境监测结果的对比。

表 6.3 乳化沥青车间与热沥青车间环境监测对比

监测项目	乳化沥青车间	热沥青车间	降低倍数
苯并(a)芘/(μg·m^{-3})	2.0×10^{-5}	1.49×10^{-4}	7.4
酚/(μg·m^{-3})	0.023	3.14	136
总烃/(μg·m^{-3})	2.5	22.27	9
苯/(μg·m^{-3})	未检出	未检出	
二甲苯/(μg·m^{-3})	未检出	未检出	

环境监测结果表明,乳化沥青车间的环境污染得到明显改善,严重危害工人健康的致癌物苯并(a)芘的含量明显下降,酚和总烃含量也大大降低。这些有害物质的含量都低于国际标准。

随着设备的技术水平的提高,热沥青和乳化沥青的生产环境条件都已得到明显改善。

现场施工时,乳化沥青拌制混合料不需加热,是在常温条件下进行施工,避免了因灼热沥青而引起的烧伤、烫伤,也避免了摊铺高温混合料的沥青蒸汽的熏烤。所以用乳化沥青施工,可以改善不利的施工条件,降低工人的劳动强度,深受筑路工人们的欢迎。

使用乳化沥青筑路,虽因增加乳化工艺与乳化剂而增加部分费用,但由于具有上述优点,因而总的社会效益、经济效益、环境效益优于用热沥青修筑路面。但是,乳化沥青有一定的使用范围和方法,只有正确使用乳化沥青,才能显示出乳化沥青的优点,提高道路性能。

乳化沥青是一种节约、安全、环保、有效且通用的道路材料,已得到世界各国道路工作者的认可。

6.3 乳化沥青的机理及其制备

6.3.1 乳化沥青的材料组成

乳化沥青是将黏稠沥青加热到流动态,经机械作用使之在有乳化剂、稳定剂的水中分散成为微小液滴(粒径 2~5 μm),而形成的稳定乳状液。

1.沥青

沥青是乳化沥青中的基本成分,在乳化沥青中占55%~70%。沥青的化学组成和结构等对乳化沥青的制作和性质有重要影响。一般认为沥青中活性组分较高者较易乳化,含蜡量较高的沥青较难乳化,且乳化后储存稳定性差。相同油源和工艺的沥青,针入度较大者易于形成乳液。

用于路用乳化沥青的沥青,针入度大多为 100~250(0.1 mm)。沥青的易乳化性与其化学结构有密切关系,与沥青中的沥青酸含量有关,一般认为沥青酸含量大于1%的沥青易于乳化。

2. 水

水是乳化沥青中的第二大组分,水的质量和性质会影响乳化沥青的形成。水常含有各种矿物质或其他影响乳化沥青形成的物质。一般要求水质不应太硬,并且不应含有其他杂质,水的 pH 值和钙、镁等离子对乳化都有影响。

3. 乳化剂

乳化剂是乳化沥青的关键组分,它的含量虽低,但对乳化沥青的形成起关键作用。乳化剂分为无机和有机两类。无机乳化剂常用的有膨润土、高岭土、石灰膏等;有机乳化剂一般为表面活性剂,常用有机乳化剂有十二烷基磺酸钠、十八烷基三甲基氯化铵、十六烷基三甲基溴化铵等。

乳化剂是一种表面活性物质。分子化学结构上表现为:一端为亲水基团,另一端为亲油基团。亲油基团一般为碳氢原子团,由长链烷基构成,结构差别较小。亲水基团则种类繁多,结构差异较大。根据亲水基团把乳化剂分为离子型和非离子型两大类。离子型乳化剂按其离子电性分为阴离子型、阳离子型、两性离子型。

4. 稳定剂

稳定剂可改善沥青乳液的均匀性,减缓颗粒之间的凝聚速度,提高乳液的储存稳定性,增强与石料的黏附能力。掺加稳定剂还可降低乳化剂的使用剂量。

稳定剂分为无机和有机两类。

①无机稳定剂。无机稳定剂不是表面活性剂,常用的稳定效果最明显的无机盐类物质有氯化铵、氯化钙和氯化镁等。

②有机稳定剂。常用的有聚乙烯醇,它与阳离子乳化剂复合使用对含蜡量高的沥青的乳化及储存稳定性起良好的作用。此外,还可采用聚丙烯酰胺、糊精、MF 废液等。

稳定剂在生产沥青乳液时是同时加入,还是后加乳液,需试验确定。除此之外,根据需要可在乳化剂溶液中添加无机或有机酸,调整 pH 值,可改善乳化的效果,是否添加及添加的剂量需经试验确定。

设计乳化沥青组成之前,需知道乳化沥青各个组分的用量范围,其用量范围应根据对乳化沥青的性能要求通过试验来确定,不同的原材料其用量也不相同。沥青的用量范围一般在 50% ~70% 之间;乳化剂的用量取决于临界胶束浓度,通常在 0.3% ~5% 之间(无机乳化剂的用量较大,在 3% ~30% 之间);水的用量在 30% ~50% 之间;对于辅助材料来讲,不同品种的乳化剂,其用量和选择各不相同。例如,阴离子乳化沥青需选择碱性调节剂,阳离子乳化沥青需酸性调节剂,对无机乳化沥青很少加入酸碱调节剂,其用量甚微,这些都需要试验来确定。

6.3.2 乳化沥青形成机理

水是极性分子,沥青是非极性分子,两者表面张力不同,因而两者在一般情况下是不能互相溶合的。当靠高速搅拌使沥青成微小颗粒分散在水中时,形成的沥青-水分散体系是不稳定的,因为颗料间的相互碰撞,会自动聚结,最后同水分离。当加入一定量的乳化剂时,由于乳化剂是表面活性物质,在两相界面上产生强烈的吸附作用,形成吸附层。吸附层中的分子有一定取向,极性基团朝水,与水分子牢固结合,形成水膜;非极性基团朝沥青,形成乳化膜。当沥青颗粒互相碰撞时,水膜和乳化膜共同组成的保护膜就能阻止颗粒的聚结,使乳液获得稳定。

1. 乳化剂降低界面自由能的作用

沥青乳液是沥青为分散相、水为分散介质的分散体系。水在 80 ℃时表面张力为 62.6 mN/m,沥青在 80 ℃时为 24 mN/m,二者存在较大的界面张力,当热熔的沥青经机械作用以微滴状态分散于水中时,沥青有较大的表面积,所形成的体系在热力学上是不稳定的。沥青液滴相互碰撞聚结,以缩小界面、减小自由能,保持体系的稳定和平衡,使之符合能量最低原则,沥青乳液中的沥青将聚结。

沥青乳液体系的表面自由能(ΔG)为

$$\Delta G = \sigma_{aw} \Delta S \tag{6.1}$$

式中,ΔG 为由沥青微滴与水形成的表面自由能;σ_{aw} 为沥青与水的界面张力;ΔS 为沥青微滴的表面积。

试验证明,水中掺入乳化剂后,水的表面张力可大大降低,接近沥青的表面张力,使水与沥青的界面张力大大减小,保持体系稳定。

2. 界面膜的保护作用

在水中加入具有乳化作用的表面活性剂以后,乳化剂在两相界面上形成吸附层,乳化剂的极性基团朝向水,非极性基团朝向沥青,使沥青和水的界面张力下降。当沥青液滴周围吸附的表面活性剂分子达到饱和时,在沥青液滴与水的界面上形成界面膜,此膜具有一定的强度,对沥青液滴具有保护作用。当沥青液滴相互碰撞时,不易聚结,能保护乳液的稳定(图 6.5)。此保护膜的紧密程度和强度与乳化剂水溶液的浓度有密切关系,沥青乳液中乳化剂达到一定浓度时,界面膜即由密排的定向分子组成,膜的强度较大,界面张力降低,形成较稳定的沥青乳液。

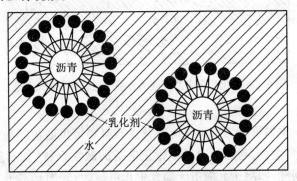

图 6.5 乳化剂在沥青微滴表面形成界面

3. 界面电荷的稳定作用

沥青乳液中的沥青液滴周围形成了一层带有电荷的保护膜,为双电层结构(图 6.6、图 6.7)。电荷来源于电离、吸附和沥青微滴与水之间的摩擦作用。这层带电荷的保护膜能起稳定作用,沥青液滴互相碰撞时,因相同电荷的相互排斥作用,阻止了乳状液滴的聚析,形成了稳定的体系。双电层的电荷组成根据乳化剂的离子性质而定。双电层的厚度对乳液的稳定性和黏度有很大影响。

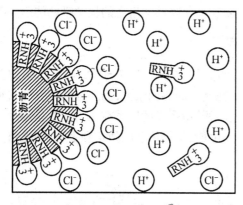

图6.6　阳离子沥青乳液电荷层

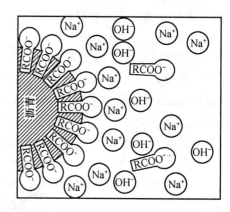

图6.7　阴离子沥青乳液电荷层

6.3.3　乳化沥青分裂机理

在路面施工时,乳化沥青与集料接触后,为发挥其黏结的功能,沥青微滴必须从乳液中分裂出来,在集料表面聚结形成一层连续的沥青薄膜,这一过程称为分裂。其微滴分裂形成沥青薄膜的过程如图6.8所示。乳化沥青分裂的机理,目前主要有下列几种理论解释。

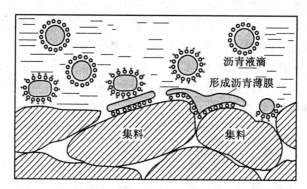

图6.8　乳化沥青中沥青微滴分裂形成沥青薄膜的过程

1.电荷理论

电荷理论认为,集料可分为带正电荷的碱性石料和带负电荷的酸性石料。阴离子乳液由于沥青微粒带负电荷,与表面上基本带正电荷的碱性石料(如石灰岩、白云岩等)具有较好的黏附性;同样,阳离子乳液由于沥青带正电荷,与表面基本带负电荷的酸性石料(如花岗岩、硅质岩等)结合较好,黏附性强。

2.化学反应理论

化学反应理论认为,传统的电荷理论是值得怀疑的,因为实践表明,带正电荷的阳离子乳液不仅能与带负电荷的酸性集料具有较好的黏附性,而且与带正电荷的碱性集料同样具有较好的黏附性。因此认为,阳离子乳液与碱性集料具有较好的黏附性,是由于石灰石与阳离子乳液中的 HCl 作用,形成 H_2CO_3,在水中 H_2CO_3 又可电离出 CO_3^{2-},它与阳离子乳化剂电离后的正电荷原子团具有较好的亲和力。其化学反应可表示如下式

$$CaCO_3 + 2HCl \longrightarrow CaCl_2 + H_2CO_3$$

$$H_2CO_3 \longrightarrow 2H^+ + CO_3^{2-}$$

$$2 \begin{bmatrix} & R_1 & \\ R_2 - & N - & R_4 \\ & R_3 & \end{bmatrix}^+ + CO_3^{2-} \xrightarrow{R} \begin{bmatrix} & R_1 & \\ R_2 - & N - & R_4 \\ & R_3 & \end{bmatrix}_2 CO_3$$

3. 振动功能理论

化学反应理论的解释,并未得到所有研究者的赞同。有的研究者另辟途径,提出一种振动功能(Vibration Kinebic Energy)理论。这种理论认为阳离子乳液由于具有较高的振动功能,对酸性集料或碱性集料表面都具有较好的亲和力。

6.3.4 乳化沥青的制备

生产乳化沥青的基本工艺过程是将沥青加热熔化,温度达 140～150 ℃,同时将水加热到 50～80 ℃,将乳化剂和稳定剂按一定的比例加入热水中,搅拌使之溶解,然后将沥青和水溶液按一定的比例通过混溶机,或将沥青按比例慢慢加入水溶液中,同时加以高速剪切,使沥青乳化而获得乳化沥青,主要生产工艺流程如图 6.9 所示。

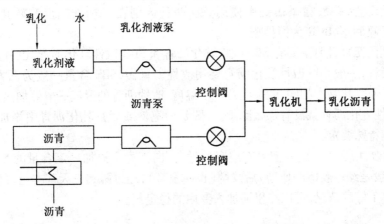

图 6.9 乳化沥青生产工艺流程示意

目前使用机械分散法制造乳化沥青的设备类型较多,归纳起来主要有胶体磨类乳化机、均化器类乳化机、搅拌式乳化机等三类。乳化机是乳化设备中最关键的部分,对乳液质量影响很大。从使用的角度来看,除要求乳化机经久耐用、高效低耗、使用方便、安全可靠以外,主要看选用的乳化机能否满足对乳液质量的要求。衡量乳液质量的一项重要指标是沥青微粒的均细化程度。均细化程度越高,乳液的使用性能及储存稳定性就越好。一般情况下,胶体磨类乳化机在均细化方面优于均化器类乳化机,而均化器类又优于搅拌式乳化机。

在乳化沥青生产过程中,沥青和水的温度是重要的控制参数。温度过高或过低都将影响沥青的乳化效果。温度太低,流动性差,影响乳化效果;温度太高,不仅消耗能源,增加成本,而且还会使水汽化。水的汽化将导致沥青乳液的浓度发生变化,同时也会使乳化过程中产生大量的泡沫,影响生产操作。因此,沥青加热温度不能过高,乳化剂水溶液的温度宜控制在 50 ~ 60 ℃范围内。

此外,为保证乳化质量,必须严格控制沥青及乳化剂水溶液流入乳化机的计量,应有严格的计量系统。

6.3.5 改性乳化沥青

为了适应路面应用的要求,提高乳化沥青的质量,人们发展了改性乳化沥青技术。改性乳化沥青是沥青和乳化剂再加胶乳,在一定工艺作用下产生的液态沥青。改性乳化沥青和乳化沥青就区别于生成时加没加胶乳。改性乳化沥青是将聚合物改性沥青进行乳化,得到改性乳化沥青,一般用于微表处施工。

改性乳化沥青有两种制法:

①用胶乳 SBR 加水加基质沥青放入乳化改性沥青试验机进行高速剪切;

②先用 SBS 对基质沥青进行改性,然后再对 SBS 改性沥青放入乳化改性沥青试验机进行高速剪切。

乳化改性沥青是一种冷拌沥青,一般用来路面的养护,如微表处,也可用于黏层、稀浆封层。其中 PCR 表示喷洒型乳化改性沥青,一般在黏层中使用。还有一种是 BCR,拌合性乳化改性沥青,一般在微表处中使用。这两种区别在于标准黏度和软化点等不同。PCR 是属于喷洒型,BCR 为搅拌型。

改性乳化沥青目前主要有 SBS 改性乳化沥青和 SBR 改性乳化沥青,也有其他聚合物改性乳化沥青,一般 SBS 改性乳化沥青要用改性沥青做,SBS 含量一般为沥青的 3%,乳化方法跟普通乳化基本相同,就是注意一下温度,改性沥青的温度一般要加热到 180 ℃左右;SBR 改性乳化沥青就没有那么麻烦,一般是向皂液或者是乳化沥青中添加胶乳即可,温度也没有特殊要求。

SBS 的改性沥青做法,一般是有成套的设备,向沥青中添加一定含量的 SBS 胶粉,经过研磨(一般是经过胶体磨研磨)后发酵(也叫发育),经过两到三天基本上可以成了。如果出现发酵不好的情况,可以在里面加入专用的稳定剂。

6.4 乳化沥青的应用

6.4.1 乳化沥青的应用

由于乳化沥青是一种含水的沥青材料,在常温下呈流动状态,因此可在常温下用潮湿的矿料筑路养路。但在使用过程中,必须掌握用乳化沥青筑路的特点,这样才能保证施工质量,取得预期的效果。沥青乳液与矿料接触后,经过与矿料的黏附、破乳、析水过程,然后乳液才恢复其沥青性能,经过压实后可以基本形成稳定的路面,再经过行车的反复碾压,最后形成坚实的路面。因此,用乳化沥青筑路,在施工技术上与用热沥青相比,有其不同的特殊要求,必须根据这种材料的特性,掌握其施工规律和方法。同时,阳离子乳液与阴离子乳液其性能也有很大差别,在施工中必须分别对待。

在道路建筑工程中,乳化沥青可以与湿集料黏附,黏结力强,且施工和易性好,易于拌和,可节约沥青用量,是一种有广阔发展前景的筑路材料。道路用乳化沥青类型的选用应根据使用目的、矿料种类、气候条件选用。对酸性集料,以及当石料处于潮湿状态或在低温下施工时,宜采用阳离子乳化沥青;对碱性石料,且石料处于干燥状态,或与水泥、石灰、粉煤灰共同使用时,宜采用阴离子乳化沥青。乳化沥青制造后应及时使用。目前,乳化沥青的应用越来越广,特别是在公路沥青路面的养护方面,更是表现出广阔的应用前景。但是,高速公路沥青路面的维修养护对乳化沥青的应用提出了更高的要求。很显然,普通的乳化沥青、乳化沥青稀浆封层只适用于普通公路。为提高乳化沥青的使用性能,满足高速公路维修养护的需要,国际上许多国家已开始研究开发了高分子聚合物改性乳化沥青。用于改性的聚合物主要有 SBR 胶乳、氯丁胶乳、EVA、SBS 等。实践证明,聚合物改性乳化沥青能够改善道路裂缝、变形阻力、疲劳裂缝、骨料保持力和路面的防水性能,对路面的使用寿命也有一定的延长作用。

阳离子乳化沥青的技术性能好,它与矿料的黏附靠电荷吸附,与大部分石料都能很好黏结,适用性能广泛,并能在矿料潮湿的情况下、气温较低的情况下应用。因此,在我国阳离子乳化沥青应用比较广泛,乳化剂品种也比较多样。阴离子乳化沥青由于其乳化剂价格便宜,具有较好的经济效益,在我国也得到了应用。阴离子乳化沥青与碱性石料黏附性好,在我国南方盛产石灰石的地区得到大量应用。这两种乳化沥青各有其特点,应根据施工条件的需要,因地制宜、因时制宜、扬长避短的选择使用。

用乳化沥青筑路对路基和基层同样应有严格的要求,对于路基与基层的施工质量,必须遵照有关的技术规范与工程设计的要求。乳化沥青路面施工前应按有关规范的规定对基层进行检查,当基层的质量检查符合要求后方可修筑面层。基层应符合下列要求:

①具有足够的强度和适宜的刚度。

②具有良好的稳定性。

③干燥收缩和温度收缩变形较小。

④表面平整、密实,拱度与面层一致,高程符合要求。

乳化沥青路面多用于 1 000 ~ 2 000 辆/天交通量的道路,在熟练掌握施工技术的条件下,也可用于 4 000 ~ 5 000 辆/天交通量的道路。乳化沥青尤其适用于沥青路面的维修和养护(封层、罩面、修补坑槽等)。

乳化沥青在道路工程中应用很广,可以用于表面处治、贯入式路面及沥青碎石、沥青混凝土等路面结构,冷拌沥青混合料路面,修补裂缝,还可用作透层油、黏层油、封层油、稀浆封层等,也可用于旧沥青路面材料的冷再生及砂石路面的防尘处理。乳化沥青的各种不同的用途,各有其不同的技术要求与施工方法,必须严格地按照规定的要求,才能保证施工质量。由于乳化沥青混合料的成型有个过程,因此其早期强度较低,应注意做好路面的早期养护,用适当的措施提高路面早期强度。乳化沥青的品种及适用范围见表 6.4,道路用乳化沥青质量应符合表 6.5 的规定。同时,在高温条件下宜采用黏度较大的乳化沥青,寒冷条件下宜使用黏度较小的乳化沥青。

表 6.4　乳化沥青品种及适用范围

分类	品种及代号	适用范围
阳离子乳化沥青	PC-1	表处、灌入式路面及下封层用
	PC-2	透层油及基层养生用
	PC-3	黏层油用
	BC-1	稀浆封层或冷拌沥青混合料用
阴离子乳化沥青	PA-1	表处、灌入式路面及下封层用
	PA-2	透层油及基层养生用
	PA-3	黏层油用
	BA-1	稀浆封层或冷拌沥青混合料用
非离子乳化沥青	PN-2	透层油用
	BN-1	与水泥稳定集料同时使用(基层路拌或再生)

表 6.5　道路用乳化沥青技术要求

试验项目		品种及代号									
		阳离子				阴离子				非离子	
		喷洒用			拌和用	喷洒用			拌和用	喷洒用	拌和用
		PC-1	PC-2	PC-3	BC-1	PA-1	PA-2	PA-3	BA-1	PN-2	BN-1
破乳速度		快裂	慢裂	快裂或中裂	慢裂或中裂	快裂	慢裂	快裂或中裂	慢裂或中裂	慢裂	慢裂
粒子电荷		阳离子(+)				阴离子(-)				非离子	
筛上残留物(1.18 mm 筛)/% ≤		0.1				0.1				0.1	
黏度	恩格拉黏度计 E_{25}	2~10	1~6	1~6	2~30	2~10	1~6	1~6	2~30	1~6	2~30
	道路标准黏度计 $C_{25.3}$/s	10~25	8~20	8~20	10~60	10~25	8~20	8~20	10~60	8~20	10~60
蒸发残留物	残留分含量/% ≥	50	50	50	55	50	50	50	55	50	55
	溶解度/% ≥	97.5				97.5				97.5	
	针入度(25 ℃)/0.1 mm	50~200	50~200	45~150		50~200	50~300	45~150		50~300	60~300
	延度(15 ℃)/cm ≥	40				40				40	
与粗集料的黏附性,裹覆面积≥		2/3			—	2/3			—	2/3	—
与粗、细粒式集料拌和试验		—			均匀	—			均匀	—	
水泥拌和试验的筛上剩余/% ≤		—				—					3
常温储存稳定性　1 d/% ≤		1				1				1	
5 d/% ≤		5				5				5	

　　表 6.5 中,P 为喷洒型,B 为拌和型,C、A、N 分别表示阳离子、阴离子、非离子乳化沥青;表中的破乳速度、与集料的黏附性、拌和试验的要求与所使用的石料品种有关;储存稳定性根据施工实际情况选用试验时间,通常采用 5d,乳液生产后能在当天使用时也可用 1 d 的稳定性;当乳化沥青需要在低温冰冻条件下储存或使用时,尚需进行-5 ℃低温储存

稳定性试验,要求没有粗颗粒、不结块;如果乳化沥青是将高浓度产品运到现场经稀释后使用时,蒸发残留物等各项指标为稀释前乳化沥青的要求。

乳化沥青类型根据集料品种及使用条件选择。阳离子乳化沥青可适用于各种集料品种,阴离子乳化沥青适用于碱性石料。乳化沥青的破乳速度、黏度宜根据用途与施工方法选择。制备乳化沥青用的基质沥青,对高速公路和一级公路,宜符合道路石油沥青 A、B 级沥青的要求,其他情况可采用 C 级沥青。

6.4.2 改性乳化沥青的应用

改性乳化沥青在我国曾是一项空白。为满足高速公路建设和维修养护的需要,我国改性乳化沥青也得到了长足的发展,并得到了相当的应用。目前应用较多的用作黏层油及下封层的喷洒型改性乳化沥青,以及微表处用的拌和型改性乳化沥青。改性乳化沥青的品种和适用范围见表 6.6,其质量应符合表 6.7 的规定。

表 6.6 改性乳化沥青的品种和适用范围

	品种	代号	适用范围
改性乳化沥青	喷洒型改性乳化沥青	PCR	黏层、封层、桥面防水黏结层用
	拌和用乳化沥青	BCR	改性稀浆封层和微表处用

表 6.7 改性乳化沥青技术要求

试验项目			品种及代号	
			PCR	BCR
破乳速度			快裂或中裂	慢裂
粒子电荷			阳离子(+)	阴离子(+)
筛上剩余量(1.18 mm)/%		≤	0.1	0.1
黏 度	恩格拉黏度 E_{25}		1 ~ 10	3 ~ 30
	沥青标准黏度 $C_{25.3}$/s		8 ~ 25	12 ~ 60
蒸发残留物	含量/%	≥	50	60
	针入度(100 g,25 ℃,5 s)/0.1 mm		40 ~ 120	40 ~ 100
	软化点/℃	≥	50	53
	延度(5 ℃)/cm	≥	20	20
	溶解度(三氯乙烯)/%	≥	97.5	97.5
与矿料的黏附性,裹覆面积		≥	2/3	—
储存稳定性	1 d/%	≤	1	1
	5 d/%	≤	5	5

可以看出,在改性乳化沥青技术中,与普通乳化沥青一样,并列了恩格拉黏度和道路标准黏度计两种方法,蒸发残留物的含量、针入度、软化点、延度指标等,也与国外要求相

近。但延度的测定温度为 5 ℃。对作黏层、封层、防水层使用的喷洒型的改性乳化沥青 PCR 的标准都是参照国外标准制定出来的。

6.4.3 乳化沥青稀浆封层

沥青路面由于长年处于风吹、雨淋、日晒、冻融等自然气候的侵蚀下,使路面材料中的沥青与矿料不断产生物理与化学的变化,并且逐渐降低其适应气候变化的能力。又由于路面上行驶车辆的作用,会造成沥青路面不断发生开裂,而随着裂缝的出现,会造成路面的透水,也就会引起基层的变软和表面坑槽的出现,从而使路况变坏,这样就会降低车辆的行驶速度,增加车辆的磨损与油耗。因此,对沥青路面尽早进行预防性养护是保护沥青路面、延长道路使用寿命、提高运输效率、降低运输成本的重要环节。

对沥青路面来说什么是最经济、有效的养护方法呢? 美国的亚利桑那州作了一个示范研究,他们比较了下列三种方法:第一种是对一新建路 20 年内不作养护,然后再重建;第二种是对一新建路每 10 年加铺一层热拌沥青混凝土;第三种是作有计划的预防性养护。

研究结果表明:有计划作预防性养护路面的费用比不保养使用 20 年再重建的费用要低 63% ,比每 10 年加铺一次的费用要低 55% ,而且路面性能还要好得多。国外一般都是用稀浆封层施工来做路面的预防性养护,如图 6.10 所示。

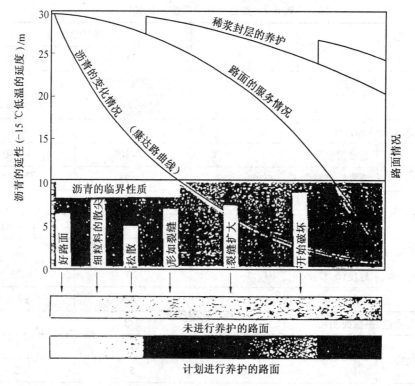

图 6.10　路面性能的变化

目前,我国已有大量的沥青路面,其中大部分是简易的表面处治路面。随着经济的发展,交通量的增加,这些沥青路面大部分都处于超负荷与超期服役状态,急需进行大中修或维修养护。另外近几年新建的沥青路面也需要进行经常的维修养护。因此,我国目前沥青路面的维修养护任务很重。由于我们的公路部门经常会遇到沥青材料与经费的不足,以及养路工作线长、面广、零星、分散、施工繁琐、工效低等,常常使该维修养护的路面得不到保养,不能形成良性循环。

在这种形势下,加速研究与发展我国的稀浆封层施工法是迫切需要的。因为这种施工法既可节省沥青与资金,又可加速维修养护的速度,提高工作效率。稀浆封层施工法无论对旧油路面或新建油路面,无论对低等级道路或高等级道路,无论对城市道路或郊区公路,都可以产生显著的经济效益和社会效益。稀浆封层可以使磨损、老化、裂缝、光滑、松散等病害,迅速得到修复,起到防水、防滑、平整、耐磨等作用。对于新铺的沥青路面,例如贯入式、表面处治、粗粒式沥青混凝土、沥青碎石等比较粗糙的沥青路面,在其表面做稀浆封层处理后,可以作为保护层与磨耗层,显著提高路面质量。在桥梁的表层上用稀浆封层处理后,可以起到罩面作用,但很少增加桥身自重。在隧道中的路面经过稀浆封层处理后,可以不影响隧道的净空高度。因此,稀浆封层施工法在道路工程中有着广阔的发展前景。

稀浆封层施工法自 20 世纪 40 年代就开始应用。当时是用普通的水泥混凝土搅拌机拌和稀浆、混合料,再运送到现场后人工摊铺而成 1~5 mm 比较薄的封层。初始采用的是阴离子乳化沥青,破乳成型时间往往是 4~5 h 或更长,对矿料的要求也较高。所以主要是在气候温暖地区使用,并且是交通量较小的农村道路、居民区、公园小路等。

在 20 世纪 60 年代以后,对阳离子乳化沥青进行了深入的研究和应用,发现阳离子乳化沥青的固化时间快,原因是乳液和矿料之间的反应快。把阳离子乳化沥青用于稀浆封层具有较短的固化时间,并且对矿料的要求也较低。同时美国斯堪道路公司(当时是杨氏稀浆封层公司)研制出了专用的稀浆封层摊铺机,使稀浆封层的施工机械化,从此以后稀浆封层施工得到了广泛的应用。目前,最新应用的稀浆封层是聚合物改性稀浆封层,它分为聚合物改性稀浆精细表面处治(PSM)和聚合物改性稀浆车辙填补(PSR)。稀浆封层摊铺机也越来越大型化、自动化,能正确控制各种成分的配比,有的还能边摊铺边上料连续不间断施工。因此,许多国家已把稀浆封层用于高速公路的预防性养护和填补高速公路的车辙。国际上已成立了国际稀浆封层协会(Intemational Slurry Surfacing Association,简称 ISSA),该协会经常进行各国间的学术交流,推动了稀浆封层技术的发展。同时美国沥青协会制定了《稀浆封层施工手册》,美国材料标准协会制定了《稀浆封层混合料试验和检验标准》(ASTM D3910)。这一切都为稀浆封层施工法的规范化提供了足够的依据,使稀浆封层施工法得到了迅速发展。

我国最早应用稀浆封层是在 1981 年,当时在援建赞比亚赛曼公路上铺了乳化沥青稀浆封层双层表面处治,经行车使用效果良好。1987 年,辽宁省组织力量对稀浆封层进行了研究,并参照赛曼公路工程中使用的 SB-804 型稀浆封层摊铺机,研制出了自行式和拖挂式稀浆封层摊铺机,为我国推广应用稀浆封层施工技术创造了条件。

在"八五"期间,乳化沥青稀浆封层成套技术被列为我国重点新技术推广项目。现在全国大部分省市公路部门都在应用稀浆封层,取得了明显的经济效益和社会效益。应用于稀浆封层施工的慢裂乳化剂和稀浆封层摊铺机，国内均有生产。慢裂乳化剂既有阴离子的又有阳离子的，可满足不同的需求。稀浆封层摊铺机既有自行式的又有拖挂式的，既有高档的又有低档的，用户可根据自己的财力和需要进行选用。

1. 乳化沥青稀浆封层的作用

稀浆封层是由连续级配集料、填料、乳化沥青、水拌匀后摊铺在路面上的一层封层，主要作用如下：

（1）防水作用

稀浆混合料的集料粒径较细，并且具有一定的级配，乳化沥青稀浆混合料在路面铺筑成型后，它能与路面牢固地黏附在一起，形成一层密实的表层，可防止雨水和雪水渗入基层，保持基层和土基的稳定。

（2）防滑作用

由于乳化沥青稀浆混合料摊铺厚度薄，并且其级配中的粗料分布均匀，沥青用量适当，不会产生路面泛油的现象，路面具有良好的粗糙面，摩擦系数明显增加，抗滑性能显著提高。

（3）耐磨耗作用

由于阳离子乳化沥青对酸、碱性矿料都具有良好的黏附性，因此稀浆混合料可选用坚硬耐磨的优质矿料，因而可得到很好的耐磨性能，延长路面的使用寿命。

（4）填充作用

乳化沥青稀浆混合料中有较多的水分，拌和后成呈稀浆状态，具有良好的流动性。这种稀浆有填充和调平作用，对路面上的细小裂缝和路面松散脱落造成的路面不平，可用稀浆封闭裂缝和填平浅坑来改善路面的平整度。

2. 乳化沥青稀浆封层的应用范围

乳化沥青稀浆封层施工技术在我国还是一项新技术，在目前主要用于以下几个方面：

（1）旧沥青路面的维修养护

沥青路面由于长期暴露在自然环境下，受到日晒、风吹、雨淋和冻融的作用，同时还要承受车辆的重复荷载作用。路面经过一段时期的使用后，会出现疲劳，路面会呈现开裂、松散、老化和磨损等现象。如不及时维修处理，破损路面受地表水的侵蚀，将使基层软弹，路面的整体强度下降，导致路面的破坏。如果沥青路面在没有破坏前就采取必要的预防性养护措施——乳化沥青稀浆封层，将会使旧路面焕然一新，并使维修后的路面具有防水、抗滑、耐磨等特点，是一种优良的保护层，起到了延长路面使用寿命的作用。

（2）新铺沥青路面的封层

在新铺双层表处路面第二层嵌缝料撒铺碾压完毕后，其最后一层封层料可用乳化沥青稀浆封层代替。由于稀浆流动性好，可以很好地渗入嵌缝料的空隙中去，因此它能与嵌缝料牢固地结合。又因为稀浆封层集料的级配与细粒式沥青混凝土相似，摊铺成型后，路面外观类似细粒式沥青混凝土路面，它具有外观和平整度好的特点，并且有良好的防水和耐磨性能。

在新铺筑的粗粒式沥青混凝土路面上，为了增加路面的防水和磨耗性能，可在该路面上加铺一层乳化沥青稀浆封层保护层。其厚度为 5 mm，仅为热沥青砂厚度的一半，可以节省资金,并具有施工简便和工效高的特点。

在新铺筑的沥青贯入式或沥青碎石路面上加铺乳化沥青稀浆封层,可使路面更加密实,防水性能更好。

(3)在砂石路面上铺磨耗层

在平整压实后的砂石路面上铺筑乳化沥青稀浆封层,可使砂石路面的外观有沥青路面的特征,提高砂石路面的抗磨耗性能,防止扬尘,改善行车条件。

(4)水泥混凝土路面和桥面的维修养护

乳化沥青稀浆封层对水泥混凝土具有良好的附着性,当水泥混凝土路面因多年行车后,路面产生裂缝、麻面或轻微不平时,采用乳化沥青稀浆封层后,可改善路面的外观,提高路面的平整度,延长水泥混凝土路面的使用寿命。在桥梁的行车面层采用乳化沥青稀浆封层处治可起到罩面作用,并且很少增加桥面的自重。

6.4.4 聚合物改性乳化沥青稀浆封层(微表处)

1.国内外概况

随着交通量的日益增长,车辆大型化,重载超载严重以及车辆渠化等,交通对路面的要求越来越高。而沥青路面对气温、雨水和日照等自然因素十分敏感,其承载能力和防止病害水害能力相对偏低,直接影响沥青路面的使用性能和耐久性。因此,为了提高沥青路面的质量,对沥青进行改性正越来越受到国内外道路工作者的重视。近年来,用聚合物改善沥青的性质,提高路面使用性能,延长路面的使用寿命,已成为国内外沥青路面技术发展的趋势。

在国外,随着聚合物改性沥青的普遍应用,聚合物改性乳化沥青也在迅猛地发展。从20世纪60年代末到70年代初,德国首先展开对聚合物改性乳化沥青稀浆封层的研究,科学家们从常规的乳化沥青稀浆、混合料配方着手,加入特殊的高分子聚合物和添加剂,制成聚合物改性乳化沥青稀浆封层混合料,摊铺厚度较大的封层用以修复路面上的车辙,而不破坏昂贵的道路标线。封层的固化时间加快,与原路面黏附得十分牢固,聚合物改性乳化沥青稀浆封层技术也就从此问世。美国、澳大利亚于20世纪80年代初开始采用这项技术。

目前,聚合物改性乳化沥青稀浆封层已被认为是修复道路车辙及其他多种路面的病害最有效、最经济的手段之一。它在欧美和澳大利亚已得到普及,并且正在向世界其他地区推广、发展。因此,国际稀浆封层协会也将其英文名字由 International Slurry Seal Association 改为 International Slurry Surfacing Association,仍然简称 ISSA。ISSA 将 Slurry Surfacing 分成 Slurry Seal 和 Micosurfacing。Slurry Seal 翻译为稀浆封层,Microsurfacing 翻译为微表处,其技术要求和使用性能均有较大的区别。微表处可用于超薄抗滑表层(PSM)和车辙填补(PSR)。ISSA 在原来的稀浆封层实施细则 ISSAA 143-91 的基础上,修订成为 ISSAA 143-2000,对微表处的设计、试验、质量控制、测试等作出规定,使微表处在全世界范围内有了很大的发展。美国沥青协会制订了稀浆封层施工手册,ASTM 制订了 D3910 稀浆封层混合料试验和检验标准,日本乳化沥青协会制定了橡胶沥青乳液标准。

为了使专业名词与国际一致,本节"聚合物改性乳化沥青稀浆封层"一词统称"微表处"。表6.8为世界一些主要国家的微表处的年用量。

表6.8 一些主要国家的微表处年用量

国家	美国	加拿大	南非	英国	德国	法国	西班牙	意大利	澳大利亚
年用量/km²	45	5	4.34	2.75	20	7	10	1	1.6

注:美国、加拿大统计资料为混合料吨数,此为大致折算的数据。

微表处是功能最完善的道路养护方法之一,它是一种采用高分子聚合物使乳化沥青改性的铺筑技术,对出现在城市干道、高速公路和机场道路上的各种病害的修复最有效。

目前在世界上稀浆封层技术已被广泛应用,它不仅能延长道路寿命,同时也很经济。普通稀浆封层技术与微表处技术都是利用由级配集料、乳化沥青、填料和水所组成的混合料进行施工的,不同的是后者所采用的材料是经过严格检测筛选出来的,其中还包括高分子聚合物和其他添加剂,因而相比之下微表处技术具有更多的优点。

目前,我国还没有制订有关微表处的试验规程和施工技术规范,微表处在我国目前还处于试用阶段。

2. 微表处的应用特点

①施工速度快。连续式稀浆封层机1 d之内能摊铺500 t微表处混合料,折合为一条10.6 km长的标准车道,摊铺厚度最小可达9.5 mm,施工后1 h即可通车,适用于大交通量的高等级公路及城市干道。

②微表处可提高路面的防滑能力,增加路面色彩对比度,改善路面性能,延长路面使用寿命。

③成型快,工期短,施工季节长,可夜间作业的优点尤其适于交通繁忙的公路、街道和机场道路。

④常温条件下作业,降低能耗,不释放有毒物质,符合环保要求。

⑤在面层不发生塑性变形的条件下,可修复深达38 mm的车辙而无需碾压。

⑥因为微表处层很薄,所以在城市主干道和立交桥上应用不会影响排水,用于桥面也不会增加多少质量。

⑦在机场,密级配的微表处能作防滑面层而不会产生破坏飞机发动机的散石。

⑧由于它能填补厚达38 mm的车辙,而且十分稳定,也不产生塑性变形,所以它是不用铣刨解决车辙问题的独特方法。

微表处填补了普通稀浆封层和热拌沥青混凝土摊铺各自存在的缺陷。确切地说,微表处是一种完善的道路养护方法。

第7章 沥青再生技术

7.1 再生沥青混合料概述

7.1.1 沥青再生技术及其发展和意义

沥青路面再生利用技术,是将需要翻修或者废弃的旧沥青路面,经过翻挖、回收、破碎、筛分,再和新集料、新沥青材料、再生剂等适当配合,重新拌和,形成具有一定路用性能的再生沥青混合料,用于铺筑路面面层或基层的整套工艺技术。沥青路面的再生利用,能够节约大量的沥青和砂石材料,节省工程投资,同时有利于处治废料,节省能源,保护环境,因而具有显著的经济效益和社会、环境效益。近二十多年来,世界各国广泛进行了沥青路面再生利用的试验研究,取得了丰硕的成果,并且已在生产中大面积推广应用。现在,沥青路面再生利用技术,已成为当代公路建设中的有待进一步发展的重大科学技术之一。

旧沥青路面材料的再生利用,在近半个多世纪中,引起世界先进工业国的高度重视,再生沥青混凝土的技术研究获得了明显的经济效益和社会效益。

早在1915年美国就开始了旧沥青混合料的再生利用。1973年,由于石油危机的爆发,燃油供应困难,筑路用的砂石材料供应不足,加上严格的环保法制,又使砂石材料的开采受到限制,以至砂石材料价格上涨。1974年,美国开始大规模推广沥青路面再生技术。1980年,有25个州共使用了200万吨热拌再生沥青混合料;到1985年,美国全国再生沥青混合料的用量猛增到2亿吨,几乎是全部路用沥青强合料的一半,并且在再生机理、混合料设计、再生剂开发、施工设备等方面的研究也日趋深入和成熟。

日本从1976年开始这方面的研究,目前路面废料再生利用率已超过70%。而在前联邦德国1978年就已将全部废弃沥青路面材料加以回收利用,芬兰几乎所有的城镇都组织旧路面材料的收集和储存工作。过去再生材料主要用于轻型交通的路面和基层,近几年已应用于重交通道路上。现在再生沥青混合料的应用已非常普遍,而且每当新材料用于沥青路面时,都要说明是否会影响沥青路面的再生利用。

德国、日本等国家再生技术研究和应用发展很快,除在沥青混凝土厂集中厂拌生产再生沥青混合料,还开发研制出专供现场就地加热进行表面再生的机械设备。

前苏联很早也对沥青路面再生进行了研究。1984年,苏联出版了《再生路用沥青混凝土》一书,该书详细论述了厂拌再生和路拌再生的方法。

欧美国家先后出版了《沥青混合料废料再生利用技术》、《旧沥青再生混合料技术准则》、《路面沥青废料再生指南》等一系列规范、指南,提出了适合于各种条件下沥青混合料的再生利用方法,并在再生剂开发、再生混合料设计和拌制工艺,以及与之配套的各种挖掘、铣刨、破碎、拌和等机具的研制和开发等方面都有卓著的成就,形成了一套比较完善的再生实用技术,达到了规范化和标准化的成熟程度。

我国在 20 世纪 70 年代,一些公路养护部门就已自发进行了废旧沥青路面材料的再生利用。1982 年,交通部科技局将沥青路面再生利用作为重点科技项目下达,开展比较系统的试验研究。通过室内外大量的试验和研究,不仅在再生机理、沥青混合料的再生设计方法、再生剂的质量技术指标等方面取得突破性的进展,而且在热拌再生和冷拌再生的施工工艺、再生机械设备等多方面取得了系统的研究成果。

多年的实践证明,再生路面与同类型全新沥青路面相比较,无论从外观上,还是从实际使用效果上都没有明显差别。在理论研究方面,从化学热力学和沥青流变学的角度研究了沥青在老化过程中其流变行为的变化规律,研究了再生剂的作用和再生剂的质量技术指标,此外,对再生沥青混合料的物理力学性能进行了系统的评价性试验。改革开放后修筑了大量的沥青路面,到现在很多路面已进入了维修或改建期,而我国的优质路用沥青又相对贫乏,所以对沥青路面再生利用技术的更深入研究必将对我国交通事业的发展产生积极深远的影响。

铺筑再生沥青路面的经济效益,由于大大减少了筑路材料的用量,因而节省了工程费用。尤其在缺乏砂石材料的地区,由于砂石材料都是从外地远运而来,成本较高,采用沥青路面再生技术,所节约的工程投资是十分可观的。即使在盛产砂石材料的地区,也能够节约大量材料费用。根据美国联邦公路管理局的调查,旧沥青路面再生利用,可节约材料费 53.4%,路面降低造价 25% 左右,沥青节约 50%。1980 年,美国使用了约 5 000 万吨旧路面材料,节约投资达 3.95 亿美元。我国在 20 世纪 80 年代的经验表明,由于铺筑再生沥青路面,其材料费平均节省 45%～50%。因为翻挖路面、破碎、过筛、添加再生剂等需要增加费用外,与铺筑新沥青路面相比较,降低工程造价 20%～25%,大体上与国外许多国家的经验相当。

再生路用沥青混凝土(RAP)是把由路面上清除下来的旧沥青混凝土进行加工处理后的混合料,加工方法可在旧料中加入结合料、再生剂(也称塑化剂、复苏剂)和石料作添加剂,也可不加上述添加剂。旧沥青混凝土主要来自道路破除或改建以及路面修复工程。

再生沥青混凝土可作为面层的上层和下层材科使用,在修筑沥青混凝土路面时,旧沥青混凝土中加入一定数量的矿料、结合料和再生剂,可把它当作主要材料使用,也可作为新混合料的添加剂使用。在某些场合,如果旧沥青混凝土作为路面基层材料使用,此时旧沥青混凝土一般不作再生处理。再生旧沥青混凝土的主要目的是在技术上能正确地把它作为二次原料使用,即作为修筑路面基层和面层材料的辅助来源。

重复利用旧沥青混凝土可减少购置短缺沥青材料的费用,降低材料的长途运费。另外,还可减少仓储面积,改善周围环境条件。

在旧沥青混凝土中加入少量再生剂以恢复它的弹性,这是沥青混凝土的再生方法之一。解决旧沥青混凝土的再生问题,需要确定原有沥青混凝土的物理力学性能随时间的变化程度,进而揭示其在工程建设中重复使用的可能性。

美国、联邦德国、法国、芬兰等国对旧沥青混凝土路面的重复利用问题进行了大量研究工作,研制成功了一系列清除、加热和加工处理旧沥青混凝土路面的机械设备,使旧沥青混凝土路面的再生工艺水平大为提高。

以前沥青混凝土路面大中修的主要方法是加铺新的沥青混凝土层,现在出现了下列新的工艺方法:

①把被磨损的沥青混凝土路面加热、翻松、整型再压实成型,而不需要加入新的材料。

②把被磨损待修部位的沥青混凝土路面加热后翻松,与新添加的沥青混凝土混合料拌和均匀,摊铺整形,碾压成型。

③把被磨损的沥青混凝土面层清除下来送往工厂,在专用设备中使之再生。再生旧料时可以加入沥青、再生剂或石料作添加剂,也可以不加入此类添加剂。

上述各种工艺方法可作为重复利用旧沥青混凝土的各自基础,可以说,再生利用旧沥青混凝土是节约道路建材,降低工程造价,减少环境污染的一个重要途径,再生利用旧沥青混凝土的优点还在于彻底消除原有路面的裂缝、拥包、松散等病害对上层沥青混凝土的影响,还可以对基层病害进行适当处理,消除了路面结构中的隐患。总之,再生利用旧沥青混凝土符合可持续发展的战略思想,将成为今后道路研究工作的一个重要研究方向。

7.1.2　沥青老化程度的评定

沥青路面失去路用功能的原因是多方面的,如路面结构设计不合理、基层强度不足、水的破坏作用、混合料配合比设计不合理、沥青老化、交通状况等诸多因素,由沥青老化导致的路用功能的丧失只是原因之一,所以对旧沥青路面进行再生之前,首先要弄清楚是否由沥青老化而引起的路面破坏。这里就涉及沥青老化的判断问题。

从物理性质的角度来说,目前对旧沥青的品质进行评价时,国内外还是普遍使用黏度(或针入度)、延度、软化点三大指标。老化后的沥青表现为黏度增大、针入度下降、软化点上升、延度减小。一般来说这种表现越明显,沥青的老化程度就越深。但是迄今为止,国内外还未见有对沥青老化进行具体量化评定的报道,一般还是凭经验来判断。

从化学组分的角度来说,对沥青的化学组分进行分析一般有三种方法:三组分,即油分、胶质和沥青质;四组分,即饱和分、芳香分、胶质和沥青质;五组分,即链烷分、氮基、第一酸性分、第二酸性分和沥青质。无论采用何种组分分析,国内外大量试验都已证明,老化沥青与常规沥青材料相比在化学组分上都有明显的变化,其表现为油分减少,胶质和沥青质增加,芳香分减少。过去曾有学者提出优质沥青化学组分的合格区域以此来判断沥青的老化程度。但是由于沥青化学结构的复杂性,合格区随原油品种、加工工艺的不同而改变,因而难以用一个固定的合格区来衡量旧油的老化程度。

国外曾有人用反应组分与无反应组分的比值来表征沥青性能的优劣性,即

$$(氨基+第一酸性分)/(链烷分+第二酸性分)=(N+A_1)/(P+A_2)$$

若比值在 0.4~1.0 之间,为优质沥青;1.0~1.2 为良好;1.2~1.5 为合格;大于 1.5 为劣质沥青。但是由于上述比值没有顾及沥青质含量对沥青品质的影响,因而不尽合理。

综上所述,国内外目前对沥青老化程度的判断还没有一个确切的标准,大部分还是凭经验进行的。

7.1.3 沥青混凝土老化作用机理

沥青路面使用过程中,沥青会发生老化现象,这是由于在各种因素作用下,路面材料将发生复杂的结构变化和化学变化。空气中的氧、温度、水和矿料的表面状态等都会对薄沥青膜层产生影响。这种情况下,沥青混凝土的老化速度与它的剩余孔隙率有关。研究认为,下列过程将使沥青的组分和性质发生变化:

①沥青表面油分的挥发,这一过程与沥青中易挥发组分的含量、黏度和温度有关。

②在阳光和紫外线的直接照射下,主要发生在沥青外表面上的氧化聚合反应和部分聚合反应。

③在氧化作用下,沥青发生缩聚反应。空气中的氧将破坏沥青的结构,并使其相对分子质量增大,沥青的吸附力随之增强,即沥青与石料表面的黏结强度将随着沥青混凝土的老化程度而增大。沥青与空气接触将被氧化,在阳光照射下这一氧化过程会由于路面被加热并发生光化学反应而加速进行。

沥青的聚合作用与其黏度和沥青、混凝土强度的增高有密切关系。但沥青黏度增高会使路面变脆,其结果是增加路面磨损,降低其形变能力,最终导致沥青混凝土路面出现裂缝。

沥青的老化是由于沥青的胶质结构胶凝收缩造成的,即沥青凝胶体分解为两相——液相和更加浓缩的凝胶相。胶凝收缩作用通常在高温下才会发生,这时在沥青混凝土表面呈现出薄膜状的油点,使沥青混凝土变脆,进而遭到破坏。

经常起作用的大气因素使沥青混凝土的性质及其状态逐渐发生变化,这些变化过程大多是不可逆转的。沥青是决定沥青混凝土老化的主要组分,而氧则是改变沥青性质的主要因素。当沥青发生氧化聚合作用时,矿料起着催化的作用,从而增加了高分子化合物的数量。

沥青对矿料颗粒表面的吸附力是其老化过程中的重要因素。当使用多孔矿质材料时,沥青不仅能对颗粒的外表面还能对其内表面产生吸附作用。沥青的老化和其他过程一样,将引起其结构的改变,而结构的改变则是以其化学性质的变化为基础的。由于沥青混凝土是一种团体颗粒被液相所分割的混凝土结构,所以在荷载长期作用下,颗粒之间产生的相互位移和摩擦,使沥青混凝土的矿质部分发生分解(碎裂)。这就是沥青混凝土的第二种老化现象。石料组分在汽车荷载作用下发生的碎裂将导致路面的弯沉变形。每发生一次弯沉变形,路面结构层中就产生一次粒状材料的相互位移,使颗粒产生相互磨损,颗粒尺寸变小则发生松散和崩裂。由于石料的分解而使路面强度降低即被认为材料出现了疲劳现象。

沥青混凝土路面的破坏过程表现为其内部的磨损,这是路面结构中石料骨架逐渐碎裂的结果。在路面交付使用后的最初2~3年内,石料骨架的碎裂并不会降低沥青混凝土的强度特性,这是因为,在此期间内,内部磨损形成的石屑将同路面结构中某些多余的结合料互相结合的缘故。

剪应力也和压应力一样,会使石料骨架逐渐碎裂。因为,当其颗粒相互移动时,在颗粒接触的各点将产生剪应力。

如果沥青混凝土内部存在多余的孔隙,矿料部分就会发生碎裂现象,因为水可以透入沥青混凝土的内部,造成它的破坏。在沥青混凝土骨架发生碎裂时,机械荷载起了主要作用。当有车辆通过时,沥青混凝土的矿质颗粒将承受动力荷载,此时接触应力可能大大超过这种材料的强度极限,造成路面的破坏。

车辆荷载作用下,矿质颗粒将产生位移,在矿质颗粒的接触部位产生摩擦力,造成颗粒表面的破坏,形成细粒组分。

沥青混凝土矿料的碎裂过程中,材料的内摩擦角随之减小,抗剪强度下降。矿质混合料级配组分的分解导致矿料的骨架性发生变化,骨架性首先影响到沥青混凝土的剪切稳定性,因为剪力主要是由骨架来承受的,调整砂的粒级可以改变混合料的级配组成。

沥青混凝土矿料组分的分解程度与沥青混凝土的结构和矿料组分的强度特性有关。在 1.18~0.6 mm、0.6~0.3 mm、0.15~0.074 mm 粒级范围内,矿料的分解程度最严重。在车辆荷载作用下,在上述粒级范围内产生的接触应力将超过材料的强度极限,最后导致其破坏。

对于旧沥青混凝土,首先是它的形变能力下降,特别是当温度在 0 ℃以下时尤为显著。而剪切稳定性、沥青的黏度、沥青混凝土的强度等性质则提高了。这是因为随着时间的推移,沥青混凝土在大气和运输因素的影响下发生变化,结果使 20 ℃和 60 ℃时的强度指标增加,饱水性降低,弹性减小,脆性提高。沥青混凝土强度的提高是由于沥青黏度逐步增加和沥青与矿料颗粒表面的黏结力逐步增大而造成的,而沥青与矿料表面黏结力的增大则是沥青吸附能力增大的结果。

饱水性降低是由于沥青混凝土路面在交付使用的最初几年内密实度逐渐提高。这种现象与矿料颗粒和磨耗产物在车辆荷载作用下的重新分布有关,水稳性系数则基本保持不变。

旧沥青混凝土路面的塑性是逐步下降的。当沥青混凝土失去必要的塑性后会发生显著变化,在其内部产生较大的拉应力,形成裂缝。这样,沥青混凝土的老化主要是降低了它的形变能力。这是因为:

①沥青混凝土组分中的沥青性质,将在气候因素作用下的热氧化分解过程中逐渐发生变化。在沥青同石料的接触部位,这一过程进行得更加迅速。

②在车辆荷载作用下,除沥青性质发生变化外,沥青混凝土的矿料组分也将发生分解,其分解程度与矿料的级配组成有关。矿料的分解程度具有随时间而衰减的性质,这是因为矿料颗粒之间的接触面逐渐增加,接触应力逐渐减小的缘故。

③因为沥青混凝土的结构变化主要与沥青的性质变化有关,所以可以确定,沥青混凝土的老化过程也和沥青一样,可分为三个阶段:沥青混凝土所有强度指标提高过程,这是沥青混凝土中凝胶结构逐渐形成的阶段;上述过程继续在沥青中形成很多刚性的空间结构——最高强度结构阶段;沥青中油分含量减少,弹性减小,脆性提高——强度下降阶段。

随沥青的老化,沥青的内聚力、黏附性和塑性下降,沥青混凝土的形变能力也下降,导致路面在低温下发生破坏。

7.2 沥青再生机理与方法

7.2.1 沥青的老化与再生

沥青在运输、施工和沥青路面使用过程中,由于各种自然因素和人为的反复加热作用而逐渐老化。老化的结果,沥青组分发生移行,胶体结构改变,沥青的流变性质也随之发生变化。而沥青混合料的结构变化主要与沥青的性质变化有关,所以沥青混合料的老化过程也和沥青一样,开始表现为沥青混合料黏结强度提高,随后因沥青中油分含量减少,柔性和弹性下降,混合料脆性提高,使其强度产生下降。因此,随沥青的老化,沥青的内聚力、黏附性和塑性下降,沥青混合料的形变能力降低,最后导致路面在低温下发生脆裂破坏。沥青材料随着老化时间的延长,老化加深,黏度增大,反映沥青流变性质的复合流动度降低,沥青的非牛顿性质更显著。

沥青老化的结果,使沥青组分发生转移,胶体结构发生改变,沥青的流变性质也随之发生变化。沥青材料随着使用时间的延长,老化加深,黏度增大,反映沥青流变性质的复合流动度降低,沥青的非牛顿性质更为显著。为了适时改善旧沥青混合料的使用性能,进行旧沥青混合料的再生具有非常重要的意义。

根据再生方式和拌和地点不同,可将之分为:现场冷再生、现场热再生、工厂热再生等三种再生模式。具体使用何种再生方式,应根据旧路面的实际情况、新路面应达到的要求以及实际的施工能力等因素综合确定。

旧沥青路面的再生,关键在于沥青的再生。从理论上来说,沥青的再生是沥青老化的逆过程。分析沥青材料在老化过程中流变行为的变化规律,给我们以启迪:当使旧沥青材料的流变行为反向逆转,使之回复到适当的流变状态,那么,旧沥青的性能也将恢复而获得再生。因此,从流变学的观点来看,旧沥青再生的方法可以归结为以下两点:

①将旧沥青的黏度调节到所需要的黏度范围以内。

②将旧沥青的复合流动度予以提高,使旧沥青重新获得良好的流变性质。

沥青材料是由油分、胶质、沥青质等几种组分组成的混合物。不仅如此,就沥青的某一组分,如油分,它也并非是单体,而是由相对分子质量大小不等的碳氢化合物所组成的混合物。在石油工业中,根据沥青是混合物的原理,将几种不同组分进行调配,可得到性质各异的调和沥青;或者将某种组分,如富芳香分油与某种高黏度的沥青相调配;或者将某种低黏度的软沥青与高黏度的沥青相调配,都可以获得不同性质的新沥青材料。用这种方法所生产的沥青称为调合沥青。

旧沥青的再生,就是根据生产调合沥青的原理,在旧沥青中,或者加入某种组分的低黏度油料(即再生剂);或者加入适当稠度的沥青材料,经过调配,使调配后的再生沥青具有适当的黏度和所需要的路用性质,以满足筑路的要求。这一过程就是沥青再生的过程,所以,再生沥青实际上也是一种调合沥青。当然,旧沥青与再生剂、新沥青的混合是在伴随有砂石料存在的条件下进行的,远不及石油工业中生产调合沥青调配得那么好。尽管如此,两者的理论基础却是相同的。

石油工业中,生产调合沥青是根据油料的化学组分配伍条件进行生产的,工艺比较复杂。进行旧沥青再生,则不可能通过调节组分的方式来控制再生沥青的性能。对于再生沥青性能的控制,是通过黏度的调节以及测试再生沥青相应的物理量来实现的。

7.2.2　现场冷再生

沥青路面现场冷再生是利用旧沥青路面材料以及部分基层材料进行现场破碎加工,并根据新拌混合料的级配需要加入一定的新集料,同时加入一定剂量的添加剂和适量的水,根据基层材料的试验方法确定出最佳的添加剂用量和含水量,从而得到混合料现场配合比,在自然的环境温度下连续完成材料的铣刨、破碎、添加、拌和、摊铺以及压实成型,重新形成结构层的一种工艺过程。

该再生过程可以用来修补各种类型的路面破损;改善原有路面的几何形状和横断面坡度;可通过基层承载力的提高,提高路面等级;实现面层、基层同时破碎,保证结构的整体性,对旧路基的影响小,破坏少;铣刨、破碎、调加、拌和、摊铺、压实可一次完成,不存在旧路材料的运输或废弃,大大提高生产效率,缩短施工工期,降低工程造价;不受特殊气候条件的影响以延长施工季节,而且现场不需加热沥青,节省能源,减少环境污染,实现环保要求;充分利用旧路材料,大大减少新料用量,节约资源。

现场冷再生的主要原理是:将铣刨、破碎的沥青路面材料作为基层中的骨料重新利用,与添加剂(如水泥、石灰等)加水充分拌和后,产生一系列的物理、化学反应,如水泥的水化后与破碎旧路面材料发生作用、石灰加入后产生离子交换作用或 $Ca(OH)_2$ 的结晶作用,使混合料的强度不断增强、刚度和稳定性不断提高,经过进一步的碾压成型、养生后形成水泥类、二灰类等与半刚性基层性质类似的基层材料。其中添加剂的主要作用是对旧混合料起黏结作用,有时又称为黏结剂,黏结剂除了水泥、石灰外,还可采用乳化沥青、泡沫沥青等,这几种黏结剂可以单独使用,也可以复合使用,具体剂量应通过试验确定。

不过现场冷再生的混合料质量难以达到面层质量要求,一般只能用于基层,在国外多用于乡村道路的现场翻修。对于高速公路原有优质旧沥青混合料仅用于再生基层的骨料,其利用率比较低,不直采用现场冷再生。当原有公路等级比较低,可通过旧路面材料现场冷再生提高基层质量进行路面升级,此时可充分发挥其使用效率。通常现场冷再生可以用来修复原有路面的车辙、养护时的坑槽以及荷载裂缝等病害。因工序简单、施工周期短,可以用于交通比较繁忙的路段。该再生方式对施工环境条件依赖性小,可以适应各种施工季节。

7.2.3　现场热再生

现场热再生是采用特殊的加热装置在短时间内将沥青路面加热至施工温度,然后利用一定的工具将面层铣刨一定深度(通常为25 mm左右),再根据混合料的性能要求掺配新集料、再生剂、新沥青等材料,充分搅拌后进行摊铺碾压成型的一整套工艺流程。

现场热再生可以对原路面已经破损、剥落的集料重新拌和,确保沥青的裹覆质量,使已经老化变脆的沥青路面重新"焕发青春",提高沥青混合料的使用质量,改善路面抗滑、平整等使用性能;同常规的常温修补相比,现场热再生只需进行热软化、补充新料、混合整平并碾压成型。其施工工艺并不复杂,而常温修补还需要空气压缩机、挖切机具、装载新混合料和废旧料的车辆等配套设备,设备投资大,因而采用现场热再生可以减少工程设备投资、减少施工人员和路面施工封闭区域,确保交通畅通;因现场热再生使新旧料形成一个整体,没有明显的接缝,结合强度高,平整度好,可以实现废物利用,减少油耗,尽量减少材料的运输量,大大降低维修成本,有人分析表明,采用现场热再生与传统路面维修技术相比,可节约成本 20% ~ 50% 。

现场热再生的关键在于沥青的再生。再生沥青实际上也是一种调和沥青。

在旧沥青中添加再生剂、新沥青所调配成的再生沥青,其黏度可按下式计算

$$\lg \eta_R = x^\alpha \lg \eta_b + (1-x)^\alpha \lg \eta_0 \tag{7.1}$$

式中,η_R 为再生沥青的黏度,Pa·s;η_b 为再生剂或新沥青材料的黏度,Pa·s;η_0 为旧油的黏度,Pa·s;x 为再生剂或新沥青材料的掺配比例,以小数计;α 为黏度偏离指数,低黏度油料(再生剂)$\alpha = 1.20$,黏稠沥青 $\alpha = 1.02$,液体沥青 $\alpha = 1.05$。

由于沥青的针入度与黏度有一定关系,故再生沥青的针入度与旧油、新沥青的针入度之间有如下关系

$$\lg P_R = x^\alpha (\lg P_b - A) + (1-x)^\alpha (\lg P_0 - A) + A \tag{7.2}$$

式中,P_R 为再生沥青的针入度,0.1 mm;P_b 为新沥青针入度,0.1 mm;P_0 为旧油的针入度,0.1 mm;x 为新沥青材料的掺配比例,以小数计;A 为常数,$A = 4.6569$。

通过添加再生剂或新稠油沥青可使旧沥青的黏度等指标调配至预期要求,实现旧沥青的再生目的,这也是旧沥青路面热再生的基本原理。

现场热再生尽管可用旧沥青层的全部材料,但加上新骨料后,可能会改变原路面标高,如果路面纵断面要求限制较严时,其使用受限。另外再生后混合料质量很难完全达到高速公路的面层要求,因此现场热再生主要用于路基完好,路面破损深度小于 6 cm 的情况,并要求原沥青材料经过再生后可以恢复其原有的性能和寿命。通常现场热再生主要用于修复表面产生的波浪、纵向开裂、表面车辙等情况,适用于快速修补路表严重破损和交通比较繁忙的路段及要求交通中断不太久的情况。

7.2.4 工厂热再生

工厂热再生是将旧路面翻松后,就地打碎后运到再生处理厂或运到厂内再打碎,利用一种可以添加旧沥青混合料的沥青混凝土搅拌设备,根据路面不同层次的质量要求,进行配合比设计,确定旧混合料的添加比例,并加入新骨料、稳定处理材料或再生剂等,得到满足路面性能要求的新的沥青混合料。

工厂热再生可将原有路面材料直接回收工厂化处理后重新铺筑,可以适用于所有的路面病害,而且可以确保再生混合料的质量,保证路面铺筑质量,使路面各方面性能,如平整度、抗滑性等与普通热拌沥青混合料类似或接近,可适用于高等级公路使用性能的修复。其再生原理与现场热再生基本相似,主要通过添加再生剂使旧沥青性能得以恢复。

7.3 沥青再生剂

再生剂的一般定义是:用以改善结合料的物理化学性质而添加于沥青之中的材料或

具有能改善已老化的沥青物理性能的碳氢化合物。再生沥青路面混合料的生产过程中使用再生剂的目的是:

①恢复再生沥青的性质,使混合料在施工中和施工后具有适宜的黏度。

②从耐久性角度考虑,恢复再生沥青材料应有的化学性能。

③用以提供混合料所需的结合料。

7.3.1　再生剂的作用与种类

沥青路面经过长期老化后,当其中所含旧沥青的黏度高于 10^6 Pa·s,或者其针入度低于 40(0.1 mm)时,就应该考虑使用低黏度的油料作再生剂。

对于热再生,再生剂的作用十分重要。再生剂的作用主要有以下几点。

①调节旧沥青的黏度,使其过高的黏度降低,达到沥青混合料所需的沥青黏度;在工艺上使过于脆硬的旧沥青混合料软化,以便在机械和热的作用下充分分散,和新沥青、新集料均匀混合。

②渗入旧料中与旧沥青充分交融,使在老化过程中凝聚起来的沥青质重新溶解分散,调节沥青的胶体结构,从而达到改善沥青流变性质的目的。

③提供足够的新的结合料以满足配合比设计的要求,起到一定的新沥青的作用。

常用再生剂主要有棉酚树脂,石油油分精馏萃取物。可以用作再生剂的低黏度油料,主要是一些石油系的矿物油,如精制润滑油时的抽出油、润滑油、机油以及重油等。有些植物油也可以用作为再生剂。在工程中可以利用上述各种油料的废料,以节省工程投资。

7.3.2　再生剂的技术要求

使用再生剂是使旧沥青混凝土恢复其塑性的途径之一。从化学角度讲,沥青再生是老化的逆过程,可以采用再生剂调节沥青(旧油)的化学组分使其达到平衡(图7.1)。图7.1采用的是五组分分析法,其中,P 为链烷分,N 为氨基(氮基),A_1 为第一酸性分,A_2 为第二酸性分,As 为沥青质。

从组分调节角度出发,必须遵循以下原则,才能使老化的沥青(旧油)恢复(或超过)原来的性能:

①沥青中饱和分的含量必须保持在适当的范围内(根据沥青性质而异,通常约为10% ~18% 最佳)。

②沥青的组成参数在适当的范围内(通常在0.4~1.2 之间,高黏度沥青比值可达1.5)。

③沥青的胶溶剂与胶凝剂的比值通常最小应在 1.5 以上。

④沥青质的含量与软沥青质的含量应保持一定的比值。

由于再生剂是在施工前或在施工拌和中喷洒到旧料中去的,目的是调整旧料的性能,因此必须满足以下的技术要求。

①再生剂必须具有较强的亲和力与渗透能力,应根据旧料硬化的程度选用适当黏度的再生剂。若再生剂过于黏稠,则缺乏渗透性;反之,则会在热拌时迅速挥发,失去效用。通常,再生剂的 25 ℃黏度最好在 0.1 ~20 Pa·s 范围内。

②再生剂必须具有良好的流变性质。

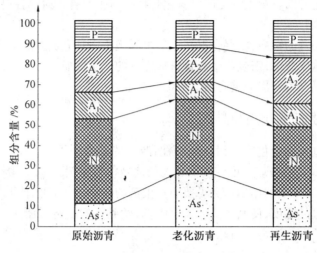

图 7.1　老化沥青化学组分的调节

③再生剂必须具有溶解和分散沥青质的能力,旧沥青中沥青质的含量越高,要求再生剂溶解和分散的能力也越高。芳香分具有溶解和分散沥青质的能力,而饱和分则相反,它是沥青质的促凝剂。因此,再生剂中芳香分含量多少是衡量再生剂质量的重要技术指标之一。

美国 Davidson 等人按罗斯特勒的五组分分析法提出再生剂应具有足够的氮基馏分,以抵抗沥青质的凝聚作用,要求限制饱和分的含量,氮基/饱和分应在 1.0 以上,而极性馏分/(饱和分+芳香分)应在 0.4 以下。Dunning 则提出,再生剂的芳香分含量应大于 60%。

④对于热拌再生来说,施工中要承受高温作用,如果再生剂耐热性不好会影响再生效果。同时,再生剂沥青混合料铺筑在路面上,还将受到大气自然因素的作用,故再生剂必须具有一定的耐热性和耐候性。在室内可以根据薄膜烘箱试验前后黏度比来进行控制。

旧沥青混凝土的再生剂应很好地与沥青相溶合,并具有较小的挥发性和足够的时间稳定性。用再生剂再生沥青混凝土的工艺过程应简单易行,而再生剂本身则应该价格低廉,货源充足;再生剂在使用过程中还应对人体无害。

由于旧沥青中所含的沥青质数量不同,为达到同样的再生效果所需再生剂芳香分含量也不同。具体采用何种再生剂,应根据再生效果而定。所谓再生效果,是指旧沥青添加再生剂后恢复原沥青性能的能力,最敏感的就是沥青延度恢复的程度,故再生效果以再生沥青的延度与原沥青延度的比 K 表示。

例如,回收沥青的沥青质含量为 10%,为获得 95% 以上的再生效果,则由图 7.2 查得再生剂芳香分的含量至少应达到 10% 以上。为检验再生剂的再生效果,在室内用重交通道路沥青加热老化,使其针入度降低至 12(0.1 mm),然后用富芳香分糠醛抽出油进行调合,使针入度恢复 100(0.1 mm),结果测得再生沥青的延度达 105 cm。再生沥青的延度不能完全恢复,是因为再生沥青中含有滤纸过滤不掉的细矿粉,影响沥青正常地拉伸。

表面张力不同的再生剂,对旧沥青的再生效果是不同的,故表面张力也可以作为评价再生剂质量的技术指标。再生效果与再生剂表面张力和旧油沥青质含量三者之间的关系如图7.3所示。

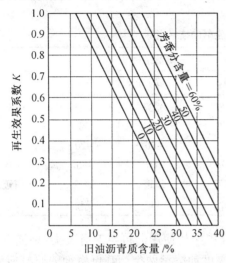
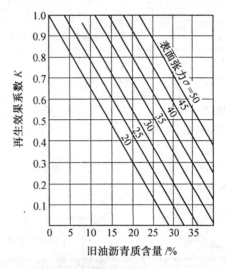

图7.2　再生剂芳香分含量与再生效果的关系　　图7.3　再生剂表面张力与再生效果的关系

综上所述,再生剂适当的黏度、良好的流变性质、富含芳香分以及良好的耐候性,是再生剂质量的主要技术指标。

7.3.3　再生剂质量技术标准

目前,国内外都很重视再生剂的开发研究,再生剂的品种也非常之多。现将国内外再生剂的情况简述如下。

关于再生剂国内各省多因地制宜,根据省内材料来源和成本的实际出发,并考虑到掺和难易程度、旧油类别等因素,开发出适合本省的再生剂。国内目前还没有统一再生剂技术标准。根据现有的研究成果提出再生剂质量技术标准列见表7.1。表7.1中关于芳香分含量和表面张力的建议值是按旧油所含的沥青质小于或等于15%而提出的。表7.2是几种再生剂质量指标的实测值。

表7.1　再生剂推荐技术指标

技术指标	黏度(25 ℃)/(Pa·s)	复合流动度(25 ℃)	芳香分含量/%	表面张力比(25 ℃)/(10^{-3}N·m^{-1})	薄膜烘箱试验黏度比($\eta_后/\eta_前$)
建议值	0.01~20	>0.90	>30	>36	<3

表7.2　几种再生剂质量指标测试值

再生剂	黏度(25 ℃)/(Pa·s)	复合流动度(25 ℃)	芳香分含量/%	表面张力比(25 ℃)/(10^{-3}N·m^{-1})	薄膜烘箱试验黏度比($\eta_后/\eta_前$)
糠醛油	17.3	1.048	46.6	49	<3
润滑油	0.248	1.044	10.2	35	<3
机油	0.037	1.100	7.5	32	<3
玉米油	0.030	1.092	3.2	34	<3

上海市政工程研究所曾研制出五种再生剂,在华东地区使用较广泛,其质量指标见表7.3。

表7.3　几种常用再生剂的技术指标

项　目	质量指标				
	A_1	A_2	A_3	A_4	A_5
相对密度	0.837	0.84	0.87	0.88	0.86
塞氏黏度(25 ℃)/($m^2 \cdot s^{-1}$)	10.8	14	45	60	15
凝点/℃	−5	−7	−10	−20	−6
闪点/℃	103	108	180	185	110
水分/%	痕迹	痕迹	痕迹	痕迹	痕迹
与酸、碱性集料黏结性	好	好	好	好	好

云南省公路科研所近几年在再生技术研究中广泛使用的再生剂有两类:稀油型(如渣油、油−200 号)及轻柴油加机械油配制的低黏度油溶型两类。其再生剂的原材料和配合比例(质量比)见表7.4。

表7.4　再生剂的原材料和配合比

A_1	0 号轻柴油60%	30 号机械油40%
A_2	0 号轻柴油60%	15 号汽油机润滑油40%

国外目前的再生剂品种很多,而且美国、日本、德国、俄罗斯等国家都有本国的技术标准。美国较常用的几种再生剂见表7.5。

表7.5　美国较常用的几种再生剂

厂商	Ashland petroleum Co.	Kpppers Co.	Inc Soumderdpetroleum Co.	Sell oil Co.	Union oil Co.	Numerous Company
再生剂名称	Slurry oil	Chevron X109	Dutrex /Reclamite	One−component system	Cutback Asphalt	Soft Asphalt Cement

第13届太平洋沿岸沥青规范会议制订的热拌再生混合料再生剂建议规范见表7.6;美国威特科公司再生剂质量标准见表7.7;前苏联再生剂质量标准见表7.8。由此看出,再生剂的要求主要在于其化学组成、黏度、耐老化性能等方面。

表7.6　第13届太平洋沿岸沥青规范会议热拌再生混合料再生剂建议规范

技术指标	ASTM 试验方法	RA5	RA25	RA75	RA250	RA500
黏度(140 ℉)/(Pa·s)	D2170 或 D2171	0.2～0.8	1.0～4.0	5.0～10.0	15.0～35.0	40.0～60.0
闪点/℉	D92	>400	>425	>450	>450	>450
饱和分/%		<30	<30	<30	<30	<30
回转薄膜烘箱残渣	D2872					
黏度比/%		<3	<3	<3	<3	<3
质量变化/%		<4	<4	<4	<4	<4
相对密度	D70 或 D1298	实测值				

注:$t/℃ = \dfrac{5}{9}(t/℉ - 32)$。

表7.7 美国威特科公司再生剂质量标准

技术指标	目的	试验方法	L	M	H
黏度(60 ℃)/(Pa·s)	调剂再生混合料中沥青的黏度	ASTM D2174-071	0.08~0.5	1~4	5~10
闪点/℃	操作时注意	ASTM D92-72	>177	>177	>177
挥发性					
初期沸点/℃	防止由于挥发而引起硬化和污		>149	>149	>149
2%	染空气	ASTM D160-61	>191	>191	>191
5%			>210	>210	>210
黏附性(N/P)	防止离析	ASTM D2006-70	>0.5	>0.5	>0.5
极性馏分/(饱和分+芳香分)	再生沥青的耐久性	ASTM 2006-70	0.2~1.2	0.2~1.2	0.2~1.2
密度	用于计算	ASTM D70-72	实测值		

注:适宜的抽吸温度:L=46 ℃,M=88 ℃,H=93 ℃。

表7.8 前苏联再生剂质量标准

技术指标	化学成分			黏度 $(C_{60,5})/s$	加热损失(160 ℃,5 h)/%	闪点/℃
	链烃-环烷烃/%	芳香烃/%	树脂/%			
蒸馏萃取物	7~10	85~90	5~7	5	0.13	>190
残留萃取物	12~17	75~85	5~8	13	0.44	>200

日本再生剂质量标准见表7.9,与前面几个标准相比,日本提出的依据有所不同,主要考虑了以下因素:

①为保证人体安全,再生剂应不含有毒物质。

②在考虑施工性能和旧料物理性能恢复的基础上确定60 ℃黏度。

③从施工安全考虑,要求再生剂有足够高的闪点。

④为保证再生路面的耐久性,规定了再生剂薄膜烘箱试验后的黏度比和质量损失。

不过日本对于再生剂的化学组成并没有提出具体要求,而再生剂的组成对旧混合料的再生效果至关重要,这也是日本标准的不足之处。

表7.9 日本再生剂质量标准

项 目	试验方法	质 量
黏度/(Pa·s)	JIS K2283	80~1000
闪点/℃	JIS K2265	230 以上
薄膜烘箱试验后黏度比(60 ℃)	JIS K2283	2 以下
薄膜烘箱试验后/%	JIS K2207	±3 以内
相对密度	JIS K2249	实测
组分分析		实测

表7.10对原沥青混凝土、旧沥青混凝土和再生沥青混凝土的各项指标进行了比较。混凝土抵抗剪切的能力用50 ℃时的剪切稳定性指标加以评定,此时极限允许剪应力具有最小值。

表 7.10　原有、老化、再生沥青混凝土指标比较

指标		体积保水率/%	体积膨胀率/%	在下列温度时的抗压强度极限/MPa			水稳性系数	长期保水状态下的水稳性系数
				20 ℃	50 ℃	0 ℃		
沥青混凝土	原有的	2.50	0.65	66	22	78	1.10	0.90
	老化的	1.90	0.17	72	22	87	1.05	0.89
再生的	用残留萃取物再生剂	1.32	0	40	11	75	0.96	0.84
	用精馏萃取物再生剂	1.36	0	38	11	69	0.90	0.88
标准要求		1.5～3.5	≤0.50	≥24	≥10	≥120	≥0.90	≥0.50

　　旧沥青混凝土的剪切稳定性指标略高于原来混凝土的标准,加入再生剂可使这些性质略有下降,但此时剪应力的绝对值则与原始材料的类似指标相差无几(表 7.11)。

表 7.11　抗剪强度变化表

沥青混凝土	下列垂直荷载(MPa)下的抗剪强度/MPa		
	0	0.2	0.5
原有沥青混凝土	1.35	3.35	6.05
旧的沥青混凝土	1.65	3.40	6.20
残留萃取物再生	1.30	3.05	5.75
精馏萃取物再生	1.35	3.00	5.50

　　再生剂不仅可以恢复沥青混凝土的形变能力,与原来的指标相比,还可以大大改善这一指标。再生剂能改善旧沥青混凝土的形变能力,是因为它改变了沥青的胶体结构。沥青组分中的固体沥青质和树脂均被表面塑化。芳香烃组分包含在原油油分精馏萃取物中,它是沥青质的良好溶剂。对旧沥青混凝土进行热处理过程中,沥青逐渐被软化并从石料表面流开,其表面上的沥青膜越来越薄,从而形成了一定数量的自由体沥青。为了保持沥青混凝土的性质,必须在加热的沥青混凝土混合料中添加一定数量的矿质材料,如砂、碎石以及少量的矿粉。

7.4　沥青混合料再生工艺

　　再生沥青路面施工,是将废旧路面材料经过适当加工处理,使之恢复路用性能,重新铺筑成沥青路面的过程。施工工艺水平的高低和施工质量的好坏,对再生路面的使用品质有很大影响,故施工是最重要的环节。

　　一些欧美国家,再生沥青路面施工基本上都已实现了机械化,有的国家甚至已向全能型再生机械设备发展。由于机械设备条件的优越,再生路面的施工可以根据需要而采取各种不同的工艺和方法。如有应用红外线加热器将路面表层几厘米深度范围内加热,然后用翻松机翻松,重新整平压实的"表面再生法";有用翻松破碎机将旧路面翻松破碎,添加新沥青材料和砂石材料,再经拌和压实的"路拌再生法";有将旧路面材料运至沥青拌

和厂,重新拌制成沥青混合料,再运至现场摊铺压实的"集中厂拌法"。

现在我国大多数地区尚缺乏大型的专用再生机械设备,近几年,有的单位研制了路面铣刨机、旧料破碎筛分机;有的单位设计安装了结构较为完善的再生沥青混合料拌和机械、再生机;还有的单位从国外引进全电脑控制的现代化再生沥青混合料拌和设备。再生沥青路面施工工艺水平正在逐步提高。

7.4.1 旧料的回收与加工

1.旧路的翻挖

用于再生的旧料不能混入过多的非沥青混合料材料,故在翻挖和装运时应尽量排除杂物。翻挖面层的机械一般有刨路机、冷铣切机、风镐及在挖掘机上的液压钳,也有的是人工挖掘。路面翻挖是一项费工费时且必不可少的工序。

2.旧料破碎与筛分

再生沥青混合料用的旧料粒径不能过大,否则再生剂掺入旧料内部较困难,影响混合料的再生效果。一般来说,轧碎的旧料粒径一般小于 25 mm,最大不超过 35 mm。破碎方法有人工破碎、机械破碎和加热分解等。目前使用的破碎机械有锤击式破碎机、颚式破碎机、滚筒式碎石机和二级破碎筛分机等。加热分解的方法有间接加热法(即混合料置于钢板上,在钢板下加热)、蒸汽加热分解和热水分解等。也有的单位将旧料铺放在地坪上,用履带拖拉机、三轮压路机碾碎,然后筛分备用。国外曾采用格栅式压路机破碎旧料,其压路机钢轮表面不是光面,而是做成格栅式,有助于减少旧料被压碎的可能。

7.4.2 旧沥青混凝土质量要求

再生沥青混凝土应满足行业标准对路用沥青混凝土混合料的要求。对各种沥青混凝土提出的要求,不应低于额定指标。额定指标首先应根据采用该指标道路结构的用途和特点以及汽车的行驶条件来确定。修建路面基层和底基层的再生沥青混凝土,应符合下列标准:剩余孔隙率不大于 10% ;饱水率不大于 8% ;膨胀率不大于 1.5% 。

再生沥青混凝土的外观应该均匀一致,没有未被沥青裹覆的白色颗粒和黏块。用作矿质添加剂的有火成岩、变质岩和沉积岩碎石,以及砂料。

再生剂平均用量视混合料和再生剂的种类可占结合料质量的 10% 。

为了制备再生混合料应选用不含其他杂质矿料的块状旧沥青混凝土。砂和亚砂土混合物的允许含量不大于 3% ,而黏土含量则不能超过 0.5% (质量比)。因为在旧沥青混凝土中所含的沥青性质由于老化而逐渐变差,应合理地掺入一定数量的新沥青,作为旧沥青的稀释剂。

为了提高混合料的均匀性和便于检查其质量,建议把不同类型的旧沥青混凝土按细粒、中粒、粗粒或砂沥青混凝土分开储存,分别加工。

确定再生沥青混凝土混合料的质量,决定于对旧沥青混凝土的加工工艺过程的控制,其中包括对温度状态和拌和时间的控制。拌和的均匀性用取样试验的方法加以控制。

对被加工的混合料进行试验时,必须确定下列各项指标:60 ℃ ,20 ℃ 和 0 ℃ 时的抗压强度极限、20 ℃ 时的饱水抗压强度极限;水稳性系数;剩余孔隙率;饱水率、长期饱水率、容重;长期水稳性系数。

7.4.3　再生沥青混合料的制备

1. 配料

旧料、新集料、新沥青及再生剂(如有需要)的配置方法视再生混合料的拌和方式不同而异。人工配料拌和的方法较为简单,这里不予介绍。采用机械配料拌和再生混合料,按拌和方式分为连续式和间歇分拌式两种。连续式是将旧料、新料由传送带连续不断地送入拌和筒内,在与沥青材料混合后连续地出料。间歇分拌式是将旧料、新料、新沥青经过称量后投入拌和缸内拌和成混合料。

2. 掺加再生剂

再生剂的添加方式有:

①在拌和前将再生剂喷洒在旧料上,拌和均匀,静置数小时至一两天,使再生剂渗入旧料中,将旧料软化。静置时间的长短,视旧料老化的程度和气温高低而定。

②在拌和混合料时,将再生剂喷入旧料中。先将旧料加热至 70 ~ 100 ℃,然后将再生剂边喷洒在旧料上边加以拌和。接着将预先加热过的新料和旧料拌和,再加入新沥青材料,拌和至均匀。这种掺入方式由于再生剂先与热态的旧料混合,便于使用黏度较大的再生剂。因简化了施工工序,所以大多都采用这种掺加方式。

3. 再生混合料的拌和

总的说来,拌和工艺按拌和机械来分主要有滚筒式拌和机和间歇式拌和机两大类。现在欧美国家滚筒式拌和机已成为拌和再生混合料的最主要设备。美国目前约 90% 的拌和厂采用这种设备。其拌和过程是将旧料和新集料的干燥加热及添加沥青材料拌和两道工序同时在滚筒内进行。

用间歇分拌式拌和机拌和,与一般生产全新沥青混合料工艺相比较,其不同之处在于新集料经过干燥筒加热后分批投入拌缸内,而旧料却不经过干燥筒加热,就按规定配合比直接加入拌和缸。在拌缸内,旧料和新集料发生热交换,然后加入沥青材料或再生剂,继续拌和直至均匀后出料。该工艺的生产率和旧料掺配率都较低(一般在 20% ~ 30% 范围内),其主要症结在于旧料未加热,温度太低。为此,有些单位采取将旧料预热的措施,其方式也因设备而异。

由于拌和工艺对整个再生路面的质量影响最大,所以各国都十分重视工艺的改进和拌和机械的研制。

7.4.4　再生混合料的摊铺与压实

由于再生混合料摊铺前与普通沥青混合料的性能已基本相同,所以其摊铺与压实的过程与普通沥青混合料基本一致。要注意的是,在翻挖掉旧料的路面上摊铺混合料前,更应注意基层表面的修整处理工作。

沥青路面再生施工工艺,如果以施工时材料的温度来分,可分为热法施工和冷法施工。以上所说的就是热法再生工艺。冷法再生与普通沥青混合料冷法施工工艺基本一致,所以这里不再赘述,但冷法再生的经验表明,旧路面材料的充分破碎是保证再生路面表面致密均匀、成型快、质量好的技术关键。总的来说,由于经济和技术的原因,目前国内外普遍使用的还是热法再生。

7.4.5　旧沥青混凝土路面的现场再生和利用

1.沥青混凝土的重复利用方法

沥青混凝土路面的大中修工程,一般是加铺新的沥青混凝土层,所采用的新工艺方法,大致有:

①冷法或热法清除被损坏的沥青混凝土面层。

②把清除下来的旧料运至中间存放地点或重复利用路段,不需要作任何辅助性加工处理。

③把被磨损的沥青混凝土破碎,并做好进一步加工处理的准备工作。

④用被磨损的沥青混凝土制备沥青混凝土混合料,或把它作为新材料的添加料使用。

⑤在路面结构层中重复利用不做任何加工处理的旧沥青混凝土材料。

⑥把旧沥青混凝土在固定式拌和设备中加工处理后再重复利用起来。

⑦在施工现场加热直接重复利用旧沥青混凝土。

图7.4列示了重复利用旧沥青混凝土的方法分类。在重复利用旧沥青混凝土新建和维修路面工程实践中,出现了一些新的术语和概念,现将其定义分述如下:

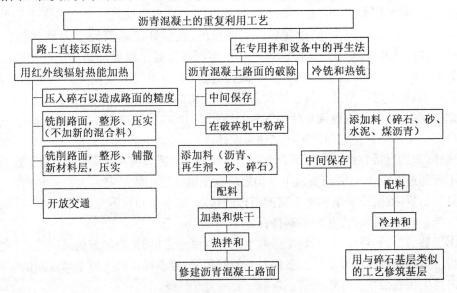

图7.4　重复利用沥青混凝土的方法分类

①再生:使原始材料还原,或恢复原始材料的初始性质。

②热整形:在加热状态下修整路面表层,其中包括对路面加热、翻松、整型和压实(不添加新材料)。

③热再生:用加热、翻松和添加新料的方法恢复路面表层的原有性质。其方法有两种:一是修筑辅助性薄层路面,一是把新材料同旧材料在专用拌和机中按照统一的工艺过程拌制成混合料,然后进行摊铺、压实。

④热法加工处理:把磨损的沥青混凝土路面破除,在专用设备中加热处理,同时添加或不加矿料、结合料或再生剂。

⑤冷法加工处理:对路面就地或运到工厂进行加工处理。采用这种加工处理方法时,需把旧料同液体沥青、乳化沥青、水泥、石灰和其他结合料进行拌和,这种拌和物可用来修筑路面基层。

在城市条件下,如果在路面大中修时不断加铺新面层,一方面使路面逐渐升高,掩盖掉建筑物基础,破坏地面排水系统;另一方面需要花费较多的资金、材料和劳力用于加高排水井,重建路缘石和人行道。

道路建筑材料,特别是有机结合料价格上涨和严重短缺情况下,仍采用加铺新沥青混凝土结构层的传统方法维修城市道路和公路有很多困难,近些年来,一批用来恢复旧沥青混凝土原有性能的机械设备被研制出来,基本特点是:在不改变旧沥青混凝土的物理力学性质情况下恢复其塑性。当只清除表面一层时,可利用路面铣刨机,这种路面铣刨机既可在加热状态,也可在常温状态下铣掉被磨损的路面层。当需要清除几层结构时,可利用混凝土捣碎机,也可利用悬挂在挖土机、推土机和起重机上的相应破除设备。

冷铣下来的旧沥青混凝土材料一般都是送往沥青混凝土工厂作再生处理。冷铣法的优点是,路面表层的潮湿水分不会降低其生产效率。

热铣采用有专门的加热设备的红外线辐射热能加热沥青混凝土。由于加热器的面积是有限的,这种局限取决于其自身的加热过程。因为路表面加热的最高温度不能使沥青过热,从而使沥青混凝土的质量变坏。实践指出,在保证路表面温度为最佳值($100 \sim 180 \, ℃$),加热器的移动长度和速度为一定时,将沥青混凝土路面加热到塑性状态的最大深度为 $4 \sim 6 \, cm$。由于混合料的种类不同,此值只是沥青混凝土面层的平均加热深度。由于热量不够,底层一般达不到塑性状态。因此,如果要加热处理深度 $4 \, cm$ 处的结构层,必须把表层去掉,然后原地恢复处治下面的结构层,在这种情况下,需把上层破除下来的旧材料运往工厂作再生处理。限制加热深度还说明,路面下的所有结构层均可继续使用。

这样,采用直接在路上恢复沥青混凝土路面的方法需要有两个条件:①加工处治层的厚度不应超过 $4 \sim 6 \, cm$;②路面以下结构层应满足继续使用的要求。

分析沥青、混凝土面层和整个路面结构的状态,需事先确定重复利用旧沥青混凝土的修理方法。有下列四种方法可供选择:

①加热、翻松和重铺法,就地加热再生沥青混凝土面层,根据给定的断面形式,在所用的旧料中可加添或不加添新料。需要考虑的问题是,要不要在再生层上加铺新的磨耗层,还是由再生层直接承受车轮荷载。

②破除和粉碎的旧沥青混凝土材料不再做其他辅助性加工处理,直接用来修建路面基层结构。

③冷铣下来的旧路面材料,同乳化沥青和再生剂添加料进行混合。

④破除和粉碎的旧沥青混凝土运到工厂再生,然后再运到工地重铺路面结构层。

上述每种方法都是可行的,但需根据具体条件加以选择。因此,在选择修理方法前,必须进行技术经济论证。

2. 路面再生沥青混凝土的加热

加热程序包括在沥青混凝土路面的修理工艺中,这是由沥青混凝土的特殊性质决定的,目的是恢复路面材料的原有性质。

根据现代物理化学理论,沥青混凝土属于凝胶结构,它具有明显的黏-塑性性质。在凝胶结构中,固体颗粒之间不直接接触,而是通过极薄的液相膜层互相联结。在沥青混凝土中,固相是矿料颗粒的总合,是结构元素。液相是沥青,起结合料的作用。在此情况下,所有骨料都沉埋在由细小的闭合式和开口式毛细孔及孔隙所构成的网络之中。沥青混凝土的最大特点是在加热过程中,它的黏度和热物理性质将不断发生变化。

路面上直接再生时,用红外线热能加热沥青混凝土。红外线的特点是具有穿透力的热辐射。由于它有这种特点,可把它作为再生沥青混凝土路时的热源使用。研究指出,用红外线辐射热能加热沥青混凝土时,热处理温度和延续时间起着决定性的作用,它们对沥青混凝土的性质有重大影响。对用红外线多次加热的沥青混凝土试件试验结果得出,若加热温度不超过 180 ℃,加热时间不超过 30 min,沥青混凝土的各种性质几乎保持不变。

给定条件下用红外线辐射热能加热沥青,不会提高其黏度值。用红外线辐射热能多次把沥青混凝土混合料加热到 160 ~ 180 ℃,沥青中轻油分的挥发并不严重,沥青混凝土物理力学性质的变化也不大。

红外线辐射源作用在路面上时,热量向沥青混凝土路面的传递条件与一系列因素有关,其中最重要的有辐射强度、受热表面的吸热能力、空气在路面基层的温度和流速、表面形式等。

在红外线辐射作用下,路表面的温度将迅速提高,且增长速度均匀,向深处逐渐衰减,结构层中的温度随之发生变化。

当沥青混凝土表面温度固定时,可把加热路面结构层的过程分为两个阶段。第一阶段的时间很短,路表面的温度迅速增长到所需要的数值,但在深度方向温度则无显著变化。在第二阶段,温度主要是沿着恢复层的深度方向发生变化。

对加热沥青混凝土有下列要求:

①沥青混凝土需加热到一定深度和一定温度,便能够把路面翻松而又不破坏碎石的整体性。这一温度与沥青标号、沥青结合料的含量等有关,一般为 80 ℃。

②沥青混凝土路表面的加热温度不应超过 180 ℃,以免把沥青烧焦。

③在路面旧材料翻松和分布以后,摊铺机处理以前,应该具有这样的平均温度,使之在材料冷却以前已结束压实工序,在保证材料可压实性的最低温度到来以前结束全部压实工作。根据沥青标号的不同,这一温度等于 70 ~ 90 ℃。

研究了温度对沥青混凝土的作用后得知,温度的分布在很大程度上与热源的作用时间有关。时间越长,温度曲线越陡,在恢复沥青混凝土路面的过程中,如果加热层的底面温度必须大于 80 ℃,而表面温度又不能超过 180 ℃ 的话,则除了总的热能消耗外,加热时间(即热的传播速度)也有重要意义。路面结构层不宜在短时间内加热到很高的温度,而要慢慢地使其升高(图 7.5)。图中曲线 9 是高温短暂作用下的温度分布情况。在此情况下,路表面的温度超过了最高限值,沥青有烧焦现象。与此同时,路面底面的材料则加热不足,其结果必将导致碎石的损坏。曲线 8 的优点是在低温长时间作用下可得到质地优良的材料。在这种情况下,热量可较深地透入到底层结构中去,这有许多好处,首先是受热层自下而上冷却得慢,可延长压实时间。

近年来,俄罗斯、日本等国家试用微波法加热沥青混凝土,其加热深度到 10 cm,而且不会使沥青混凝土加热过度。频率大于 300 MHz,小于超高频波段的特高频波叫做微波。研究认为,这种微波很适合用来制造加热仪器。微波加热器具有很高的效率和能量。材料在深度方向的加热温度用电场强度来调节,在这种情况下,可保证很高的加热速度。

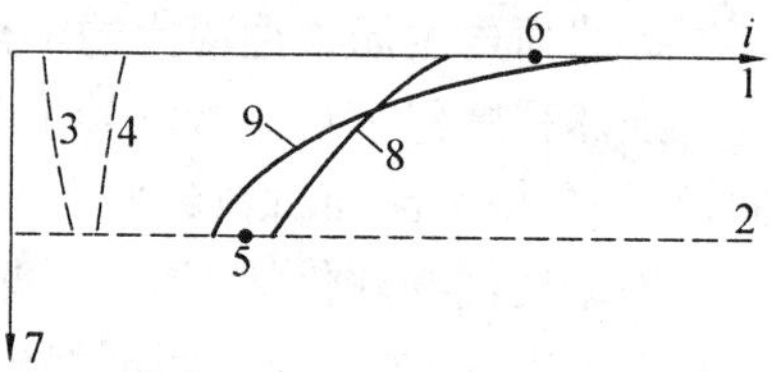

微波加热过程中沥青性质的变化情况,已经进行了许多研究工作,结果见表 7.12。

从表 7.12 中数据看到,在用微波加热沥青前后,它的性质几乎没有变化。在确定沥青混凝土内部温度分开特性时证明,在离路表面 2.5 ~ 7.7 cm 深度处的温度几乎相同,在 7.7 cm 以下深处,随着深度的增加,温度逐步下降。

因此,用这种方法修理沥青混凝土路面的合理加热深度可达到 7.7 ~ 10 cm。

图 7.5 在短暂强烈加热和长时间缓慢加热两种情况下沥青混凝土结构层内部温度沿处治深度上的分布图

1—温度;2—加热深度;3—冬季初始温度;4—夏季初始温度;5—最低温度;6—最高温度;7—初热深度;8—缓慢加热时温度分布曲线;9—强烈加热时温度分布曲线

表 7.12 微波加热过程中沥青性质的变化

加热延续时间/min	0	8	16
软化点/℃	46.3	46.5	45.9
针入度/0.1 mm	93	93	95

3. 旧沥青混凝土的现场再生法

根据不同的维修种类,可以采用不同的方法直接在路上恢复沥青混凝土路面的原有性质。

①为了恢复车行道所必需的附着系数,可采用把沥青混凝土路面上层加热,再压入少量沥青处治高强碎石的方法。为了实施上述工艺,沥青混凝土路面的上层必须有足够的厚度,保证其在各种荷载作用下的稳定性。

②为了恢复行车道的平整度及其相应的断面形状,采用的方法应包括以下主要工序:加热、翻松整形和压实。如果对原有沥青混凝土路面经过加热、翻松和整型处理后,其厚度不能满足继续使用的要求时,应立即在加热的面层上加铺新的热沥青混凝土混合料铺筑层,并把两层混合料一并压实。这些工序可用一台或两台机械完成(图 7.6),新沥青混合料用普通沥青摊铺机摊铺。

路面修复机的结构和作用原理如下。

第一道工序是用设在机器前部的红外线辐射加热器加热旧沥青混凝土路面。开始,先把旧沥青混凝土路面加热到 180 ~ 200 ℃,当机器后面的耙路机进入这段路面后,路面温度将冷却到 120 ~ 140 ℃。因为底层温度是随着相对于表面的相位移逐步增加的,在翻松的路面中间部位,其温度在 80 ~ 100 ℃ 之间。

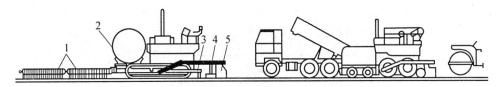

图 7.6　用两台机械再生沥青混凝土路面的图示

1—红外线辐射沥青加热机;2—丙烷储罐;3—翻松器;4—布料器;5—压实工作部件

下一道工序是把加热的路面翻起来,翻松设备放在机器行走部分的后面,尽量不使已翻松的混合料再被机器压实,否则,被压实的车辙对新铺路面上层的平整度将产生不良影响。此外,压实的沥青混凝土比疏松的导热性能好。沥青混凝土用三排类似犁的锐利切齿进行翻松。这样排列的切齿除有翻松功能外,还有拌和混合料的作用。加热到适于加工处治温度的沥青混凝土很容易被翻松。由于混合料得到了拌和,使其温度分布更趋于均匀。

旧路面的剖开深度以旧路表面磨损最严重的地方剖深不小于 10 mm 为依据。切齿未翻到的沟底材料过于密实,尽管这是碾压时所期望的,但对于路面所要达到的平整度则是不利的,这是由于底层材料的密实程度不均匀造成的。在凸起处的顶点,路面的剖开深度可达 50 mm。

切齿翻松器后面紧接着是重型布料器,它把翻松的材料在全断面上分布均匀。混合料没有发生像螺旋布料器供料时易产生离析的弊端。布料器的镘刀安装在不同高度上,可作横向移动。镘刀的移动速度及其横向搬移旧料的速度必须同机器的整个工作速度严格同步。布料器镘刀在垂直和水平方向的移动必须与沥青混凝土混合料的温度和组成,混合料的数量及其层厚等相对应。在此情况下,如果一旦需要把多余的材料堆到一旁,随时都可改用手工操作。为此只要去掉侧向挡板,代之以导向板就可以了。

把翻松的材料在横向分布均匀后,用安装在机器上的压实设备进行初步碾压。压实设备有电热熨平板,振捣器和夯实机构等。采用机上机下两套压实系统可达到最佳的压实效果。不需要加铺辅助层以补偿修复层中的材料损失,则可用自行式压路机进行最后压实。这样修成的路表面之物理力学性质与新沥青混凝土混合料铺成的没有什么差别。

图 7.7 给出了用热整形法修复沥青混凝土路面的工艺程序。

用翻松路面法恢复车行道的断面形状时没有被磨光的碎石颗粒可能被翻到路表面上来,这样就得到了一种意外的效果,即提高了路面的摩擦系数。

近年来,Martec 公司和 Artec Maruburi 的联合体为寻求就地拌和热再生工艺新技术开发,特制了一种 Martec 系列装置的样机,在加拿大几个工程中使用后现已搬至波兰某公路项目,后来,又对这台装置进行了如下的改进(其预加热器如图7.8 所示):

①加热系统不采用传统的红外线方法,而把热空气和低度红外线结合起来使用。

②所有加热和动力系统均采用柴油作为燃料。

③设有再循环的热空气系统同时可消烟。

④最终采用强制式拌和机将 RAP、添加剂和再生剂拌和。

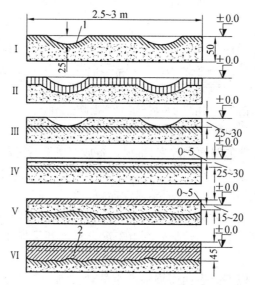

图 7.7 用热整形法修理沥青混凝土路面的工艺图示(cm)

Ⅰ—修理前的路面状态;Ⅱ—把路面加热 30 ~
40 mm 深;Ⅲ—翻松 25 ~ 30 mm 深;Ⅳ—整平加热
翻松的路表面;Ⅴ—加铺 15 ~ 20 mm 的新混合料;
Ⅵ—压实修好的路面;1—路面损坏层 30 ~ 40 mm;
2—路面修复层,厚 45 mm

图 7.8 Martec AR2000 型再生装置的预加热器

　　全部装置长达 64 m,分成四个单元和一台传统的摊铺机和压路机。操作时先有两个预热装置前后对沥青面层进行加热和软化,然后由一台带有加热器的铣刨装置继续对路面加热后按预定深度刨去软化了的老路面,最后一个单元则是热拌,如图 7.9 所示。

　　由于加热是连续的,再加上一个特殊的刀片也连续不断地搅动粉碎了的路面材料,使再生料暴露于由热空气和红外线组成的加热系统内,就能保持和控制好材料的干燥度和温度。加热后的干状再生料由一带状传送带经过料斗输入拌和机,拌和机设在热拌单元的前方。最后把再生过的混合料送至摊铺机进行常规摊铺和碾压作业。

图 7.9 Martec AR2000 型再生系列装置作业图

这种装置和工艺在造价上可比传统的铣刨后重铺工艺节省约 30% ~ 40%，另外，由于施工过程中环境空气质量不够好也是使这种工艺没有被很快推广的一个因素。应着手为红外线加热装置解决和开发一个能真空回收烟气的系统。热空气则能降低再生料的含水量，方便拌和摊铺。

参考文献

[1] 张金升,张银燕,夏小裕,等.沥青材料[M].北京:化学工业出版社,2009.

[2] 柳永行,范耀华,张昌祥.石油沥青[M].北京:石油工业出版社,1984.

[3] B·A·韦连科.路用新材料[M].王福卓,译.北京:人民交通出版社,2008.

[4] 王哲人.沥青路面工程[M].北京:人民交通出版社,2005.

[5] JACKSON N E, RAVINDRA K. Dhir. Civil Engineering Materials(Fifth Edituion)[M]. Palgrave, USA, 1996.

[6] 黄晓明,吴少鹏,赵永利.沥青与沥青混合料[M].南京:东南大学出版社,2002.

[7] 陈拴发,陈华鑫,郑木莲.沥青混合料设计与施工[M].北京:化学工业出版社,2006.

[8] 吕伟民.沥青混合料设计原理及方法[M].上海:同济大学出版社,2001.

[9] 沈金安.沥青及沥青混合料的路用性能[M].北京:人民交通出版社,2001.

[10] 中华人民共和国交通部.JTG F40—2004 公路沥青路面施工技术规范[S].北京:人民交通出版社,2004.

[11] 中华人民共和国交通部.JTG E20—2011 公路工程沥青及沥青混合料试验规程[S].北京:人民交通出版社,2011.

[12] 中华人民共和国交通部.JTG D50—2006 公路沥青路面设计规范[S].北京:人民交通出版社,2006.

[13] N·杰克逊.土木工程材料[M].卢璋,廉慧珍,译.北京:中国建筑出版社,1988.

[14] 中国石油化工总公司辽宁联络部,辽宁省标准化协会中国石化直属企业分会.石油和石油化工产品用户手册[M].北京:中国石化出版社,1997.

[15] KENNETH N. DERUCHER, GEORGE P. Korfiatis, A. Samer Ezeldin. Materials for Civil and Highway Engineerings. Englewood Cliffs[J]. Prentice Hall,1994.

[16] 杨林江,李井轩.SBS 改性沥青的生产与应用[M].北京:人民交通出版社,2001.

[17] 刘中林.高等级公路沥青混凝土路面新技术[M].北京:人民交通出版社,2002

[18] 王福川.土木工程材料[M].北京:中国建材工业出版社,2001.

[19] 虎增福.乳化沥青及稀浆封层技术[M].北京:人民交通出版社,2001.

[20] 刘尚乐.聚合物沥青及其建筑防水材料[M].北京:中国建材工业出版社,2003.

[21] 张登良.沥青路面工程手册[M].北京:人民交通出版社,2003.

[22] 殷岳川.公路沥青路面施工[M].北京:人民交通出版社,2000.

[23] 英国运输科学研究院.沥青路面道路质量评估及养护指南[M].中国路桥(集团)总公司,译.北京:人民交通出版社,2001.

[24] 于本信.怎样修好沥青混凝土路面[M].北京:人民交通出版社,2005.

［25］FRANCIS J, YOUNG ETC. Science &Technology for Civil Engineering Materials［M］. USA：Pubulishing House，2006.

［26］谭忆秋. 沥青与沥青混合料［M］. 哈尔滨：哈尔滨工业大学出版社,2007.

［27］邰连河,张家平. 新型道路建筑材料［M］. 北京：化学工业出版社,2003.

［28］严家伋. 道路建筑材料［M］. 北京：人民交通出版社,2004.

［29］梁乃性,韩林,屠书荣. 现代路面与材料［M］. 北京：人民交通出版社,2003.

［30］交通部阳离子乳化沥青课题协作组. 阳离子乳化沥青路面［M］. 北京：人民交通出版社,1999.

［31］辛德刚,王哲人,周晓龙. 高速公路路面材料与结构［M］. 北京：人民交通出版社,2002.

［32］沈金安,李福普,陈景. 高速公路沥青路面早期损坏分析与防治对策［M］. 北京：人民交通出版社,2004.

［33］沈春林,苏立荣,李芳. 建筑防水密封材料［M］. 北京：化学工业出版社,2003.

［34］徐世法. 沥青铺装层病害防治与典型实例［M］. 北京：人民交通出版社,2005.

［35］沙庆林. 多碎石沥青混凝土 SAC 系列的设计与施工［M］. 北京：人民交通出版社,2005.

［36］田奇. 混凝土搅拌楼及沥青混凝土搅拌站［M］. 北京：中国建材工业出版社,2005.

［37］J·彭奈克. 建筑密封材料［M］. 陈义章，徐昭东,译. 北京：中国建筑工业出版社,1981.

［38］C·H·波普钦科. 冷沥青防水［M］. 慕柳,译. 北京：中国建筑工业出版社,1980.

［39］沙庆林. 高速公路沥青路面早期破坏现象及预防［M］. 北京：人民交通出版社,2001.

［40］张登良. 沥青路面［M］. 北京：人民交通出版社,1998.

［41］刘立新. 沥青混合料黏弹性力学及材料学原理［M］. 北京：人民交通出版社,2006.

［42］沈金安. 国外沥青路面设计方法总汇［M］. 北京：人民交通出版社,2004.

［43］沈春林. 刚性防水及堵漏材料［M］. 北京：化学工业出版社,2004.

［44］孙德栋,彭波. 沥青路面设计与施工技术［M］. 郑州：黄河水利出版社,2003.